財務管理

Basic Financial Management

前　言

　　我希望這本基礎財務管理會成為一本與眾不同的教科書，本書的適用對象是初次接觸財務管理的學生，我期許它的內容易讀、實用而且親切。為了達到此目標，本書的寫作風格直截了當，章節的架構也力求簡明，讓學生們可以有效率地在短時間內充分吸收教材內容。

　　本書各章涵蓋了若干輔助學生學習的設計：

1. 每章均以一篇現實世界的例子為楔子，以激發同學們求學的興緻。
2. 與教材內容相輔相成的範例短文。
3. 根植於實際現況的專欄文章，使讀者對於國際化、商業道德、品質、科技、競爭、環保等議題，有一個概括性的認識。
4. 以各類圖表來增進讀者對內文的瞭解。
5. 每章之摘要整理都附有學習的目標，提醒同學們掌握學習之重點。
6. 每章末尾的財務個案問題，是讓同學們磨練出應用所學來解決實際問題的能力。
7. 財務附表翔實，易於應用。

評價導向是本書之主軸

　　基礎財務管理的主軸在於評價導向，因此本書一開始就先介紹了金錢之時間價值、債券、股票的評價，以及資本預算的觀念。此方式與財務管理人追求每股股價極大化之精神一致，也就是替公司增加淨值。各章節都將財務決策與股票之評價做有效的連結。

1. 第一部分，基本觀念：介紹時間價值的演算方法，並將此知識應用於債券及股票的評價上。

2.第二部分，財務分析及規劃：練習以財務報表為基礎，來做分析比較。另外也要研擬財務計畫，以便提供公司內部及其他貸款人使用。

3.第三部分，資本預算：分別在有風險及無風險的情況下，估計現金流量，以及評估投資方案。

4.第四部分，財務槓桿、資本結構理論、資金成本以及股利政策：使讀者瞭解邊際資金成本與最適資本結構間之關聯，最適資本結構可極大化股東之財富。

5.第五部分，長期融資：教導讀者證券融資的流程，藉由評價的方式選擇融資工具，以求將邊際融資成本降至最低。

6.第六部分，工作資本管理：學習以最小的成本來保有工作資本，並介紹支應日常運作開支的融資管理。

7.第七部分，特別議題探討：重點在介紹各種類型的企業購併之評價及財務危機。最後一章則是將之前所學的財務管理觀念延伸至國際經濟的架構中。

William H. Marsh

University of South Carolina, Aiken

目　錄

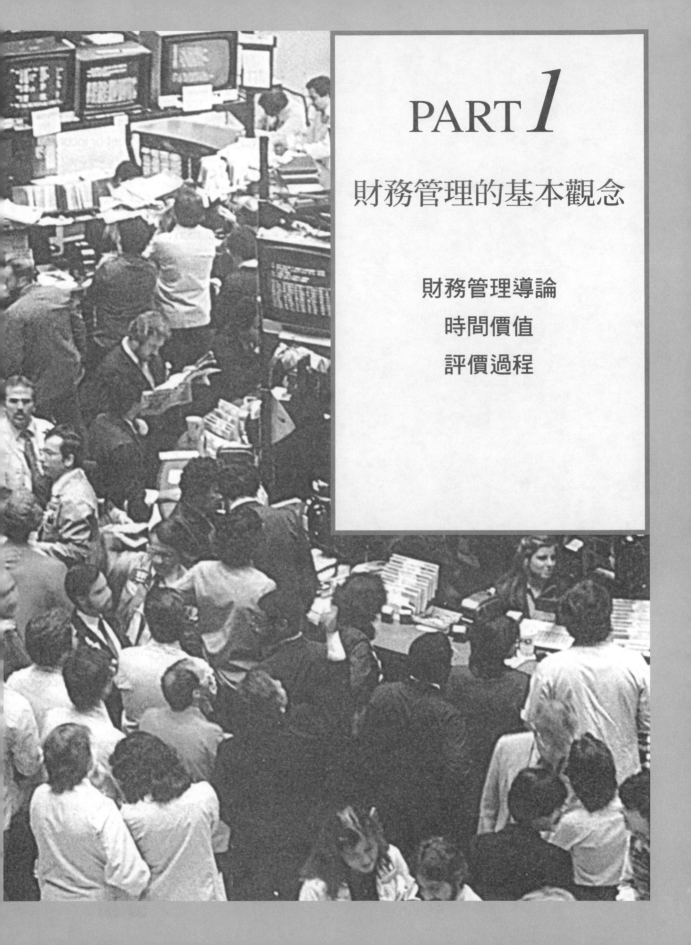

PART 1

財務管理的基本觀念

財務管理導論

時間價值

評價過程

1 財務管理導論

美國最受好評的公司

其商譽並未出現在10K或其他同性質的報表裡，你也不會在資產負債表或損益表裡找到它的蹤跡，但數以百萬計的海內外消費者，甚至更多的潛在消費者，卻從未像現在這樣給予美國公司的信譽極高的評價。*Fortune*雜誌在其第十屆的年度公司信譽調查中，對八千名以上的相關人士加以訪調，其中包括資深主管，最高管理階層以及財務分析師，受調的範圍則是三十二項產業中的三百零七家公司。究竟什麼才是公司信譽卓著的要素呢？根據此調查，最受好評公司的同特性為：卓越的管理、高品質的產品及出眾的財務表現，其中品管被認為是公司信譽第一要件的受訪者占全部受訪者的82%；另外有63%的受訪者認為高品質的產品或服務是重要因素。回顧十年前，卻有高出此比例二倍的受訪者，選擇以公司對社會及環境的責任感作為衡量其信譽的首要指標，一旦公司達到信譽受肯定的高峰，它們大都會感到守成不易。

製藥界的巨人 ── Merck公司連續六年在三百零七家公司中拔得頭籌，成為最具信譽的公司，其致勝的原因在於該公司擅於吸收、培訓及保留住優秀人才。Merck公司的高階主管，其升遷、調薪的裁定標準在於該主管吸收及培訓出良好人才的數目，而這高水準的員工素質正是公司優異財務表現的最大支柱。

通常公司優異的財務表現會增加其信譽的光環，反之，則會折損其信譽。大多數信譽卓著的公司都能夠持續地為投資人創造最佳的報酬，但信譽優良的公司則辦不到。信譽最好的前十大公司，幾乎個個都有著持續及明顯成長的記錄，譬如Rubbermaid通常都能達成，甚至超過其公司訂定的每年15% 的利潤成長率；Wal-Mart過去五年來的每年盈餘，至少都有20% 的成長，擊敗了許多競爭者。無怪乎Levi Straus的總裁Robert Haas會說：「公司的信譽總是建立在成功的財務表現上。」

信譽最受推崇的公司從未停止於創新或改良其產品，舉例來說，P&G成功的在三十幾個國家銷售其特製的洗潔劑，他們的產品証明了公司對社會的責任及其財務上的成功，該公司總裁Adwin Artzt就曾說:「濃縮洗潔劑的問市是消費者的真正勝利，它易於攜帶，而且由於其降低了每次清洗量所需的包裝及化學成分，因而其有益於環境保護。」這些產品事實上一直不斷在改進。Johnson and Johnson公司的總裁Wayne Colloway說道：「我們一開始就秉持企業以創新及持續精進為其命脈的理念。」

不論公司的大小，信譽卓著的好處總是不勝枚舉。良好的信譽可說服消費者以較高的價格，購買新的產品或服務；優良的信譽也使公司較易吸收及保留該產業的頂尖人才，甚至從對手陣營中挖角，良好的信譽同樣有助於推動新產品的創新方案及拓展海外市場。在讀本章時，請記住很多公司沒有良好信譽，卻有出色的財務表現；相反地，信譽卓著的公司也鮮少有破產的例子。國際競爭之壓力將促使公司開發及生產高品質產品，善盡社會責任，以及發揮企業良知。高素質的員工，能激發產品的創新，為消費者提供高品質的服務。社會責任及企業良知，使信譽和營運較佳的公司能拔尖於眾多的競爭者，使人稱羨。

Source: "America∏s Most Admired Corporations" FORTUNE, May 10, 1992 and May 11, 1991, and "The Pyoff from a Good Reputation," FORTUNE, February 10, 1992 © 1991 and 1992 Time Inc. All rights reserved.

財務管理的整體架構

基礎財管是門有趣又富有挑戰性的課程，它需要你積極地參與，而為此挑戰所投入的心血，其代價將在你畢業之後展現。

財務的工作環境

主修財務的學生，畢業後往往有許多工作機會，這正是其他非主修財務的商管學生選擇多修一些財務課程的原因。

財務有關的工作大致分成二種，財務專業服務及公司理財。財務專業服務的目的是為多種客戶提供金融商品，包括：銀行經營、財務規劃、投資、不動產管理以及保險業，**表**1.1列出了此類的工作。

Barnett銀行是位於佛羅里達的一家跨銀行的控股公司，該銀行針對大學畢業生，有一個十五到十八個月的培訓計畫，該計畫主要有三方面：（1）以商業貸款分析；（2）放款之一致及其文書作業；（3）銀行之營運。在接受完培訓計畫後，受訓人員會成為商業放款人之放款助理，為期六個月，其間受訓人員會被賦予低階的授權。

表1.1財務專業服務的部分例子

職業分類	所在之企業
銀行經營	銀行、存放機構、信貸聯盟、融資公司。
財務規劃	銀行、存放機構、信貸聯盟、融資公司、保險公司、經紀商及顧問公司。
投資	經紀商、保險公司、銀行存放機構及顧問公司。
不動產	不動產銷售公司、不動產開發公司、儲貸協會與保險公司。
保險	保險公司、不動產開發公司及顧問公司。

該公司理財的對象包括：私人企業、政府及非營利組織。本書則主要針對中、大型的私人企業，在此組織層級中，財務部門的最高主管為負責財務之副總裁，圖1.1顯示財務副總裁直接對總裁負責，而主計員及財務分析人員則對其負責。主計員的主要任務為會計事務，包括稅務、預算規劃及報表編製。財管分析人員的主要任務則是管理現金、有價證券、外部籌資及信用部門的運作。

財務工作的人員大多來自商管學院的大學畢業生，在此行業出人頭地的關鍵在於衡量財務風險之能力。因此，財務知識的培訓，有助於增加畢業生在本職及工作表現上的優勢。至於什麼才是財務經理要做的決定事項？要知道這個答案，必須先知道財管的主要目標。

主要目標

就股東的角度而言，公司財務管理的最主要目標（primary goal）就是極

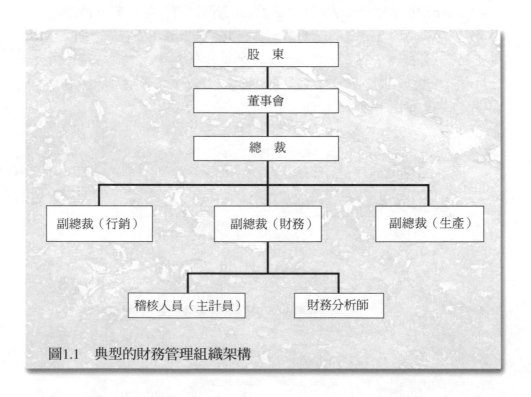

圖1.1　典型的財務管理組織架構

大化該公司的股票價格。換句話說，就是公司的管理者應極大化未來股東收益的現值。現值的算法是以適當的折現率，將未來一系列之現金流入折成今天的價值，就股東來說，未來的現金流入包括股利及該股票未來的之可能售價。第2章將討論現值；第3章則將此概念應用到債券、特別股及普通股的評估上。

　　由於其重要性，縱貫本書的主題就是普通股價值的極大化，而極大化股票價值的前提在於財務決策者瞭解風險及收益之替代關係。一般來說，較高的預期現金流入，往往是反映了該投資較高的風險；而較高的投資風險，常常也會被要求有較高的報酬。財務經理必須對風險及收益加以權衡，如此方可找出現值最高的投資，第3章對此有詳盡的探討。

　　但對許多私人企業而言，極大化股東權益可能十分複雜。當微軟公司的股票在1986年8月上市時，交易費只有7.1%，它算是相當低的費率。但微軟公司卻將其上市股票定價錯誤；其上市價為$21，但當天收盤價卻是$78，這項錯誤定價低估了二千二百萬美元的總價值，因此它並沒有極大化公司的價值。

　　事實上，公司的經理常以利潤極大化或其成長作為經營目標，而非股票價值的極大化。利潤極大化的目標通常反映了公司經理對追求短期利益的偏好。以財務決策的立場來看，此目標並不恰當，因其並未考慮現金的時間價值及所涉及的風險。如果經理的工作績效銷售額或累計銷售額加以評估，則經理自然可能選擇以成長做為經營目標，但如此可能導致過度擴充公司的資產以追求成長，而此並非是股東的最佳利益。

代理人的問題

　　公司經理有以其他目標取代股票價值極大化的傾向，我們稱此現象為「代理人的問題」（agency problem）。代理人問題的產生是因為公司經理可能會把自己私人的利益放在股東權益之前，經理們通常只考慮到保住自己的位置、賺更多的錢，以及一些可顯示身分地位的特權，像是豪華的辦公室或是鄉村俱樂部會員之類的東西。在這些考量下所做出的決策，很可能都無法達成股東利益的極大化，為求降低此代理人的問題，必須付擔一些所謂的

「代理成本」（agency costs），商業中最重要的兩個代理關係（agency relationship）為：管理者與股東以及股東和債權人。

管理者與股東之間，可能引發許多可能的代理成本。首先，針對公司的花費及管理者的表現而進行的內部稽核，就必須支出一些成本，此稽核費用被稱為監督成本。其次，為了設計出若干制度，使員工有追求股東最大權益的動機，其所涉及的費用被稱為組織成本。像是Bell Atlantic公司讓員工全天候的研發新點子，但他們也享有等額的薪資。第三，代理人問題可能導致公司不適當的組織架構，公司因而可能喪失一些獲利的機會，此現象被稱為機會成本。第四，公司為防止管理者的欺瞞所引起的損失，往往會先行購買擔保債券，而此舉涉及的費用被稱之為「購置債券成本」。

如果管理者的決策有意使債權人的財富轉至股東，則會出現股東與債權人之間的代理人問題。譬如公司經理可能會決定以舉債的方式來支付股東的股利，此舉雖可增加股票價值，但卻侵害了債權人之權益，因為原有債券的風險將會提高。以RJR公司的購併案為例，購併由1988年持續至1989年，股東享受了豐厚的收益，但債權人卻遭到了極大的損失，債權人的因應對策不外是在債券中增列保護性條款，或提高其債券價格，不論是那一種方式，都會使公司未來的資金成本上升而不利於營運，因此管理者仍然沒有極大化股東的權益。

想要更進一步瞭解代理人的問題，你勢必先要知道財務經理實際的功能，像是他們如何使用他們的時間，以及他們如何去極大化股東權益。

公司財管功能

公司財管的焦點為投資、融資及股利政策，甚至也涉及策略規劃及公司所管的層面。

投資決策所考慮的是公司資產的規模及組合，它可從資產負債表的左手邊之項目加以觀察，**表1.2**是Martin公司在19X4年12月31日的資產負債表。其中資產部分包括了流動資產及固定資產兩個部分，財務經理的任務是把資金投資到真正需要的資產上，同時將不具生產力的資產脫手。

融資決策（investment decision）是決定公司資產的資金來源，它表達在

資產負債表的右手邊的項目，以Martin公司為例：其帳目包括了流動負債、長期負債及股東權益（詳見第4章）。財務經理的任務就是調整出最佳的債務、權益組合。

融資決策（financing decision）決定了一家公司的資產所可以採行的融資來源，而資產負債表的右半部便揭露了過去融資決策的成果。以Martin公

表1.2　Martin公司資產負債表19X4年12月31（單位：千美元）

資產	
流動資產：	
現金	$ 20,000
有價證券	5,000
應收帳款	80,000
存貨	120,000
總流動資產	$225,000
固定資產：	
土地、廠房及設備	$475,000
除去：累計折舊	200,000
淨土地、廠房及設備	275,000
總資產	$500,000

負債及股東權益	
流動負債：	
應付帳款	$ 40,000
應付票據	60,000
即將到期的長期負債	5,000
遞延費用	15,000
總流動負債	$120,000
長期負債	40,000
總負債	$160,000
股東權益：	
特別股	$ 50,000
普通股	50,000
資本公積	100,000
保留盈餘	140,000
總股東權益	340,000
總負債及股東權益	$500,000

司而言，包括了短期負債。

股利政策是（dividend decision）決定股利分配，通常分配的選擇是，普通股及特別股的股東，或者是將盈餘保留，以作為投資之用。表1.3是Martin公司的損益表，它說明了如何算得稅後盈餘之特別股股利，以及每股盈餘和每股股利。

策略規劃（strategic planning）是指制定出一套能達成極大化普通股股票價值之策略，因此這套計畫就是為了完成公司的首要目標。身為一位財務經理，你必須回答這個問題，我們要如何才能制定出符合公司首要目標的工作方向？

稽核（control）則是制定另一套制度，它被用來評估公司的營運績效，以確保其首要目標的達成。如果經理階層制定的工作方向是為了達成其他他們自己的目標，則股東將是受害者。

在經濟大恐慌之前，財管的焦點主要集中在資產負債的右手邊項目。它特別強調公司組成及證券市場的法律制度面。在1930及1940年代期間，由於受到經濟大恐慌衝擊的影響，財管多著重於防止企業倒閉，到了1950年代，資產負債表左手邊的項目開始被重視，資本預算的規劃成一個重要的主題。

在1960及1970年代，數學工具被廣泛應用在現金、有價證券、應收帳款

表1.3　Martin公司 損益表 年終19X4年12月31日（單位：千美元）

淨銷售	$1,000,000
銷貨成本	700,000
毛利	$ 300,000
銷管費用	$ 100,000
折舊	40,000
稅前未付利盈餘（EBIT）	$ 160,000
利息費用	10,000
稅前盈餘（EBT）	$ 150,000
稅	60,000
稅後盈餘（EAT）	$ 90,000
特別股股利	5,000
普通股股東可分配盈餘	$ 85,000
流通在外股數	50,000
每股盈餘	$1.70
每股股利	$0.85

及存貨上，企圖用以找出其中最適當的水準，此風潮延續到1980年代，又因電腦科技的進步，而更加蓬勃發展，大約在那同時，企業合併及新的財務工具，諸如期貨及選擇權，也都受到了高度的關切。

1990年代以降的財管，面臨的衝擊是企業的國際化及社會結構的改變，競爭力、品質、技術都會在全球化的風潮下，受到更大的重視。企業及社會機構的互動，將會對管理階層訂出道德及環境的規範，財務經理在作決策時，勢必要考量到這些層面。

1990年代的企業有組織扁平化的傾向，尋求以較少的人創造更高的銷售額。以後的贏家並不一定是新想法的發明者，而是能最快把新點子市場化的企業。在印第安那州Crawfordsville的Nucor公司便是一例，它是一家金屬加工的工廠，因能採用一套比傳統方式更有效率的連續性生產流程，把金屬原料製成鋼皮，而大發利市，但這套技術卻是德國SMS Schloemann-Siemag公司所研發出來的。

在以上所預測的大方向下，本書為其提供了一套有用的入門，特別是針對財管實務及國際企業，另外本書也提供了一套思考角度，它可用來討論一些看似不易與財管結合的議題，但最重要的是，不論如何，管理的首要目標總是不變的。

關於公司財管的功能，不僅能應用在公司，其實對其他任何形式的商業組織也有著某種程度的適用性。當你在學習獨資合夥時，不妨想想如何將已學過的財管觀念，應用到各個不同的法定企業型態，同時也別忘了考慮稅的問題。

企業組織及稅

當企業要展開一個新的實體投資時，首先就要考慮投資的型態，也就要選擇究竟是獨資、合夥、還是股份有限公司。當然，這項選擇有部分是取決於企業本身所從事的事業之性質。

表1.4列出了三大法定公司型態的優劣比較。

表1.4　各種企業型態之優缺點比較

獨資

優點	缺點
・容易成立	・無限責任
・只有對公司所有者課所得稅	・有限的技術
・公司所有者面對盈、虧	・募資困難
・容易解散	・所有權不易移轉

合夥

優點	缺點
・募資較易	・某些合夥人仍是無限責任
・只有對合夥人課所得稅	・只要有一個合夥人去世時
・可用較多的技巧	合夥即宣告結束
	・所有權不易移轉

股份有限公司

優點	缺點
・有限責任	・股利收入均被課稅
・募資很容易	・組成之成本最高
・永續經營	・受到更多的政府管制
・所有權易於移轉	・必須揭露更多的財務機密

獨　資

　　獨資（sole proprietorship）就是企業只為一人所有，美國的企業約有75%是此形式。通常這些公司行號由所有人直接經營，員工很少，許多股份有限公司一剛始時，也是獨資的形式。

　　獨資企業具有無限責任，所有人必須對公司所有的債務負責，債權人可以扣押所有人個人資產來求償，事實上，公司和所有人的資產並沒有任何分別，因此對公司所提出的告訴就是對所有人提出的告訴。

　　獨資公司的所有人將公司的淨利或淨損計入他自己的應課稅所得中。淨損的計入，可有減稅之效果。譬如有家獨資企業，其有$10,000的虧損，但此負向所得可抵消掉所有人其他的收（在計算總所得時），因此可減少$10,000之應課稅所得，而有減稅之效。但股份有限公司的虧損，一般來說並不能計

入所有人（不只一個）的所得中。

獨資的收入，是所有者個人的應課稅所得，因此，其稅賦數額及邊際稅率有部分是因所有人的業外收入來決定。

獨資企業因為其所有權並無次級市場可供自由移轉，故不易籌資來使企業成長，所有權人只能以保留盈餘來加以運用，但其金額終究十分有限，有鑑於此，獨資企業在發展一段時間後，往往會轉型為合夥或股份有限公司。

合　夥

合夥（partnership）是由二個以上的人，經由書面或口頭的協定而組成的企業。合夥協定中聲明每位合夥人所須提供的資本及勞務，在一般的情況下，合夥人也依協定來分配公司的損益，並且規定合夥人對其債務負有無限責任。在有限合夥時，至少要有一位以上的合夥人來經營企業，並負無限責任，其餘合夥人的責任則僅止於其對合夥企業所提供的資本。

一般來說，如有合夥人中途退出或死亡，合夥關係即宣告結束。而所有權的移轉必須經由所有的合夥人同意方可，這增加了其移轉的困難。在有限合夥的情形時，其合夥人可轉移其所有權，而合夥則不必結束。

合夥企業的收益計入各合夥人的所得，但合夥企業本身並不被課稅，各合夥人的個人所得才被課稅。因此，合夥人的所得稅賦及適用的邊際稅率，有部分是取決於其合夥企業以外的應課稅所得。

合夥企業逐漸擴展其規模後，也會和獨資企業一樣遇到募資困難的問題，它只能靠合夥人的私人財產或新合夥人的加入來加以支應，如要克服此問題，合夥企業常常也會轉換成股份有限公司的型態。

公　司

公司（corporation）一個法律實體，具有法人地位，其存在與公司的個別所有人是獨立的。這個獨立存在的特性，使其易於募資及永續經營。

公司的股東只負有限的債務責任，因此股東最大的風險止於其投資的普通股金額，而不對公司的債權人負私人的償債責任，這個法則是來自於股份

有限公司的獨立實體概念。

公司的章程，必須得到州政府的認可方可成立，章程內應包括公司名稱、事業性質、核準發行的普通股股數，以及各個董事的姓名及地址，該章程也要詳細說明股東的權利及義務。股份有限公司尚須有一套內部的法規，來規範公司內部的管理。

股票（stock certificare）是用來表彰對公司股份的所有權，而核定股本（authorized stock）是其股數發行的上限。若要超過此限額，就須先修正章程，這與已發行股票（issued stock）不同，已發行股票是指實際售予股東的股票。有時公司會在市場上買回自己公司的股票，或者是以公開收購的方式買回，買回的股票被稱為庫藏股票。流通在外股票是實際為股東持有的股票，其數額等於發行股數減去庫藏股股數。

因稅制之故，有些股份有限公司被歸類成「S股份有限公司」（S corporation），要成為此類的公司須滿足若干要求，其中最嚴格的標準就是公司的股東數目不能超過三十五位。政府只對S股份有限公司的股東課其個人之所得稅，而不對公司課稅，因此避免了重複課稅的問題。此類公司在法律上雖為股份有限公司之型態，但其卻近似於合夥企業。

除上類之外的公司，其餘的股份有限公司均在稅賦上被視為是一般的公司，又被稱為「C股份有限公司」（C corporation）。此類公司會產生重複課稅的問題：公司的盈餘先被課稅一次，而稅後盈餘分配給股東以後，個別股東又再被課稅一次。

股份有限公司的營業淨損，和個人的營業淨損一樣，可往前追溯三年，或向後遞延十五年，這些年的稅賦將會減少，每年節稅的數額等於該年所分配到的損失乘以其邊際稅率（下節有詳盡之說明）。

邊際稅率

邊際稅率（marginal tax rate）是指企業的應課稅所得的邊際部分，所適用的稅率，邊際稅率在財務上十分重要，因為它反映了財務決策的邊際效果。它與平均稅率不同，平均稅率是指總稅賦除以總應稅所得。

〔例題〕

　　Beringer公司的應稅所得為$150,000，最先的$50,000所用的稅率是15%，接下來的$25,000則是25%，其後的$25,000為34%，最後的$50,000則為39%，則該公司的所得稅為何？邊際稅率及平均稅率又為何？

解答：

　　應稅所得$150,000所得稅之決定如下：

$$
\begin{aligned}
\$50,000(0.15) &= \$\ 7,500 \\
\$25,000(0.25) &= \ \ 6,250 \\
\$25,000(0.34) &= \ \ 8,500 \\
\$50,000(0.39) &= \ \underline{19,500} \\
&\ \ \ \$41,750
\end{aligned}
$$

　　其邊際稅率是39%，也就是最後一部分所得的適用稅率。平均稅率則是將$41,750除以$150,000，得到的稅率是27.83%，結果可發現平均稅率低於邊際稅率。

　　稅賦直接影響到現金流量，對財務決策的訂定非常重要，但其他許多因素也一樣很重要。因此財務經理必須熟悉整個金融環境，方能做出好的財務決策。

飽受爭議的合夥企業 ……………………………………

　　合夥企業的危險近來是一大熱門話題，以往合夥企業因其活力、獲利分配及避稅（避免重複課稅）而廣受稱道，但近來卻遭逢一些新問題。

　　許多合夥人都儘量減少其債務負擔額，另外也有些合夥企業甚至完全轉型為股份有限公司。如果合夥企業無法限制其債務責任，它將更難尋獲願意和其來往的律師及會計事務所。有許多律師及會計事務所可能減少在糾紛頻仍的地區（如加州）營運，它們甚至停止接洽和高風險銀行、儲貸機構、證券交易商及房地產公司的生意。

Source: Lee Berton and Joann S. Lublin, "Partnership Structure Is Called in

金融環境

財務決策通常會牽涉到公司公開籌資的問題,公司可以向一般的投資人或投資機構來籌措資金,但更多時候,各種的金融機構以及透過金融市場的運作,才是其資金的主要來源。

金融機構

金融機構(financial institutions)的功能是收受存款大眾的資金,然後運用此款項去從事投資及放款的工作。存款戶的來源包括個人、公司及政府。這類金融中介的機構包括有存款性機構:諸如商業銀行及其他收受存款之機構,另外也有非存款性機構:諸如退休基金、保險公司、投資公司以及融資公司。以下則分別介紹。

商業銀行收受活存(包括支票存款)及定存(即定期存款及儲蓄存款),銀行以收受的款項來對個人、公司及政府進行放款,對公司的放款又可分成短期貸款(一年之內)、中期貸款(一至五年)及抵押貸款(五年以上)。在公司有季節性的資金需求時,會使用短期的融資來支應;中期融資則多使用在流動資產、固定資產以及償債的資金融通;抵押貸款則出現於購置不動產時的融通。商業銀行並透過其信託部門來從事投資、承作證券經紀商業務及管理退休基金。

其他一些承作定存、活存業務的存款機構包括儲蓄及貸款協會(savings and loan associations)、相互儲蓄銀行(mutual savings banks)及信貸聯盟(credit unions)。儲貸協會的主要功能是提供民間及商業之抵押;相互儲蓄銀行以住宅及消費性貸款為主要業務;信貸聯盟則幾乎都在承做消費性貸款。近年來這些存款機構已取代了一些原屬於商業銀行的功能,而且隨著金

融管制的漸漸鬆綁，他們業務範圍的限制也日漸減少，以至於其與商業銀行間的界限愈來愈模糊。

退休基金是由勞資雙方共同出資而成，以作為員工退休後的所得，人壽保險公司及商業銀行信託部門常常是此基金管理者，其典型的操作模式是投資在證券、抵押放款及不動產上。由於退休基金是長期的規劃，因此它所從事的投資大部分都是長期的。

保險公司向投保人收取保險費，並承諾付款給保單受益人。在人壽保險方面，保險公司在被保險人發生變故或失能時，將履行上述之付款義務。而在財產及意外險方面，保險公司須對意外事件、疾病、火災、竊盜所造成之損失加以理賠。保險公司將保險費提存準備金，以支付未來可能發生之索賠，此準備金投資於證券、抵押及房地產。

投資公司的資金來自於存款戶，其將此資金投資在各式各樣的資產上。共同基金通常專攻於某些金融資產的投資，諸如股票、債券或其他短期票券。不動產信託基金則從事不動產的投資。以上兩種投資公司都提供了分散風險的專業投資服務。

融資公司透過發行證券或向商業銀行借款的方式來取得資金，其經營的業務是：消費分期貸款、個人貸款及對企業的擔保貸款。以General Motors Acceptance Corporation（GMAC）為首的銷售性融資公司，會向耐久財之銷售購買一個分期付款的合約來從事其消費融資業務（如汽車或其他家電產品之類的耐久財）。

金融市場

金融市場（financial markets）提供各種金融資產一個交易管道，新發行的證券在初級市場上市，已發行之證券則在次級市場流通。金融市場又可區分成長期及短期兩種，貨幣市場屬於短期市場，資本市場則是長期市場。

初級市場上銷售新發行的債券、特別股以及普通股。在這個市場裡，證券發行人收到其所需的資金，投資人則可買到其想要的新發行證券。而投資銀行是協助公司募集長期資本的金融中介機構，它所提供的服務包括：客戶

諮詢、辦理發行證券的準備工作、承銷證券及配售證券。在初次公開募資時（即第一次新股上市）、研究顯示其發行價格平均而言，都有顯著被低估的現象。

次級市場包括集中市場及店頭市場，集中市場的例子有：紐約股票交易市場、美國股票交易市場，以及一些規模較小的區域性股票交易市場。店頭市場是自營商之間的一個電子網路系統，供其交易未在集中市場上市的股票。

公開募資的大型公司股票往往都在次級市場流通，相反地，一些小型公司的股票則沒有在次級市場中頻繁流通，這些小型公司常只有被為數不多的股東所持有，他們對公司的經營具有極大的影響力。

次級市場提供兩項重要功能：其一是使證券之持有者在需要資金時，有一個快速變現（轉手）的管道，如果沒有次級市場的流動性支持，投資人對初級市場上證券的購買意願也會降低。其次，次級市場的交易決定了證券的價格，它提供新發行股的一個訂價參考。

貨幣市場裡進行的是一年期以內的證券交易，主要的參與者是公司及政府，個人則常透過貨幣市場基金來間接參與其投資，這些短期票券的債信都很好，市場流通性也很高。

貨幣市場所常交易的金融工具包括庫券、聯邦基金、短期市政府公債、商業本票、可轉讓定期存單、銀行承兌匯票及附買回交易。財務經理可運用這些工具來融通公司的短期資金需求，同時也可以將暫時性的多餘資金投資在這些工具上。有價證券將在第16章中有更深入的探討。

所羅門兄弟國庫券醜聞案 ●●●●●●●●●●●●●●●●●●●●●●●●●●●●●●●

國庫券市場是美國政府公債的大型初級市場，其銷售方式為競價發行，並規定每位投標人的購買上限是整批發行量的35%。在1990年12月的時候，所羅門兄弟公司的公債部主任摩瑟先生卻使用人頭來標得了該年發售額的46%，之後連續使用同樣的手法達八次之多。到了1991年4月，該違法行為被美國財政部查獲，而該年6月，證管會及法務部對所羅門公司及其所使用之人頭客戶發出傳票，要求其提供從1990年12月到次

年5月間的標售記錄。

　　1991 年 8 月19日，財政部宣布禁止所羅門公司以客戶代理的方式來標購公債，九個月之後，所羅門公司與政府和解，其同意付給財政部一億二千二百萬美元，以及付給法務部六千八百萬美元，並且成立一個一億美元的償債基金。在此同時，聯邦準備銀行紐約分行在1992年的6月及7月中斷與所羅門公司的來往，因此造成了所羅門公司將四十億美元交易額之損失。

　　此外，1991年8月時，該公司的股價就已滑落了三分之一，Moody信用評等公司也將其列入信用觀察名單，而在8月底時對所羅門公司的兩筆舉債之信用降等，另外，公司的主要客戶也暫停了與公司之交易，董事會則革職了相關失職的人員。

　　所羅門公司的聲譽大受打擊，其承銷事業也因而受挫，並且公司本身的向外募資也受影響，整體來看，該醜聞案已威脅到公司的生存。名聲建立不易，但卻可毀於一旦。

Source: Clifford W. Smith, Jr., "Economics and Ethics: The Case of Salomon Brothers," *Journal of Applied Corporate Finance,* vol 5(2), Summer 1992, pp. 23-28.

　　資本市場所涉及的是一年期以上的證券。美國財政部就在此市場發行Treasury notes及Treasury bonds，其他諸如聯邦住宅署（Federal Housing Administration）也利用資本市場來發行債券。州、郡、市政府一樣利用資本市場來發行公債，一般公司則在資本市場上發行債券、特別股或普通股。

　　金融機構及金融市場都提供了一個將資金從儲戶流向投資的管道，當然此中價服務是需要收費的，因此我們有必要瞭解此項成本如何決定。

利　率

　　利率（rate of interest）是指資金的借貸價格，也就是資金供給者對資金需求者所要求的費率。利率中已包括了無風險利率及風險貼水，其中風險貼水反映了通貨膨脹、倒帳及市場流通性等風險。其彼此之關係可由以下的公式來表達：

$$I = I^* + IP + DP + LP + MP \tag{1.1}$$

其中

　　I*　＝無風險利率

　　IP　＝通貨膨脹的風險貼水

　　DP　＝倒帳的風險貼水

　　LP　＝市場流動性（變現性）的風險貼水

　　MP ＝到期風險貼水（亦即利率變化的風險貼水）

　　無風險利率是指在沒有通貨膨脹存在之情況下的無風險證券的利率。通貨膨脹貼水所反映的是證券存續期間的預期通貨膨脹，而非過去的通貨膨脹水準。倒帳貼水反映借款人不償還本利的可能性。市場流通性貼水直接涉及證券所有人的變現能力，若證券之市場流通性愈高，則其流通性貼水愈小。如果到期日離現在愈遠，其間證券因利率波動而造成價值變化的可能性也愈大，此時到期貼水之數額也會跟著揚升（第3章將會更深入介紹利率風險）。

　　利率與任一給定之證券的到期日長短的關係，一般稱為利率的期限結構（term structure of interest rates），收益率曲線（yield curve）用來圖示利率的期限結構，圖1.2中的二條線分別是1981年及1991年的收益率曲線。下方的曲線是較常出現的情況，即短期借貸成本小於長期借貸成本，因為一般來說，短期借貸的風險較長期為低，所要求的殖利率收益也就較低。至於上方的曲線則呈現出相反的關係，其屬於較特殊的例子。

　　收益率曲線形狀的解釋理論大致有三種：流通性貼水理論認為正斜率的收益率曲線的產生原因可能是：（1）投資人主觀認為短期證券的風險較低，因而只要求較低的報酬率；（2）借款人為了能取得長期而且是固定利率的資金融通，因而願意支付出借人一個較高的利率。第兩個理論是預期心理假說，它認為收益率曲線反映了投資人對未來利率水準的預期，正斜率的意義即表示投資人預期利率上漲，其原因可能是投資人預期未來通貨膨脹會惡化之故。第三種理論則是市場區隔理論；其認為長期借貸及短期借貸是兩個不同的市場，各由其供、需來決定出利率水準，譬如正斜率的收益率曲線的意義可能是：短期的資金供給相對於長期而言比較充裕。

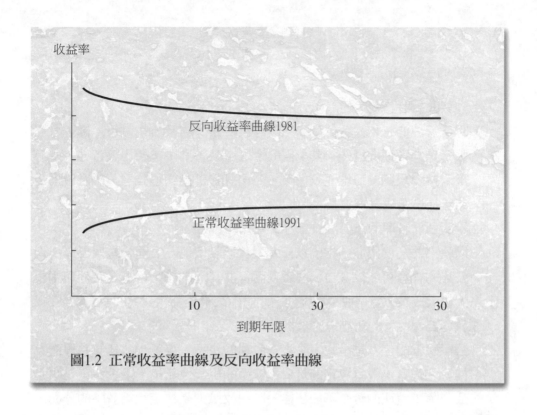

收益率

反向收益率曲線1981

正常收益率曲線1991

10   30   30

到期年限

圖1.2 正常收益率曲線及反向收益率曲線

　　當然影響利率水準的因素不僅只有這些。聯邦準備局為了刺激經濟成長而增加貨幣成長率,短期而言,利率水準會下降,但長期來看,它會造成高通貨膨脹率及高利率水準。近年來美國聯邦政府一直處於預算赤字的情況,預算赤字是指政府的收入低於政府的支出,政府因而需要舉債來支應其支出,因此政府的資金需求往往會使借貸市場的利率揚升。另外,美國的貿易赤字(進口大於出口)也會造成借貸的產生,這一樣也會追高利率。至於整體經濟的狀況也會影響利率水準,基本上來說,經濟不景氣時利率有下降的趨向,反之在經濟過熱時,利率往往是較高的水準。

　　利率的研究是財務及經濟上的一大複雜課題。利率關乎於整個金融環境,而金融環境則深深影響到各種財務的研究。

摘　要

本章的主要學習目標如下：

1. 介紹關於財務管理的工作

   財務管理的工作大致分為二類：專業財務服務及公司財管。專業財務服務是向各種機構銷售其所需的金融商品，其中包括了融資、上市計畫、投資規劃、房地產及保險。公司財管是指管理公司、政府機構及非營利事業的財務規劃。

2. 說明公司管理的首要目標

   以股東的角度出發，指出以極大化普通股價值為公司的首要目標。但公司的經理可能以其自己的考量而選擇其他的經營目標，譬如利潤極大化或成長，這個股東與經理之間的衝突被稱為代理人問題。

3. 敘述公司財管的功能

   公司財管的焦點是投資、融資及股利的決策，另外也包括策略規劃及控管。投資決策所決定的是公司資產的規模及結構。融資決策是決定公司購置資產的資金籌取途徑。股利政策則是決定稅後盈餘的分配，其分配的對象是特別股股東、普通股股東以及剩下不分配而用於投資的保留盈餘。策略規劃是設計出十套制度使公司能順利達成極大化普通股股票價值的目標。控管、稽核制度則是為了確保公司的運作不會背離經營目標。

4. 敘述企業組織的三種法定型態

   企業成立時的三種選擇：獨資、合夥及股份有限公司。獨資是企業只由一人所擁有，合夥是由二人以上，經由書面或口頭協議而共同為公司的所有人；股份有限公司須有法定核准，其經營權與所有權彼此獨立，公司為股東所有，但由專業的經理人員來負責實際之經營。

5. 金融機構及金融市場的大致結構

   財務經理做融資決策時，須向外籌資，因此有必要瞭解整個金融機構及金融市場的結構，因為它們都是融資的管道。金融機構包括了商業銀行、存款銀行、退休管理基金、保險公司、投資公司及融資公司。金融市場則是各種金融資產的交易管道。

6.解釋利率的內部結構

　利率是資金的成本,也就是資金需求者支付給資金供給者的價格,其中包括了無風險利率及風險貼水,而風險貼水是對通貨膨脹、倒帳及市場流通性等風險的補償。

問　題

1.當你畢業之後,你在財務方面會有那些工作機會?你又將如何善用這些機會?

2.請敘述在中、大型私人企業裡的財務經理之責任。如果你是位財務經理,你又將如何達成這些任務?

3.公司理財的傳統功能為何?一位財務經理的其他責任又為何?

4.公司的投資、融資、股利政策在財務報表上如何反映?

5.請簡單他描述過去七十五年以來的財管歷史,而未來二十五年整個企業環境以及其財務層面之變化又將為何?

6.公司管理的首要目標為何?身為一位財務經理,你要如何達成此目標?

7.為什麼公司之管理人員可能會把極大化股票價值之外的經營方向當成是首要目標?若你是一位股東,則將採取什麼策略以防止上述情況的發生?而若你是公司之債權人,則策略又是什麼?

8.企業家在開創新企業時有那些法定形式的選擇?若你自己創業時會選擇那一種?為什麼?

9.邊際稅率與平均稅率之差異為何?

10.若公司之保留盈餘並不足以支應公司成長之所需,則有那些向外融資之管道?

11.什麼是名目利率?決定此利率之因素為何?

12.就一組給定之證券來看,請解釋利率與到期日長短之關係?

13.有何種理論可解釋收益率曲線之形狀?你如何解釋今天的收益率圖形?

14.在確保以極大化普通股股票價值為經營首要目標的過程中,身為財務經理的你,可能會遭遇到那些專業之問題?

15.美國最受推崇的企業具有那些共同的特點？

16.合夥企業之風險為何？

17.Salomon Treasury note（所羅門債券）醜聞案對公司的聲譽造成了什麼樣的影響？

習　題

1.（創業）你在畢業時得到了姑姑給你的$100,000，並決定以此創業，則你會選擇成立何種形式的企業？你會採取何種財管之原則來確保投資的成功？在創業初期，你會使用那種向外融資之管道，未來又如何呢？如果別人失敗你卻成功，其原因會是什麼？

2.（稅賦）蘇珊目前單身，其獨資企業有$60,000之應稅所得，而她的另外一項工作又為其帶來了$10,000的應稅所得，請問她的所得稅賦及邊際稅率各為何？（假設所得從$0到$22,100用15%之稅率；$22,100到$53,500用28%，$53,500到$115,000用31%，$115,000到$250,000用36%，而超過$250,000則用39.6%）

3.（稅賦）傑克及伊莉沙白為夫婦，其採夫妻合併申報所得稅，他們正業的合併應稅所得為$60,000，而伊莉沙白又是一家小型顧問公司的合夥人之一，該工作每年為她帶來了$10.000之應稅所得，則他們的所得稅賦及邊際稅率為何？（假設從$0到$36,900之所得適用15%之稅率，$36,900到$89,150適用28%，$89,150到$140,000適用31%，而$140,000到$250,000適用36%，超過$250,000則適用39.6%）

4.（稅賦）詹姆士及傑麗是另一對合併申報所得稅的夫妻，其合併之應稅所得為$95,000，兩人都是S公司的股東，他們從那裡賺了$75,000，請問他們的所得稅賦及邊際稅率為何？（適用之所得稅稅率同第3題）

5.（稅賦）你的公司有$150,000之應稅所得，請問公司的所得稅稅賦及邊際稅率為何？（假設從$0到$50,000的所得適用15%，從$50,000到$75,000適用25%，$75,000到$100,000適用34%，$100,000到$335,000適用39%，$335,000到$10,000,000適用34%，超過$10,000,000適用35%）

個案研究

Walden出版社在商品型錄、郵購行銷出版品的印製及經銷方面執牛耳，在整個零售業中，郵購事業急速發展，它反映了在家購物的風潮。Walden出版社的主要客戶是Victoria's Secret、Brownstone Studios、Coach Leatherware等郵購公司，這些公司往往都針對不同的顧客群設計其專門的型錄。

由於型錄及郵購出版品的需求成長，Walden公司的印製產能開始受到壓力，為此，Walden公司決定投資在新的設備及生產技術，未來五年之耗資大約是五千萬，中其一千百用於增置廠房，Walden的新廠房乃是向Mac Arthur公司買來的，其受到第11章裡將介紹的破產法之保障。

Walden公司的財務部經理亨利正考慮要如何向外籌資來支應公司擴展的資金需求，為了能分析各種籌資方式，他研究了以下的若干財務報表的資訊。

資產負債表資料（單位：千元）：

流動資產	$52,200
工作資金	10,600
總資產	104,200
長期負債	47,800
股東權益	8,500

股東權益變動表資料（單位：千元）：

淨收益	$174,800
毛利	24,500
營運所得	12,700
淨盈餘	3,800

在可預見的未來，Walden公司都不打算發放現金股利，而想要保有盈餘，去年公司發放了五百萬之股利給股東，這也是公司成立十年來首次發放股利。

問題

1. 你該如何決定公司是否應採行新的擴張計畫？
2. 該如何籌資來支應公司擴張之資金需求以及貸款的償還？
3. 你對公司的股利政策有何看法？

2 時間價值

甘迺迪家族的財富

　　約瑟夫·甘迺迪是美國的一位傳奇人物，他的兒子是美國總統，而他本身曾是國會參議員，同時也是特殊奧運會的創始人，他的孫子中有人出任眾議員或州代表，他的孫女嫁給了影星阿諾史瓦辛格。1957年時，約瑟夫·甘迺迪是美國的鉅富之一，估計約有一億美元的財富。那時，這筆財富不但足以彰顯其家族地位，更可

以藉此取得權力及名聲。但到了九〇年代，若以1991年10月的時點來看，甘迺迪家族旗下包括電影製片廠、連鎖電影院、烈酒經銷商以及房地產等資產的價值大約是三億五千萬美元，甘氏家族的財富似乎也如同其家族的命運般地不再那麼光鮮耀眼。分析主要原因，乃是其資產大多集中在流通性較低的房地產上，而它們並不能

帶來豐厚之收益所致。

　　其中最具代表性的房地產投資即為位於芝加哥的巨型百貨商場，它的面積為600萬平方英呎。該投資可享有每年大約二千萬美元的淨現金流入。這筆收益由位家族成員均分，每人每年可得到大約三十七萬多美元，這是否意味甘氏家族的後代在財務方面已高枕無憂了呢？

　　事實上，甘氏家族的後代的確有財務上的隱憂，因為如果在1957年時，把一億美元投資到道瓊股票指數上的話，則今天的資產價值將超過六億美元，而不是三億五千萬，換句話說，甘迺迪家族的投資收益已趕不上消費水準，其財富正日漸萎縮，而且恐怕已支撐不到下個世紀。

　　上述的評斷有其理論根據，它建立在時間價值的分析基礎上，本章會以甘氏家族的例子來貫穿全章的主旨，剖析該家族所遭遇的財務問題。

Soure: "Shirtsleeves to shirtsleeves," *Forbes,* October 21, 1991, pp. 34-37. Reprinted by permission of FORBES magazine.© Forbes, 1991.

複利計息及折現

　　同樣是一美元，今天的價值就比未來的價值來得高，這個簡單的道理是整個財務管理中最根本的概念。金錢的價值建立在它何時流入，以及何時流出。

終　值

　　如果現在的年率是10%，那麼一百美元的存款在 五年後的本利和是多少呢？財務經理必須要懂得如何計算此問題。

〔例題〕
　　李小姐在銀行有一百美元之一年期存款，而年息以10%來計算，試問到期的本利和是多少？

解答：

令V_1是一年後的終值（future value）

$$V_1 = \$100(1 + 0.10)$$
$$= \$110$$

$110的終值當中，$100是起初投入之本金，而$10則是利息收入。

$100美元是期初之現金流量（$V_0$），它和第一期期末之現金流量（$V_1$）$110的價值相等，也就是說，人們主觀上對這兩筆現金流量的偏好程度應相同，若以圖解來看（此為現金流量圖）：向上之箭頭代表的是正的現金流量，向下之箭頭所代表的是負的現金流量。

〔例題〕

李小姐決定把一年後到期的$110繼續再存一年，則二年後到期的本利和將是多少？

解答：

令二年後的到期金額為V_2，則：

$$V_2 = \$110(1 + 0.10)$$
$$= \$121$$

或者是

$$V_2 = \$100(1 + 0.10)^2$$
$$= \$100(1.21)$$
$$= \$121$$

值得注意的是銀行第二期計算利息的基礎是本金及第一期時所賺得的利息。終值$121中包括了第一期期末之到期值$110及$11的利息。這正是複利計息（compound interest）的精神。

〔例題〕

假設李小姐把$100的本金在銀行存放五年，則到期的本利和將為多少？

解答：

$$V_5 = \$10\,0(1 + 0.10)^5$$
$$= \$100(1.6105)$$
$$= \$161.05$$

以此類推，未來值的一般式可寫為：

$$V_{t+n} = V_t(1 + k)^n \qquad (2.1)$$

其中

V_{t+n} = 第t+n期期末的現金流量

V_t = 第t期期末的現金流量

k = 年利率

n = V_t到V_{t+n}之間的期數

如果期初值為V_0，則上述的公式可寫成：

$$V_n = V_0(1 + k)^n \qquad (2.1a)$$

其中

V_n=第n期期末的現金流量

V_0=第0期期末的現金流量

n=從V_0到V_n中所經過的期數

而$(1+k)^n$又被稱為終值因子，通常以查表或以財務計算機來求得其值。

表2.1提供了一個終值因子表的例子，附錄A有更詳盡的表格。終值因子（future value factor）的符號為FVF，$FVF_{k\%,\,n}$就等於是$(1+k)^n$。所以前例可寫成：

表2.1 終值因子

期數(n)	利率(k)		
	9%	10%	11%
1	1.0900	1.1000	1.1100
2	1.1881	1.2100	1.2321
3	1.2950	1.3310	1.3676
4	1.4116	1.4641	1.5181
5	1.5386	1.6105	1.6851
6	1.6771	1.7716	1.8740
7	1.8280	1.9487	2.0762

公式：$FVF_{k\%,\,n} = (1+k)^n$

$$V_5 = \$100(FVF_{10\%,5})$$
$$= \$100(1.6105)$$
$$= \$161.05$$

　　其中終值因子的值可從表2.1中的第五列(n=5)及10%利率所在的那一行尋得（被畫方框框的數字）。

　　終值因子的使用可算得今天現金在未來的約當現金流量（equivalent cash flow），但我們亦可以相同的概念來反推未來現金流量在今天的對等值。

〔例題〕

　　假設甘迺迪家族在1957年時把一億美元存入銀行，其年息以5.4%之複利計算，同時假設從1957年到1991年當中甘氏家族的成員數目沒有增減，則三十四年後，本利和會是多少？

解答：

　　我們一樣可利用終值的公式來計算：

$$V_n = V_0(1+k)^n$$
$$V_{34} = \$100,000,000(1+0.054)^{34}$$
$$= \$100,000,000(5.9783)$$
$$= \$597,830,000$$

V_{34}就是三十四年後的本利和。

現　值

在財務理論中，常需要評估未來現金流量在今天的價值。以下我們就介紹此種計算方法。

〔例題〕

李小姐打算在銀行存入一筆款項，她的目標是希望一年後的本利和為$110，該銀行的年息為10%，則她今天應存入多少錢方能達成其目標？

解答：

V_1為一年後的到期值，V_0為現在李小姐應存入的金額，V_0也就是V_1的現值（present value）代入終值公式中：

$$V_0(1 + 0.10)^2 = \$121$$
$$V_0 = \frac{\$121}{(1 + 0.10)^2}$$
$$= \$100$$

以圖解可表示成：

現金流量圖的形式與之前的並無二致，但我們對它的解讀則不相同，此例我們是從未來的現金流量向前追溯今天的現金流量，此向前追溯的模式在財務上被稱為折現（discounting）。反之，向後推衍的方式則被稱為複利（compounding），計算終值就是採取複利的方式。

〔例題〕

假設李小姐希望在二年後能有$121之本利和，銀行每年的利息均為10%，則李小姐今天應存入多少錢？

解答：

套用一樣的公式：

$$V_0(1 + 0.10)^2 = \$121$$
$$V_0 = \frac{\$121}{(1 + 0.10)^2}$$
$$= \$100$$

〔例題〕

承上例的銀行付息，如果李小姐希望五年後能有$161.05的本利和，則今天應存入多少錢？

解答：

仍使用以前的方法：

$$V_0(1 + 0.10)^5 = \$161.05$$
$$V_0 = \frac{\$161.05}{(1 + 0.10)^5}$$
$$= \frac{\$161.05}{1.6105}$$
$$= \$100$$

圖解的表示為：

由以上的例子中可歸納出計算現值的通式：

$$V_t = \frac{V_{t+n}}{(1 + k)^n} \qquad (2.2)$$

其中

V_t ＝第t期期末的現金流量

V_{t+n} ＝第t+n期期末的現金流量

k ＝年利率

n ＝從V_t到V_{t+n}所經過的期數

(2.2)式亦可從(2.1)式移項而得。

同樣的，若我們想知道的是第0期的現金流量的話，則現值的公式會簡化許多，其為：

$$V_0 = \frac{V_n}{(1 + k)^n} \qquad\qquad (2.2a)$$

其中

V_0 = 為第0期期末的現金流量

V_n = 第n期期末的現金流量

n = V_0到V_n之間的期數

要計算單獨一筆現金流量的現值，我們須把V_{t+n}或V_n乘上$1/(1+k)^n$，此項被稱為是現值因子（present value factor），其計算的方法和終值一樣，不外是使用財務計算機或查表求得。表2.2是一個簡表的例子，附錄A中則有更詳盡的現值表。現值表中的數字一樣是利用（2.2）之公式算得的。

至於現值因子的符號也和終值因子的符號相似，兩者的關係如下：

$$PVF_{k\%,n} = \frac{1}{(1 + k)^n} = \frac{1}{FVF_{k\%,n}}$$

由此可看出現值因子與終值因子呈倒數的關係。

表2.2 現值因子

期數(n)	利率(k)		
	9%	10%	11%
1	0.9174	0.9091	0.9009
2	0.8417	0.8264	0.8116
3	0.7722	0.7513	0.7312
4	0.7084	0.6830	0.6587
5	0.6499	0.6209	0.5935
6	0.5963	0.5645	0.5346
7	0.5470	0.5132	0.4817

公式：$FVF_{k\%,n} = (1+k)^n$

接著再以現值因子的符號來重新計算上例：

$$V_0 = \$161.05(PVF_{10\%,5})$$
$$= \$161.05(0.6209)$$
$$= \$100$$

其中現值因子的值0.6209是從表2.2中查得，其為第五列，利率10%那一行所對應的數字（該數字畫框標記）。

〔例題〕

假設甘迺迪家族早在1957年就已計畫其資產在1991年的目標價值為三億五千萬美元，由後代均分，則約瑟夫·甘迺迪在當時應存多少錢？（假設家族的成員不得出入該帳戶，且利率將維持在5.4%的水準）

解答：

以現值公式計算：

$$V_0 = \frac{V_n}{(1+k)^n}$$
$$= \frac{\$350,000,000}{(1+0.054)^{34}}$$
$$= \frac{\$350,000,000}{5.9783}$$
$$= \$58,545,071$$

以上的計算都只是處理單一筆現金流量的現值或終值，以下我們將介紹連續多筆現金流量的處理方式。

年　金

財務管理上常面臨的問題是如何評估一系列的現金流量。如困一系列的現金流量在每期的數額都一致，且每期的間隔都相等的話，我們稱此種現金流量為「年金」（annuity）。

年金的終值

年金的終值（future value of an annuity）反應在最後一期期末的一筆現金流量，其價值等於一系列的年金，以下我們將探討三種年金的終值，其包括：普通年金、期初年金及其他的年金。

■ 普通年金（又稱為期末年金）

普通年金（ordinary annuity）是指一系列等量及等時間間隔的現金流量，每期的現金流量均在期末發放。

〔例題〕

喬・海瑞斯決定在未來三年的每年年底存入$100到銀行帳戶中，銀行年息為10%，請問第三年年底的本利和是多少？

解答：

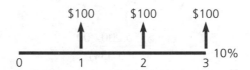

我們可先分別處理三筆個別現金流量在第三年年底的終值，然後再將其加總。若延用前述的符號，它可表達成：

$$V_3 = \$100(FVF_{10\%,2}) + \$100(FVF_{10\%,1}) + \$100$$
$$= \$100(1.2100) + \$100(1.1000) + \$100$$
$$= \$121.00 + \$110.00 + \$100$$
$$= \$331.00$$

由上式可看出：第一筆現金流量向後推了兩年，第二筆現金流量向後推了一年，第三筆現金流量不須調整，這三筆第三年年底的約當現金和為$331，它就是年金的終值。也就是說在年利率為10%的條件下，喬對於在第三年年底收到這筆錢與三年中每年年底收到$100之偏好程度應相等。

上式亦可將$100提出而成：

$$V_3 = \$100[FVF_{10\%,2} + FVF_{10\%,1} + 1]$$
$$= \$100[(1 + 0.10)^2 + (1 + 0.10)^1 + 1]$$

由上述的例子可推得年金終值的通式為：

$$V_t = A \sum_{i=1}^{N} (1 + k)^{N-i} \qquad (2.3)$$

其中

V_t = 第t期的現金流量

A = 年金的數額

k = 年利率

N = 現金流量的筆數

i = 它代表是第幾筆現金流量

由上式來看，V_t位於和最後一筆現金流量相同的時點，V_t為年金的約當現金流量。

（2.3）式亦可以下述之符號來表達：

$$V_t = A(FVFA_{k\%,N}) \qquad (2.3a)$$

表2.3提供了在不同的k及N之組合下，年金的終值因子的值，在附錄A中則有更完整的年金表。

表2.3 年金之終值因子

現金流量之期數（N）	利率（k）		
	9%	10%	11%
1	1.0000	1.0000	1.0000
2	2.0900	2.1000	2.1100
3	3.2781	3.3100	3.3421
4	4.5731	4.6410	4.7097
5	5.9847	6.1051	6.2278
6	7.5233	7.7156	7.9129
7	9.2004	9.4872	9.7833

公式：$FVF_{k\%,N} = \dfrac{(1+k)^N - 1}{k}$

利用（2.3a）式，上例之問題可轉成下式處理：

$$V_3 = \$100(FVFA_{10\%,3})$$
$$= \$100(3.3100)$$
$$= \$331.00$$

其中年金的終值因子（future value factor of an annuity）亦可由表中查得（即表中有畫方框的數字）。

上例的圖示為：

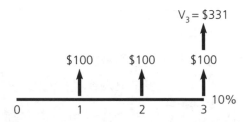

其中最重要的概念是年金的終值（約當現金流量）出現的時點和年金最後一筆現金流量的時點相同。

■ 期初年金

期初年金（annuity due）其他的概念和普通年金一樣，指的是一系列等量及等時間間隔的現金流量，唯一不同在於投資人是在每期的期初收到該期的現金流量。

〔例題〕

喬‧海瑞斯決定未來三年每年存入銀行$100，第一筆存款在今天（期初）存入，銀行的年息為10%，試問第三年年底時的本利和為多少？

解答：

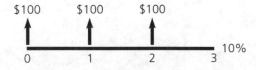

乍看之下，似乎可直接套用年金的終值因子去計算第三年年底的終值，但如此計算所得到的結果只是第二年年底的終值，而非第三年年底。請記住

一個簡單的原則：以年金終值因子所計算出的約當現金流量，它的時點必定和最後一筆年金之流量的時點相同（因此在本例為第二年年底）。

上述概念的圖示為：

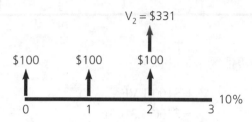

雖然計算出的結果只是第二年年底的終值，但只要把此第二年年底的約當現金流量乘上一年期的終值因子即可得到第三年年底的約當現金流量。

$$V_3 = \$331.00(FVF_{10\%,1})$$
$$= \$331.00(1.1000)$$
$$= \$364.10$$

其圖示：

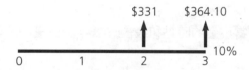

當然，此例可以寫成單一的式子：（借用前述的符號）

$$V_3 = \$100(FVFA_{10\%,3})(FVF_{10\%,1})$$
$$= \$100(3.3100)(1.100)$$
$$= \$364.10$$

■ 其他的年金

有些年金的起始日期不是現在，而是在從現在起算的數年之後，那麼這種現金的現值將如何評估呢？

〔例題〕

喬‧海瑞斯決定在連續三年中，每年存入銀行$100，第一筆之存款是在第三年的年底，銀行年息為10%，請問第五年年底的本利和是多少？

解答：

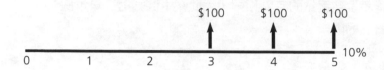

可使用年金的終值因子來計算：

$$V_3 = \$100(FVFA_{10\%,3})$$
$$= \$100(3.3100)$$
$$= \$331.00$$

約當現金之圖示：

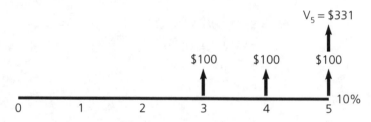

我們不難發現：約當現金的時點和最後一筆年金流量的時點相同（在第五年年底）。

以上我們已介紹了如何計算年金的終值，以下將介紹年金現值的算法。

年金的現值

年金現值（present value of an annuity）指的是，在年金第一期期初的一筆與未來一系列年金的現金流量價值相等的現金數額，其也就是一系列年金流量的一筆約當現金流量。我們一樣對三種不同的年金分別探討。

■ 期末年金

〔例題〕

瑪麗決定在今天存入銀行一筆款項，使得她以後三年的每年年底都能提 $100，銀行年息為10%，試問今天應存入多少錢？

解答：

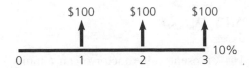

可想成是加總三筆個別現金流量的現值：

$$V_0 = \$100(PVF_{10\%,1}) + \$100(PVF_{10\%,2}) + \$100(PVF_{10\%,3})$$
$$= \$100(0.9091) + \$100(0.8264) + \$100(0.7513)$$
$$= \$90.91 + \$82.64 + \$75.13$$
$$= \$248.68$$

第一筆現金流量向前折現一年，第二筆向前折現二年，第三筆則為三年，三筆現金流量在今天的折現值之和為$248.68，此數額就是年金的現值。也就是說，在利率為10%的情況下，瑪麗對期初這筆現金（$248.68）的偏好程度和未來三年的年金一樣。

我們亦可將$100提出，式子將成為：

$$V_0 = \$100[PVF_{10\%,1} + PVF_{10\%,2} + PVF_{10\%,3}]$$
$$= \$100\left[\frac{1}{(1+0.10)} + \frac{1}{(1+0.10)^2} + \frac{1}{(1+0.10)^3}\right]$$

由此例亦可推導出計算年金現值的通式：

$$V_t = A \sum_{i=1}^{N} \frac{1}{(1+k)^i} \qquad (2.4)$$

其中

V_t = 第t期期末之現金流量

A = 年金的數額

k = 年利率

N = 現金流量的筆數

i = 表示第幾筆的現金流量

從（2.4）式中可看出，V_t這筆約當現金流量的所在時點是在第一筆年金支付的前一期。

（2.4）式亦可以下述的符號表達：

$$V_t = A(PVFA_{k\%,N}) \tag{2.4a}$$

表2.4是年金現值因子（present value factor of an annuity）的一個例子，在附錄A中有更完整的表格。

利用（2.4a）式，我們可將上例問題的解表達成：

$$V_0 = \$100(PVFA_{10\%,3})$$
$$= \$100(2.4869)$$
$$= \$248.69$$

此結果與之前以現值因子計算的答案一致（小數位之進位差異可忽略不計）。年金現值因子的值（2.4869）可在表2.4中10%那一行的第五列找到。

上述答案的圖示為：

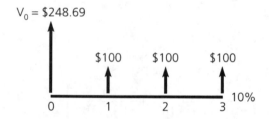

表2.4 年金之現值因子

現金流量之期數(N)	利率(k)		
	9%	10%	11%
1	0.9174	0.9091	0.9009
2	1.7591	1.7355	1.7125
3	2.5313	2.4869	2.4437
4	3.2397	3.1699	3.1024
5	3.8897	3.7908	3.6959
6	4.4859	4.3553	4.2305
7	5.0330	4.8684	4.7122

公式：$PVFA_{k\%, n} = \dfrac{1 - (1+k)^N}{k}$

由圖示也可看出約當現金流量（V_0）的所在時點是第一筆年金流量的前一期。第一筆年金在第一期期末，故約當現金流量在第一期期初。

〔例題〕

假設在1957年時，約瑟夫・甘迺迪將$41,820,000存入銀行帳戶，該銀行以5.4%年利率複利計息，他的目標是使其家族在往後的三十四年裡，每年均有固定的現金收入，那麼甘氏家族每年現金收入為何？

解答：

可以年金現值的式子來求解。

$$V_t = A(PVFA_{k\%,N})$$
$$\$41,820,000 = A(PVFA_{5.4\%,34})$$
$$\$41,820,000 = A(15.4209)$$
$$A = \$2,711,903.90$$

■ 期初年金

回顧前述的期初年金例子：

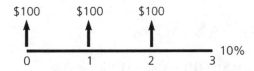

有時我們需要評估其現值。

〔例題〕

瑪麗希望能在銀行存入一筆錢，使其能在現在及未來二年的年初都能支付她$100，若銀行的年利為10%，問瑪麗今天應存多少錢？

解答：

她可用年金現值的式子（前述）來解。由前述的觀念可知，計算出的現值應是在第-1期的時點（因為第一筆的年金支付是在第0期，所以它的前一期我們稱之為第-1期）。其式為：

$$V_{-1} = \$100(PVFA_{10\%,3})$$
$$= \$100(2.4869)$$
$$= \$248.69$$

其圖示為：

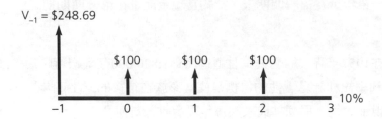

將V_{-1}調整成我們想要的V_0，只要將其乘上一年期的終值因子即可。

$$V_0 = \$248.69(FVF_{10\%,1})$$
$$= \$248.69(1.1000)$$
$$= \$273.56$$

其圖示為：

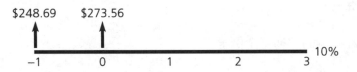

當然亦可以一個式子直接求解：

$$V_0 = \$100(PVFA_{10\%,3})(FVF_{10\%,1})$$
$$= \$100(\$2.4869)(1.1000)$$
$$= \$273.56$$

如果要將現金流量分組求解，可將現金流量分成二組。現在直接收到的年金$100被視為是一組，其餘的年金被視為是另一組，其式子為：

$$V_0 = \$100 + \$100(PVFA_{10\%,2})$$
$$= \$100 + \$100(1.7355)$$
$$= \$273.55$$

若不計小數進位的差異，此答案與前例計算的結果一致。

■ 其他年金

稍早時，我們曾有一例是探討一個在第三年年初起始，持續三年的年

金，年金數額為$100，圖示為：

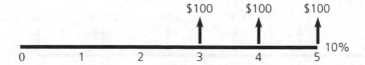

許多財務問題都需要評估年金現值。

〔例題〕

　　瑪麗決定在今天存入一筆錢，使她在三年之後，能每年支領$100，且持續三年，若銀行年息為10%，則瑪麗今天應存入多少錢？

$$V_2 = \$100(PVFA_{10\%,3})$$
$$= \$100(2.4869)$$
$$= \$248.69$$

其圖示為：

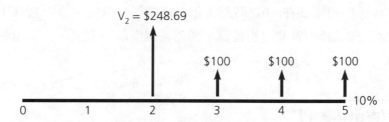

要求得現值，則尚須將此數字再乘上二年期的現值因子，即：

$$V_0 = \$248.69(PVF_{10\%,2})$$
$$= \$248.69(0.8264)$$
$$= \$205.52$$

其圖示為：

$205.52 ← 0 ── 1 ── 2 ── 3 10% $248.69

若以一式子直接計算則為：

$$V_0 = \$100(PVFA_{10\%,3})(PVF_{10\%,2})$$
$$= \$100(2.4869)(0.8264)$$
$$= \$205.52$$

本例亦有另一解法，其圖示為：

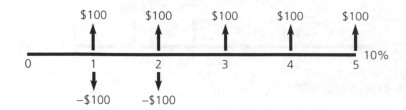

其中包括了一個五年數額為$100之年金，以及前二年－$100之現金流量，加總之結果，第一年及第二年的淨現金流量均為0。本作法就是分別處理這二筆年金的現值，然後再將其加總。其式為：

$$V_0 = \$100(PVFA_{10\%,5}) - \$100(PVFA_{10\%,2})$$
$$= \$100(3.7908) - \$100(1.7355)$$
$$= \$205.53$$

這二筆年金的現值都在t=0之時點，因為它們第一筆的現金流量都出現在t=1的時點。若不計小數進位的差異，則此答案與前一方法所計算出的結果一致。

時間價值的變型

之前所介紹的方法都是處理確定筆數現金流量的每年複利計算問題，但財務上所實際遭逢的狀況，往往不一定是以年作為計算期間的單位，並且也常遇到不確定筆數的現金流量問題。

其他的複利計算期間

除了以年作為複利的計算期間之外，實務上也常出現以半年、每季、月、天作為複利計算期間或甚至採連續計利，只要我們能確實掌握現金流量圖示的概念，就可輕易地調整其成為我們所需要的期間。

〔例題〕

　　約翰決定將$100存入一個利率為12%的銀行帳戶中，每季複利一次，請問五年後之本利和為何？如果改為每月複利一次，則本利和之數額是否會增加？

解答：

　　約翰的算法為：

$$V_{20} = \$100(FVF_{3\%,20})$$
$$= \$100(1.8061)$$
$$= \$180.61$$

　　約翰的步驟是先把年利率除以4（因為每季複利一次，每次複利之利率應為年利的1/4），再將年數乘以4作為期數（因為每季複利一次，每年就會複利四次），因此複利的期數為20期。

　　圖示為：

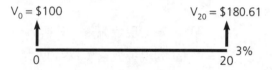

　　若以月來求複利，其算式為：

$$V_{60} = \$100(FVF_{1\%,60})$$
$$= \$100(1.8167)$$
$$= \$181.67$$

　　此時複利的利率是年利率的1/12，期數則是年數乘以12。每月複利計算出的現值確實有比每季複利計算出的現值稍大一些，它所反映的是複利次數較多的結果。

　　圖示為：

此例的結果亦可推導出計算此問題的通式：

$$V_{m(t+n)} = V_t \left(1 + \frac{k}{m}\right)^{mn} \tag{2.5}$$

其中

$V_{m(t+n)}$ = 第m（t+n）期的現金流量，與V_t相距mn期

V_t = 時點t的現金流量

k = 年利率

m = 每年複利的期數

n = 年數

若第一筆現金流量出現在t=0時，則（2.5）式可簡化成：

$$V_{mn} = V_0 \left(1 + \frac{k}{m}\right)^{mn} \tag{2.5a}$$

其中

V_{mn} = 第 mn期的現金流量，其與V_0相距mn期

V_0 = 時點0的現金流量（時點0就是年金的起始點）

年金的現值、終值及年金因子現值的處理方式彼此極為類似，其年利率須除以每年的複利次數，期數則為年數乘以每年的複利次數。

連續複利指的是複利的次數無窮大，其算式為：

$$V_{t+n} = V_t(e^{kn}) \tag{2.6}$$

其中

V_{t+n} = t+n時點的現金流量

V_t = t時點的現金流量

e = 2.71828

k = 年利率

n = 從V_t到V_{t+n}所經過的年數

當第一筆的現金流量發生在時點0時，（2.6）式可簡化許多，此時終值

Vn可表示成：

$$V_n = V_0(e^{kn}) \hspace{5cm} (2.6a)$$

其中

$$V_n = 時點n的現金流量$$

$$V_0 = 時點0的現金流量$$

$$n = 從V_0到V_n所經過的年數$$

〔例題〕

蘇珊將$100存入銀行，年息為10%，採連續複利計算，則五年後的本利和為多少？

解答：

可採（2.6a）式來計算：

$$V_5 = \$100e^{0.10(5)}$$
$$= \$100(2.71828)^{0.5}$$
$$= \$164.87$$

我們可發現此數額比前面以每季複利所計算出的數額（$161.05）大。

依照相似的形式，連續折現的式子可寫成：

$$V_t = \frac{V_{t+n}}{e^{kn}} \hspace{4cm} (2.7)$$

其中變數的定義同（2.6）式

若第一筆現金流量發生在時點0時，（2.7）式將可簡化，此時現值V0可表示為：

$$V_0 = \frac{V_n}{e^{kn}} \hspace{4cm} (2.7a)$$

其中變數的定義同（2.6a）式

〔例題〕

蘇珊今天準備存入銀行一筆錢，她的目標是五年後的本利和為$164.87，銀行利率為10%，採連續複利計算，試問她今天應存入多少錢才可達成其目標？

解答：使用（2.7）式來計算：

$$V_0 = \frac{\$164.87}{e^{0.10(5)}}$$

$$V_0 = \frac{\$164.87}{2.71828^{0.5}}$$

$$= \$100$$

其圖示為：

永續年金

永續年金（perpetuity）是指持續無窮期的年金而言，其現值因子可表達成：

$$PFVA_{k\%,Inf} = \frac{1}{k} \tag{2.8}$$

其中

Inf＝無窮期數

以此符號可將永續年金的現值寫成：

$$V_t = A(PVFA_{k\%,Inf}) = \frac{A}{k} \tag{2.9}$$

約當現金流量V_t所發生的時點在第一筆年金流量的前一期。

〔例題〕

凱斯買了一張債券，每年的票息為$100，永久付息，第一次利息支付是從今天起算的一年之後，若年利率為10%，則此系列現金流量的價值應為何？

解答：

使用（2.9）式來計算：

$$V_0 = \$100(\text{PVFA}_{10\%,\text{Inf}})$$
$$= \frac{\$100}{0.10}$$
$$= \$1,000$$

若利率上升，則此年金之價值會下降，反之則會上升。

其圖示為：

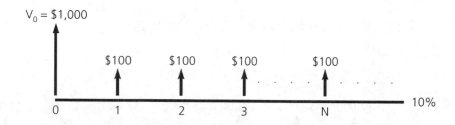

以上已介紹完基本的時間價值概念，接下來我們可將其應用到一些較複雜的問題上。

時間價值的應用

時間價值在公司理財中的應用層面相當廣泛，第三章我們將會使用時間價值的概念來處理債券及股票的評價問題，在第七章則應用現金流量折現的概念來評估投資計畫是否應被採行，本節提供了一些時間價值應用的慣例，以便於處理之後所遇到的問題。

不等量的現金流量

之前我們已處理了一些較單純的現金流量問題，其中包括單獨一筆的現金流量，以及等數額的多筆現金流量所構成的現金流量系列。若現金流量系列中，各筆的現金數額並不相等，則情況就會比較複雜，但只要我們能把現金流量加以分組，使其成為較簡單的型態，則前述的分析技巧仍可在此使用。

〔例題〕

Addison公司的工程師正評估一件新投資計畫的現金流量情形：

年	現金流量	年	現金流量
0	-$10,000	4	+$3,000
1	+$ 2,000	5	+$3,000
2	+$ 2,000	6	+$3,000
3	+$ 3,000	7	+$4,000

假設利率為10%，則此現金流量系列的現值為何？

解答：

這個現金流量系列的圖示如下：

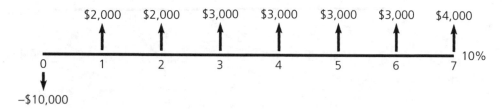

接著將現金流量分組：第一組是時點0的－$10,000，其位在現在的時
點，第二組是第一年及第二年的+$2,000，此組現金流量的現值為：

$$V_0 = +\$2,000(PVFA_{10\%,2})$$

第三組是從第三年到第六年所出現的$3,000，這組現值為：

$$V_0 = +\$3,000(PVFA_{10\%,4})(PVF_{10\%,2})$$

它是先用年金現值因子求得第三年到第六年的年金在第二年年底的年金
現值，然後再乘以現值因子則可求得它在現在的現值，第四組則是第七年的
現金流量，數額為+$4,000。此組的現值為：

$$V_0 = +\$4,000(PVF_{10\%,7})$$

最後將以上各組現金流量的現值加總，其圖示為：

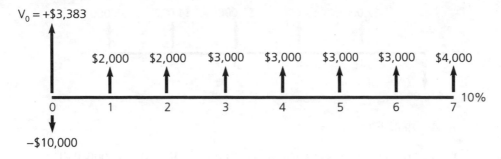

數式為：

$$V_0 = -\$10,000 + \$2,000(PVFA_{10\%,2}) + \$3,000(PVFA_{10\%,4})(PVF_{10\%,2}) + \$4,000(PVF_{10\%,7})$$
$$= -\$10,000 + \$2,000(1.7355) + \$3,000(3.1699)(0.8264) + \$4,000(0.5132)$$
$$= +\$3,382.62$$

此例的利率是已知，如果改成現金流量為已知，則該如何求利率呢？

利率的求法

未知的利率在不同的應用情況下有不同的名稱，在評價公司債，它被稱為到期殖利率；在評估投資案時，它被稱為內部報酬率，這些名詞在第3章及第7章有較完整的介紹。

〔例題〕

Baxley公司評估一個投資案的現金流量：

年	現金流量	年	現金流量
0	-$10,000	3	+$2,000
1	+$ 2,000	4	+$4,000
2	+$ 2,000	5	+$5,000

請問Baxley公司在此投資案的報酬率為何？

解答：

現金流量的圖示為：

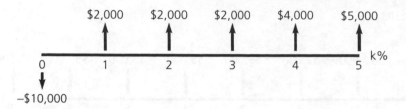

先寫下現值的算式：

$$V_0 = -\$10,000 + \$2,000(PVFA_{k\%,3}) + \$4,000(PVF_{k\%,4}) + \$5,000(PVF_{k\%,5})$$

接著使用試誤法來求k，如先取k=12，則

$$V_0 = -\$10,000 + \$2,000(2.4018) + \$4,000(0.6355) + \$5,000(0.5674)$$
$$= +\$182.60$$

但由報酬率的定義可知，我們必須找到一個k使得$V_0=0$，所以我們還必須繼續選別的k值來做試驗。

在尋找新的K值時，別忘了（2.2）式：

$$V_t = \frac{V_{t+n}}{(1+k)^n}$$

因為k位於分母，故假設k值上升，現值將會降低。因此，若選k=13，則現值應比k=12小，計算結果如下：

$$V_0 = -\$10,000 + \$2,000(2.3612) + \$4,000(0.6133) + \$5,000(0.5428)$$
$$= -\$110.40$$

由於V_0為負值，表示我們把k值調得過大，由此也可得知，使$V_0=0$之k值應介於12及13之間。以財務計機來計算，可得k%=12.6%。其圖示為：

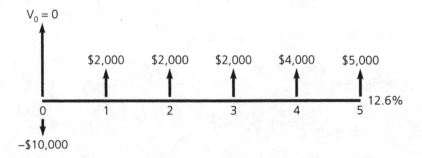

使用試誤法來處理上述的問題可增加對現金時間價值的體會,但學習用計算機或電腦去求得精確的答案也同樣重要。

有效利率

　　有效利率(effective rate of interest)指的是把實際複利的利率轉成與其價值(所計算出的本利和)相等的年利率,令有效利率的符號為ER,其公式為:

$$ER = \left(1 + \frac{k}{m}\right)^m - 1 \qquad (2.10)$$

　　有了有效利率,我們可以有共同的標準來比較各個不同複利計算期數的利率。

〔例題〕

　　約翰存了$100到一個年利率為12%的投資上,採每季複利計算,請問此投資的有效利率是多少?若改採每月複利計算,則有效利率是否會提高?

解答:

　　可採(2.10)式計算,取 k=4來處理每季複利:

$$\begin{aligned} ER &= \left(1 + \frac{0.12}{4}\right)^4 - 1 \\ &= 1.1255 - 1 \\ &= 0.1255 \text{ or } 12.55\% \end{aligned}$$

　　每月複利則是取k=12:

$$\begin{aligned} ER &= \left(1 + \frac{0.12}{12}\right)^{12} - 1 \\ &= 1.1268 - 1 \\ &= 0.1268 \text{ or } 12.68\% \end{aligned}$$

　　由上可知,從每季複利改成每月複利,有效利率有提高。

　　計算有效利率有利於瞭解貸款的實際利率,計算利息的數額則是貸款過程的必要步驟。

分期償還貸款

分期償還貸款（amortized loan）是指在貸款期間分期償還相同的金額，並且支付給出借人一個事先議定好的利息。通常會使用攤銷表（amortization schedule）來區分每期償還的金額中，那些數額屬於利息，那些數額屬於本金的償還。

〔例題〕

Cameron公司借款$100,000，採五年分期攤還，若年利率為10%，則每年應還多少錢？其中利息與本金的分配又為何？

解答：

其現金流量圖示為：

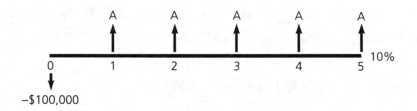

我們可把所有的現金流量調整到同一時點，並令其值的加總為0，如此可求得A（每年的支付額），最方便的基準時點是選時點0，因為-$100,000已經在時點0。

$$-\$100,000 + A(PVFA_{10\%,5}) = 0$$
$$A(PVFA_{10\%,5}) = 100,000$$
$$A = \frac{\$100,000}{PVFA_{10\%,5}}$$
$$A = \frac{\$100,000}{3.7908}$$
$$A = \$26,379.66$$

我們可使用攤銷表來確定每年償還金額中的本金及利息的分配：

年	支付	利息	本金償	結餘
1	$26,379.66	$10,000.00	$16,379.66	$83,620.34
2	$26,379.66	$8,362.03	$18,017.63	$65,602.71
3	$26,379.66	$6,560.27	$19,819.39	$45,783.32
4	$26,379.66	$4,578.33	$21,801.33	$23,981.99
5	$26,380.19	$2,398.20	$23,981.99	$ 0.00

　　第一年所支付的利息是把原來貸款之數額$100,000乘上年利率（10%）即可求得，之後年度的利息則是將該年的本金餘額乘上年利率來求得，至於本金償還則是把該期的償還金額減去剛才算出的利息支付即可。至於本金餘額則是把上期的本金餘額減去剛才算出的本金償還。注意：上表中最後一期的償還金額比前面的償還金額多了$0.53，此為進位上的誤差所致。

　　分期償還貸款的計算涉及到年金現值因子的使用，但如果適用的利率在表中找不到時又該如何處理呢？

計算機及微電腦

　　計算機在解決財務問題方面威力十足，若有較專業的計算機在手，而且能善用它的話，可以非常有效率地解決比較複雜的問題。財務用的計算機一般都有計算現值、終值及利率的功能，但有些種類的財務計算機沒有處理不等數額現金流量的功能。藉由圖示的幫助，財務計算機的運用會更加方便。

　　過去十年以來，微電腦已大大增強了它對財管的應用能力，其中以Lotus1-2-3 及微軟的Excel所提供的電子表格程式最為重要，許多財務的問題都可鍵入到電子表格的儲存格之中，然後各種內設的計算公式則可應用於儲存格裡的資料。以前這些工作都只能靠紙、筆及計算機來處理，現在有微電腦的幫助，人工作業大幅減少，並且也使調整及修改更加容易。

　　電子表格的建立仍需要相當的時間及人力，財務分析師常使用已程式化的電子表格來解決某些種類的問題，但使用這種表格的前提是其與主要的電子表格程式相容。

〔例題〕

　　回到本章一開始的故事，我們曾評論甘氏家族的財產應該是六億美元，

而不該只是三億五千萬美元，經由本章仔細的說明，讀者應可理解此評論的立論根據。

解答：

讓我們回顧整章的內容：

- 在終值的部分，我們已求出了一億美元在5.4%年利率水準下，三十四年後之終值將近為 六億美元，這也就是甘氏家族今天所應有的財富水準。
- 在現值的部分，我們求得在與上述條件相同的情況下， 三億五千萬美元的現值大約是五千八百五十五萬，以其相較於原本的資產價值一億，可發現有四千一百四十五萬的資本損失。
- 在年金現值的部分，我們算得甘氏家族相當於支付一個數額為二百七十一萬的年金，換句話說，過去三十四年來，每年資產的價值折損大約二百七十一萬。

使用永續年金的公式來分析，如果甘氏家族將現在三億五千萬的資產價值改投資在永續年金的話，則其後每年可領的錢為：

（令V為每年所領的年金）

$$V_t = \frac{V}{k}$$
$$\$350,000,000 = \frac{V}{0.054}$$
$$V = \$18,900,000$$

再回到本章引言的一個問題：甘氏家族是否遭逢了財務危機呢？從本章所提供的一系列資料來看，我們可能會誤以為答案是否定的，因為從表面上來看，甘氏家族每年可得一千八百九十萬美元，即使我們知道他們已損失了原來資產的41.45%，他們每年的收入似乎依然十分可觀。因此，接下來的問題是：我們是否已考慮了所有的因素？例如，我們是否考慮到家族成長的問題？

1957年時約瑟夫的九個子女中有七位存活，幾年後，有二位不幸死亡，即使如此，從1957年以來的三十四年之間，甘氏家族的人口仍大約成長了七

倍（從八位到五十三位），假如維持這個成長率，則未來的情況會如何呢？

　　以目前的成長率來推算，三十四年之後，甘氏家族的人口將擴張為三百七十一位，到了那時甘氏家族不可能在不動用本金的情況下，得到大於一千八百九十萬美元的年金收入。則在不久的將來，家族成員將無法維持目前的生活水準。

摘　要

　　本章的學習目標大致為：

1. 計算單獨一筆現金流量的終值

　　可由終值因子來計算n期後的約當現金流量，並且也介紹其圖示的表達。向後推算現金流量價值的動作被稱為複利。

2. 計算單獨一筆現金流量的現值

　　可由現值因子來計算一筆n期後的現金流量在現在的約當現金流量，此向前推算的動作又被稱為折現。

3. 決定年金的終值

　　年金指的是一系列等值、等間隔的現金流量，其終值指的則是在一系列年金中最後一筆年金的時點上，與整批年金價值相等的一筆約當現金流量。期末年金是指現金流量發生在每期期末的年金。

4. 決定年金的現值

　　年金的現值是指在第一筆年金的前一期期末的時點上，與整批年金價值相等的一筆約當現金流量。期初年金則是指每期的現金流量發生在期初的年金。

5. 金錢的時間價值之基本變型

　　時間價值因子可調整成半年、每季、每月、每日或甚至連續複利計算。其調整方式是把年利率除以每年複利的次數，期數則是年數乘以每年複利的次數。不論何種時間因子都可找到一個與其複利效果相同的年利率，該利率又被稱為是有效利率，我們可用有效利率來作為比較不同複利期利率的基準。

6. 應用時間價值的概念來解決一些財務問題

　　處理不等量的一系列現金流量價值的問題時，我們須將現金流量分

組，約當現金流量是各組計算後的加總。若各期的現金流量全部已知，則可反推算出一個使約當現金流量等於0的利率。計算分期償還貸款時，每期還款均會扣除部分的本金，在到期時，本金餘額為0（表示本金已完全償還）。

問　題

1. 現值與終值的關係為何？如果只有現值表之資料，則如何才能求得終值因子？
2. 約翰想計算一個期末年金的現值，但他手頭上僅有的資料是年金的終值因子，他應如何調整原來的公式以求得正確的答案？
3. 瑪麗亞想要找出使某時點約當現金為0之利率，她對時點之選擇是否會影響本題之答案？
4. 若利率下降，其對約當現金流量之影響為何？時點之選擇是否會影響本題之答案？
5. 計算機與電腦那一個才是解決財務問題的最佳選擇？為什麼？
6. 在評估一個資產的價值時，你將可能會遇到那些專業上的問題？
7. 甘氏家族的後代是否應對其未來之財務處境感到憂慮？

習　題

1. （現值）Angela購買了一個永續年金，一年後開始，將每年發放$1,000之年金，如果年利率是10%，則此永續年金之現值為何？
2. （現值或終值）艾德華先生買房子時有兩種付款選擇：今天付$100,000或五年後支付一筆現金，若利率為12%，則未來應付多少錢，方可使兩個選擇的吸引力一樣。
3. （現值）Riley公司認為其所擁有的某一座廠房，五年後的殘值為$5,000,000，若利率為10%，則此殘值的現值為何？
4. （其他複利期）計算$1,000存款在下列條件下之終值：
   (1)利率12%，每年複利一次，持續三年。
   (2)利率12%，每半年複利一次，持續四年。
   (3)利率12%，每月複利一次，持續五年。

5.（年金終值）莎利計畫每年年底存$1,000到銀行之帳戶，持續十年，若年利為8%，則第十年年底其所累積之本利和為多少？

6.（有效利率）第一國家銀行對定存單之付息為12.46%，第二國家銀行則為12%，但每季複利一次，請問那一家銀行的有效利率較高？

7.（年金現值）拉瑞剛贏得了某項獎金，該獎金是每年發$50,000，連續發二十年，第一筆就在今天發放，若利率是9%，則此獎金之現值為何？

8.（期末年金現值）在法院裁定之後，保險公司願意今天先償付$100,000，另外再以期末年金之方式，每年償付$10,000，連續二十年，若年利率是10%，則此保險公司償付額之現值為何？

9.（計算利率）你的親戚正在為你準備一項畢業禮物，他考慮到底要在今天起算的一年後給你$3,000，或是在二年後給你$3,300，在何種利率水準下，兩種禮物對你而言具有相同之價值。

10.（不等額現金流量的終值）若現在投資$2,000，兩年後投資$1,500，四年後再投資$1,000，年利率是10%，則十年後之終值為何？

11.（零存整付）比爾計畫每年年底存入銀行一筆相同之金額，並連續三十年，他希望在三十年後能領回$200,000，在利率為8%之條件下，請問其每年應存入之金額為何？

12.（計算每月的支付）你有以下之選擇：現在付現$100,000來購得一間房子，或分五年每月攤還，若年利率為12%，則每月應付多少錢，才會使你對二個選擇感到沒有差異？

13.（計算利率）McLeod公司借了$100,000，分五年償還，每年支付$25,708.92，請問此筆借貸之利率為何？

14.（報酬率）如果你今天投資了$1,000，而十年後可得到$10,000，則此投資之報酬率為何？

15.（不等額現金流量之現值）高曼公司正評估一個投資計畫的未來預期現金流量（稅後值）
若利率為10%，則此現金流量系列之現值為何？

16.（較高之現值）彩虹電子公司正考慮購買一設備，有A、B兩種選擇，在計入稅賦的因素之後，以下是其現金流量之情況：

年	A	B
0	-$ 10,000	-$ 15,000
1	+$ 3,000	+$ 4,000
2	+$ 4,000	+$ 4,000
3	+$ 4,000	+$ 5,000
4	+$ 4,000	+$ 5,000
5	+$ 10,000	+$ 15,000

若利率為14%，則那一種設備可帶來較高之現值？

17.（成長率）去年Land公司之銷售額為$9,000,000，較五年前成長了 $4,000,000，則過去五年來的銷售年成長率為何？

18.（報酬率）某張債券每年之利息為$900，一年後開始支付，持續四年，假設你以$3,000買入一張債券，則此投資的報酬率為何？

19.（現值）迪克森公司計畫投資$30,000，然後可在未來五年裡每年收到$10,000之現金流入，其第一筆現金流入是在今天起算的一年後，若利率是10.5%,則此投資之現值為何？

20.（報酬率）韓德森公司能以$67,000之價格（包括安裝費在內）買入一個新機器，該機器可使未來五年每年的完稅現金流量增加$20,000（因其能減少經營成本之故），五年後機器之殘值為0，則此投資之報酬率為何？

21.（現值）你將在今天起算的十年後開始，每年收到$1,000，且持續十年，若利率是10%，則這些現金流量之現值為何？

22.（計算利息）從銀行借款$50,000，利率13%，未來四年每年年底償還相同之金額，請問每年的利息支付為何？

23.（報酬率）今天投資$100,000，從現在起算的一年之後，每年將 $14,000之現金流入，持續十五年，請問此投資報酬率為何？

24.（零存整付）你在銀行戶頭中有$9,834.62，年利為8%,你計畫在每年年底存入一筆相同之金額，並持續十年，你的目標是在十年後能累積到$100,000，則每年應存多少金額？

25.（連續複利）若存$1,000到銀行帳戶中，年利率為8%，採連續複利計算，則十年後之本利和為何？

26.（等額提款）假設有一位親戚同意從今天開始，之後的四年每年均為

你存$5,000（今天存入第一筆），以作為你四年之後攻讀研究所之基金，你將可在從今天起算的四年後，分三年來提領這筆錢，若年利率是10%，且每天所提出之金額相等，試問每年提領之金額為何？

27. （永續提款）假設你決定未來的十年裡每年存入銀行相同數額的一筆錢，其中第一筆存款就在今天存入，假設年利率是10%，而你的目標是在今天起算，十年後能每年提領$1,000的永續年金，則每年應存多少錢到銀行？

28. （等額存款）在嬰兒在出生的那一天，其雙親就決定為其在銀行開一個帳戶，之後每年存入等額之存款，直到小孩十七歲的生日為止（第一筆存款就在小孩出生的那一天），其雙親的目標是能在未來小孩十八、十九、二十、二十一歲每年的生日提領$5,000，假設銀行的年利率為8%，則雙親未來的十七年每年應存多少錢？

29. （較高的現值）Hawkes公司正在考慮到底要買A型設備還是B型設備，其中A型設備的成本為$50,000，其未來五年，每年可產生$15,000的完稅現金流入，B型設備的成本為$115,000，未來十年，每年可產生$20,000的完稅現金流入，若年利率為10%，回答下列問題：

(1)若二個設備的投資均不可重複，則那種設備的現值較高？

(2)若A型設備的投資可重複一次，則那種設備投資的現值較高？

30. （連續報酬率）若你今天又投資$1,000，並預期十年後能得到$2,000，則連續複利計算之報酬率為何？

31. （等額提款）若你繼承了$75,000，並將其中的$50,000存入一個帳戶，其保證未來永遠都能有8%之報酬率，你打算在六十五歲退休之後，每年都能提領$100,000，直到該筆錢被提完為止，假設你活得夠久的話，請問當你幾歲時，上述之情形（錢被提完）會出現？

32. （計算月息）若你打算在十年內能以$250,000購得一間房子，而你已在儲蓄帳戶中存有$5,000，其在未來的十年裡，每年之利率為8%。你計畫在今天起算的一年後能多存入$1,000到帳戶中，二年後存入$2,000，之後類推，每年存款均比前一年增加$1,000，因此第十年將

存入$10,000，十年後，你用帳戶中的本利和來支付新房子的頭期款，若你計畫將剩下的應付價款以一個三十年期，年利12%的貸款來支應，則之後你每月的償還支出為何？

33.（現值之範圍）詹姆士以利率11%，11.5%，12%，12.5%，13%，來評估下面之現金流量：

年	現金流量	年	現金流量
0	-$95,000	5	$19,000
1	15,000	6	20,000
2	16,000	7	21,000
3	17,000	8	22,000
4	18,000	9	23,000

請問現值之範圍為何？

34.（計算終值之價值）比利出生於1970年2月26日，一年後，他父親開始儲蓄一筆基金以作為其小孩日後上大學之經濟來源，他在那時存了$5,000，並計畫在之後比利每年的生日那天存$2,500，直到比利十七歲的生日為止，而比利可在其十八歲到二十一歲之間每年生日時提領$10,000作為上大學的費用，而其二十五歲時可得到基金中所剩餘的款項，若基金每年之報酬率為5.5%，則此筆剩餘金額的數目為多少？

個案研究

Handy Tool公司是一個消費及家用產品的製造及經銷商,其所經營的產品包括家電用品、配件、具安全性的工具以及戶外的休閒器具,該公司有四十四個生產單位,其中有十個位在外國。在上個會計年度中,海外之收益占了總收益的33%。

Handy Tool最著名的產品乃是電器工具,該公司生產了一系列的有線及無線之電器用具供家庭及商業使用,另外的相關產品方面,Handy Tool也銷售工作桌、充氣馬達、緩衝器、可攜帶的吸塵器及其他一些產品。

工廠的工程師已聯絡了二個機具設備之供應商,針對一組設備對其報價。麥迪遜公司之投標金額為$175,000,而理查蒙公司的報價則是$148,000,工程師評估兩家公司產品的安裝費均為$5,000。

Handy Tool公司位於北卡羅萊那州之Goldsboro,工廠計畫添購一個用來生產無線鑽孔機的設備以增加產能。工廠之財務分析師李哈迪先生計算了該投資計畫所帶來之現金流量,在計算之過程中,必須將增加之盈餘所被課的稅額加以扣除,稅後之現金流量如下:

年	麥迪遜	理查蒙
1	+$30,000	+$30,000
2	+$30,000	+$30,000
3	+$30,000	+$30,000
4	+$30,000	+$30,000
5	+$33,000	+$30,000
6	+$33,000	+$33,000
7	+$33,000	+$33,000
8	+$36,000	+$33,000
9	+$36,000	+$33,000
10	+$36,000	+$33,000

除此之外,二種設備的稅後殘值均為原先報價的10%,而公司對投資計畫所使用的折現率均為12%。

問題

1. 從一開始到第十年之現金流量之狀況為何?
2. 這些現今流量之現值為何?
3. 兩個投資案之現金流量差額的現值為何?
4. 應作何種決策?為什麼?

3

評價過程

為什麼投資股票不足也會有
風險?

　　根據位於麻州的David L. Babson &
Company這家投顧公司的統計,儘管近來
有大筆的資金流入股市及股市共同基金,
平均每人仍然只持有約佔個人資產1/5的股
票。在1960年代末期,每人持有的股票大
約占其資產的45%。許多投資專家認為投
資者應該可以在合理的風險下多買些股
票。

　　投資股票的出發點應在於長期的潛在
高報酬率(五年期以上),而不是短期的
市場表現。從1926年以來,長期政府公債
的平均年報酬率(票面利息收入及資本利
得)為4.8%,而短期公債則為3.7%(以上

資料來自於Chicago's Ibbotson Associates）。同期的平均年物價膨脹率則為3.1%，即使加入稅賦的考慮，把錢投資給國家，投資者依舊是輸家，政府彷彿得到了一個向人民合法掠奪的特權。

至於股票則正是擊敗物價膨脹的利器，它也可以輕易地打敗稅賦。1926年以來，投資股票的平均稅前年報酬率為10.4%。

1926年以來，若以每年的投資報酬率來看，其中有二十年呈下跌走勢，但若看更長期的報酬率，結果就有所不同。根據Ibbotson公司的資料，我們可以把1926年至1991年分成62個連續五年期，第一個五年期從1930的年底起算，而取後一個五年期的終點是1991年年底，以此來看，只有七次的五年期報酬率是下挫的。

投資於普通股的風險較高，尤其短期更是如此。如果能先瞭解評價過程，風險的管理將比較容易。

Soure: Jonathan Clements, " Why It∏s Risky Not to Invest More in Stocks," *The Wall Street Journal,* February 11, 1992. Reprinted by permission of The Wall Street Journal, © 1992 Dow Jones & Company, Inc. All Rights Reserved Worldwide.

評價的架構

我們已經提過，極大化普通股股票的價值是公司管理者的首要目標，也就是說，要極大化未來給股東的現金流量之現值。要瞭解評價的架構，我們先要瞭解涉及要求報酬率的概念。

要求報酬率

要求報酬率（required rate of return）是指使投資人願意去投資某資產的最低報酬率，當然這句話成立的前提在於資產市場處於完全競爭的狀態，下文中，要求報酬率的定義和預期報酬率相同，二者可彼此互換。

要求報酬率也就是用來評價資產的折現率，其由三部分所構成：

・實質利率

・物價膨脹貼水

・風險貼水

其中實質利率所指的是無風險資產在沒有物價膨脹的環境中的報酬率，而物價膨脹貼水及風險貼水則是為了補償投資人承擔物價膨脹及風險，所給予投資人的額外報酬。

至於所謂的無風險利率，（risk-free rate of return），其所指的是實質利率加上物價膨脹貼水，因此要求報酬率也可定義成無風險利率加上風險貼水。通常是用美國國庫券或公債的利率來代表無風險利率，因為它們幾乎是零風險（由美國政府為擔保），並且也包含了物價膨脹的考慮在內。第8章將介紹資本訂價模型（CAPM），該模型支持要求報酬率等於無風險利率加上風險貼水的論點。

評價模型

資產價值（V）是未來現金流量的現值，以式子表達：

$$V = \frac{CF_1}{(1+k)^1} + \frac{CF_2}{(1+k)^2} + \ldots + \frac{CF_N}{(1+k)^N} \tag{3.1}$$

其中

CF_n = 第n年年底的預期現金流量

k = 要求報酬率

N = 期數

圖示為：

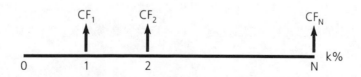

在未來的章節中將會介紹評估預期現金流量的方法，現在我們先假設各個現金流量的值都已被估算出來了。

〔例題〕

芭芭拉想要評價其所購得的資產，她預測未來十年的每年年底均有$5,000之現金流量，並且要求報酬率為11%。

解答：

使用（3.1）式及時間價值的概念，可得：

$$V = \$5,000(PVFA_{11\%,10})$$
$$= \$5,000(5.8992)$$
$$= \$29,496$$

圖示為：

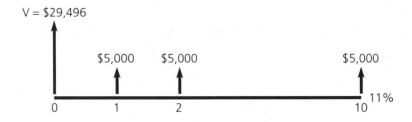

$29,496的價值代表了她願意購買此資產的最高價錢，或是願意出售此資產的最低價錢。而市場的交易中，買賣雙方都以其對現金流量的預期及要求報酬率來作決策。

投資的合法性及投資倫理 ·······················

"arb"是指從事套利的人，套利也就是在無風險的情況下買低賣高賺得差價。套利使性質及風險相似的資產在市場上的價格達到均衡，因此套利既合法，也無道德上的問題。畢竟追求財富乃人之天性。

但若靠內線消息來賺錢則是另一回事。譬如有些公司在購併另一家公司時，會買進欲購併公司的大規模之股票，如此會造成該公司股價上揚，有此情報的人可先買進那家公司的股票，之後股價上揚後就可大賺一筆。

Goldman Sachs公司套利部主任Freeman就以這種內線消息來圖利，他因事先知道（消息未公開時）Coniston公司欲購併Storer公司，因而就

購入大筆Storer公司之股票，二週後消息正式公布，股價大漲，Freeman
大賺一筆。

　　這是否為套利行為？表面上是（同樣是買低賣高），但因為他所使
用的資訊並非一般投資大眾所知，因此，其他投資者在評估股票價值方
面會不精準，進而影響到投資決策。這不算是套利，而屬於內線交易，
此種不公平的投資獲利既不道德，也不合法，Freeman先生因內線交易而
入獄。

Source: James B. Stewart, "Suspicious Trading," *The Wall Street Journal*,
February 12, 1988, pg. 1; and James B. Stewart, *Den of Thieves*, New York: Simon
and Schuster, 1991. Reprinted by permission of The Wall Street Journal, © 1988
Dow Jones & Company, Inc. All Rights Reserved Worldwide.

債券評價

　　債券通常都是為投資人帶來一系列之利息收入，並且在到期日時付給投
資人一筆定額的資金（即面值），當然也有少數的例外（如零息債券及永續
債券），以下先介紹一些重要的用語：

- 面值（面額）（par value）是指在到期日所償還的金額
- 票面利率（coupon interest rate）是指債券發行人承諾在每期發給債券
  持有人的一個面額的百分比
- 票息：（coupon payment）指的是每期支付的利息
- 到期日（maturity date）則是最後一筆利息的支付日及面額的償付日

債券評價模型

　　令債券價值為V_b，則利用現值的概念可將（3.1）式修改成：

$$V_b = \frac{I}{(1 + k_d)^1} + \frac{I}{(1 + k_d)^2} + \ldots + \frac{I}{(1 + k_d)^N} + \frac{P}{(1 + k_d)^N} \tag{3.2}$$

其中

$\quad$ I = 年利支付

$\quad$ k_d = 要求報酬率

$\quad$ P = 面值

而年利息支付等於年票面利率乘以面值

其圖示為：

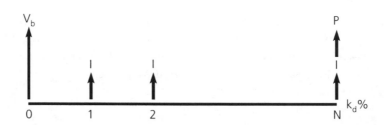

〔例題〕

珍妮想評價她最近所買的一張三十年期McNair公司債券，該債券之年利率為12%，面值為$1,000，而與其具有相似風險的債券之要求年報酬率為12%，請問該債券今天的價值應為何？

解答：

可以用（3.2）式來算：

$$V_b = \frac{\$120}{(1.12)^1} + \frac{\$120}{(1.12)^2} + \ldots + \frac{\$120}{(1.12)^{30}} + \frac{\$1,000}{(1.12)^{30}}$$

$$= \$120(PVFA_{12\%,30}) + \$1,000(PVF_{12\%,30})$$

$$= \$120(8.0552) + \$1,000(0.0334)$$

$$= \$966.62 + \$33.40$$

$$= \$1,000.02$$

除了小數位之計算誤差之外，我們可知當要求報酬率和票面利率一樣時，債券的價值就等於其面額。

其圖示為：

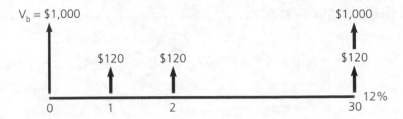

〔例題〕

　珍妮決定繼續持有McNair公司的債券而不出售，五年後，具有相似風險債券的要求年報酬率跌到10%，請問該債券五年後之價值為何？

解答：

　以（3.2）式來計算：

$$V_b = \frac{\$120}{(1.10)^1} + \frac{\$120}{(1.10)^2} + \ldots + \frac{\$120}{(1.10)^{25}} + \frac{\$1,000}{(1.10)^{25}}$$

$$= \$120(PVFA_{10\%,25}) + \$1,000(PVF_{10\%,25})$$

$$= \$120(9.0770) + \$1,000(0.0923)$$

$$= \$1,089.24 + \$92.30$$

$$= \$1,181.54$$

　其圖示為：

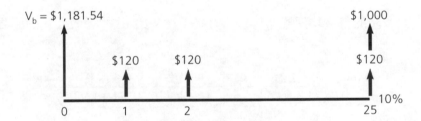

　由以上之結果可知要求報酬率下降時，債券之價值上升，反之，當要求報酬率上升，債券之價值則下降。此觀念在以後會反覆出現。

　經過一段時間之後，大部分債券的售價都和面額不相等，其中我們稱售價比面額低的債券為折價債券（discount bond）。而售價比面額高的債券為溢價債券（premium bond）。折價債券的要求年報酬率比票面利率高，而溢價債券的要求年報酬率則比票面利率低。（提示：以前面的評價方法來思考）

半年期的利息支付

　　大多數的債券均採半年付息的方式，（3.2）式的評價公式因而要調整為：

$$V_b = \frac{I/2}{(1 + k_d/2)^1} + \ldots + \frac{I/2}{(1 + k_d/2)^{2N}} + \frac{P}{(1 + k_d/2)^{2N}} \qquad (3.3)$$

〔例題〕

　　珍妮欲評價一個三十年期、面值為\$1,000、年利息為\$120且採半年計息的債券，該債券是Cameron公司五年前所發行的。若目前的要求年報酬率為10%，則此債券之價值為何？

解答：

　　以（3.3）式來解：

$$V_b = \frac{\$60}{(1.05)^1} + \frac{\$60}{(1.05)^2} + \ldots + \frac{\$60}{(1.05)^{50}} + \frac{\$1,000}{(1.05)^{50}}$$

$$= \$60(PVFA_{5\%,50}) + \$1,000(PVF_{5\%,50})$$

$$= \$60(18.2559) + \$1,000(0.0872)$$

$$= \$1,095.35 + \$87.20$$

$$= \$1,182.55$$

每年的利息$120被等分成二個$60，要求年報酬率10%也被除以2以配合半年計息。二十五年乘以2而為五十期。

其圖示為：

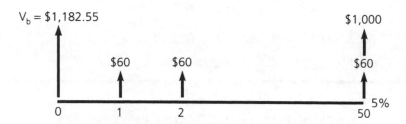

和前例比較，可發現半年計息債券的價值高於條件相似，但以年來計息的債券之價值，當然這個說法成立的條件是針對溢價債券。半年計息債券可提早收到前半年的利息，而在現金有時間價值的前提下，半年計息之債券將較每年計息的債券來得更有價值。

距到期日之時間

承上例，若要求年報酬率改成14%，我們可以求算出債券之價值為$861.99。若採用以上的二個要求報酬率，而分別對二十、十五、五及零年期加以求算其債券價值，可發現兩個債券的價值都會日趨接近面額，而平價發行的債券價值則不受影響，圖3.1顯示出上述的關係。

從以上的討論可知道要求報酬率（市場利率）與債券價值呈反向關係，此種債券價值的波動被稱為是利率風險（interest rate risk），其中長期債券因為利率而引發的價值波動比短期債券來得大，因此長期債券的利率風險比短期債券大。

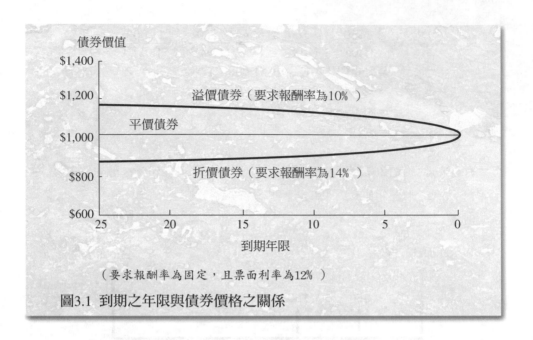

圖3.1 到期之年限與債券價格之關係

例如，有二張面值均為$1,000且票息年利率均為12%的債券，其中一張還有五年到期，另一張則還有二十年才到期。我們另外還可計算出在不同市場利率之下的債券價值，結果整理成**表3.1**。

由表可知，利率變化對債券價值的影響，以二十年期的債券最大。例如，當利率由12%漲至16%時，二十年期債券將跌價$237.15（從$1,000.00跌至$762.85），而五年期債券則只跌價$130.97（從$1,000跌至$869.03）。

表3.1 票面利率為12%之債券在不同利率水準下之價值

市場利率	二十年期債券	五年期債券
8	$ 1,392.73	$ 1,159.71
10	1,170.27	1,075.82
12	1,000.00	1,000.00
14	867.54	931.34
16	762.85	869.03

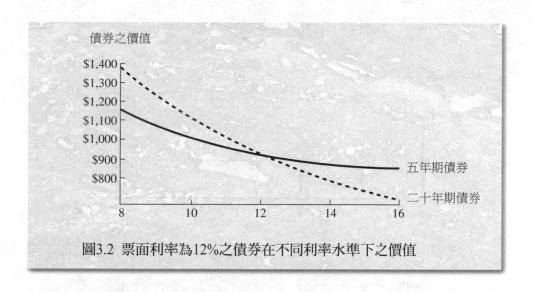

圖3.2 票面利率為12%之債券在不同利率水準下之價值

　　圖3.2表達的是五年期債券價值與二十年期債券價值之關係。當市場利率接近票面利率時，兩債券價值的差異很小，但當市場利率與票面利率的差距擴大時，兩債券價值的差異也將擴大。

　　投資人應瞭解長期債券的價格波動較大，其對利率變化非常敏感，因此應儘量避免持有長期債券，除非它的報酬率很高，足以彌補其較高的利率風險。

　　短期債券亦有其風險，其中以再投資風險（reinvestment rate risk）最重要。此風險是指當短期債券到期時，市場利率可能會下跌，若投資人的投規劃期限比短期債券長，則其領到面額後再繼續投資時，勢必只能接受較低的報酬率，而長期債券的投資人則可繼續維持其較高的報酬率。

到期殖利率

　　使債券之現金流量折現到時點0（即現在）的價值等於現在價格的利率，被稱為到期殖利率（yield to maturity）。我們可使用（3.2）或（3.3）式來求算到期殖利率。

〔例題〕

　　約翰買了一張年利12%、面值$1,000、半年付息的債券，二十五年後到

期，現在之價格為$1,182.55，請問其到期殖利率為何？

解答：

圖示為：

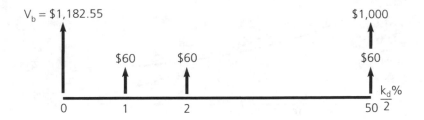

再套用（3.3）式：

$$\$1,182.55 = \frac{\$60}{(1+k_d/2)^1} + \ldots + \frac{\$60}{(1+k_d/2)^{50}} + \frac{\$1,000}{(1+k_d/2)^{50}}$$
$$= \$60(PVFA_{k_d/2,50}) + \$1,000(PVF_{k_d/2,50})$$

他以試誤法來求算$k_d/2$。他先用一個比6%低的利率代入（因為本題之債券為溢價發行，故半年期之殖利率應比半年的票面利率6%來得低）。

他以4%代入：

$$\$1,182.55 = \$60(PVFA_{4\%,50}) + \$1,000(PVF_{4\%,50})$$
$$= \$60(21.4822) + \$1,000(0.1407)$$
$$= \$1,288.93 + \$140.70$$
$$= \$1,429.63$$

由於此值太大，故應改用較大的利率（但仍低於6%），他改用5%：

$$\$1,182.55 = \$60(PVFA_{5\%,50}) + \$1,000(PVF_{5\%,50})$$
$$= \$60(18.2559) + \$1,000(0.0872)$$
$$= \$1,095.35 + \$87.20$$
$$= \$1,182.55$$

此值正是債券之價格，故可知$k_d/2$=5%，因而可知到期殖利率（k_d）為10%。

當然在現實的應用上，主要還是要借助財務計算機或電腦程式來求算。

到期殖利率（以後簡稱為**YTM**）有一個求其近似值之公式：

$$YTM = \frac{I + \dfrac{P - V_b}{N}}{0.4P + 0.6V_b} \qquad (3.4)$$

若以此式來計算上題可得：

$$YTM = \frac{\$60 + \dfrac{\$1,000 - \$1,182.55}{50}}{0.4(\$1,000) + 0.6(\$1,182.55)}$$

$$= \frac{\$56.349}{\$1,109.53}$$

$$= 0.0508 \text{ or } 5.08\%$$

此答案與5%有所差距，它只是個近似值。若把CY定義成當期殖利率（current yield），而把CGY定義成資本利得，則：

$$YTM = CY + CGY \qquad (3.5)$$

指得是把年利息收入除以債券售價，而資本利得則是到期殖利率減去當期殖利率之後的差額。

〔例題〕

約翰買了一張Aerobics公司的債券，三十年後到期，票面利率為10%，面值為$1,000，每年付息，市價為$800，殖利率為12.59%，請問當期殖利率及資本利得各為何？

解答：

以（3.5）式來求算：

$$0.1259 = \frac{\$100}{\$800} + CGY$$

$$0.1259 = 0.1250 + CGY$$

$$CGY = 0.0009 \text{ or } 0.09\%$$

到期殖利率反映了持有一張債券至到期日所賺得的報酬率，但許多債券在到期日之前就已被贖回。

贖回殖利率

公司常在發行債券時附上一個可贖回條款，它付予了公司一個在債券到期日之前將其先購回的權利，也就是公司付給債券持有人贖回溢價而把債券買回，溢價的數額通常是一年期的利息，但在可贖回日之後則逐漸下降。而贖回殖利率（yield to call）是指若公司在起初可贖回之時點將其發行的債券贖回時，該債券持有人所能獲得的內部報酬率（internal rate of return）。

一般來說，公司會在市場利率重挫時提早償還原債務，並且重新以較低的利率舉債。新舉債可為公司帶來一筆現金流入，而未來公司的利息負擔又因利率下降而比原先債券的利息低，每期因而可省下一筆現金流出，但新發行債券會有一些成本，把此成本和未來節省的現金流入之現值加總，若其為正值（或為零），公司就會贖回原來的債券。

〔例題〕

約翰買了一張票面年利率為12%，面額為$1,000，每半年付息的債券,在到期日的五年前公司開始可贖回，該債券之市價為$980.55，若債券未來被贖回，約翰可得$1,100，請問該債券之贖回殖利率為何？

解答：

假設債券在可贖回的開始時點即被贖回，則其現金流量的圖示如下：

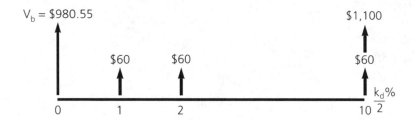

首先要先解$K_d/2\%$，其方法是將現金流量折現到時點0，它的值等於市價，將最後一筆贖回溢價之現金流入取代面值的現金流入，我們可把調整後的值代入（3.3）式：

$$\$980.55 = \frac{\$60}{(1 + k_d/2)^1} + \ldots + \frac{\$60}{(1 + k_d/2)^{10}} + \frac{\$1,100}{(1 + k_d/2)^{10}}$$

$$= \$60(PVFA_{k_d/2,10}) + \$1,100(PVF_{k_d/2,10})$$

他可用試誤法來求$K_d/2$的值，由於已知贖回溢價大於市價，故應代入比票面半年利息（6%）高之值來試，他選用7%去算：

$$\$980.55 = \$60(PVFA_{7\%,10}) + \$1,100(PVF_{7\%,10})$$
$$= \$60(7.0236) + \$1,100(0.5083)$$
$$= \$421.42 + \$559.13$$
$$= \$980.55$$

其值正是市價，故$K_d/2$為7%，因此贖回殖利率為14%。

贖回價格 ●●●

　　數月之前，我曾接獲一封頗為生氣的投資人所寫的抱怨信函，他所投資的標的是卡羅萊納電力公司發行的第一順位不動產押抵債券，發行利率為10.5％，至西元2009年的5月15日到期，本債券為一可贖回之債券，於1979年發行。而在1991年1月1日時，該公司以百分之百的票面價格將債券贖回，而不是以正常的贖回價格$106.52將其買回。

　　這位投資人由於未能充分瞭解債券贖回之細節，因此平白遭受了損失。本案例的關鍵在於：許多公司（特別是電力公司）都訂有兩種贖回債券的價格，至於究竟會以那一個價格來贖回債券，則要視贖回的型態來決定。

　　較高的贖回價格（正常的贖回價格）是用於公司因調節內部閒置之資金而做的贖回，此情況通常是因為該年公司營運狀況優異，賺得了超過預期的盈餘。另外一種贖回債券的情況是公司對其資產的維修及更新不力，未能達到要求的標準，因此必須要償還之前以這些資產為抵押所發行的債券，這種型態的贖回通常都是以債券票面價格為贖回價，而且公司有義務一定要立即將債券贖回。以本例而言，電力公司有義務要將其抵押發行債券之資產維持在良好的狀態，畢竟它們是債券信用的擔保。如果電力公司無法維護好這些資產，就必須視實際狀況將債券贖回。

Source: Richard S. Wilson, "The Price of Redemption," *Financial World,* September 3, 1991, pg. 82.

零息債券

最近幾年來，有許多公司都發行了零息債券（zero coupon bond），這種債券在其存續期間並不支付投資人任何利息，而投資人可在到期日領到債券的面額。公司常為了避開某些期間的現金支出因而發行零息債券，至於購買零息債券的投資人則可確保債券存續期間內的報酬率，而不會有利息收入的再投資風險。

〔例題〕

約翰買了一張面值為$1,000，二十五年到期的零息債券，市價為$92.3，請問其到期殖利率為何？（假設每年折現一次）

解答：

圖示如下：

用折現之概念：

$$\$92.30 = \frac{\$1,000}{(1 + k_d)^{25}}$$
$$= \$1,000(PVF_{k_d\%,25})$$

$$(PVF_{k_d\%,25}) = 0.0923 \quad =（上式右左兩邊同除以\$1,000）$$

再查現值表，可得$k_d\% = 10\%$

有些人誤以為購買零息債券可規避所得稅，但美國的法律規定零息債券之個人投資者每年仍須繳交所得稅，其計算之稅基是每年折價之攤還金額（純是計算課稅之數字，事實上並無此現金流入）。

永續債券

永續債券（perpetual bond）可採半年付息或每年付息，且永遠不停止付息，它們沒有到期日，因而沒有所謂的面額償付，它們也沒有被贖回的時候。

把（3.3）式調整，並運用無窮等比級數的收斂解，可得：

$$V_b = \frac{I}{k_d} \qquad (3.6)$$

〔例題〕

約翰最近買了一張永續債券，其每年的票息為\$120，下一次的付息日剛好是一年之後，要求年報酬率為10%，請問其價值應為何？

解答：

使用（3.6）式計算：

$$V_b = \frac{\$120}{0.10}$$
$$= \$1,200$$

其圖示為：

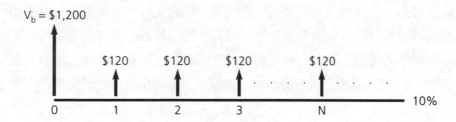

債券報價

大多數之債券均是在店頭市場交易，因而交易的資訊通常較少。在紐約證券交易所也有公布債券交易的部分，它可由《華爾街日報》等財經報尋得。

〔例題〕

　　約翰從他的經紀商得知Paxton公司在幾年前發行一種面額為$1,000，半年付息的債券，而其今天（1993年12月31日）在報上之報價為：

Bonds	Cur Yld	Vol	Close	Net Chg
Paxt 8¾ 05	9.1	5	96⅝	+ ½

　　請問其代表的意義為何？

解答：

　　它說明了Paxton公司發行債券的到期日為2005年12月31日（即05之數字），票面利率為8.75%（即8 $\frac{3}{4}$）其收盤價為$966.25($1,000×96 = 966.25\frac{5}{8}$，該價格比昨天上漲了1/2元，今天有五張債券成交。
至於則是把年息除以收盤價而得。約翰算出年利息為$87.50（$1,000×8 $\frac{3}{4}$ = $87.50），因此為$87.50/$966.25=9.06%=9.1%。

特別股股票的評價方法

　　特別股股票（以下簡稱特別股）介於普通股股票（以下簡稱普通股）及債券之間，它支付固定的股利，但沒有面額的支付，雖然特別股通常和一般的股票一樣，沒有所謂的到期日，但許多特別股都訂有可贖回條款，使公司可在幾年之後買回股票。但特別股仍屬表彰對公司有所有權之證券（與債券截然不同），其投資者的股利收入被保障在普通股之前，但仍要經由董事會之決議。

永續特別股

　　永續特別股（perpetual preferred stock）永久支付一個固定的股利，其價值可由折現（及無窮等比級數）之觀念算得：

$$V_p = \frac{D_p}{k_p} \tag{3.7}$$

其中

$$D_p = 每年之股利$$

$$k_p = 要求年報酬率$$

〔例題〕

卡羅斯最近買了一張利率為12%，面額為$100之特別股，要求年報酬率為10%，問其價值為何？

解答：

用（3.7）式可算得：

$$V_p = \frac{\$12}{0.10}$$

$$= \$120$$

其中年股利收入$12是來自於$100×12%=$12

其圖示為：

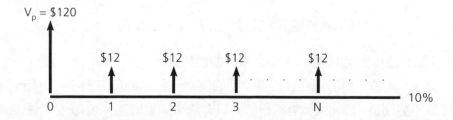

每季付股利

大部分的特別股都是每季發放股利，因此其有效利率比票面年利率高。

〔例題〕

卡羅斯最近買了一張特別股，面額為$100，票面年利率為12%，市價為$120，請問其有效利率為何？本股票之內部報酬率為10%（因為$12/$120=10%），此報酬率要如何轉成有效利率？

解答：

使用（2.10）式來算：

$$ER = \left(1 + \frac{k}{m}\right)^m - 1$$
$$= \left(1 + \frac{0.10}{4}\right)^4 - 1$$
$$= 0.1038 \text{ or } 10.38\%$$

普通股股票之評價

任何資產的價值都是其預期現金流量的現值，普通股自然也不例外。
令普通股之價值為V_s，其值可寫成：

$$V_s = \frac{D_1}{(1 + k_s)^1} + \frac{D_2}{(1 + k_s)^2} + \ldots + \frac{D_N}{(1 + k_s)^N} \qquad (3.8)$$

其中

　　　　D_n=時點n的預期現金流量（n可為1,2,.....N）

至於k_s值可由第8章將介紹的資產評價模型算得。

（3.8）式最大的麻煩在於各筆股利的確定（它們的值每期不一定相同，而持續無窮期），因而大致有四種的估算方法來加以處理：（1）估計未來的股價；（2）固定成長的股利；（3）暫時性超高成長的股利；（4）不規則成長的股利。

估計股價

我們可估計在未來某一時點N之股價為P_N，則（3.8）式可改成：

$$V_s = \frac{D_1}{(1 + k_s)^1} + \ldots + \frac{D_N}{(1 + k_s)^N} + \frac{P_N}{(1 + k_s)^N} \qquad (3.9)$$

如此可使計算簡化許多。

〔例題〕

佳汝買了一張股票，一年後的預期股利為$1.00，二年後的預期股利為$1.10，而二年後之預期股價為$24.20，若要求年報酬率為15%，則今天的股價應為何？

解答：

用（3.9）式計算：

$$V_s = \frac{\$1.00}{(1+0.15)^1} + \frac{\$1.10}{(1+0.15)^2} + \frac{\$24.20}{(1+0.15)^2}$$
$$= \$1.00(PVF_{15\%,1}) + \$1.10(PVF_{15\%,2}) + \$24.20(PVF_{15\%,2})$$
$$= \$1.00(0.8696) + \$1.10(0.7561) + \$24.20(0.7561)$$
$$= \$0.87 + \$0.83 + \$18.30$$
$$= \$20.00$$

圖示為：

固定股利成長模型

固定股利成長模型（constant dividend growth model）假設股利以一固定之成長率永續成長，譬如有一股票第一年之股利D_1是$1.00，而第二年$D_2$是$1.10，可算出其成長率為10%，本模型假設未來之股利年成長率將固定為10%，故可推算出D_3：

$$D_3 = \$1.10(1+0.10)^1$$
$$= \$1.10(1.10)$$
$$= \$1.21$$

其通式為：

$$D_n = D_{n-1}(1+g)$$
$$= D_1(1+g)^{n-1}$$

其中g為股利之成長率。

Gordon採用此觀念去建立評價模型，此模型又被稱為是Gordon模型。

$$V_s = \frac{D_0(1 + g)}{k_s - g} = \frac{D_1}{k_s - g} \qquad (3.10)$$

本模型成立之前提為$k_s > g$。（D_0為今天之股利）

〔例題〕

佳汝有一張股票，她預期一年後之股利是$1.00，她相信未來股利將維持10%之年成長率，她發現其他類似股票之要求年報酬率為15%，則今天的股票價值應為何？

解答：

因為$k_s = 15\%$，$g = 10\%$，$k_s > g$，可知本題可使用Gordon模型，代入（3.10）式：

$$V_s = \frac{D_1}{k_s - g}$$
$$= \frac{\$1.00}{0.15 - 0.10}$$
$$= \$20.00$$

圖示為：

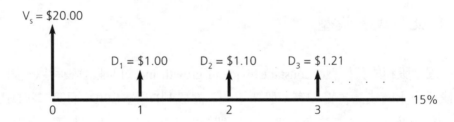

由前二例之結果可知，只要預期是對的，股票之價值與持有它的時間長短無關。

暫時性超高股利成長率模型（supernormal dividend growth）

在Gordon模型中，要求報酬率必須要大於股利成長率方可使用，但有些

公司在某些期間的股利成長率可能會高於要求報酬率，而過了那段期間之後，股利成長率將會下降，並且降至要求報酬率以下。

〔例題〕

威廉買進一張股票，他預期一年後的股利為$1.00，並且也預期之後二年的股利成長率是20%，然後降至10%，且持續不變下去。若要求年報酬率為15%，則今天的股票價值為何？

解答：

第一步要先算出第二、三年之股利：（用$D_t = D_1(1+g)^{n-1}$，n=2,3）

$$D_2 = \$1.00(1 + 0.20)^1 = \$1.20$$
$$D_3 = \$1.00(1 + 0.20)^2 = \$1.44$$

第四年之股利則是：

$$D_4 = \$1.00(1 + 0.20)^2(1 + 0.10) = \$1.584$$

以圖示可歸納成：

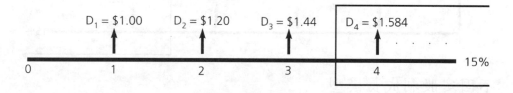

被框之部分乃是進入固定股利成長率之階段。

先處理前三筆不固定成長之股的現值：

$$V_0 = \$1.00(PVF_{15\%,1}) + \$1.20(PVF_{15\%,2}) + \$1.44(PVF_{15\%,3})$$
$$= \$1.00(0.8696) + \$1.20(0.7561) + \$1.44(0.6575)$$
$$= \$2.7237$$

至於之後的部分，則採Gordon模型處理，其現值之位置應在時點3（因為第一筆之固定成長股利是在時點4），套用（3.10）式：

$$V_3 = \frac{D_4}{k_s - g}$$

$$= \frac{\$1.584}{0.15 - 0.10}$$

$$= \$31.68$$

接著再把V_3折回到時點 0：

$$V_0 = \$31.68(PVF_{15\%,3})$$
$$= \$31.68(0.6575)$$
$$= \$20.8296$$

最後把上兩筆時點0之現值相加即是股票價值：

$$V_s = \$2.7237 + \$20.8296$$
$$= \$23.5533 \text{ or } \$23.55$$

其圖示為：

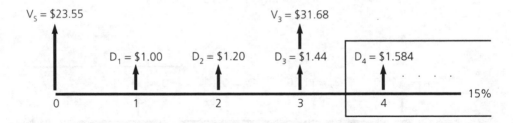

不固定股利成長模型

不固定股利成長模型模型較符合實際情況。

〔例題〕

Ranson公司去年的股利為\$7.07，預期未來二年股利不會成長，之後則有二年的20%股利成長率，然後就一直維持10%的股利成長率，並且已知要求年報酬率為15%，請問該股票今天之價值為何？

解答：

前兩年的股利為\$7.07，即：

$$D_1 = D_2 = \$7.07$$

第三年之股利為：

$$D_3 = \$7.07(1.20)^2$$
$$= \$8.484$$

同理：

$$D_4 = \$7.07(1.20)^2$$
$$= \$10.181$$

第五年開始後，成長率降為10%

$$D_5 = \$7.07(1.20)^2(1.10)$$
$$= \$11.199$$

圖示為：

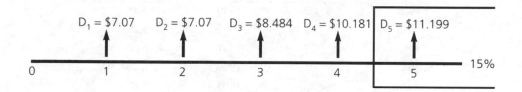

被框之部分乃是屬於固定股利成長率之階段。我們現在可嘗試以一式子來求解：

$$V_s = \$7.07(PVF_{15\%,1}) + \$7.07(PVF_{15\%,2}) + \$8.484(PVF_{15\%,3})$$
$$+ \$10.181(PVF_{15\%,4}) + \frac{\$11.199}{0.15 - 0.10}(PVF_{15\%,4})$$
$$= \$7.07(0.8696) + \$7.07(0.7561) + \$8.484(0.6575)$$
$$+ \$10.181(0.5718) + \$223.98(0.5718)$$
$$= \$150.9652 \text{ or } \$150.97$$

以上之式子等於是統合了之前各個例子所出現的觀念，讀者可多參照圖示以及前例之說明。

本題的現金流量圖示可歸納成：

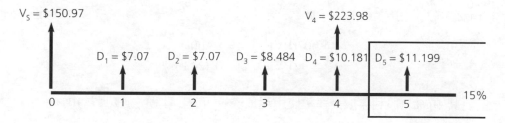

其中V₄的$223.98代表所有固定成長階段（第五年之後）的股利在時點4之現值。

成長率的使用

評價股票的第一步就是要能估算出未來股利的成長率，有一種方法是利用過去股利成長率的歷史資料來推測未來的股利成長率。

〔例題〕

Richardson公司過去十年以來的每股股利資料如下：

年度	每股股利	年度	每股股利
1984	$3.00	1989	$4.75
1985	3.28	1990	5.25
1986	3.55	1991	6.00
1987	4.01	1992	6.40
1988	4.40	1993	7.07

請問未來的股利成長率應為何？

解答：

我們可取1984及1993年的股利為基礎，並且假想1984年的股利$3.00以一個固定的年成長率成長，到了1993年時，股利為$7.07（我們可把這個固定的年成長率想成是股利在長期下的平均年成長率），接著則可套用折現之觀念來處理，其圖示及算式如下：

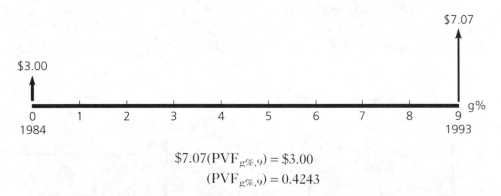

$$\$7.07(PVF_{g\%,9}) = \$3.00$$
$$(PVF_{g\%,9}) = 0.4243$$

其中g%為股利年成長率。使用現值表，可查出本題之g%應為10%。

股票報價

〔例題〕

　　下面是美國報紙證券版面的資訊，我們看看關於Paxton公司的股票報價。請加以解讀。

52weeks				Yld		Vol				Net
High	Low	Stock	Div	%	PE	100s	High	Low	Close	Chg
$69\frac{3}{4}$	$52\frac{1}{2}$	Paxton	3.40	5.7	13	1720	$60\frac{1}{4}$	$59\frac{5}{8}$	60	$+\frac{1}{2}$

解答：

　　最左邊兩行指的是過去一年來最高及最低的股價，接著是公司的名稱，再過來是該年的股利、股利收益率、本益比、當日成交量、當天最高及最低的股價、收盤價，最右邊一欄是今天收盤價和昨日收盤價之變化。因此可知Paxton公司股票過去一年來的最高價格是$69\frac{3}{4}$元，最低價為$52\frac{1}{2}$元，年股利為3.40元，股利收益率為5.7%（其算法是將股利除以收盤價），本益比為13（其算法是將收盤價除以每股盈餘），成交量為1,720張（或170,000股，因為表格中顯示一張有100股）。今天最高股價為$60\frac{1}{4}$元，最低股價為$59\frac{5}{8}$元，收

盤價價是60元，比昨天漲了1/2元。另外由本益比以及收盤價之資訊可反推Paxton公司的每股盈餘為$4.62（其算法是將收盤價除以本益比，因為P/E=13，故E＝P/13＝$60/13=$4.62）

摘　要

1. 評價的架構

　　要求報酬率是投資人對某項投資所要求的最低報酬率，以此要求報酬率作為折現率，將資產未來產生的現金流入折現，其現值即是該資產的價值。

2. 債券評價

　　債券提供了投資者未來一系列之固定數額的利息收入，並且在到期日時得到債券之面值。票面利率是指票息占面額的百分比。債券之價值就是這些利息及面值之現金流量的現值。零息債券在存續期間並不付息，債券持有人只能在到期日時領到面值；永續債券則永久地支付債券持有人利息，沒有到期日。

3. 債券到期殖利率的計算

　　使債券現金流入之折現值等於債券價格的折現率，即是該債券到期殖利率。

4. 債券贖回殖利率的計算

　　債券持有人持有債券直到其初次可贖回日為止的報酬率即為贖回殖利率、贖回溢價是在債券發行人贖回其債券時，付給投資人的金額中，超過面值的部分。

5. 特別股的評價

　　特別股支付投資人固定數額的股利，但它沒有到期日，也自然沒有面額的償付。理論上來說，特別股是永續性質的投資，但有些特別股也附有可贖回條款，發行公司依此有權在未來購回在外流通的股票。特別股之特性正好介於債券與普通股之間。

6. 普通股之評價

　　普通股之價值即是其股利之現值。Gordon模型是處理固定股利成長率股票的評價問題。至於暫時性股利高成長的股票乃至於不固定股利成

長率的股票也都有其評價的方法。

問　題

1. 一個資產的要求報酬率應如何決定？
2. 請敘述評價模型，你該如何用它來評價資產？
3. 請比較永續債券、特別股及股利零成長之普通股的異同。
4. 要求報酬率的漲、跌將對債券之價值造成什麼影響？
5. 如果你持有一張可贖回之債券，則利率的走勢對你的投資將有那些影響？
6. 若債券之要求報酬率維持固定，則債券的價值隨著時間經過會有何演變？
7. 使用Gordon模型之前提為何？若不符這些條件的話，又該如何處理？
8. 解釋債券及股票的報價資料，以及相關的術語。
9. 長期及短期債券何者風險較高？為什麼？
10. 假如你的投資客戶想買零息債券來避稅，你會給他什麼建議？
11. 為什麼不投資股票也有風險？
12. 什麼是套利？
13. 為什麼要投機於股票，而非債券？
14. 投資外國債券之風險為何？

習　題

1. （資產評價）珍妮對她所購買的一件資產作評價，已知要求報酬率為10%，珍妮預期未來十五年每年年底可有$7,500之現金流入，則今天資產之價值應為何？
2. （資產評價）有一資產未來五年每年的完稅現金流入為$1,000，而第六年的現金流入為$2,900，若要求報酬率為9%，則資產今天的價值應為何？
3. （債券評價）Mclain公司五年前發行了一張三十年期的債券，其面額為$1,000，票面年利率為10%，若要求報酬率為9%，則債券今天的價值為何？

4.（債券評價）Miller公司三年前發行了一張二十年期的債券，其面額為$1,000，每半年付利息$45，若要求年報酬率為10%，則債券今天的價值為何？

5.（債券評價）Poindexter公司發行了面額為$1,000之債券，九年後到期，票面利率為7%，每半年計息，若要求年報酬率為8%，則債券今天的價值為何？

6.（到期殖利率）Robinson公司的債券票面利息為10%，每半年計息，市價為$1,200，並且於十七年後到期，請問其到期殖利率為何？

7.（贖回殖利率）Rodriguez公司二年前發行了一個三十年期的債券，其票面利率為9%，每半年計息，假設五年後債券以$1,075之價格被贖回，而今天債券之市價為$950，請問債券之贖回殖利率為何？

8.（贖回殖利率）Lawrence公司一年前發行了一個二十五年期的債券，其票面利率為6%，每半年計息，六年後公司可以$1,100之價格將債券贖回，今債券之市價等於其面值，則債券之贖回殖利率為何？

9.（到期殖利率）假設你買了一張債券，面額為$1,000，二十八年後到期，且為零息債券，若你購買之價格為$195.63，請問其到殖利率為何？

10.（到期殖利率）Rucker公司幾年前前發行了一個面額為$1,000之債券，票面利率為10%，每半年計息，十年後到期，其報價為$90\frac{3}{8}$，請問它的到期殖利率為何？

11.（永續債券之評價）你持有一張永續債券，年息為$100，第一次付息是在今天起算的一年之後，若要求報酬率為12%，請問債券之價值為何？

12.（利率風險）你擁有二張債券，二張的面額均為$1,000，票面年利率均為10%，而一張是五年期，另一張則為十年期，其要求年報酬率均為12%，若要求年報酬率降為8%，那一張債券的價值會上漲較多？（請附上計算之結果）

13.（到期殖利率）Browning公司三年前發行了一個債券，其面額為$1,000，每半年計息，每年之利息支付為$95，目前尚有十七年才到期，市價為$1208.21，請問其到期殖利率為何？

14. （特別股評價）有一特別股之利率為9%，面額為$100，三年前就已發行，要求年報酬率為10%，請問其價值應為何？

15. （特別股評價）有一特別股之每年總股利為$11，面額為$100，若要求年報酬率為8%，則其價值為何？

16. （特別股評價及有效利率）Billiard公司特別股的每年股利為$15，面額為$100，股利採每季發放，若其市價為$80，則該特別股之有效利率應為何？假設要求年報酬率為10%，則該股票今天的價值應為何？

17. （普通股評價）有一普通股昨天剛付了每股$1.48之股利，若你預期未來股利之成長率可永遠維持在6%，且要求報酬率為10%，則該股票今天的價值應為何？

18. （普通股評價）若你持有一張Johnston公司之股票，預期一年後之股利為$2.00，且之後可永久維持8%之股利成長率，股票之要求報酬率為14%，則股票之價值應為何？

19. （普通股評價）約翰買了T. R. Major公司的股票，他預期一年後的股利為$3.00，之後可永久維持10%之股利成長率，若該股票之要求報酬率為10%，則股票之價值為何？

20. （普通股評價）Hawkes公司的股票目前市價為每股$35，投資人預期明年的股利為$1.60，之後可永久維持5%之股利成長率，若該股票之要求報酬率為10%，則投資人是否願意購買該股票？

21. （普通股評價）Shoppe電腦公司今天付了$3.50之股利，由於電腦業激烈的競爭，盈餘及股利每年將下降5%，若該股票之要求報酬率為15%，則股票之價值應為何？

22. （普通股評價）投資人預期PrintoGraph公司明天將發放$2.00之股利，之後股利將維持三年的7%成長率，而四年後的股票價值為$52.43，若該股票之要求報酬率為12%，請問股票價值為何？

23. （普通股評價）若你預期某股票一年後之股利為$1.50，二年後為$2.00，之後則可永久維持在9%之成長率，而要求報酬率為13%，則股票之價值為何？

24. （普通股評價）Morton公司普通股剛發放了$2.25之股利，公司經理預期未來二年之股利成長率為30%，之後則可永久維持8%之成長

率，若要求報酬率為14%，則股票價值為何？

25.（成長率之估計）Brickle建設公司在1992年的今天付了$1.75之股
利，該公司過去五年來的每股股利如下：

年度	每股盈餘
1988	$1.28
1989	1.40
1990	1.50
1991	1.60
1992	1.75

請估計該股票之股價成長率。

....

Computech 公司是電腦零組、配件的批發商,該公司每對超過10,000位之客戶經銷3,000多種產品,其主要客戶為HP、IBM、NEC、Panasonic及Digital,而Computech的主要產品為噴墨捲筒、印表機磁帶及小磁碟片,這些產品的最終客戶是中、大型之企業,而不是個人或小企業。

Computech公司過去五年來之淨銷售額由三千萬美元增加至一億八千萬美元,而同期之營業利益則由六十九萬美元增加至四百九十萬美元,其成長之原因是該公司的產品及服務良好,而價格又具有競爭力。

該公司相信營運效率及成本控制是獲得成功的關鍵因素。為了增加及維持營運效率及成本控制,Computech公司計畫投資一系列的資訊管理系統,為了吸引新客戶及擴大生產線,公司也決定新成立軟體部門。

Computech公司過去大多依賴銀行貸款、交易融資及內部資金來融通其營運及擴張,二年前公司曾發行1,000,000股之普通股及認股權証,因為此舉,該公司的舉債比例比同行的其他公司來得低。

為了融通擴張及購回認股權證,Computech公司計畫發行一千零八十萬美元的償債基金債券,其利率為10%,每年計息,扣除$500,000之承銷費,公司得到了一千零三十萬美元。該債券可在未來的三十年裡分期贖回(每年$360,000),債券之本金可全部贖回,並且還外加利息。

Computech公司的副總裁想要瞭解該債券之完稅成本,他已知公司的邊際稅率為40%。

問題

1. 該公司對償債基金債券之每年利息支付為何?(請分別就稅前及完稅之情形來回答)
2. 從期初到第三十年為止的各期現金流量為何?
3. 請問使所有現金流量之現值加總為0的折現率為何?

PART 2

財務分析及規劃

財務分析

財務規劃

4

財務分析

適當的信用評等

　　精明的投資人對股票及債券，兩者都要花工夫去研究、分析。在過去，公司債的分析非常簡單，僅計算資產負債表的財務比率，再查看Standard and Poor's或Moody's評等公司對債券發行公司的評等報告即可。

　　此種簡易的評估方式已不敷今日的需求，因為債券市場之波動遠較以前劇烈，

然而各種財務創新下的新金融商品，已如雨後春筍般地蓬勃發展，由於激烈的競爭，市場上的債券良莠不齊，其中將近有六成的債券，都被S&P評為不值得投資。

過去的觀念認為公司債僅以有形資產作為擔保,但今天卻有許多公司債券發行額,都比公司的實體資產價值來得大,因此,現金流量才是真正關注的重點。Saloman Brothers公司的公司債研究部經理保羅‧羅斯曾表示:「信用評等的焦點已由資產負債表轉至損益表。」

Standard and Poor's及Moody's為求符合投資人需求的改變,已把評等的重點放在未來的現金流量及營運獲利率上,但這些評等公司的反應速度依舊時常不及債券發行人的風險改變速度。

洛杉磯信用評等公司的經理Marko Budgyk已成功地經由市場價值、財務槓桿及波動性之間的互動,來評估公司的信用品質。傳統的財務槓桿分析主要是計算債務佔資產歷史成本的比率,Budgyk先生的分析則超越了這個方式,他將資產的現在市價納入計算,此方式與傳統方式有很大的不同。例如,同樣是評估Tele-Communications公司的財務槓桿比例,傳統成本法之結果為7比1,而市價法的結果則是2比1。

Castle and Cooke公司債券被傳統成本法評為BBB,但以市價法來看,傳統之評等似乎有低估該公司債券信用之疑慮。傳統評等或許側重的是分散,但有改善的盈餘。然而股價一部分反映了公司的良好抵押權。為求以市價、財務槓桿及波動性為輔助工具的評等分析,Budgyk也把諸如債券之發行條件及贖回的性質納入評等考慮,另外,他也計算公司的股價波動性,以作為衡量公司風險指標,若此波動性愈大,則認為債券之風險愈大。

Budgyk先生分析方法有效性如何?根據1987年3月的一份報告顯示,Budgyk在評估中認為可能會發生問題的二十四家公司中,有十二家後來真的出現倒帳狀況,另外三家則因為被購併而逃過破產命運。市價法終究也不是完美的,尤其是購併行為更會使市價法嚴重失真。然而,Budgyk先生卻說:「如果連股票市場都無法掌握,我們也別想掌握。」

財務報表分析對公司的股票持有人(股東)相當重要,不論是公司的經理、債權人、供應商,甚至其顧客,都必須依靠一份能精準反映公司財務狀況的財務報表分析來幫助其作決策,本章正是在介紹這方面的知識,以增進讀者瞭解財務報表的分析。

Source: "Where Credit Is Due," *Forbes*, June 27, 1992, pp. 224-229. Reprinted by permission of FORBES magazine. © Forbes, Inc. 1992.

投資人、借款人、公司經理、公司員工、顧客及供應商都會關心公司財務狀況，他們都希望公司有良好的表現，但他們觀察、評估公司的角度，則各有不同。股東及債券持有人最關心的是未來現金流量狀況，投資銀行在乎的是能做出穩健的放款決策，高層主管看重的是公司整體的表現，而低層主管則看重其所負責單位的營運表現，員工關心的是保住他們的工作，顧客及供應商則關心公司是否能在市場上繼續存在。

但財務經理評估公司的角度則又有所不同，其側重的目標是極大化公司的普通股價值，為求達成此目標，就必須瞭解公司持有資產的現金流量。

本章先介紹相關的財務報表，然後再介紹與其相關的財務分析。

損益表

損益表（income statement）是顯示公司某段期間內總收益及總支出的財務報表，該報表表達了總收益及總支出的差額，其值若為正，稱為是淨利，若為負，稱為是淨損。

根據一般公認會計原則（GAAP）的規定，公司損益表的表達期間不超過十二個月，通常公司的損益表期間為一個月、三個月及六個月。公司有時也會在每月底製作前一年的損益表。

損益表大都採應記基礎來記錄，而非現金基礎。在應記基礎下，收益在銷售完成時就先行認列，費用也一樣是在發生時就先入帳。而現金基礎的觀念則是：實際收到現金時才認列收益；實際現金支出時才認列費用。如果費用在發生之前就已認列，則稱此費用為預付費用。相反地，若實際現金支出在費用發生之後，則稱為後付費用。現金基礎下的現金流量狀況可參看現金流量表。

表4.1是Martin公司某年年底的損益表，其中最右邊欄位所記載的是同基期損益表（common-size income statement），在此報表中，所有的數字都要除以銷售額，以百分比來表達，此方式考慮到每年不同的銷售水準，進而把「規模」之因素加以調整，有利於比較年與年間的財務表現。

表4.1　Martin公司19X4年底之損益表

（單位：千美元，右欄為相對銷售額之百分比）

銷售淨額	$ 1,000,000	100.0%
銷貨成本	700,000	70.0
毛利	$ 300,000	30.0
銷管費用	100,000	10.0
折舊費用	40,000	4.0
稅前及未付利之盈餘（EBIT）	$ 160,000	16.0
利息費用	10,000	1.0
稅前盈餘（EBT）	$ 150,000	15.0
稅	60,000	6.0
稅後盈餘（EAT）	$ 90,000	9.0
特別股股利	5,000	0.5
可分配給普通股股東之盈餘	$ 85,000	8.5%
在外流通股數		50,000,000
每股盈餘		$ 1.70
每股股利		$ 0.85
每股市價		$ 26.125

損益表之結構

損益表之頂端是銷售淨額，它是銷售毛額減去銷售折扣、折讓及退款，銷售毛額涵蓋記錄期間的所有銷貨收入，其中包括信用銷售（即賒銷），這些收益要扣除折扣（客戶付現或大量購貨時所享受之優惠），另外也要扣除退款（即客戶退貨時，公司所支出的退款），才是銷售淨額。

下一項是銷貨成本，它是期初存貨加上淨購貨成本（對製造商而言是貨物生產成本），再減去期末存貨。其中淨購貨成本包括了運送成本，同時也要扣除各種折扣、折讓及退款；貨物生產成本包括了使用的原料、直接勞工及監督費用。服務業沒有銷售成本。

毛利是指淨銷售扣除銷貨成本。對一個批發商或零售商而言，毛利所反映的是售價的加成；對一個製造商而言，毛利代表了生產過程給產品帶來的附加價值；對服務業而言，毛利就等於是淨銷售。

一般正常的商業支出，除去銷貨成本的部分不計，都被稱為是營業費用。以Martin公司為例，營業費用包括了銷管費用及折舊費用，營業費用通常也包括了主管的薪資在內。

未付利息之稅前盈餘（earnings before interest & taxes）又被稱為是營業利潤（簡稱為EBIT），它是由毛利扣掉各項營運成本而得，EBIT反映了公司管理階層的獲利及成本控制能力。

稅前盈餘（簡稱EBT）是把EBIT扣除利息費用後，再加入其他的收入、扣去其他的費用而得，這些其他的收入及費用的發生都與公司的生產及營運過程無關，其中所謂的其他收入可能是房租收入等，至於其他費用則如公司出售固定資產所認列帳面損失。以Martin公司而言，EBT的計算中，扣除利息費用是最重要的調整項目。

稅後盈餘（earnings after taxes, EAT）又稱為淨利，它是由稅前盈餘扣除公司營利事業所得稅而得，位於損益表的最下端，以每股為單位，因此又被稱為每股盈餘（簡稱EPS）。另外損益表也提供每股股利的資訊。

損益表之分析

把數年之損益表一併分析比較，可獲得之資訊更豐富。表4.2提供Ma-rtin公司連續兩年的損益表。

由表4.2可知Martin公司一年的銷售淨額成長率為5%，若要瞭解這個成長率的表現是優是劣，可以看看其他相似的公司同期銷售淨額成長率為何。例如，該產業同期銷售淨額成長率為-20%，則Martin公司的表現算是相當耀眼的。

公司的銷售淨額取決於產品銷售量及售價。為了避開售價的影響，以便真正瞭解銷售量情況，我們要比較二年的單位銷售額。例如，Martin公司的銷售淨額一年來成長了5%，但售價卻也成長了5%，則可知其產品的銷售量並沒有成長。如果沒有單位銷售額的資訊，則可用通貨膨脹率表示產品售價上漲率，以便估算銷售量實際成長率。

假如我們發現公司的實際銷售量並未成長，但競爭之廠商的銷售量卻下跌，就應進一步找出背後可能的原因。平穩的銷售額可能導因於新產品的奏

表4.2　Martin公司損益表（二個會計年度）

（單位：百萬美元，最右欄為相對銷售額之百分比）

	19X4		19X5	
銷售淨額	$ 1,000	100.0%	$ 1,050	100.0%
銷貨成本	700	70.0	756	72.0
毛利	$ 300	30.0	$ 294	28.0
銷管費用	100	10.0	105	10.0
折舊費用	40	4.0	42	4.0
稅前及未付利之盈餘（EBIT）	$ 160	16.0	$ 147	14.0
利息費用	10	1.0	21	2.0
稅前盈餘（EBT）	$ 150	15.0	$ 126	12.0
稅	60	6.0	42	4.0
稅後盈餘（EAT）	$ 90	9.0	$ 84	8.0
特別股股利	5	0.5	5	0.5
可分配給普通股股東之盈餘	$ 85	8.5%	$ 79	7.5%
在外流通股數		50,000,000		50,000,000
每股盈餘		$ 1.70		$ 1.58
每股股利		$ 0.85		$ 0.85
每股市價		$ 26.125		$ 25.250

效，或是侵略性行銷策略的成功，Martin公司或許是新產品上市，再加上不遺餘力的行銷活動才使銷售量居於不墜。

銷貨成本由銷售額的70%上升到72%，這與新產品推出有密切的關係，我們需要更多的資訊來確認此推論。也有其他原因導致成本的上升，譬如新的勞工契約可能就是其中之一。

毛利必須用來支付公司的營業費用，Martin公司的毛利率（gross profit margin，即毛利除以銷售額）由30%降至28%，要評估下降情況，最好查看該公司過去數年來的毛利率變動趨勢，再和同業中其他廠商加以比較，可得到較客觀之分析。

Martin公司的營業費用保持在相當平穩的狀態，但它並不足以顯示該水準（約14%）是高還是低，我們必須要和整個產業的平均水準加以比較才可得知。

把營業費用中的各個項目分別加以分析，才可以對公司的管理能力有正

確的評估，亦包括了可控制及不可控制之成本。可控制之成本為：商旅費、公關費、紅利等，這些成本應避免浮濫，特別是股權集中的公司。不可控制的成本如：薪資、水電費、租金等，這些大多是由外在市場決定，不易由公司管理人員控制。

　　未付息之稅前盈餘（也就是營業利潤）反映公司營運效率，該數字顯示公司在銷售過程中成本控管能力，由16%降至14%之原因來自於銷貨成本增加的2%，因此更有必要仔細研究銷貨成本之情況。

　　利息費用由銷售淨額的1%，漲至2%，以Martin公司的情況來看，因為該公司的毛利率不高，以致需要較多的融資，因而使利息費用上升。

　　所得稅由銷售淨額的6%降至4%可能原因有：（1）由於稅前盈餘水準較低，因此適用較低的邊際稅率；（2）公司在該年度享受租稅寬減；（3）使用折舊計算降低應課稅所得，關於折舊費用之處理第6章中有詳細介紹。

　　淨利率（net profit margin，即稅後盈餘除以銷售額）從8.5%跌至7.5%，若不是稅賦的降低，毛利率則下跌更多。把此數字和公司以前的情況及其他同業加以比較，可對公司之表現做更客觀之評估。

財務報表編製的職業道德 ·······························

　　財務報表提供投資人相當重要的資訊，以作為評價公司績效之參考，為確保財務報表之精確性，公司在製作報表時要謹守某些準則。

　　這些通用準則大致可歸納為實際原則及保守穩健原則，若公司編製報表時背離這些準則而被察覺，則該公司真實價值勢必會遭到強烈的質疑。

　　例如，Chambers Development公司利用延後費用認列的手段，使帳面上之淨利得以美化，但被察覺後，不但淨利降至真實的水準（由$49.9百萬降至$1.5百萬），股價更重挫了62%。

　　符合準則的報表是金融市場上最基本的道德要求，因此才有審計制度的存在，審計的運作方可確保財務報表正確傳達公司狀況之功能。

Source: Gabriella Stern and Laurie P. Cohen, "Chambers Development Switches Accounting Plan," *The Wall Street Journal,* May 19, 1992. Reprinted by permission of the The Wall Street Journal, © 1992 Dow Jones & Company, Inc. All Rights Reserved Worldwide.

資產負債表

損益表是顯示公司某一段期間內營運狀況，而資產負債表（balance sheet）則是顯示公司在某時點的資產及負債，其編表所依據下述會計等式：

$$資產＝負債＋股東權益$$

此為一恆等式，假設公司的資產有所增加，則不是公司負債跟著增加，就是股東權益跟著增加（當然也有可能二者均增加，但二者增加總和與資產增加相等）。

資產負債表記錄了公司投資及融資的決策。其中資產的部分顯示公司資產的規模及結構；負債及股東權益的部分則表明了公司取得資產的資金來源。資產負債表也是編製現金流量表的基礎。

不同產業的資產、負債及股東權益之組成也各有不同，一級產業及製造業需要較多的原料及固定資產，因此需要投入較高比例的長期負債及權益。批發商只需較小規模的固定資產，它們的資產主要為應收帳款及存貨類的流動資產，而其多由短期融資以支應，零售業所需要的固定資產比批發商多，其短期和長期的負債較批發商為多。服務業由於型態非常繁多，其資產負債表的結構彼此間的差異性很大。

另外，公司的管理方式。也會影響到負債表的組成。較保守的公司舉債較少，股東權益比重相對較大，並資產中現金相對應收帳款而言，所占之比例較大。這種經營風格會使短期銷售成長受限，能確保未來長期穩定的成長。相反地，以積極進取為風格的公司常常側重近期的銷售成長及市場占有率，它們舉債高，而且應收帳款及存貨之數額也較大。

表4.3是Martin公司某年底的資產負債表，其中最右邊的欄位所代表的是同基期資產負債表（common-size balance sheet），其數值為原先各項目之數字除以總資產而得，以百分比來表達。

表4.3　Martin公司19X4會計年度之資產負債表

（單位：千美元，最右欄為相對銷售額之百分比）

資　產

流動資產：		
現金	$ 20,000	4.0%
有價證券	5,000	1.0
應收帳款	80,000	16.0
存貨	120,000	24.0
總流動資產	$ 225,000	45.0
固定資產：		
土地、廠房及設備	$ 475,000	95.0
減去：累計折舊	200,000	40.0
土地、廠房及設備之淨值	$ 275,000	55.0
總資產	$ 500,000	100.0%

負債及股東權益

流動負債		
應付帳款	$ 40,000	8.0%
應付票據	60,000	2.0
長期負債之當期到期值	5,000	1.0
應付費用	15,000	3.0
總流動負債	$ 120,000	24.0
長期負債	40,000	8.0
總負債	$ 160,000	32.0
股東權益：		
特別股	$ 50,000	10.0
普通股（面值 $1）	50,000	10.0
資本公積	100,000	20.0
保留盈餘	140,000	28.0
股東權益總值	$ 340,000	68.0
負債及股東權益之總值	$ 500,000	100.0%

資產負債表科目

先介紹資產方面的會計科目，接著再介紹負債及股東權益的部分。

現金通常存在支票存款戶頭裡，以便公司營運時隨時調，因此在查驗現金帳目時，必須先瞭解支票存款的起初數額是否可作為交易之用。銀行要求借款人保有一個補償性的結餘存款，也就是限制其提款數額（不可全部提光）。有些企業需要現金來完成每天的交易，這些現金不可挪作其他用途。

有價證券是公司利用浮資做短期投資，帳面上所認列之價值乃是市價及成本二者之中數額較低者，公司用有價證券來調度手頭上之浮資，賺取利息，有些公司認為有價證券與現金十分接近，因而把二個帳目合而為一。

應收帳款是因賒銷而產生，我們不但要留意其數額，同時也要瞭解該帳目之「品質」。應收帳款的數額大小不僅受公司賒銷政策影響，同時也與公司的收款慣例有關，如果公司的賒銷政策很有彈性，或是收款的動作比較鬆散，則應收帳款之數額就會較大。而應收帳款之品質可以經由帳齡表的分析加以瞭解。帳齡表是把各筆應收帳款依照入至今的存續時間加以排列，其中帳齡愈長的應收帳款愈難回收。

存貨帳目的定義依各企業而有所不同。對製造商而言，包括了原料、中間產品及最終（完成）產品。買賣業則把買入以供轉售之貨品作為存貨。服務業把營業用品當成存貨。在評價存貨時，應瞭解存貨在那時點的帳面價值下，可否銷售或使用，如困不能，則應改以市價入帳。在查驗存貨時，要瞭解存貨數量。

總流動資產為現金加上一年之內能夠變現的資產，以Martin公司為例，包括了現金、有價證券、應收帳款及存貨。流動資產的價值在於其流通性及變現性。

固定資產包括有形資產，像是土地、廠房及設備；以及無形資產，諸如專利及商標。淨固定資產之價值即為固定資產的帳面價值，為固定資產歷史成本減去折舊費用而得。評價固定資產時，我們應多留意其市價（或者是清算價值），而非帳面價值。以土地為例，土地的評價尤其重要，因為它通常都會升值。另外也必須瞭解這些固定資產的變現性，有些廠房及設備十分特殊、專業，其轉售價值較低。

應付帳款是因供應商提供賒銷而產生，通常都不用支付利息，公司若不享用賒銷之折扣，會付出較高的成本。有些公司則是延遲付款，他們可能使供應商以後不願再提供賒銷購買方式，因為延遲付款涉及債信的問題。

應付票據是銀行或其他貸款機構所發行的短期借據。公司與銀行間訂定出每年貸款額度，其大小當然與公司的債信有關。我們有必要瞭解此貸數額是否足以應付公司所需，特別是當公司的應收帳款及存貨處於季節性的高峰階段時。下章以現金預算的方式來評估信貸之數額。

當期到期值是指長期負債中未來一年內要支付的金額，應注意該金額中是否包括一個巨額的還款支出，因為需要額外的融資來償付。公司用稅後利潤來支付此數額，而不動用流動資產，因此應瞭解公司的盈餘是否充足。

應付費用是損益表中所載應付的費用，但實際上尚未支出的部分，它包括工資、持有稅、銷售稅及水電費等支出。要注意此帳目裡的金額是否過多，要小心晚繳一些費用會受罰。

總流動負債是指一年之內會被償還的債務，通常是以流動資產變現所得的資金加以償還，以Martin公司為例，它包括了應付帳款、應付票據、長期負債的當期到期金額以及後付費用（應付費用）。要特別注意流動資產與流動負債之比，它顯示了公司的償債能力。

長期負債的形式為長期貸款或長期債券。長期貸款的期限通常三年到十五年，由借款公司和貸款的金融機構協議。債券則是發行公司與債券持有人之間的協議，期限為十年到三十年。

股東權益為總資產與總負債之差額，它又被細分為四個帳目：特別股、普通股、資本公積及保留盈餘。特別股之價值為特別股之股數乘以每股之面值（在美國通常為$100），普通股之價值為在外流通之普通股股數乘以每股面值。大多數普通股的售都大於其面額（即溢價發行），把售價減去面值的差額乘以在外流通之普通股股數，即為資本公積值。保留盈餘則是公司從成立至今所累積的未分配和未動用的盈餘。

資產負債表分析

資產負債表和損益表一樣，把連續幾年的報表一起比較，則可得到較多之資訊。表4.4是Martin公司連續兩年的資產負債表。

比較兩年總流動資產，增加了5.3%（237.0/225.0＝1.053），之前我們已算出銷售之成長率為5%，因此可知（預測）流動資產大致與銷售額同步成

表4.4　Martin公司在兩個會計年度年底之資產負債表

（單位：百萬美元，最右欄為相對銷售額之百分比）

資產

流動資產：	19X4		19X5	
現金	$ 20.0	4.0%	$ 21.0	4.5%
有價證券	5.0	1.0	5.2	1.1
應收帳款	80.0	16.0	85.0	18.1
存貨	120.0	24.0	125.8	26.7
總流動資產	$ 225.0	45.0	$ 237.0	50.4
固定資產：				
土地、廠房及設備	$ 475.0	95.0	$ 475.0	101.1
減去：累計折舊	200.0	40.0	242.0	51.5
土地、廠房及設備淨值	$ 275.0	55.0	$ 233.0	49.6
總資產	$ 500.0	100.0%	$ 470.0	100.0%

負債及股東權益

流動負債：	19X4		19X5	
應付帳款	$ 40.0	8.0%	38.5	8.2%
應付票據	60.0	12.0	10.0	2.1
長期付債之當期到期值	5.0	1.0	5.0	1.1
應付費用	15.0	3.0	10.0	2.1
總流動負債	$ 120.0	24.0	$ 63.5	13.5
長期負債	40.0	8.0	30.0	6.4
總負債	$ 160.0	32.0	$ 93.5	19.9
股東權益：				
特別股	$ 50.0	10.0	$ 50.0	10.6
普通股（面值＄1）	50.0	10.0	50.0	10.6
資本公積	100.0	20.0	100.0	21.3
保留盈餘	140.0	28.0	176.5	37.6
股東權益總值	$ 340.0	68.0	$ 376.5	80.1
負債及股東權益之總值	$ 500.0	100.0%	$ 470.0	100.0%

長。至於流動資產佔總資產比例的提高（45.0%到50.4%），則是因為廠房及設備這些固定資產的帳面價值因折舊而下降所致。

　　二年來固定資產並未增加，但第二年的銷售額卻比第一年高，這顯示

Martin公司在前一年並沒有完全發揮經營產能。我們也要仔細檢查、評估，考慮日後銷售的成長是否償遭逢經營產能之問題。

固定資產的淨值由$275.0百萬降至$233.0百萬，應細去探究其折舊情況，並考慮某些設備是否應汰舊換新。

二年之間，Martin公司花費$12.0百萬購置流動資產，$10.0百萬來減少長期負債，以及$56.5百萬來減少流動負債，其總額$78.5百萬等於固定資產之折舊值$42.0百萬加上保留盈餘所增加$36.5百萬。

現金流量表之目的 ···

財務會計標準局（FASB）在1987年發布現金流量表的編製原則。FASB認為該報表之目的是為了讓報表使用人能：（1）評估企業未來達成淨現金流入能力；（2）評估企業償債及付息能力，並且瞭解未來融資的需要；（3）評估企業現金及非現金的投資及融資績效；（4）評估淨利與相關現金收支差異的原因。現金流量表揭露了公司在營運、投資及融資三方面的表現，其中又以營運方面現金流向交代最為嚴謹。

但損益表中的淨利是應計基礎下的數字，因此被認為有重要的價值，特別對會計不熟悉之報表使用者可能會把現金流量表中每股現金流量誤以為是每股股票所分得之現金，進而影響投資決策。

Source: Linda H. Kistler and John G. Hamer, "Understanding the New Statement of Cash Flows," *Corporate Accounting,* Winter 1988, pp. 3-9; and Dennis F. Wasniewski, "Statement of Cash Flows," *Business Credit,* September 1988, pp.26-28, published by the National Association of Credit Management.

現金流量表

現金流量表是以損益表及資產負債表為基礎加以編製，需要連續兩年的損益表及資產負債表，以下我們以Martin公司為例來說明。

現金流量表（statement of cash flows）顯示公司在會計期間內關於營

運、投資及融資三方面活動的現金流量狀況，以及這些活動對公司流動性之影響。1987年財務會計標準局（FASB）公布了現金流量這個新報表，其目的是強調現金流量對公司營運的重要性。

　　現金流量表可以直接法或間接法來編製。直接法是把現金銷售之所得扣除銷售過程中產生的費用。間接法是以淨利為基礎，再把淨利構成項目中未涉及現金流動之部分加以調整，因其為財務會計上較常用令方法，故本書將介紹間接法。

報表之編製

　　表4.5是Martin公司的現金流量表，編製基礎在於表4.2的二份損益表及表4.4的二份資產負債表。現金流量表有三大部分：（1）營運活動現金流量；（2）投資活動現金流量；（3）融資活動現金流量。由這三部分最後可得出現金淨變動。

表4.5　Martin 公司19X5年之現金流量表

來自營業活動之現金流量：	
淨利	$　84,000
折舊	42,000
應收帳款之增加	(5,000)
存貨之增加	(5,800)
應付帳款之減少	(1,500)
應付費用之減少	(5,000)
營業活動之淨現金流量	$　108,700
來自投資活動之現金流量：	
購買有價證券	$　　(200)
來自融資活動之現金流量：	
應付票據之減少	$　(50,000)
長期負債之減少	(10,000)
股利支出	(47,500)
融資活動之淨現金流入	$ (107,500)
現金改變淨值	$　　1,000

首先介紹營運活動現金流量部分之編製程序：（注意本表之單位為千美元）

1.列出第二年淨利（$84百萬）。
2.填入第二年折舊數額（$42百萬）。
3.填入除融資部分以外的每項流動資產之增值（負數入表）及減值（正數入表）。（應收帳款增加$5.0百萬，存貨增加$5.8百萬）。
4.填入除融資部分外的每項流動負債之增值（正數入表）及減值（負數入表）。（應付帳款減少$1.5百萬，應付費用減少$5.0百萬）。

其次投資活動的現金流量之編製方法：

1.填入有價證券之變動，增值為負數入表，減值為正數入表（有價證券增加$0.2百萬）。
2.填入貸款之變動，增值為負數入表，減值為正數入表（Martin公司無此變動）。
3.填入處理廠房資產的現金變動，購置花費為負數入表，出售所得為正數入表。（Maritn公司無此變動）。

最後再決定融資活動之現金流量：

1.填入短期負債之變動，增值為正數入表，減值為負數入表（應付票據減少$50.0百萬）。
2.填入長期負債之變動，增值為正數入表，減值為負數入表（長期負債下降了$10百萬）。
3.填入投入股本之變動，增值為正數入表，減值為負數入表（Martin公司無此變動）。
4.填入普通股及特別股之股利，以負數入表（股利為$47.5百萬）。

報表解讀

由現金流量表可知Martin公司的營運活動為公司帶來$108,700,000現金流

入，此現金收益多被用來償還應付票據（$50,000,000）、長期負債（$10,000,000）以及支付股利（$47,500,000），另外較小筆之現金（$200,000）則投資於有價證券上。

營運方面資金流入主要來自淨利（$84,000,000）及折舊（$42,000,000），該數額要扣掉應應收帳款之增加（$5,000,000）及存貨之增加（$5,800,000），最後營運部分淨資金流入為$108,700,000。

綜合淨現金流入為$1,000,000，與兩資產負債表之現金差額吻合。（$21,000,000-$20,000,000=$1,000,000）

財務比例分析

從財務報表算得財務比率可評估公司之財務狀況，我們可比較公司數年之財務比率，也可比較公司與競爭者在同年度之財務比率。

財務比率易於計算，但也易於誤導使用者，它們提供公司財務表現之梗概，但它們並不足以呈現某些重大問題背後的原因。不過財務比率最大的貢獻即是發現公司的問題，進而使公司管理人員設法去找出解決途徑，以建全公司整體財務狀況。

財務比率運用有兩大限制：第一，財務比率的資料是歷史資料，它敘述公司過去的表現，但並不能為未來表現提供一個明確的指示；第二，財務比率的可靠性建立在報表數字的「品質」上，其中各種會計方法之比較十分重要，尤其是在作產業比較時更是如此。

財務分析師通常把財務比率分成六大類：流動性（變現性）、銷售能力、財務槓桿程度、償債能力、獲利能力及市場信賴度。以下就以Martin公司為例對各類之財務比率分別加以說明。

流動性的財務比率

流動性比率（liquidity ratios）衡量公司清償短期償債能力。若公司流動性較大，則倒帳之可能性較小。每家公司對流動性的要求不盡相同，取決

於公司短期資金的流動情形，以及對財務週轉靈活度之需要。例如，公司事先預留存貨以便支應偶發性的大量產品需求，這就是提高流動性例子之一。

流動比率算法為：

$$流動比率 = \frac{流動資產}{流動負債}$$

Martin公司兩年的流動比率分別為：

$$19X4年：\frac{225.0}{120.0} = 1.88$$

$$19X5年：\frac{237.0}{63.5} = 3.73$$

可知Martin公司的流動比率有增加，反映公司流動性的提高。但要留意較高的流動比率亦可能是公司有過多的閒置資金、存貨，或是應收帳款的收款速度太慢所致。就Maritn公司來看，流動比率提高是流動負債減少之故。

速動比率的算法為：

$$速動比率 = \frac{現金＋有價證券＋應收帳款}{流動負債}$$

Martin公司兩年來的速動比率分別為：

$$19X4年：\frac{20.0+5.0+80.0}{120.0} = 0.88$$

$$19X5年：\frac{21.0+5.2+85.0}{63.5} = 1.75$$

速動比率的分母只包括高流動性的流動資產，而且Martin公司的速動比率提升，存貨及其他流動性較低的資產都未納入計算，因此速動比率比流動比率更注重資產的變現性。Martin公司速動比率的上升主要是流動負債的減少之故。

資產運用績效的財務比率

　　資產運用績效的財務比率（activity ratios）是用來衡量公司使用資產的效率，它們檢視銷售額與總資產、應收帳款及存貨之間的關係。

　　總資產周轉率如下計算：

$$總資產周轉率＝\frac{銷售淨額}{總資產}$$

　　Martin公司兩年的總資產周轉率如下：

$$19X4年：\frac{1000.0}{500.0}＝2.00$$

$$19X5年：\frac{1050.0}{470.0}＝2.23$$

　　此比率顯示每單位價值資產所賺的銷售額，但要注意此比率所使用資產價值乃是其帳面價值，而非市場價值，如此會使設備老舊公司的財務比率被高估，若老舊設備被更換或添置新設備時，該財務比率又會因而下降。以Martin公司而言，該比率上升主因是固定資產較低的帳面價值以及資產使用率的提升。

　　應收帳款平均帳齡之計算如下：

$$應收帳款平均帳齡＝\frac{應收帳款}{銷售淨額／365}$$

　　Martin公司兩年來的平均收款期間如下：

$$19X4年：\frac{80.0}{1000.0/365}＝29.2天$$

$$19X4年：\frac{85}{1050.0/365}＝29.5天$$

　　此比率顯示公司向賒銷客戶收款所需平均天數。就Martin公司而言，兩

年的數字幾乎一樣。公司賒銷之型態對本比率大小有絕對影響。

存貨周轉比率計算如下：

$$存貨周轉平均天數 = \frac{存貨}{銷貨成本} = \frac{存貨}{平均每天銷貨成本}$$

Martin公司兩年的比率如下：

$$19X4年：\frac{120.0}{700/365} = 62.6天$$

$$19X5年：\frac{125.8}{756/365} = 60.7天$$

本比率衡量銷售、購買及生產的效率。若本比率有大幅改變，財務分析師會進一步探究其原因。一般來說，主要來自存貨結構及銷貨成本計算方法。Martin公司在本比率方面並沒有明顯變動。

財務槓桿的財務比率

財務槓桿的財務比率（leverage ratios）衡量公司舉債來融通其持有資產的程度。若舉債融通比例愈大，則發生財務危機之機率也愈大。

負債比率之計算如下：

$$負債比率 = \frac{總負債}{總資產}$$

Martin公司兩年的負債比率如下：

$$19X4年：\frac{160.0}{500.0} = 0.320 = 32.0\%$$

$$19X5年：\frac{93.5}{470.0} = 0.199 = 19.9\%$$

Martin公司兩年來的負債比率明顯下降，因為公司清償了部分短期及長期債務。未來公司可發行新債務或使用保留盈餘來融通拓展銷售所需。

負債對淨值比率計算如下：

$$負債對淨值比率＝\frac{總負債}{淨值}$$

Martin公司兩年來的比率為：

$$19X4年：\frac{160.0}{290.0}＝0.552$$

$$19X5年：\frac{93.5}{326.5}＝0.286$$

本比率衡量公司的借款能力，Martin公司的比率明顯下降，表示公司未來借款能力有所改善。

償債能力之財務比率

償債能力比率（coverage ratios）是衡量流動負債能被營運活動之現金流入所償還之程度。本類財務比率代表公司財務狀況之概略指標，更詳細的情況仍須參考現金流量表。

利潤相當於利息的倍數之計算如下：

$$利潤相當於利息的倍數＝\frac{利息及所得稅前淨利}{利息費用}$$

Martin公司兩年的比率為：

$$19X4年：\frac{160}{10}＝16.0$$

$$19X5年：\frac{147}{21}＝7.0$$

本比率衡量公司每單位利息費用下創造盈餘的能力。Martin公司的此比率有明顯的下降，其原因是19X4年的長期負債利息支出較低。

現金流量相當當期到期值之倍數的算法如下：

$$現金流量相當當期到期值之倍數＝\frac{稅前盈餘＋折舊－股利}{長期負債的當期到期值}$$

Martin公司兩年的比率如下：

$$19X4年：\frac{90＋40－47.5}{5.0}＝16.5$$

$$19X5年：\frac{84＋42－47.5}{5.0}＝15.7$$

本比率顯示Martin公司的現金流量大約是長期負債當期到期值的十六倍。這個數字可表示即使現金流量大幅下降也不至於造成公司的財務危機。

獲利能力的財務比率

獲利能力比率（profitability ratios）衡量的是公司成長及償債的能力。從同基損益表中可得到一些獲利能力的財務比率，諸如毛利及毛利率，其他的獲利比率則指出盈餘及總資產和股東權益水準的關係。

資產報酬率之算法如下：

$$資產報酬率＝\frac{淨利－特別股股利}{總資產}$$

Martin公司兩年的比率為：

$$19X4年：\frac{85}{500}＝0.170＝17.0\%$$

$$19X5年：\frac{79}{470}＝0.168＝16.8\%$$

本比率衡量的是公司使用資產創造利潤的效率。在計算資產報酬率時，儘可能使用平均資產總額的資料，最好不要用年底的資產總值，因為年底的

資產總值只是存量的數字，也易受特定季節性因素所影響，因而不能精確地代表一整年的平均狀況。

普通股權益報酬率之算法如下：

$$普通股權益報酬率＝\frac{淨利－特別股股利}{普通股權益}$$

Martin公司兩年的比率為：

$$19X4年：\frac{85}{290.0}＝0.293＝29.3\%$$

$$19X5年：\frac{79}{326.5}＝0.242＝24.2\%$$

本比率衡量單位普通股權益所賺得的報酬。Martin公司普通股權益報酬率兩年來呈下降之走勢，主要原因在於普通股權益明顯增多之故，其中所增加的部分來自保留盈餘所增加的$36.5百萬。

市場信賴度之財務比率

市場信賴度比率（market ratios）所關心股票市價與每股盈餘及其帳面價值之關聯，它的大小反映投資人對公司的信心。

本益比之計算如下：

$$本益比＝\frac{每股市價}{每股盈餘}$$

Martin公司兩年的比率分別是：

$$19X4年：\frac{26.125}{1.70}＝15.4$$

$$19X5年：\frac{25.250}{1.58}＝16.0$$

市價相當於帳面價值之比率計算如下：

$$市價相當於帳面價值之比率 = \frac{每股市價}{每股帳面價值}$$

以Martin公司而言，

$$19X4年之每股帳面價值 = \frac{50.0 + 100.0 + 140.0}{50} = 5.80$$

$$19X5年之每股帳面價值 = \frac{50.0 + 100.0 + 176.5}{50} = 6.53$$

Martin公司兩年的比率分別是：

$$19X4年：\frac{26.125}{5.80} = 4.5$$

$$19X5年：\frac{25.250}{6.53} = 3.9$$

19X5年的比率明顯下降，它反映公司普通股權益的增加，而使每股的帳面價值跟著增加。

財務比率間的比較

把某公司的若干財務比率及該產業整體的財務比率畫成時間趨勢圖，此趨勢分析既包括公司跨期的表現比較，也涵蓋公司與產業平均表現之橫斷面比較。**表**4.6提供此類之數據，**圖**4.1則是以資產報酬率作為圖例。各產業平均值（industry average ratios）之資料在一些相關的雜誌或政府出版品中查得。

表4.6 Martin 公司及產業平均之財務比率（19X4及19X5會計年度）

Martin公司			產業平均	
Ratio/Type	19X4	19X5	19X4	19X5
1.流動性比率				
(1)流動比率	1.88	3.73	1.90	2.11
(2)速動比率	0.88	1.75	0.90	1.12
2.銷售能力比率				
(3)資產周轉率	2.00	2.23	2.10	2.09
(4)平均帳齡	29.2	29.5	30.2	31.0
(5)平均存貨周轉天數	62.6	60.7	58.0	54.9
3.財務槓桿比率				
(6)負債比率	32.0%	19.9%	60.4%	58.3%
(7)負債相當淨值之倍數	.552	.286	1.500	1.400
4.償債能力比率				
(8)利潤相當於利息之倍數	16.0	7.0	5.4	4.2
(9)現金流量相當當期到期值之倍數	16.5	15.7	12.8	13.0
5.獲利能力比率				
(10)資產報酬率	17.0%	16.8%	11.2%	10.3%
(11)普通股權益報酬率	29.3%	24.2%	28.1%	25.2%
6.市場信賴度比率				
(12)本利比	15.4	16.0	13.5	12.6
(13)每股市價相當於帳面價值之倍數	4.5	3.9	2.1	1.9

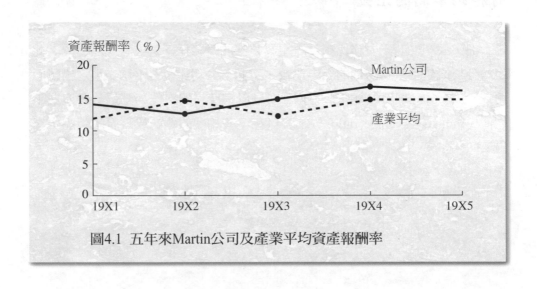

圖4.1 五年來Martin公司及產業平均資產報酬率

90年代企業詐欺：偽造公司的帳目…………………………

不實的帳目數字不僅出現在大型企業，中、小企業這個問題也十分嚴重，特別是對投資人造成之傷害更大。美國一家連鎖藥局Phar-Mor就是一例，該公司破產後，一些不知情的投資人就遭逢其害，雖然該公司並沒有公開發行股票，但有九家共同基金持有該公司之股份，總值高達六千一百二十萬美元。

華盛頓的一位資深證券律師曾表示：「也許日漸增多的企業作帳事件，正反映了整個社會價值觀的墮落，謊話說得愈多，詐欺事件也愈多。」

另一位證券商執行副總說：「企業詐欺的最佳剋星就是機靈的投資人，但即使市場上的投資人都很機靈，仍不可能時時刻刻掌握公司實情，就以我個人來說，如果Phar-Mor公司的股票上市，可能會替我的客戶買入該公司的股票。」

摘　要

1. 敘述損益表

   損益表記錄會計年度內總收益及總支出，在同基損益表中，所有會計項目數值都除以銷售額而為相對數值，以百分比來表達。

2. 分析損益表

   損益表分析主要作為跨年的比較，應使用同基損益表。

3. 敘述資產負債表

   資產負債表可顯示公司在某時點的財務狀況，交代公司所持有的資產及其資金來源。同基資產負債表是每個會計項目的數字除以資產總值而得，以百分比來表達。資產負債表基礎是會計恆等式：資產等於負債加上股東權益。

4.分析資產負債表

　資產負債表應做跨年比較，此比較應用同基資產負債表。

5.編製現金流量表

　現金流量表記錄會計期間內營運、投資、融資三方面活動的現金流量情況，及對公司流動性的影響，本章採間接法編表。

6.運用財務比率分析：

　財務比率分析既有公司本身跨時縱斷面分析，也與其他同業公司的橫斷面比較。財務比率提供公司若干財務狀況作深入分析的切入點，但它本身並不足以成為公司若干問題成因的解答。財務分析師把財務比率粗分成六大類：流動性、銷售能力、財務槓桿、償債能力、獲利能力及市場信賴度。

問　題

1.請解釋損益表的功能。

2請說明損益表的細部結構。

3.什麼是同基損益表？應如何使用該表？

4.請解釋資產負債表的功能。

5.請細部說明資產負債表的各個會計科目。

6.什麼是同基資產負債表？應如何使用該表？

7.有那些因素會影響到資產負債表中資產、負債及股東權益所佔之比重？

8.現金流量表之功能為何？

9.為何要使用財務比率來分析公司的財務報表？

10.財務比率分析之限制為何？

11.財務比率可分為那六大類？其所衡量的又各為何？

12.什麼是產業平均數值的主要來源？

13.如果你正在替公司編製財務報表，有那些該考慮到的專業道德問題？

14.為何財務報表分析對股東來說十分重要？

15.什麼是防止公司偽造帳目的最佳策略？

習　題

1.（流動性比率）從Williams公司的資產負債表中節錄出下列之資訊：

	19X3	19X4	19X5
存貨	$3,010	$3,320	$3,490
總流動資產	8,990	9,010	9,290
淨營運現金	4,200	4,510	4,870

請以流動比率及速動比率來分析公司的流動性狀況。

2.（銷售能力比率）一位財務分析師所得到某公司的會計資料如下：

	19X3	19X4	19X5
資產報酬率	14.0%	15.4%	16.0%
可分配給普通股權益之盈餘	$2,009	$2,079	$2,144
平均帳齡	30天	29.2天	28.4天
應收帳款	$2,520	$2,450	$2,414

請計算這三年每年的資產周轉率。

3.（財務槓桿比率）Parnell Printing公司之負債比率為30%，如果總資產為$500,000，而特別股權益為$50,000，則負債相當於普通股權益之比率為何？

4.（現金流量表）請以間接法來說明本章中的現金流量表之編製方法。

5.（償債能力及獲利能力比率）Hughes電子公司的損益表如下：

Hughes 電子公司19X4年會計年度之損益表

銷售淨額	$5,000,000
銷貨成本	3,600,000
毛利	$1,400,000
銷管費用	400,000
折舊費用	240,000
稅前及付利前盈餘	$ 760,000
利息費用	45,000
稅前盈餘	$ 715,000
稅	275,000
稅後盈餘	$ 440,000

特別股股利		10,000
可分配給股東權益之股利	$	430,000
流通在外股數		100,000
每股盈餘		$ 4.30
每股股利		$ 1.72

如果資總值為$2,000,000，則請求出利息保障倍數及資產報酬率各為何？

6.（Martin公司）請製作一份報告來詳細解析Martin公司的財務狀況，其中可利用本章所提供的財務比率及產業平均值。

7.（財務比率分析）以下是Harrison公司的資產負債表、損益表及若干產業平均值之比率：

Harrison 公司之損益表　　　　　　　（單位：千美元）

	19X4	19X5
銷售淨額	$ 173,334	$ 164,552
銷貨成本	121,334	117,940
毛利	$ 52,000	$ 46,612
銷管費用	24,018	24,810
其他費用	11,366	11,644
稅前及付利前之盈餘	$ 16,616	$ 10,158
利息費用	2,320	2,608
稅前盈餘	$ 14,296	$ 7,550
稅	5,718	3,020
稅後盈餘	$ 8,578	$ 4,530
折舊費用	$ 1,692	1,704
在外流通股數	1,000,000	1,000,000
每股市價	$ 73.50	$ 46.25

Harrison 公司之資產負債表　　　　　　（單位：千美元）

資　產

	19X4	19X5
流動資產：		
現金	$ 1,042	$ 188
應收帳款	27,450	27,474
存貨	$ 23,210	$ 24,272
預付費用	898	832
總流動資產	$ 52,600	$ 52,766
固定資產：		
土地	$ 3,816	$ 3,816
建築物淨值	15,616	15,280
設備淨值	$ 14,712	14,776
總固定資產	34,144	$ 33,872
其他資產	754	572
總資產	$ 87,498	$ 87,210

負債及股東權益

	19X4	19X5
流動負債：		
應付帳款	$ 21,004	$ 23,386
應付費用	810	792
應付票據	3,110	2,600
長期負債的當期到期值	1,000	1,000
應付稅賦	2,046	720
總流動負債	$ 28,010	$ 28,498
長期負債	13,200	12,200
總負債	$ 41,120	40,698
股東權益		
普通股（面值$1）	$ 5,900	$ 5,900
保留盈餘	40,388	40,612
股東權益總值	$ 46,288	$ 46,512
負債及股東權益總值	$ 87,498	$ 87,210

產業平均財務比率如下：

	19X4	19X5
流動性：		
流動比率	2.30	2.30
速動比率	0.80	1.00
銷售能力：		
資產周轉率	2.10	2.10
平均帳齡	38.4	42.0
存貨周轉平均天數	101.4	104.3
財務槓桿：		
負債比率	50.9	53.7
負債對淨值之比率	1.2	1.3
償債能力：		
利潤相當於利息之倍數	2.0	2.0
現金流量相當於當期到期值之倍數	4.0	4.0
獲利能力：		
資產報酬率	5.2	5.0
普通股權益報酬率	12.7	11.9
市場信賴度：		
本益比	10.0	9.0
市價相當於帳面價值之倍數	1.6	1.5

(1)請計算該公司和產業平均比率所對應的財務比率。

(2)請製作一份Harrison公司的財務分析報告。

8. （同基報表、現金流量表及各種財務比率）以下是Singley公司的損益表及資產負債表，另外也有若干產業平均比率。

Singley公司之損益表　　　　　　　　（單位：千美元）

	19X4	19X5
銷售淨額	$ 1,380	$ 1,318
銷貨成本	969	963
毛利	$ 411	$ 355
銷管費用	229	248
折舊費用	36	41
稅前及付利前盈餘	$ 146	$ 66
利息費用	16	18
稅前盈餘	$ 130	$ 48
稅	52	19
稅後盈餘	$ 78	$ 29
特別股股利	6	6
可分配給普通股股東之盈餘	$ 72	$ 23
在外流通股數	50,000	50,000
每股盈餘	$ 1.44	$ 0.46
每股股利	$ 0.80	$ 0.80
每股市價	$ 18.750	$ 10.250

Singley公司之資產負債表　　　　　　　（單位：千美元）

資　產

	19X4	19X5
流動資產：		
現金	$ 24.0	$ 36.5
有價證券	6.0	9.1
應收帳款	220.2	188.3
存貨	206.1	186.0
預付費用	9.3	7.0
總流動資產	$ 465.6	$ 426.9
固定資產：		
土地、廠房及設備	$ 353.2	$ 376.8
減去：累計折舊	163.9	204.9
淨土地、廠房及設備	$ 189.3	$ 171.9
資產總額	$ 654.9	$ 598.8

負債及股東權益

流動負債：		
應收帳款	$ 149.6	138.5
應收票據	40.0	20.0
長期負債之當期到期值	10.0	10.0
應付稅賦	20.2	21.4
總流動負債	$ 219.8	$ 189.9
長期負債	129.8	120.6
總負債	$ 349.6	$ 310.5
股東權益：		
特別股	$ 60.0	$ 60.0
普通股（面額：$1）	14.0	14.0
資本公積	32.6	32.6
保留盈餘	198.7	181.7
股東權益淨值	$ 305.3	$ 288.3
負債及股東權益淨值	$ 654.9	$ 598.8

產業平均財務比率如下：

	19X4	19X5
流動性：		
流動比率	1.50	1.60
速動比率	0.80	0.90
銷售能力：		
資產周轉率	2.00	2.10
平均帳齡	45.6	46.8
存貨周轉平均天數	49.3	48.0
財務槓桿：		
負債比率	61.8	61.6
負債對淨值之比率	1.6	1.7
償債能力：		
利潤相當於利息之倍數	2.4	2.1
現金流量相當於當期到期值之倍數	5.0	4.9
獲利能力：		
資產報酬率	9.0	8.8
普通股權益報酬率	15.0	13.3
市場信賴度：		
本益比	12.0	11.0
市價相當於帳面價值之倍數	1.8	1.7

（a）請計算該公司與產業各個平均比率所對應之財務比率。

（b）請製作一份Singley公司的財務分析報告。

個案研究

Atlanta Scientific公司是世界馳名的醫療器材製造及經銷商，該公司銷售成長十分優異，其主因是公司成功地將新研發完成的產品推銷上市。

公司的同基損益表（局部）及成長情況如下：

	會計年度期末的同基損益表（局部）（以銷售淨額為基數）			與前一年度比較的成長率	
	1991	1992	1993	1992	1993
銷售淨額	100%	100%	100%	37%	45%
毛利	56	62	64	52	51
銷管費用	37	32	29	18	33
研發費用	7	5	5	2	29
總營運費用	44	37	34	16	32
營業利益	12	25	30	187	78
淨利	5	15	18	285	74

銷售淨額從1991年的$232百萬增加到1993年的$460百萬，其中公司各部門銷售均有成長。毛利增加是由於公司生產設備使用效率提升以及勞動生產力改善之故，也有部分原因是因某些產品售價大漲以及海外銷售毛利率上升。但1993年所推出產品組合獲利率並不理想。

銷管成本降低來自於國內、外銷售量擴大所創造出規模經濟效益。研發費用雖明顯增加，但占銷售額比例則是下降。

稅率由1991年的38.8%上升到1993年的34.2%，利息費用則由於利率降低而減少。

Atlanta Scientific公司在1995年決定擴增產能，公司估計此項擴增計畫所投入資本約五千萬到七千萬美元之間，而在1992年及1993年的資本花費各為$19.4百萬及$32百萬（與公司擴增計畫無關）。

問題

1. 請問Atlanta Scientific公司財務狀況之優、缺點各為何？
2. 什麼是公司管理人員要小心的陷阱？
3. 你應該把那些財務分析中的細節，歸納成一份供財務主管參考之報告？

5
財務規劃

日本的新口號：縮減企業規模

以往日本依循著一貫的策略——擴大銷售、開發產品及增加市場占有率」，而成為一個工業強國，並以其廣而深之生產線在國際市場上屢建奇功。他們的行銷計畫是：為每一位消費者提供多樣化商品，因此同一種商品可能有上百種之同型產品問市。日本的高生產效率是這種行銷策略背後之支撐，他們最大的目標是透過擴增

市場占有率之手段來攻占全球市場。隨著產能的擴大、員工的增加，日本成了全球市場上一個非常突出的經濟強權。

但高成長的時代在80年代末期已宣告結束，全球進入了衰退期，它嚴重影響日本。由於銷售成長的衰退，諸如電子、證券、金融、化工及鋼鐵等頂尖產業都出現了產能過剩問題。日本觀察家認為這波景氣衰退不是經濟循環的短期波動，而是長期低成長時代的開端。

90年代之後，鋼鐵業發現他們顧客的購買決策主要仍是受到價格的影響，因此大企業之主管對此進行正式的研討，企圖思考將獲利取代市場占有率而成為公司經營之首要目標，有的公司甚至明訂以股東權益之報酬率作為公司營運的最高指導原則。事實上，日本企業已進入了著重縮減規模及降低成本的時代，這個觀念有別於日本的文化傳統，他們正設法去適應新的趨勢。

終身職的觀念早已根植於日本的企業文化中，他們企業如家的風格導因於一個堅強的信念：員工對企業之忠誠度乃是高效率工作之基石。正是因為企業如家的文化以至於解僱員工的作法在日本幾乎是完全陌生的觀念。

也有許多人誤以為日本公司經營乃是超高效率，事實上他們的工廠生產確實非常有效率，但公司營運方面則並非如此，過量的經理、職員、秘書等人員是日本企業文化下所產生之營運包袱。

在這困難的大環境裡，日本公司逐步展開縮減規模及降低成本的工作，製造業已計畫降低10%到15%的廠房設備投資，紅利也大幅減少。Mazda公司從1975年首次調降股利，Omron公司縮減30%生產線。日本企業也不再強調廣及深之生產線，而轉向注重高附加價值之產品。

一個值得注意之現象：日本已進入了長期低成長的時代，而非循環性的短期衰退。因此財務報表、現金預算及銷售計畫都必須反映這個事實，尤其是編製損益表，若無法解僱員工，勞工成本要格外注意，而編製資產負債表，必須要注意產能過剩的問題。

Source: "Era of Slower Growth Brings a Strange Sight: Japan Restructuring," *The Wall Street Journal*, December 8, 1992, pg. A1. Reprinted by permission of The Wall Street Journal,©1992 Dow Jones & Company, Inc. All Rights Reserved Worldwide.

銷售預測

訂定銷售預測（sales forecast）是整個財務規劃的第一步，有了銷售預測數字之後，財務分析師可以此來編製預估損益表、預估資產負債表以及現金預算。這些報表對於公司在考慮各項投資、融資及股利決策方面都非常重要。以下介紹量的預測方法及質的預測方法。

量的預測

量的預測（quantitative forecasting）（即數值預測）最主要之方式為迴歸分析及複成長率之分析。迴歸分析（regression analysis）所考慮的是選擇若干解釋變數來預測被解釋變數。通常在預估銷售額時，被解釋變數為銷售額，而解釋變數是時間。至於複成長率分析（compound growth rate technique）則是先從過去某一段時期的資料中求得銷售成長率，然後再把此銷售成長率用於以後的時期，作為其估計值。本章採用的是後者，迴歸分析則在附錄中介紹。

〔例題〕

Martin公司過去五年來的銷售額如下：

年度	銷售額
19X1	$ 850,000,000
19X2	875,000,000
19X3	975,000,000
19X4	1,000,000,000
19X5	1,050,000,000

若要預估明年之銷售額，則該如何使用複成長率之分析法？而預測的銷售額為何？

解答：

19X1年到19X5年銷售額從$850,000,000成長到$1,050,000,000，其現金流

量圖示如下：

算式為：

$$\$850,000,000(FVF_{g\%,4}) = \$1,050,000,000$$
$$(FVF_{g\%,4}) = 1.2353$$

由於（$FVF_{g\%,4}$）$=(1+g)^4$故$(1+g)^4=1.2353$，藉由計算機之輔助可算出成長率（g%）約為5.4%。

假設此成長率可繼續維持下去，則19X6年的預估銷售額為：

$$Y_{19X6} = \$1,050,000,000(1.054)$$
$$= \$1,106,700,000$$

趨勢的預測

以上的預測並未考慮到質的問題，所謂趨勢的預測（qualitative forecasting）是指以某些判斷標準來找出影響銷售額（或其他財務變數）的因素，再以此來推估銷售額。其中推測之方式很多，從嚴謹的意見調查到對未來之直覺均是可能的方式。例如，Martin公司從市調結果得知新產品之銷售額將高於舊產品的銷售額，在此情況下，許多公司都先用數值預測來得出一個初步的預估，然後再用因素分析來作預測的修正。關於質的預測（因素分析）本章附錄有更詳盡之介紹。

在下文中，管理人員以「主管之共識」（附錄中有說明）來預估出Martin公司19X6年之銷售額$1,113,000,000，公司的主管在廣納內部各方的資訊之後，對數值預測之值向上修正，因為他們認為其可能被低估。

各取所「值」••••••••••••••••••••••••••••••••••

美國的企業界正在改進對管理人員的薪資制度，它們設計了許多新的「動機計畫」，無非是希望員工的薪資能和他們對公司的貢獻相符，

正因如此，公司對各個員工、部門的績效評估就變得非常重要，財務主管的責任也因而更為重大。

公司對績效評估之方式非常重視，新的觀念也跟著出現。愈來愈多的公司使用現金流量來作為管理績效的衡量標準，而非只看重淨利的表現。現金流量不但包括了淨利，同時還強調了存貨管理、應收帳款的帳齡分析及固定資產的使用效率。資本報酬率則在獲利表現之外，同時注意到資產運用的效率。另外稅後利潤之觀念也廣受重視。

Source: John D. McMillan, "It Pays To Perform," Financial Executive, pp. 48-51. Excerpted with permission from Financial Executive, Nov./Dec. 1993, copyright 1993 by Financial Executive Institute, 10Madison Avenue, P.O. Box 1938, Morristown, New Jersey 07962-1939 201-898-4600.

預估財務報表

有了銷售預測之後，就可編製預估損益表及資產負債表，這些財務報表是財務規劃的重要根據，同時也提供了放款決策者一個重要的參考。有些貸款人員甚至會要求公司向其提供過去數年來的預估財務報表以便瞭解公司管理人員的預測能力。把公司的報表和產業平均值加以比較可以更清楚公司各方面表現的優缺點。

預估損益表

如果已有過去一年的同基損益表，則編製預估損益表（pro forma income statement）就顯得比較容易。同基損益表各項百分比都可延用到新的會計年度，但若有足夠情報可顯示出某些比例之更動，則應把原先之比例加以調整。

〔例題〕

Martin公司19X5年之銷售額為$1,050,000,000，而對19X6年之銷售預測為$1,113,000,000，若已知特別股股利將維持不變，則要如何編製出19X6的預估財務報表？

解答：

19X5年之同基財務報表如表5.1：

表5.1　Martin公司19X5會計年度之損益表　　　　（單位：千美元）

銷售淨額	$1,050,000	100.0
銷貨成本	756,000	72.0
毛利	$ 294,000	28.0
銷管費用	105,000	10.0
折舊費用	42,000	4.0
付利息及稅前之盈餘	$ 147,000	14.0
利息費用	21,000	2.0
稅前盈餘	$ 126,000	12.0
稅	42,000	4.0
稅後盈餘	$ 84,000	8.0
特別股股利	5,000	0.5
普通股權益之盈餘	$ 79,000	7.5%
在外流通股數		50,000,000
每股盈餘		$1.58
每股股利		$0.85
每股市價		$25.250

表5.2　Martin公司19X6年(12月31日)會計年度之預估損益表
（單位：千美元）

銷售淨額	$1,113,000	100.0
銷貨成本	801,360	72.0
毛利	$ 311,640	28.0
銷管費用	111,300	10.0
折舊費用	44,520	4.0
未付利息之稅前盈餘	$ 155,820	14.0
利息費用	22,260	2.0
稅前盈餘	$ 133,560	12.0
稅	44,520	4.0
稅後盈餘	$ 89,040	8.0
特別股股利	5,000	0.4
可分配給普通股股東之盈餘	$ 84,040	7.6%
實際流通在外股數		50,000,000
每股盈餘		$1.68
每股股利		$0.85

表5.2引用表5.1之百分比,並使用19X6年之預估銷售額$1,113,000,000,以及和去年一樣之股利:$5,000,000。

若再加上其他資訊,則可得到更為精確的預估損益表。銷貨成本及銷管費用之比例涉及到公司的營運效能;折舊費用的改變則反映了新固定資產的折舊;利息費用關係到利率及負債數額;稅額則由稅率及寬減額所決定;最後,股利乃是由董事會所主宰。上述的調整非常複雜,最簡單的方式就是採用表5.2之損益表,並進而編製預估資產負債表。

預估資產負債表

當銷售額擴大時,必須要有額外的資金來支應資產的增加。有二種方法可估計所需的資金:(1)使用預估資產負債表;(2)使用公式計算。

我們以銷售比率之預測模式(percentage of sales forecasting method)來編製預估資產負債表(pro forma balance sheet),它假設某些資產負債表科目之數字正與銷售額之比例處於最適狀態。若非如此,則就必須作若干調整。

〔例題〕

Martin公司在19X5年充分運用了固定資產的產能,且流動資產的數額正處於最適狀態,請編製19X6年之預估資產負債表,並指出所需的額外融資。
解答:

Martin公司19X5年之財務報表列於表5.3第一步是先決定出那些資產負債中的科目與銷售額呈比例關係。最簡單的情況就是把所有的流動資產都看做是與銷售額呈正比關係。我們另外可假設淨固定資產已充分發揮其產能,因此淨固定資產也與銷售額呈正比。應付帳款及應付費用亦和銷售額亦步亦趨,其他的負債及股東權益則可能變動,但和銷售額沒有直接的關係。

銷售比率預測的第二步是尋找出資產負債表中和銷售額呈比例關係科目的值,其中最簡單的方法就是使用銷售乘數簡寫為SM(sales multiplier),其算式是預估銷售額除以前一年之銷售額:

$$SM = \frac{\$1,113,000}{\$1,050,000} = 1.06$$

表5.3 Martin公司19X5年(12月31日)資產負債表

資產	（單位：千美元）
流動資產：	
現金	$ 21,000
有價證券	5,200
應收帳款	85,000
存貨	125,800
總流動資產	$237,000
固定資產：	
土地、廠房及設備	$475,000
扣除：累計折舊	242,000
土地、廠房及設備淨額	233,000
總資產	$470,000

負債及股東權益	
流動負債：	
應付帳款	$ 38,500
應付票據	10,000
長期負債當期到期值	5,000
應付費用	10,000
總流動負債	$ 63,500
長期負債	30,000
總負債	$ 93,500
股東權益：	
特別股	$ 50,000
普通股	$ 50,000
資本公積	100,000
保留盈餘	176,500
總股東權益	$376,500
總負債及股東權益	$470,000

19X6年資產負債法的若干科目（與銷售額呈比例關係）之結果如下：

流動資產：

現金　　　　　　　　　21,000（1.06）=22,260

有價證券　　　　　　　 5,200（1.06）=5,512

應收帳款　　　　　　　85,000（1.06）=90,100

存貨　　　　　　　　　125,800（1.06）=133,348

淨固定資產：

淨土地、廠房及設備　　233,000（1.06）=246,980

流動負債：

應付帳款　　　　　　　38,500（1.06）=40,810

應付費用　　　　　　　10,000（1.06）=10,600

值得注意的是銷售乘數可用於淨固定資產，這意味著從折舊得來的現金流量被用來替換老舊之設備。

我們可從19X6年之固定資產淨額加上累計折舊來反推固定資產的價值。19X6年之累計折舊等於19X5年之累計折舊$242,000加上19X6年損益表中的折舊費用$44,520而為$286,520，因此固定資產的價值為$533,500（$286,520＋$246,980）。

第三步是決定19X6年的保留盈餘，其值為19X5的保留盈餘加上19X6年可分配給普通股股東之盈餘再減去19X6年付給普通股股東之股利，因而得到$218,040（$176,500＋$84,040－$42,500）。19X6年股利總值是把50,000,000股乘上每股股利$0.85，其值為$42,500,000。

第四步是編製19X6年的預估資產負債表，並指明所需的額外融資之數額。表5.4列出了上述步驟的計算科目，以及並未改變之科目（比較表5.3）。

此預估資產表預測如果銷售成長6%，則所需的額外資金將為負值，它代表$16,250可能被用來償還債務；若所需的額外資金為正值，則應付票據之值可能會增加，要不然就是公司發行了新的長期負債、特別股或普通股股票。

額外所需資金的計算公式

本方法較易於計算出明確之數字，但以編製預估財務報表的方法則可學到較多的觀念，貸款人（放款機構）更可以從報表中得到比計算公式更多之

表5.4 Martin公司19X6年（12月31日）預估資產負債表其中
包括了額外資需求量

資產	（單位：千美元）
流動資產：	
現金	$ 22,260
有價證券	5,512
應收帳款	90,100
存貨	133,348
總流動資產：	$251,220
固定資產	
土地、廠房及設備	$533,500
扣除：累計折舊	286,520
土地、廠房及設備淨額	246,980
總資產	$498,200

負債及股東權益	
流動負債：	
應付帳款	$ 40,810
應付票據	10,000
長期負債當期到期值	5,000
應付費用	10,600
總流動負債	$ 66,410
長期負債	30,000
總負債	$ 96,410
股東權益：	
特別股	$ 50,000
普通股	$ 50,000
資本公積	100,000
保留盈餘	218,040
總股東權益	$418,040
總負債及股東權益	$514,450
額外資金需求	$ (16,250)

資訊。

其計算之公式如下：

$$AFR = (SM - 1)(PA - PL) - PM(FS) + DV + AI - LI \tag{5.1}$$

其中

AFR = 額外所需的資金

SM = 銷售乘數

PA = 與銷售額呈正比的資產

PL = 與銷售額呈正比的負債

PM = 預測年度的毛利率（即稅後盈餘除以銷售額）

FS = 預測銷售額

DV = 付出的股利

AI = 與銷售額沒有呈正比的資產

LI = 與銷售額沒有呈正比的負債

假設銷售額比去年成長了6%，以此例來計算，其相關之值如下：

SM = 1.06
PA = 21,000 + 5,200 + 85,000 + 125,800 + 233,000 = 470,000
PL = 38,500 + 10,000 = 48,500
PM = 8.0% = 0.080（19X5年同基損益表的稅後盈餘值）
FS = 1,050,000(1.06) = 1,113,000
DV = 50,000(0.85) + 5,000（特別股股利）= 47,500
AI = 0
LI = 0

代入（5.1）式可得：

$$
\begin{aligned}
AFR &= (SM - 1)(PA - PL) - PM(FS) + DV + AI - LI \\
&= (1.06 - 1)(470,000 - 48,500) - 0.080(1,113,000) + 47,500 \\
&= -16,250
\end{aligned}
$$

由上面所得之前結果可知其和預估財務報表的數值相等。

〔例題〕

假設19X6年銷售預測的值並不正確，而銷售額成長25%，也就是說實際銷售額為$1,312,500（即$1,050,000×1.25）則它對原先計算之額外融資數額將有何影響？

解答：

使用（5.1）式，調整相關數字

$$
\begin{aligned}
AFR &= (SM - 1)(PA - PL) - PM(FS) + DV + AI - LI \\
&= (1.25 - 1)(470,000 - 48,500) - 0.080(1,312,500) + 47,500 \\
&= 47,875
\end{aligned}
$$

本答案亦和預估財務報表的數字相同。

從（5.1）式也可找出損益平衡之銷售額。此時所需的額外融資為零，因此可令（5.1）式的AFR為0。

$$
\begin{aligned}
AFR &= (SM - 1)(PA - PL) - PM(FS) + DV + AI - LI \\
0 &= (SM - 1)(470,000 - 48,500) - 0.080(SM)(1,050,000) + 47,500
\end{aligned}
$$

因此

$$SM = 1.108$$

它代表銷售額可在不需額外融資的情況下成長10.8%

現金預算

現金預算（cash budget）詳細計畫了在某特定期間內公司的現金進出，它建立在現金基礎上，而非應計基礎。而損益表則是採用應計基礎，因而財務管理人員必須將得到的應計基礎資料轉成現金基礎。

現金預算所做的現金流量規劃可以每月、每週或甚至每天為單位，它所涵蓋的現金流入包括現金銷售及所收到的應收帳款，而現金流出則包括購買之花費、勞工成本、銷售費用、貸款償還及投資支出，要確定出公司融資的需要，就必須預測這些現金流量的出現時機。

在預測出月銷售額之後，建立現金預算需要有下列三個步驟：（1）編製工作底稿；（2）決定淨現金流量；（3）制定財務要求目標。

Macy公司現金周轉不靈所引起的供應商恐慌 ⋯⋯⋯⋯⋯

當許多Macy公司的供應商發覺Macy公司遲付其貨款時，一陣Macy公司現金周轉不靈消息立刻甚囂塵上，其債券價格也立刻暴跌了20%。

Macy公司在1980年代大量舉債，其中大部分用來添購存貨，由於日後若干管理疏失以及90年代初期的經濟蕭條，導致公司欠缺營運現金，於是漸漸開始拖欠供應商貨款，而偏偏大部分之供應商吸收壞帳的能力又特別差，於是問題更加擴大。

Macy公司如果能採用風險較低的融資方式的話，問題將不會出現，而預估財務報表正事先反映了應採取保守融資的訊息，在Macy公司發生現金周轉問題的幾個月之前，現金預算中對銷售額的精確預測可以提醒Macy公司及其供應商，一個現金周轉的危機即將出現。

Source: Jeffrey A. Tractenberg and George Anders "Cash Pinch Leads Macy to Delay Paying Bills and Plan Other Steps," *The wall Street Journal*, January：13, 1992, pg. A1.Reprinted by permission of The Wall Street Journal, © 1992 Dow Jones & Company, Inc. All Rights Reserved Worldwide.

編製工作底稿

現金預算工作底稿（cash budget worksheet）記錄了銷售賺取的現金流入及購買所支付的現金流出。其中銷售之現金流量包括本月現金銷售收入以及下月到期的應收帳款收入；而購買之現金流出則是本月現金購買再加上下個月到期的應付帳款的支出。

〔例題〕

下列為月銷售預測額資料，請據此來編製19X6年上半年度的每月現金預算工作底稿。（單位：千美元）

月份	銷售額	月份	銷售額	月份	銷售額
19X5年11月	$73,500	19X6年2月	$77,910	19X6年5月	$100,170
12月	$63,000	3月	$77,910	6月	$111,300
19X6年1月	$66,780	4月	$89,040	7月	$122,430

　　（預測方法將在附錄中介紹），根據以往經驗，有30%客戶會在每月之銷售中付現，60%客戶在下個月才繳款，而10%客戶則在二個月後才繳款。另外，每月購買量為下月銷售額的60%，其中10%的購買是採取付現交易，而90%則是在下個月結清。本工作底稿之目的是預測該公司在19X6年上半年度的總收入及總支出。

　　表5.5即是19X6年每月現金預算的工作底稿，其中收入的部分所記錄的是銷售收款的數量及發生時點。收入的第一列數字反映了每月銷售中，30%為收現的事實，例如，在11月時該數字為$22,050，正是由11月之銷售額$73,500乘以30%而得的；其下第二個月（60%）及第三個月（10%）數字的計算可依此類推，此三列數字的加總則為總收入。

　　在購買方面，每月購買量取決於次月銷售額，例如，12月購買量（$40,068）為次年1月銷售額（$66,780）乘以60%而得，本列其餘數字可以此類推。

表5.5　Martin公司月現金預算規劃之工作底稿

	11月	12月	1月	2月	3月	4月	5月	6月	7月
銷售額	$73,500	$63,000	$66,780	$77,910	$77,910	$89,040	$100,170	$111,300	$122,430
收入：									
第一個月	$22,050	$18,900	$20,034	$23,373	$23,373	$26,712	$30,051	$33,390	
第二個月		44,100	37,800	40,068	46,746	46,746	53,424	60,102	
第三個月			7,350	6,300	6,678	7,791	7,791	8,904	
總收入			$65,184	$69,741	$76,797	$81,249	$91,266	$102,396	
購買	$37,800	$40,068	$46,746	$46,746	$53,424	$60,102	$66,780	$73,458	
付款：									
第一個月	$3,780	$4,007	$4,675	$4,675	$5,342	$6,010	$6,678	$7,346	
第二個月		34,020	36,061	42,071	42,071	48,082	54,092	60,102	
總支出			$40,736	$46,746	$47,413	$54,092	$60,770	$67,488	

再下去之部分則是記錄各筆購買支付數額及支付時間，第一列反映該月10%之購買額已經付現，其數額即是以該月的購買額乘以10%，至於第二列數字則是反映另外90%的購買額在下月付清，如該列1月份數字（$36,061）即是由上月購買額（$40,068）乘以90%而得，至於同列的其他數字亦可以此類推，而下一列的總支出則是上二列支出的加總。

決定淨現金流量

每月淨現金流量代表了公司該月現金盈虧狀況，而決定淨現金流量的收支，有些在工作底稿中有記載，有些則無。

〔例題〕

Melissa製作現金預算工作底稿，並蒐集二十個月期的其他現金收支資料，請問她應如何決定19X6年前半年度公司的淨現金流量？

解答：

表5.6包括所有現金預算底稿收支資訊，同時也涵蓋Melissa其他所蒐集到的資訊。由此表可得，每月淨現金流入乃是由總收入減去總支出而得。由此表亦可看出每月淨現金流量間的變化。

表5.6　Martin公司19X6年現金預算規劃之淨現金流量

	1月	2月	3月	4月	5月	6月
總收入	$65,184	$69,741	$76,797	$81,249	$91,266	$102,396
支出：						
購買	$40,736	$46,746	$47,413	$54,092	$60,770	$ 67,448
勞動成本	8,014	9,349	9,349	10,685	12,020	13,356
銷管費用	6,678	7,791	7,791	8,904	10,017	11,130
增加之營運現金	942	943	942	943	942	943
固定資產之取得			14,625			14,625
利息費用	1,855	1,855	1,855	1,855	1,855	1,855
稅				8,904		12,020
股利			11,875			11,875
總支出	$58,225	$66,684	$93,850	$85,383	$85,604	$133,252
淨現金流量	$ 6,959	$ 3,057	($17,053)	($4,134)	$ 5,662	($30,856)

確認融資需求

由現金預算第二部分淨現金流量、期初現金，以及預定現金結餘資訊，可求得每月融資的需求，需要融資的數額代表資金盈虧情形。

〔例題〕

Melissa正編製現金預算第二部分，若19X6年期初現金是$21,000（從19X5年12月31日資產負債表求得），而Melissa有預定現金結餘數額，其值為$22,260，此數額乃是公司營運的資金需求，請問19X6年上半年融資需求額為何？

解答：

表5.7說明求出每月融資需求額的計算過程，其中淨現金流量的數字乃是從表5.6中取得。

1月份累計現金乃是由現金（如果沒有借款）再加上淨現金流量而得，期初現金是$21,000（由19X5年12月31日之資產負債表所得到）。而往後的月份，現金欄數字即為上一個月累計現金額，現金盈餘或是借款數額則由目標現金餘額減去累計現金而得。

Martin公司該年度前二個月有現金盈餘，之後的四個月則須借款，其中以6月為借款的高峰，其數額為$37,625。

表5.7　Martin公司19X6年現金預算要求

	1月	2月	3月	4月	5月	6月
淨現金流量	$ 6,959	$ 3,057	($17,053)	($4,134)	$5,662	($30,856)
現金	21,000	27,959	31,016	13,963	9,829	15,491
累計現金	$27,959	$31,016	$13,963	$ 9,829	$15,491	($15,365)
目標現金	22,260	22,260	22,260	22,260	22,260	22,260
盈餘或借款	$ 5,699	$ 8,756	($ 8,297)	($12,431)	($ 6,769)	($37,625)

表5.8顯示19X6年1月到4月的現金預算，它是完整的現金預算表。

表5.8　Martin公司19X6年1～4月之現金預算

	1月	2月	3月	4月	5月	6月
總收入	$65,184	$69,741	$76,797	$81,249	$91,266	$102,396
支出：						
購買	$40,736	$46,746	$47,413	$54,092	$60,770	$67,448
土地費用	8,014	9,349	9,349	10,685	12,020	13,356
銷管費用	6,678	7,791	7,791	8,904	10,017	11,130
增加之營運現金	942	943	942	943	942	943
固定資產之取得			14,625			14,625
利息費用	1,855	1,855	1,855	1,855	1,855	1,855
稅				8,904		12,020
股利			11,875			11,875
總支出	$58,225	$66,684	$93,850	$85,383	$85,604	$133,252
淨現金流量	$ 6,959	$ 3,057	($17,053)	($ 4,134)	$ 5,662	($ 30,856)
現金	21,000	27,959	31,016	13,963	9,829	15,491
累計現金	$27,959	$31,016	$13,963	$ 9,829	$15,491	($15,365)
目標現金	22,260	22,260	22,260	22,260	22,260	22,260
盈餘或借款	$ 5,699	$ 8,756	($ 8,297)	($12,431)	($ 6,769)	($37,625)

摘　要

1.簡易銷售預測

最常見的二種方法是（數量之預測）迴歸分析及複利成長率兩種方式。迴歸分析是一個或多個獨立變數（即解釋變數去估計被解釋變數）複利成長率分析是決定過去一段期間內的銷售成長率（以複利模式列式計算），再以此成長率來估算未來銷售量。趨勢的預測（不涉及數量的預測）是建立在對銷售量有影響的變數及其他財務變數走勢判斷上，此分析模式十分繁多，從嚴謹的邏輯分析到主觀的直覺判斷均有。

2.編製預估損益表

編製預估損益表需要前一年度同基損益表，該表各科目的百分比均延

用到本年以作為預估的依據，如果某些項目還有其他之資訊，則原先預估算出的數字應加以調整來反映出加入額外資訊後所呈現之關係。

3.編製預估資產負債表

預估資產負債表可使用銷售比例預測之方法來編製，本方法假設資產負債表裡的項目和銷售額呈一個最適的比例關係。至於額外的融資數額則雖可用一個公式算得，但分析人員為求更瞭解公司，仍會編製預估報表。

4.編製現金預算

現金預算詳細記載公司在未來某段時間中發生的現金流入及流出，公司的財務經理在預測現金流量的出現時點時，就決定公司的融資需求。現金預算工作底稿顯示銷售之現金流入及購買之現金流出，至於其第二部分則決定每月的淨現金流量，最後一部分決定整個計畫期間的融資需求。

問　題

1.如果你負責做一項銷售預測，如何結合量及趨勢的預測方法來求得一個較周詳之結果？

2.除了同基損益表的各項比率之訊息以外，還有那些資訊對報表編製有重要之助益？

3.在編製預估資產負債表時，有那些情況會使某些項目與銷售之比例關係背離？此情況的解決方式為何？

4.正的額外所需金額代表意義為何？負的呢？

5.編製現金預算的目的為何？

6.那些情況下，每月現金預算被認為不適當？

7.日本企業縮減規模會如何反映在預估財務報表上？

8.為何趨勢之預測十分重要？

9.Macy公司所遭遇現金調度問題應如何避免？

習　題

1. （銷售預測）Gibson公司過去五年的銷售資料如下：

年度	銷售額（單位：千美元）
19X1	1,023
19X2	1,275
19X3	1,495
19X4	1,767
19X5	1,974

請以複利成長率法預估19X6年銷售額。

2. （銷售預測）Williams公司過去六年的銷售資料如下：

年度	銷售額（單位：千美元）
19X1	914
19X2	922
19X3	1,016
19X4	1,112
19X5	1,215
19X6	1,302

請以複利成長率法預估19 X 7年銷售額。

3. （銷售預測）Vyas公司過去十年的銷售資料如下：

年度	銷售額	年度	銷售額（單位：千美元）
19X0	$5,100,000	19X5	$7,520,000
19X1	$5,250,000	19X6	$7,800,000
19X2	$5,500,000	19X7	$8,900,000
19X3	$5,910,000	19X8	$9,760,000
19X4	$6,650,000	19X9	$10,720,000

公司的財務分析師認為19X2年後銷售成長可代表公司未來成長。若使用複利成長率法計算，請問明年之預計銷售量應為何？

4. （預估財務報表）假設Martin公司銷售成長率為25%，請編製該公司19X6年預估損益表及預估資產負債表。

5. （預估財務報表）承上題，但加入下列額外之資訊：
   (1)19X6年利息是$20,000,000。

(2)不需其他任何固定資產。

請以額外資金需求公式來驗算其答案。

6. （預估財務報表）下列為Singley公司之財務報表：

Singley公司19X5年（12月31日）結束之會計年度的損益表

（單位：千美元）

淨銷售額	$1,318
銷貨成本	963
毛利	$ 355
銷管成本	248
折舊費用	41
利息及稅前盈餘	$ 66
利息費用	18
稅前盈餘	$ 48
稅	19
稅後盈餘	$ 29
特別股股利	6
普通股權益之盈餘	$ 23
在外流通股數	50,000
每股盈餘	$0.46
每股股利	$0.80

Singley公司19X5年（12月31日）之資產負債表

資　產	
流動資產	
現金	$ 36.5
有價證券	9.1
應收帳款	188.3
存值	186.0
預付費用	7.0
流動資產總值	$ 426.9
固定資產：	
土地、廠房及設備	$ 376.8
減去：累計成本	204.9
土地、廠房、設備之淨值	$ 171.9
資產總值	$ 598.8

負債及股東權益

流動負債：	
應付帳款	$ 138.5
應付票據	20.0
長期債務之當期到期值	10.0
遞延稅賦	21.4
流動負債總值	$ 189.9
長期債務	120.6
負債總值	$ 310.5
股東權益：	
特別股	$ 60.0
普通股	14.0
資本公積	32.6
保留盈餘	181.7
股東權益總值	$ 288.3
負債及股東權益總值	$ 598.8

19X6年銷售預測為$1,647,500，公司在19X5年已充分發揮固定設備的最大產能，流動資產數額在最適水準，特別股股利保持不變，而普通股股利只有原來的一半而已。請編製19X6年之預估損益表及預估資產負債表。

7. （收入及支出）Richman Foods公司從5月到10月預估銷售額如下：$2,400,000、$2,400,000、$2,000,000、$2,000,000、$3,000,000、$6,200,000，過去資料顯示，有10%之顧客在購買當月就付款，5%之顧客在下月付款，40%之額客則在二個月後才付款。另外，過去資料顯示公司每月採購金額佔下個月銷售額的70%，其中10%之交易是付現交易，剩下90%在下個月才付款。使用現金預算工作底稿，請計算7月、8月、9月各別的現金總收入及總支出。

8. （收入及支出）Burns Equipment公司11月到翌年4月銷售預測如下：$5,300,000、$4,800,000、$3,200,000、$3,500,000、$4,600,000、$7,200,000，過去銷售記錄顯示，有20%的顧客在購買當月付款，50%的顧客下個月付款，剩下的30%在二個月後才付款，公司採購金額為下個月銷售額的80%，其中有10%採購為付現交易，另外90%在下個月才付款。請計算1月、2月、3月公司現金總收支各為何？

9. （每月融資需求）Art Woo公司每月現金收支之資訊如下：

月份	總收入	總支出
4月	$2,970,000	$2,590,500
5月	$3,030,000	$3,087,600
6月	$3,330,000	$3,027,600

除此之外，工程進度費$160,000在4月到期，股利$189,000在5月到期，所得稅$332,000在6月到期，3月31日現金為$310,000，而目標現金餘額為$300,000，請問4月、5月、 6月之每月融資需求量各為何？

10. （每月融資需求）Madison Motors公司每月現金收支資訊如下：

月份	總收入	總支出
10月	$540,000	$450,500
11月	$502,300	$480,600
12月	$530,000	$510,600

另外工程款$50,000，10月到期，所得稅$95,000，11月到期，9月30日現金為$45,000，目標現金結餘為$50,000，請計算10月、11月、12月之每月融資需求額。

—附錄—

其他預測方法

本附錄進一步介紹簡單迴歸分析方法，並搭配其他趨勢預測方法，預估每月銷售額。

簡單迴歸分析

最常見的簡單迴歸模型是以銷售為被解釋變數（又稱為非獨立變數），以時間為解釋變數（即獨立變數）。

Martin公司過去五年銷售資料如下：

年度	銷售額（單位：百萬美元）
19X1	$ 850
19X2	875
19X3	975
19X4	1,000
19X5	1,050

公司財務分析人員決定用簡單迴歸分析法預測19X6年銷售金額。
以下為此模型之公式：

$$Y = a + bx$$

$$a = \frac{\sum x^2 \sum y - \sum x \sum xy}{n \sum x^2 - (\sum x)^2} \quad b = \frac{n \sum xy - \sum x \sum y}{n \sum x^2 - (\sum x)^2}$$

其中

Y = 銷售預測值

X = 預測因子值

a = 與縱軸截距

b = 迴歸係數（即迴歸線之斜率）

x = 獨立變數值（即是歷史資料）

y = 依賴變數值（即是歷史資料）

n = 樣本點各數

第一步用歷史資料來算出a及b之值，可製作下表來看：

年	銷售額(y)	x	x^2	xy
19X1	850	1	1	850
19X2	875	2	4	1,750
19X3	975	3	9	2,925
19X4	1,000	4	16	4,000
19X5	1,050	5	25	5,250
	$\Sigma y=4,750$	$\Sigma x=15$	$\Sigma x^2=55$	$\Sigma xy=14,775$

把相關數值代入a、b之公式可得：

$$a = \frac{55(4,750) - 15(14,775)}{5(55) - (15)^2}$$
$$= 792.5$$
$$b = \frac{5(14,775) - 15(4,750)}{5(55) - (15)^2}$$
$$= 52.5$$

另外也可推知X＝6，此為19X6年時間變數值，將上述之a、b及X代入預計式中得：

$$Y = a + bX$$
$$= 792.5 + 52.5(6)$$
$$= 1,107.5$$

在本章內，以複利成長率預測所得到銷售額為1,106.7，比較二種方法所得之結果。

趨勢預測

許多公司先用量之預測方法得到初步結果，然後再輔以下述趨勢預測法

進一步做修正。

- 顧客調查：調查顧客未來購買計畫。
- 銷售力調查：對推銷員做調查，以瞭解顧客對該產品領域未來購買計畫。
- 市場研究：以郵寄問卷、電話訪問或實地訪調方法來掌握市場的情勢。
- 主管共識：成立委員會，其成員由公司各部門主管所組成，如此所形成之共識可排除過於極端的預測。

季預測

　　假設19X6年Martin公司銷售額在量及趨勢預估的綜合考慮下為$1,113,000,000。

　　財務經理有興趣瞭解每季銷售預測，我們用簡易方法求出季預測，以此結果作為編製現金預算的基礎。

〔例題〕

　　表5A.1列出Martin公司過去五年的月銷售資料，其中最右欄數字是月銷售總額占年銷售總額之比率，公司財務人員想瞭解19X6年每月預估銷售額。

解答：

　　把19X6年之年銷售預測額乘以表5A.1最右欄之每月比率即可。其計算過程列於表5A.2。由表5A.2結果可看出Martin公司銷售額由年初開始就逐步上升，在夏季達高峰，在年底呈下降趨勢，季節差異十分明顯。

表5A.1　Martin公司月銷售資料　　　　　　　　　（單位：百萬美元）

月份	19X1	19X2	19X3	19X4	19X5	總數	指數
1月	51.2	56.4	57.8	58.6	60.1	285.0	0.06
2月	56.1	60.0	67.0	71.2	78.2	332.5	0.07
3月	58.5	63.5	70.0	72.3	68.2	332.5	0.07
4月	71.3	72.1	81.0	79.7	75.9	380.0	0.08
5月	82.4	77.3	88.0	90.1	89.7	427.5	0.09
6月	95.6	85.0	99.0	96.1	99.3	475.0	0.10
7月	102.0	96.1	99.1	103.9	121.4	522.5	0.11
8月	85.5	90.3	87.9	102.9	108.4	475.0	0.10
9月	82.6	87.4	87.7	106.0	111.3	475.0	0.10
10月	68.9	72.9	87.6	93.6	104.5	427.5	0.09
11月	50.7	60.6	80.8	64.8	76.4	332.5	0.07
12月	45.2	53.4	69.9	60.8	55.7	285.0	0.06
	850.0	875.0	975.0	1,000.0	1,050.0	4,750.0	1.00

表5A.2　Martin公司19X6年之月銷售額預測　　（單位：千美元）

月份	計算	結果
1月	$1,113,000(0.06)	$ 66,780
2月	$1,113,000(0.07)	$ 77,910
3月	$1,113,000(0.07)	$ 77,910
4月	$1,113,000(0.08)	$ 89,040
5月	$1,113,000(0.09)	$ 100,170
6月	$1,113,000(0.10)	$ 111,300
7月	$1,113,000(0.11)	$ 122,430
8月	$1,113,000(0.10)	$ 111,300
9月	$1,113,000(0.10)	$ 111,300
10月	$1,113,000(0.09)	$ 100,170
11月	$1,113,000(0.07)	$ 77,910
12月	$1,113,000(0.06)	$ 66,780
		$ 1,113,000

個案研究

RJ Software公司設計、生產以及行銷一系列資料儲存及整理之產品,該公司相信其產品可改善傳統資料庫缺點,進而提升生產力。此資料系統操作簡易,即使是新手亦能迅速上手。該公司1989年到1993年之年收益(單位:千元)分別是:$3,156、$5,536、$9,784、$14,388、$20,718。

1994年第二季公司推出新產品,其品質優良,應用非常廣泛。

公司一貫目標是能成為資料及文書處理軟體的領導品牌,並且同時兼顧一般使用者及專業人士不同需求,下面是該公司三年的同基損益表(以收益作為100%):

RJ Software公司過去兩年收益呈向上趨勢,主因是美國或國際市場的專利費用收入上揚之情況,其中美國收益之上升來自於軟體公司銷售成長,而國際市場專利收入增加是對英國及德國行銷成功有關,而維修收益往往隨著產品銷售之暢旺而水漲船高。

問題

1. 請以簡單迴歸分析法預測1994年之收益?
2. 請以複利成長率法預測1994年之收益?
3. 請問你自己對1994年收益預測為何?

	12月31日結束之會計年度各科目占收益之比率			與前一年度比較之成長率	
	1991	1992	1993	1992	1993
收益:					
授權費用	94.3%	89.4%	84.4%	39.3%	36.1%
維修費用	5.7	10.6	15.6	175.5	110.3
	100.0	100.0	100.0	47.1	44.0
營運費用:					
收益成本	8.4	9.5	11.0	66.7	67.2
開發	8.5	10.4	10.4	80.2	44.8
銷售	34.9	33.0	33.5	38.7	46.2
一般行政費用	27.1	23.4	23.6	27.5	45.1
總營運成本	78.9	76.3	78.5	42.3	48.3
營運收入	21.1	23.7	21.5	64.8	30.3
利息收入(費用)	0.0	0.6	0.4	NA	15.0
營業利潤	21.1	24.3	21.9	69.0	30.0
營利事業所得稅	7.3	7.7	7.5	54.8	41.6
淨利	13.8	16.6	14.4	76.5	24.6

PART 3

資本預算

現金流量的估計
投資方案的評估
資本預算的若干主題

6

現金流量的估計

來自航空公司的壓力

由於持續且嚴重的損失，航空公司開始對美國境內的飛機場施壓，企圖縮減或延遲原有的擴場計劃，如此可使航空公司降低成本。日前一個航空運輸協會的會議中，幾家大型航空公司的主管公開放話要積極介入飛機場的預算編製，其中又會對正在規劃中的資本計畫做更多的介入。

根據航空公司組織的說法，航空公司目前每年要支付高達三十五億美元的費用給飛機場，作為其投資擴場之用，它的收費名目為落地費和其他一些場地租金。一位組織的成員表示：「這些成本正以驚人的速度在向上攀升。目前航空業已處於非常嚴重的財務吃緊狀態，而許多飛機場的業者似乎並未得到這項訊息。」

但飛機場的業者也提出了駁斥。一位機場聯合會的副總就說道：「機場其實和美國其他公共設施一樣（諸如公路、橋樑及下水道系統等）面臨了相同問題有待解

決，即設備過於老舊。為求能符合現況，則更新設施乃勢在必行。」另一位執行副總也表示：「這些更新、擴大之計畫都非常耗時，而機場總不可能等到發覺容量已無法因應需求時才決定採取行動。」

丹佛機場的一位主管指出，航空公司支付給機場的費用其實並不會完全成為航空公司的成本，因為未來新型機場的運作會大幅降低航空公司因等待而誤點所造成之成本。另一位主管也指出，航空公司因此而減省之成本其實非常可觀，一架客滿飛機因「塞機」而造成延誤起飛的平均成本是每分鐘二十五美元。

機場投資計畫所帶來未來現金流量的估計是十分複雜的，但若能掌握住一些找尋現金流量的基本原理，則就可將此知識應用於解決國內機場的困境。

Source: Laurie McGinley, "Airlines Pressure Airports to Scale Back Expansion Plans in Bid to Reduce Costs," *The Wall Street Journal*, September 25, 1992. Reprinted by permission of The Wall Street Journal, © 1992 Dow Jones & Company, Inc. All Rights Reserved Worldwide.

資本預算（capital budgeting）是一個將資金分配到不同的投資機會的過程，而在這個過程中，現金流量的分析往往決定了那些投資計畫可以接受，那些則不予採行。本章的目的是說明要如何來估計未來的現金流量，而第7章及第8章則是介紹如何運用這些預估的現金流量資訊來評估投資計畫。

期初現金流量

任何資產的價值都是其未來現金流量現值，同理，在資本預算的分析時，任何投資計畫的價值就是該計畫未來所產生之現金流量的現值。

投資計畫的提出可能是為了推出新產品、改良生產方法、汰換老舊設備、購併其他公司或是為了符合法定環保標準等，它可能由公司的任何一個部門提出。

確認投資計畫需要仔細的審查，其通常由公司之高層主管來負責此工作。有時同時有好幾份投資計畫被提出，則不同計畫間之關聯性也要一併考慮。

現金流量之估計所要求的是增量現金流量（incremental cash flows），它是在估計當一個投資計畫被採行後，將會為公司產生多少額外的稅後預期現金流量，正的現金流量代表公司有現金流入，負的現金流量則代表公司有現金支出。例如，公司決定採行一項添購設備之計畫時，將會有一個負的增量現金流量，而由於新的生產設備會增加公司未來產量或減少其生產成本，故未來公司應會有一個連續的正的增量現金流量。

期初現金流量（initial cash flows）是投資計畫開始時所做的一筆支出，而有些大型的投資計畫甚至需要連續數年的現金支出。

決定期初現金流量的成分如下：

1.資本支出。

2.資產銷售。

3.營運支出。

4.淨營運資金。

5.投資之稅賦寬減。

6.機會成本。

7.套牢成本。

以上各項目之增量現金流量之加總即為期初現金流量。

資本支出

資本支出（capital expenditures）是指一種當期之支出，將會在未來才能替公司帶來利益。也因如此，資本支出可被視為是未來每年都在折舊，而此折舊之數額對於未來稅後現金流量之預估則有決定性的影響。

資本支出不僅包括了資產的買價，同時亦包括使資產能運作之一切費用，它涵蓋了運費、安裝費、測試費、法律顧問費及其他所有改善設備效能之費用。

〔例題〕

Van Alstyne公司以$100,000之價格購入一新的磨粉機來汰換原來之機器。新機器運費為$4,300，舊機器之拆遷費為$700，請問該投資計畫的資本

支出為何？

解答：

$100,000＋$4,300＋$700＝$105,000

資本拍賣

資本拍賣（sale of assets）是指變賣原有的資產，它當然是由於新資產的購買所連帶引發的行為，而變賣所得是一項正的現金流量。

另外，也必須考慮變賣資產的稅賦效果，如果拍賣所得之金額與帳面價值有所不同，就會有稅賦效果，例如，當拍賣所得大於帳面價值，就有利得出現，反之，則為損失。該利得或損失乘以邊際稅率即為稅賦效果。

〔例題〕

由於Van Alstyne公司決定購買新機器，因此將把五年前所購買之老機器出售。該舊機器之資本支出為$50,000，它採直線折舊法分成十五年來攤提折舊費用，其殘值為$5,000。該舊機器今日之售價為$40,0 00，而公司之邊際稅率為40%，則拍賣此舊機器之淨現金流量為何 ？

解答：

首先要先算出舊機器的帳面價值，而要求出此價值，則必須先知道舊機器每年的折舊金額。

使用直線折舊法可得：

$$DC = \frac{B - SV}{UL} \tag{6.1}$$

其中

$$DC＝折舊費用$$
$$B＝折舊基礎$$
$$SV＝殘值$$
$$UL＝使用年限$$

以DC_{old}代表舊機器每年的折舊費用，則套用（6.1）式可得：

$$DC_{old} = \frac{\$50,000 - \$5,000}{15}$$
$$= \$3,000$$

使用五年後（也就是今天）的帳面價值為：

$$帳面價值 = \$50,000 - 5(\$3,000)$$
$$= \$35,000$$

故稅賦之現金流量效果是把帳面價值扣除資產拍賣價值後再乘以邊際稅率，即：$38,000（$40,000-$2,000）。

$$稅賦之現金流量 = 0.40(\$35,000 - \$40,000)$$
$$= -\$2,000$$

負的現金流量代表了現金支出，亦即表示公司必須支付資產銷售利得的稅賦費用。

資產拍賣之淨現金流量為拍賣收入扣掉稅賦成本，即$ 38,000（$ 40,000 -$ 2,000）。

營運支出

營運支出（operating expenditures）是指期初所支付的非資本投資的費用，它們因此不計入折舊基礎中。其中最明顯的例子就是訓練費用。

營運支出雖然產生了負的現金流量，但也因而享有抵稅效果，其數額為營運支出之金額乘以邊際稅率。把以上兩筆現金流量加總，即可得到淨營運支出的淨現金流量。

〔例題〕

Van Alstyne公司花了$5,000來訓練新型機器的操作員，假如公司的邊際稅率為40%，則其營運支出的現金流量為何？

解答：

即訓練費用扣除稅賦效果（抵稅金額）：

$$營運費用之現金流量 = -\$5,000\,(1-0.4)$$
$$= -\$3,000$$

淨營運資金

採行任一投資方案往往會同時增加公司的流動資產及流動負債。投資方案常要求公司必須要有足夠交易使用的現金及因提供顧客信用購買而產生的應收帳款，或是足以支應營運的存貨。另一方面，投資方案也造成了公司以應付帳款來作為周轉所需，或是將其他諸如薪資、稅賦的費用加以遞延。

淨營運資金（net working capital）的變動是把流動資產的變動扣除流動負債的改變，而淨營運資金現金流量的數額即淨營運資金變動乘上一個負號。

〔例題〕

Van Alstyne公司為了購買新機器，其存貨增加了\$500，而應付工資及稅賦則減少了\$200，其他的營運資金項目則維持不變，請問淨營運資金的現金流量為何？

解答：

淨營運資金的變動為流動資產的增加減去流動負債的增加，即：

$$淨營運資金的變動 = \$500 - (-\$200)$$
$$= \$700$$

因此其所造成的現金流量為－\$700（因為淨營運資金的增加代表須有淨現金流出方可達成）。

投資稅額抵減

投資稅額抵減（investment tax credit, ITC）是聯邦政府所創造的投資誘因，它最早出現於1960年代，聯邦政府以此政策來企圖刺激景氣，之後的稅法則一再大幅修改，本書之後除非有特別的指明，否則應考慮投資稅額抵減。

ITC的計算是把投資資產的折舊基礎乘上適用的投資稅額抵減比率。其算得之數額即為聯邦所得稅之抵減金額，ITC造成的現金流量永遠是正值。

〔例題〕

　　Van Alstyne公司的投資稅額抵減比率為10%，則當公司購買新機器時，其因ITC而產生的現金流量為何？

解答：

　　抵減金額＝$105,000（0.1）

　　　　　　　＝$10,500

　　因此，ITC為公司帶來了$10,500的現金流入。

機會成本

　　機會成本（opportunity costs）是指當採行某一投資方案時，所必須放棄的現金流量。而機會成本所引起的現金流量為機會成本的負值。

〔例題〕

　　Van Alstyne公司因購置新生產機器之故而須增加存貨數量，並且生產部經理指出存貨的增加並不需要額外的儲藏空間。請問由此機會成本所引發出的現金流量為何？

解答：

　　乍看之下此現金流量應為零，但要事先仔細評估在採行投資方案之後，未來是否會有額外倉儲空間的需求。如果有此需求，則就要考慮因使用額外倉儲空間所帶給公司的機會成本。

套牢成本

　　套牢成本（sunk costs）是指不論是否採行投資方案均須支付的成本，它們並非是使生產增加的成本，而是在方案推動之前就付出的成本。

〔例題〕

　　Van Alstyne公司工程部用了$1,000來研究操作新型生產機器在技術上的可能性，請問此花費是否使公司增加了現金流量？

解答：

　　該工程部之研發費用乃是一種套牢成本，而不是使生產增量的成本，因此它並不會計入期初現金流量。

期初現金流量

　　承前例，投資方案的期初現金流量為－$60,200，包括：－$105,000的資本支出，＋$38,000的資產拍賣所得，－$3,000的營運支出，－$700的淨營運資金，＋$10,500的投資抵減稅額。此外，$1,000的套牢成本則未計入期初現金流量。

　　以現金流量圖來表示：

南韓正設法找出新的方法 ....

　　南韓過去數十年來在經濟上的表現十分耀眼，但近來從紡織業到電子業都嚴重受到中國、印尼等後起經濟新秀的威脅，原因無他，因為以往南韓工業興盛之主要關鍵在於其廉價的勞力成本，可是此優勢早已被後來的工業新興國家給取代。

　　南韓面臨此挑戰，其因應的對策大致分為二派，其中一派主張產業要投資於新科技的研發，以便創造出新的競爭優勢，另一派則希望政府能加速與北韓融合，如此可以使產業得到大量的廉價勞力，因而可重新建立原先的競爭優勢。南韓經濟學者呼籲其國內之業者不應只注重眼前的利益而想要迅速取得廉價勞力，而是應改善生產設備及技術來提升勞動生產的附加價值，進而可應付較高的勞動成本。

營運現金流量

營運現金流量（operating cash flows）的計算非常具有挑戰性，本節之方法可處理許多問題。

現金流量等式

稅後營運現金流量所表示的是接受一個投資方案之後，每期現金流量的改變，它可用下式來表達：

$$CF_n = (R_n - OC_n - DC_n)(1 - T) + DC_n \qquad (6.2)$$

其中

CF_n = 時點n的現金流量改變量

R_n = 時點n的收益變動量

OC_n = 時點n的營運成本變動量

DC_n = 時點n的折舊費用變動量

T = 邊際稅率

以上之定義未考慮公司的負債。此外，為配合第7章將介紹的評價模式，（6.2）式並未包括利息費用，其原因在下章會說明。

折舊費用的變動量

（6.2）右式之第一項所代表的是第n期的稅後盈餘變動量。因此（6.2）

又可寫成：

$$CF_n = EAT_n + DC_n \tag{6.2a}$$

其中

$$EAT_n = \text{第n期的稅後盈餘變動量}$$
$$= (R_n - OC_n - DC_n)(1 - T)$$

〔例題〕

Van Alstyne公司認定前述之生產機器更新將會使投資方案的十年期間裡，每年為公司減少＄10,000的營運成本。新機器之總成本為$10 5,000，分十年採用直線法折舊，其殘值為$20,000。被替換之舊機器為五年前所購買，其價格為$50,000，其分十五年採直線法折舊，殘值為5,000，公司之邊際稅率為40%，請問公司未來十年中，每年現金流量變動量及稅後盈餘變動量各為何？

解答：

以（6.1）式計算新機器的折舊：

$$DC_{new} = \frac{\$105,000 - \$20,000}{10}$$
$$= \$8,500$$

注意！這是新機器折舊之費用，而非折舊之改變。

令新舊機器折舊費用之差額為DC_n，則：

$$DC_n = DC_{new} - DC_{old} \tag{6.3}$$

將相關數字帶入（6.3）式可得：

$$DC_n = \$8,500 - \$3,000$$
$$= \$5,500$$

再以（6.2）式來求算未來十年每年的現金流量：

$$CF_n = (R_n - OC_n - DC_n)(1 - T) + DC_n$$
$$= [0 - (-\$10,000) - \$5,500](1 - 0.40) + \$5,500$$
$$= (\$10,000 - \$5,500)(0.6) + \$5,500$$
$$= \$2,700 + \$5,500$$
$$= \$8,200$$

（6.2）右式中的第一項（$2,700）為未來十年每年稅後盈餘的變化量。
以下為稅後營運現金流量之圖解：

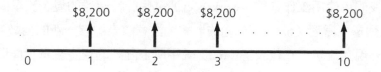

本題相對較簡單，其原因有三：

1.未來十年每年的收益及營運成本之變化量均為固定值。
2.以直線法來折舊。
3.舊資產所剩之折舊年限正好與新資產的折舊年限相同。

Baldrige 獎的尷尬 ··

Wallace公司獲得1990年度Malcolm Baldrige國家品質獎。該公司獲獎後，內部之資深主管驕傲地向業界宣示其經營哲學：不計任何成本地追求最佳品質。不料後來公司卻遭到了虧損，當Wallace公司的危機正式浮上檯面之後，*Business Week*雜誌訪問了由商務部所設立的Baldrige獎的執行長W. Reimann。Reimann直陳商務部根本沒有深入評估參賽廠商財務狀況的人才及資源。

*Business Week*雜誌訪問了一位不願透露姓名的Wallace高級主管，他指出了公司危機產生的原因是投資於電腦及營運系統的金額太過龐大，雖然公司產品的準時送達率及市場佔有率都有所提升，但仍無法負荷每年所增加之營運成本。

Source: Jim Smith and Mark Oliver, "The Baldrige Boondoggle," *Machine Design*, August 6, 1992.

工作底稿

我們可使用工作底稿（worksheet）來估計較複雜的現金流量問題。如**表6.1**就列舉了處理（6.2）式問題的形式，注意該表中有一新的變數（CF_{add}），即額外現金流量，它代表了（6.2）式中所未計入的現金流量，像期初現金流量就屬於本項。

表6.1　資產替換方案的部分現金流量工作底稿

年度	附加現金流量	第n期現金流量變化量	第 n 期收益變化量	第 n 期營運成本變化量
0	-$60,200	0	0	0
1	0	$8,200	0	-$10,000
2	0	$8,200	0	-$10,000
3	0	$8,200	0	-$10,000
4	0	$8,200	0	-$10,000
5	0	$8,200	0	-$10,000
6	0	$8,200	0	-$10,000
7	0	$8,200	0	-$10,000
8	0	$8,200	0	-$10,000
9	0	$8,200	0	-$10,000
10	0	$8,200	0	-$10,000

年度	第 n 期折舊成本變化量	新資產之折舊費用	舊資產之折舊費用	第 n 期稅後盈餘變化量
0	0	0	0	0
1	$5,500	$8,500	$3,000	$2,700
2	$5,500	$8,500	$3,000	$2,700
3	$5,500	$8,500	$3,000	$2,700
4	$5,500	$8,500	$3,000	$2,700
5	$5,500	$8,500	$3,000	$2,700
6	$5,500	$8,500	$3,000	$2,700
7	$5,500	$8,500	$3,000	$2,700
8	$5,500	$8,500	$3,000	$2,700
9	$5,500	$8,500	$3,000	$2,700
10	$5,500	$8,500	$3,000	$2,700

期末現金流量

期末現金流量（terminal cash flows）是指當一個投資方案結束時的現金流量，也就是發生於投資方案最後時點的現金流量。投資方案的存續期間與所投資的生產設備的使用年限並沒有一定的關係。

期末現金流量的形式

基本上有二種形式：（1）淨營運資金的報酬；（2）出售資產所得的稅後現金流量。

〔例題〕

Van Alstyne公司的設備更新方案在十年後結束，請問其期末現金流量為何？

解答：

前已得淨營運資金的變動量為$700，因此第十年時，淨營運資金的報酬將會替公司帶來＋$700之現金流量。

另外，十年後的資產變賣，將會替公司帶來＋$20,000之現金流量，當然其所引起的稅賦效果也應一併考慮。

如果要知道是否有利得或損失，我們必須要知道機器在第十年的帳面價值，其算法是將機器今天的帳面價值扣除未來十年所累計的折舊，即：

$$帳面價值 = \$105,000 - 10(\$8,500)$$
$$= \$20,000$$

此值正好等於售價，故本例並沒有稅賦效果的問題。

期末期現金流量

第十年的現金流量（整個投資方案的期末現金流量）為$20,700，它包括了$700的淨營運資金報酬，以及$20,000的資產拍賣稅後現金流入。

完整之現金流量圖如下：

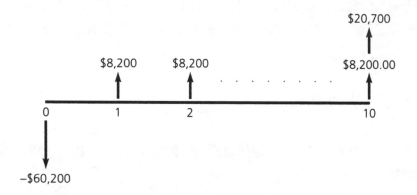

表6.2中列出了關於本投資方案現金流量的完整工作底稿。

加速成本攤提制度

就財管之角度來看，折舊處理最重要的考量就是它對投資方案的增量現金流量之影響，這與會計上把折舊當成是成本分配認列之角度大不相同。選用不同的折舊方法，將會造成不同的稅賦支出，進而使增量現金流量也隨之改變。

為了公布公司財務狀況的折舊方法和為了報稅的折舊方法並不相同。以報帳之目的來說，折舊方法必須允當表達投資方案的收支，就報稅之立場來看，折舊方法之選用與稅法息息相關，而未必會允當表達資本之收支。

在1981年以前，美國Internal Rovenue Service機構放任公司自由選用會計折舊方法，但從1981年起，IRS依照當年通過之Economic Recovery Tax Act 1981之規定，要求公司採行新的折舊制度，即加速成本攤提制度(ACRS)，到了1987年時，Tax Reform Act 1986（1986年之稅制改革方案）又將ACRS改

表6.2 資產替換方案之現金流量工作底稿

年度	附加現金流量	第 n 期現金流量變化量	第 n 期收益變化量	第 n 期營運成本變化量
0	-$60,200	0	0	0
1	0	$8,200	0	-$10,000
2	0	$8,200	0	-$10,000
3	0	$8,200	0	-$10,000
4	0	$8,200	0	-$10,000
5	0	$8,200	0	-$10,000
6	0	$8,200	0	-$10,000
7	0	$8,200	0	-$10,000
8	0	$8,200	0	-$10,000
9	0	$8,200	0	-$10,000
10	$20,700	$8,200	0	-$10,000

年度	第 n 期折舊成本變化量	新資產之折舊費用	舊資產之折舊費用	第 n 期稅後盈餘變化量
0	0	0	0	0
1	$5,500	$8,500	$3,000	$2,700
2	$5,500	$8,500	$3,000	$2,700
3	$5,500	$8,500	$3,000	$2,700
4	$5,500	$8,500	$3,000	$2,700
5	$5,500	$8,500	$3,000	$2,700
6	$5,500	$8,500	$3,000	$2,700
7	$5,500	$8,500	$3,000	$2,700
8	$5,500	$8,500	$3,000	$2,700
9	$5,500	$8,500	$3,000	$2,700
10	$5,500	$8,500	$3,000	$2,700

為修正加速成本攤提制度（即MACRS），本節將解釋此兩者之差異。

攤提期間

以上兩種折舊制度均把長期資產區分成許多種類，各種類有其特定之攤

提期間（recovery period）。例如電腦在此兩個制度下均被分類為五年期之資產，IRS要求公司要遵行其所規定的各種資產之攤提期間。

攤提比率

IRS規定在攤提期間內年每年之攤提比率（recovery percentage），如在1985年所購買之電腦，ACRS就規定其每年之攤提比率如下：

期間	攤提比率
第一年	15%
第二年	22%
第三～五年	21%

而MACRS對每年攤提比率之規定則更加複雜。它包括了半年、季中乃至月中等不同之認定形式，其中以半年法之使用最為普遍，但若公司有超過40%之固定資產是在第四季購買的話，則必須使用季中法，至於月中法則多應用於不動產上。IRS另外也規定，只要採用直線折舊法所攤提之折舊費用高於IRS所規定之折舊方法時，公司可自行改採直線折舊法來計算折舊。

MACRS和ACRS一樣對各種資產都有一個攤提期間之規定，如下所述：

- 三年期資產（如拖車之組件）
- 五年期資產（如重型卡車、電腦及其周邊設備、辦公室設備及其他車輛）
- 七年期資產（如辦公室家具、一般農機設備）
- 十年期資產（如各種駁船等運輸設備）
- 十五年期資產（如都會區之污水處理設備）
- 二十年期資產（農區建築、下水道系統）
- 住宅用不動產（如一般出租供住宅用之公寓）
- 非住宅用不動產（如辦公大樓、倉庫、廠房及商店）

MACRS的折舊比率表在IRS第534號公報中有清楚的公布，**表6.3**即為其節錄，它是採用半年法，將200%或150%的折舊餘額轉成直線折舊法之比例。攤還期間的決定則非常複雜。

表6.3 MACRS折舊比率表(以半年期認定慣例為準)

每年之折舊			折舊期限			
年	3年	5年	7年	10年	15年	20年
1	33.33	20.00	14.29	10.00	5.00	3.750
2	44.45	32.00	24.49	18.00	9.50	7.219
3	14.81	19.20	17.49	14.40	8.55	6.677
4	7.41	11.52	12.49	11.52	7.70	6.177
5		11.52	8.93	9.22	6.93	5.713
6		5.76	8.92	7.37	6.23	5.285
7			8.93	6.55	5.90	4.888
8			4.46	6.55	5.90	4.522
9				6.56	5.91	4.462
10				6.55	5.90	4.461
11				3.28	5.91	4.462
12					5.90	4.461
13					5.91	4.462
14					5.90	4.461
15					5.91	4.462
16					2.95	4.461
17						4.462
18						4.461
19						4.462
20						4.461
21						2.231

折舊之決定

每年折舊費用的決定是將固定資產未調整之基礎乘上攤提百分比,未調整基礎通常就是資產的成本。和前面折舊基礎的唯一差異是在於它並未扣除殘值。

〔例題〕

Van Alstyne公司1985年以$5,000買了一部電腦,該資產在ACRS制度下為五年期折舊之資產,每年之折舊比例為15$%、22%、21%、21%、21%,請

問其折舊數額及帳面價值各為何？

解答：

表6.4整理了 年中各年的折舊數額及帳面價值，因沒有使用殘值之概念，故最後的帳面價值為零。

表6.4　以五年期ACRS計算的折舊費用及帳面價值

年度	折舊費用	帳面價值
1985	$5,000(0.15) = $ 750	$4,250
1986	5,000(0.22) = 1,100	3,150
1987	5,000(0.21) = 1,050	2,100
1988	5,000(0.21) = 1,050	1,050
1989	5,000(0.21) = 1,050	0
	$5,000	

〔例題〕

該公司在1989年以$5,000買入另一部電腦，依照IRS第534號所公布的攤提比率來看，各年之攤提比率為：20%、32%、19.2%、11.52%、11.52%、5.76%，請問其折舊費用及帳面價值各為何？

解答：

表6.5整理的即是答案。本題因為使用半年法，故採六年來攤提折舊。

表6.5　以個年期MACRS計算之折舊費用及帳面價值

年度	折舊費用	帳面價值
1989	$5,000(0.2000) = $ 1,000	$4,000
1990	5,000(0.3200) = 1,600	2,400
1991	5,000(0.1920) = 960	1,440
1992	5,000(0.1152) = 576	864
1993	5,000(0.1152) = 576	288
1994	5,000(0.0576) = 288	0

其他的攤提系統

在ACRS或MACRS制度下，都允許使用另一種折舊方法，此方式為使用半年認定法再搭配採用直線折舊法，因此第一年及攤提期間後之下一年均以半年計算折舊。

〔例題〕

Van Alstyne公司在1989年以$5,000買了一部電腦，其在MACRS制度下為五年期之資產，並且也採用半年法認定，公司決定採用另一種方式來計算折舊，請問該資產的折舊費用及帳面價值為何？

解答：

因為採五年折舊，故以直線法每年應攤提20%，另外，由於用半年法之規定，第一年及第六年各折半年之數額。其分布情況如下：

年度	提百分比
第一年	10%
第二年	20%
第三年	20%
第四年	20%
第五年	20%
第六年	10%

表6.6則指出了各年之折舊費用及帳面價值餘額。

表6.6　以另一種MACRS制度計算之折舊費用及帳面價值

年度	折舊費用	帳面價值
1989	$5,000(0.1000) = $ 500	$4,500
1990	5,000(0.2000) = 1,000	3,500
1991	5,000(0.2000) = 1,000	2,500
1992	5,000(0.2000) = 1,000	1,500
1993	5,000(0.2000) = 1,000	500
1994	5,000(0.1000) = 500	0

MACRS在資產更新方案的應用

我們可採用直線折舊法來估計資產更新方案的現金流量。如果使用MACRS來計算折舊，則計算將更形複雜。

〔例題〕

Van Alstyne公司之財務分析人員認為應採MACRS折舊法來計算資產更新方案之現金流量。假設設備為七年期之資產，而其折舊百分比依序為：14.29、24.49、17.49、12.49、8.93、8.92、8.93及4.46（共分八年計算），行銷部門預測每年之銷售額將會增加$10,000，而每年之營運成本則會增加$6,000，而營運成本之淨變動為−$4,000（即−$10,000＋$6,000），請問未來十年之現金流量及未來十年之稅後盈餘變化量各為何？

解答：

表6.7詳細記錄了八年的折舊費用，而表6.8則是將資訊以工作底稿的方式來表達。其中CF_n是用（6.2）式求得。由於每年的折舊費用並不相同，因此必須每年都要計算一次。第一年（CF_1）之計算如下：

$$
\begin{aligned}
CF_1 &= (R_1 - OC_1 - DC_1)(1 - T) + DC_1 \\
&= [\$10,000 - (-\$4,000) - \$12,004.50](1 - 0.4) + \$12,004.50 \\
&= (\$1,995.50)(0.6) + \$12,004.50 \\
&= \$13,201.80
\end{aligned}
$$

表6.7 以MACRS計算的資產替代方案之折舊

年度	折舊費用	帳面價值
1	$105,000(0.1429) = $15,004.50	$ 89,995.50
2	105,000(0.2449) = 25,714.50	64,281.00
3	105,000(0.1749) = 18,364.50	45,916.50
4	105,000(0.1249) = 13,114.50	32,802.00
5	105,000(0.0893) = 9,376.50	23,425.50
6	105,000(0.0892) = 9,366.00	14,059.50
7	105,000(0.0893) 9,376.50	4,683.00
8	105,000(0.0446) 4,683.00	0.00
9	0.00	0.00

表6.8 MACRS制度計算的資產替代方案之現金流量工作底稿

年（期）	附加現金流量	第 n 期現金流量變化量	第 n 期收益變化量	第 n 期營運成本變化量
0	−$60,200	0	0	0
1	0	$13,201.80	$10,000	−$4,000
2	0	$17,485.80	$10,000	−$4,000
3	0	$14,545.80	$10,000	−$4,000
4	0	$12,445.80	$10,000	−$4,000
5	0	$10,950.60	$10,000	−$4,000
6	0	$10,946.40	$10,000	−$4,000
7	0	$10,950.60	$10,000	−$4,000
8	0	$ 9,073.20	$10,000	−$4,000
9	0	$ 7,200.00	$10,000	−$4,000
10	−$12,700	$ 7,200.00	$10,000	−$4,000

年（期）	第 n 期折舊成本變化量	新資產之折舊費用	舊資產之折舊費用	第 n 期稅後盈餘變化量
0	0	0	0	0
1	$12,004.50	$15,004.50	$3,000	$ 1,197.30
2	$22,004.50	$25,714.50	$3,000	−$ 5,228.70
3	$15,364.50	$18,364.50	$3,000	−$ 818.70
4	$10,114.50	$13,114.50	$3,000	$ 2,331.30
5	$ 6,376.50	$ 9,376.50	$3,000	$ 4,574.10
6	$ 6,366.00	$ 9,366.00	$3,000	$ 4,580.40
7	$ 6,376.50	$ 9,376.50	$3,000	$ 4,574.10
8	$ 1,683.00	$ 4,683.00	$3,000	$ 7,390.20
9	−$ 3,000.00	$0	$3,000	$10,200.00
10	−$ 3,000.00	$0	$3,000	$10,200.00

期末現金流量因MACRS而改變，在此種折舊方式下，資產的帳面價值並不等於其售價，如表6.6中所示，資產在第十年年底之帳面價值為$0，因此，拍賣更新後之機器會產生利得。至於稅賦效果的計算則是用帳面價值減法售價後再乘上邊際稅率即可，即：

稅賦效果引發之現金流量＝0.4（$0−$20,000）
　　　　　　　　　　　　＝−$8,000

因此，拍賣更新後機器的淨現金流量是把前二筆現金流量加總，即 $20,000＋（－$8,000）＝$12,000，而最終現金流量為$12,700，其包括了淨營運資金的報酬 $700，以及拍賣機器之稅後現金流入$12,000。

MACRS之使用造成每年的折舊費用、稅後盈餘及現金流量都不相同，因此必須要逐年計算，因此非常繁雜，此時一些電腦軟體則可發揮功效。

本例之現金流量簡圖如下：

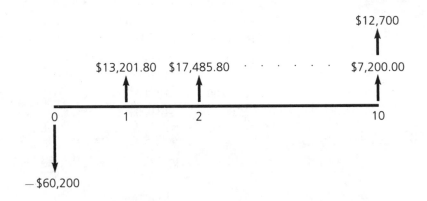

摘　要

1.決定資本預算方案之期初現金流量

期初現金流量包括了七個成分：資本支出、出售資產之利得、營運支出、淨營運資金、投資稅額抵減、機會成本及套牢成本。資本支出包括的不只是所購買資產本身的價格而已，另外尚包括一切使所購買之資產設備能正常運作之費用。出售資產會有一正的現金流量，如果其售價與帳面價值不相等，則出售資產也會有稅賦效果。

營運支出被當成是費用來處理。淨營運資金的變動決定於期初現金流量在期末之報酬。投資稅額抵減是指藉由聯邦所得稅率之優惠來增加投資誘因。機會成本是指採行某一投資方案時，其所支付之現金流量可能用在別處所產生的收益。套牢成本是指不論投資方案是否被採行都須付出的成本，而且其數額是定值，而不是邊際的概念。

2.計算一個資本預算方案的營運現金流量

稅後營運現金流量是指在採行一個投資方案之後，每期現金流量的改

變。此現金流量可分成稅後盈餘之變動及折舊之變動兩部分。

3. 計算一個資本預算方案的最終現金流量

   最終（期末）現金流量發生在一個投資方案完結之時，這些現金流量的出現時點是指投資方案之經濟年限結束之時，而非在於資產設備報廢之時。

4. 以工作底稿之方式來陳述現金流量

   遇到較複雜的現金流量估計之問題時，以工作底稿的方式來整理可使人易懂，當然，遇到計算太繁雜的情況時，運用電腦軟體來解決問題乃是最佳途徑。

5. 解釋ACRS折舊制度在計算現金流量時之應用

   IRS在1981年開始使用ACRS折舊制度，而在1987年改用MACRS制度。

6. 介紹ACRS及MACRS之應用

   以上這二種制度規定，投資方案存續期間內的每年折舊費用都不相同，因此投資方案每年之現金流量亦因而不同。另外，資產帳面價值與其殘值之差異亦會在報稅時認列利得或損失。

問　題

1. 應如何估算一個投資方案的現金流量？
2. 那些是在決定投資方案期初現金流量時常犯之錯誤？
3. 被替換資產的剩餘折舊年限會如何影響折舊費用之改變？
4. 工作底稿及電腦軟體將如何應用於現金流量之決定上？
5. 新投資方案為何比資產替換方案來得較易估算？
6. MACRS制度為何會使現金流量之計算更為複雜？
7. 為何機場投資方案之現金流量估算非常複雜？
8. 南韓如何控制其產業成本？
9. Wallace公司在贏得得Malcolm Baldridge品質獎之後發生了什麼事？

習 題

1. （期初現金流量）O'Connell公司正在評估一個總價（包括運送及安裝在內）為$37,000之資產購置方案，使用此新資產需要有$2,000之淨營運資金。投資抵減稅額為10%，則此投資方案之期初現金流量為何？

2. （期初現金流量）Ruczko橡膠公司正考慮購買一個新的製輪胎模具，該設備之成本為$85,000（包括運費），另外還有$5,000之安裝費，而且在安裝期間公司還要負擔$5,000之機會成本（可能是因為部分生產線要中斷之故）。使用該設備生產須增加原先之淨營運現金達$3,000，本投資的抵減稅額為10%，假設邊際稅率為40%，請問新投資方案的期初現金流量為何？

3. （期初現金流量）Greene公司計畫更新一部新設備，該公司原有之設備是在十年前所購買，當時之買價為$50,000，採直線折舊法分二十年折舊，其殘值為$10,000，舊設備在今天之售價為$20,000，新設備之成為$75,000（包括運送及安裝費用），另外，操作新設備尚須花費$1,000的人員訓練費用。假設公司之邊際稅率為40%，且沒享有投資抵減稅額，新設備之操作也不須增加淨營運資金，請問該投資方案的期初現金流量為何？

4. （期初現金流量）Fernandez公司計畫一個設備替換方案，新設備之成本為$240,000，外加安裝費及運費$10,000，公司享有10%之投資抵減稅額，人員操作訓練費為$2,000，淨營運資金則減少$1,000，舊設備是五年前以$100,000所購買的，分十年折舊，殘值為$25,000，有人願以殘值向公司購買此舊設備。若公司之邊際稅率為40%，請問該投資方案的期初現金流量為何？

5. （期初現金流量）Gilbert公司決定更新其機器設備，新設備的成本為$400,000（包括運費及安裝費），而舊設備則可以$100,000之價值賣給一個海外之購買者，舊設備乃是四年前以$250,000之價格買進，分十五年折舊，其殘值為$40,000。採行此投資方案後，流動資產會增加$25,000，而流動負債則會增加$10,000，該公司之邊際稅率為40%，而並未享有投資抵減稅額，購買新資產尚須將公司原有的一個廠房轉供

新資產來運作，此廠房今天出售的稅後利得為$100,000，Gilbert公司另外又花費了$25,000來研究此投資方案的可行性，請問此投資方案的期初現金流量為何？

6.（營運現金流量及稅後盈餘）Phillips Pearson公司正考慮替換其生產設備，新設備的總成本為$150,000，採直線折舊法分成十年折舊，殘值為$20,000，而舊設備是五年前以$75,000所購得，分十五年來折舊，殘值為$15,000，新設備的使用將可使每年的營運成本降低$65,000，若公司的邊際稅率為40%，請問未來十年每年的現金流量及稅後盈餘的改變各為何？

7.（營運現金流量及稅後盈餘）Ellis公司計畫購買一個新的生產設備，其投資支出為$160,000，其分十二年折舊，殘值為$40,000，而公司之舊設備是八年前以$70,000所購買的，其分成二十年折舊，殘值為$20,000，新設備之使用會使每年之收益增加$20,000，並且每年減少$20,000之營運成本，若公司之邊際稅率為40%，請問未來十二年中，每年現金流量及稅後盈餘之改變各為何？

8.（營運現金流量及稅後盈餘）Stafford公司正考慮更換其十年前以$100,000所購買的一部生產設備，新設備的總成本為$200,000，並且和舊機器一樣以直線折舊法分成十五年折舊，殘值為原成本之25%。新機器設備之使用將會使公司每年的收益增加$50,000，若邊際稅率為40%，請問未來十五年中每年現金流量及稅後盈餘之變化量各為何？

9.（營運現金流量及稅後盈餘）Atlas公司計畫更換其十一年前以$275,000所購買的生產設備。舊設備分十五年折舊，殘值為$50,000，新設備之成本為$500,000，分十年折舊，殘值為$100,000，使用新設備可降低每年營運成本$200,000，邊際稅率為40%，則未來十年中每年現金流量及稅後盈餘之變動量為何？

10.（營運現金流量及稅後盈餘）Natural公司正準備替換其在十年前以$137,000所購得之設備，該設備以直線折舊法分成十五年來折舊，殘值$17,000，新設備之成本則為$250,000，以MACRS來折舊，其適用之每年折舊比率依序是33.33，44.45，14.81，及7.41，新設備之經濟年限是十年，並可使這段期間內每年之營運成本減少$60,000，邊

際稅率為40%，請問十年中每年的現金流量和稅後盈餘之改變量各為何？

11.（投資方案的現金流量）Georgia Clay公司決定更換其內部某一部生產設備，新生產設備之總成本為$900,000，舊生產設備之總成本則是$300,000，在十五年前購得，分二十五年折舊，殘值為$0，新設備以直線法分十年折舊，殘值亦為$0，另外，新設備之人員訓練成本為$5,000，營運資金也須增加$4,000，投資抵減稅額為10%，邊際稅率為40%，公司花費$40,000來研究投資方案的可行性，若接受此投資方案，每年的收益將增加$150,000，營運成本則降低$150,000，請問在投資方案之年限內，每年現金流量及稅後盈餘的變化量各為何？

12.（投資方案的現金流量）Portland公司決定更換其成本為$350,000的一部二十年前安裝的生產設備，它以直線法分三十年來折舊，殘值設為$50,000，今天之售價則為$20,000，新生產設備之成本為$1,300,000，分十年以直線法來折舊，殘值設為$300,000，安裝新設備將使公司每年的收益增加$500,000，而淨營運資金則須增加$50,000，令投資抵減稅額為10%，邊際稅率為40%，請問投資方案期間內每年現金流量及稅後盈餘之變化量為何？

13.（稅後盈餘及投資方案現金流量）Butkus公司準備更換公司的生產設備，公司原有之設備是在二十年前以$300,000所購得，並以直線分成二十年來折舊，殘值設為$0，今天之售價則為$10,000，新設備之成本為$850,000，外加$50,000的搬運費，分十年以直線法折舊，殘值設為$100,000，淨營運資金不須增加，而新設備之使用可使公司每年收益增加$200,000，營運成本降低$100,000，若邊際稅率為40%，則投資方案之存續期間中，每年現金流量及稅後盈餘的變動量為何？

14.（稅後盈餘及投資方案現金流量）Avery航空公司計畫汰換其一架舊飛機，此舊機乃是二十年前以$95,000所購得，並以直線法分三十年折舊，殘值設為$5,000，目前之售價則為$35,000，新飛機之成本為$500,000，分十五年以MACRS來折舊，由於採用半年法，未來十六年每年之折舊百分比率依序為：5.00、9.50、8.55、7.70、6.93、6.23、5.90、5.90、5.91、5.90、5.91、5.90、5.91、5.90、5.91、

2.95，公司預測新飛機在二十年後將可以$100,000之價格出售，新飛機二十年的經濟年限中，每年可增加$250,000之收益，但同時也增加$50,000之營運成本，投資抵減稅額為10%，邊際稅率為40%，淨營運資金增加$25,000，請問投資方案年限中，每年現金流量及稅後盈餘之變化量分別是多少？

Magnetech是一家專業製造高品質磁軌錄音設備及錄音帶的廠商,其主要之客戶乃是電視台等傳播媒體,其次之客戶則是有關資料記錄的政府及軍事單位。該公司一貫的策略是集中全力於高品質產品的市場。

該公司在韓戰時成立,當時是美國空軍的重要技術支援廠商。為求確保在高科技磁帶產品的領導地位,Magnetech公司已投資了$250,000,000在新產品、技術之研發上,因此,公司擁有了一千多種之專利權,享有豐厚的權利金收入。

Magnetech之短期目標是以現有之生產技術來推出一些新產品,如大量資料儲存之設備就是其中一例。

為了拓展其大規模資料儲存產品之市場,Magnetech公司計畫投資$2,600,000來購買新的生產設備,公司的財務人員評估此投資方案可帶來的增量現金流量。由於對預期之收益及營運成本不易掌握,因此財務人員決定先比較折舊方法。

在MACRS制度下,該設備為五年期資產,並採用半年法,而Magnetech公司亦可選用MACRS所允許的另一種折舊方法。

由過去之稅賦記錄來看,財務人員認為方案推動之後,每年適用之邊際稅率並不會相同,其各年之估計稅率分別是:第一年0%、第二年21%、第三31%,第四年之後則維持在10%。

問題

1. 請問在MACRS或其規定之另一種折舊制度下,每年之折舊數額各為何?
2. 前兩種折舊方式所造成之現金流量各為何?
3. 如果你是Magnetech公司之財務人員,請問你會選擇何種折舊方法?

7

投資方案的評估

Augusta報社的擴增計畫

Augusta報社是以喬治亞、南卡羅萊納、北卡羅萊納及維吉尼亞州為其出版品的主要市場，該報社在1990年開始採行一個更新生產設備的投資方案，其目的在於增加對舊紙回收以生產成再生紙的能力，這項投資方案耗資二千七百萬美元，新設備的運作使Augusta公司成了第一家全部使用木漿來生產新聞紙之報社，同時也成了

北美第一家將報紙去墨回收再生的廠商。

公司的總經理Jonh Weaver表示，擴增工廠回收及再生紙張產能有二大考慮：第一，由於消費者的環保概念增加，對於再生紙產品之需求也因此而也增加，其次，再生紙產能之增加，可減少公司所須購買

的木漿，因而在成本上亦能有所降低。

　　擴增計畫使公司回收再生產紙張之產能增加了50%，平均每年為150,000噸，公司出版品的再生紙比重因而明顯增加。新生產設備之操作須增加十二位員工。

　　Augusta出版公司的擴增計畫事先須經過投資方案的成本效益評估，本章就是介紹如何做此項決策，並且以極大化公司普通股股票的價值為決策目標。

Source: Dale Hokrein,〝Augusta Newsprint expands,〞*The Augusta Chronicle*, October 8,1992.

基本的選擇技術

　　介紹兩大分析工具，即淨現值及內部報酬率。

浮現值

　　投資方案之淨現值（net present value）是指用要求報酬率，將投資方案之各期現金流量所折現而算得的現值。其算式如下：

$$NPV = CF_0 + \frac{CF_1}{(1+k)^1} + \ldots + \frac{CF_n}{(1+k)^n} \tag{7.1}$$

其中

　　　　CF_n = 第n年之現金流量（n=0,1,2,...,N）

　　　　k = 邊際資金成本（即要求報酬率，第8章將詳述）

　　　　N = 最終期

　　特別注意現金流量也包括了第0期之現金流量。以下以第6章的資產更新方案為例來加以說明，其現金流量圖示如下：

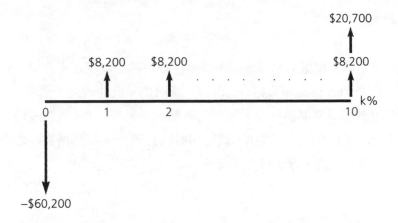

以（7.1）式來計算淨現值：

$$NPV = -\$60,200 + \$8,200 \sum_{i=1}^{10} \frac{1}{(1+k)^i} + \frac{\$20,700}{(1+k)^{10}}$$
$$= -\$60,200 + \$8,200(PVFA_{k\%,10}) + \$20,700(PVF_{k\%,10})$$

以上之式子中，我們並未設定要求報酬之數值，而只以 k％來代表。
若 k％為10%，則可算出NPV之值：

$$NPV = -\$60,200 + \$8,200(PVFA_{10\%,10}) + \$20,700(PVF_{10\%,10})$$
$$= -\$60,200 + \$8,200(6.1446) + \$20,700(0.3855)$$
$$= -\$1,834$$

表7.1列舉了在若干不同的折現率（要求報酬率）下所對應之淨現值：

表7.1　基本的（傳統的）資產替換方案之淨現值

邊際資金成本	淨現值
0%	$ 42,500
5%	$ 15,826
10%	−$ 1,834
15%	−$ 13,929
20%	−$ 22,479

淨現值曲線

若以折現率及淨現值分別對應兩座標軸,則可畫出其關係平面圖,此圖即為淨現值曲線(net present value profile),圖7.1即是此曲線之一例。

由此圖可看出淨現值與折現率呈反向變動,當折現率小於9.38%時,淨現值均為正值。若把NPV先設為0,就可用財務計算機求算其所對映之折現率,若折現率高於此值,淨現值將是負值。

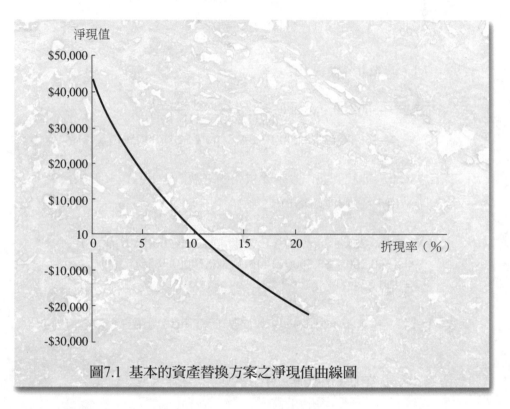

圖7.1　基本的資產替換方案之淨現值曲線圖

淨現值的採行標準

通常在個別投資方案獨立審核時,假如其淨現值大於或等於0,則該方案可被採行,否則將被拒絕。公司採行淨現值為正值的投資方案可增加公司股東權益之價值,反之,則會減少公司股東權益之價值。

在替換資產的投資方案時,以本章之例而言,若資金的邊際成本小於

9.38%，則該投資方案可被採行。例如，當資金的邊際成本是5%時，投資方案的淨現值為$15,826，公司接受此投資方案，公司的股東權益價值也就增加了$15,826。

我們亦可以類似之方式來計算MACRS替換方案之淨現值。以第6章之例說明如下：

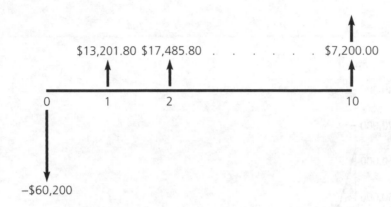

使用（7.1）式來計算：

$$-\$60,200 + \frac{\$13,201.80}{(1+k)^1} + \frac{\$17,485.80}{(1+k)^2} + \frac{\$14,545.80}{(1+k)^3}$$

$$NPV = +\frac{\$12,445.80}{(1+k)^4} + \frac{\$10,950.60}{(1+k)^5} + \frac{\$10,946.40}{(1+k)^6} + \frac{\$10,950.60}{(1+k)^7}$$

$$+\frac{\$9,073.20}{(1+k)^8} + \frac{\$7,200.00}{(1+k)^9} + \frac{\$19,900.00}{(1+k)^{10}}$$

$$=\begin{array}{l} -\$60,200 + \$13,201.80(PVF_{k\%,1}) + \$17,485.80(PVF_{k\%,2}) \\ + \$14,545.80(PVF_{k\%,3}) + \$12,445.80(PVF_{k\%,4}) + \$10,950.60(PVF_{k\%,5}) \\ + \$10,946.40(PVF_{k\%,6}) + \$10,950.60(PVF_{k\%,7}) + \$9,073.20(PVF_{k\%,8}) \\ + \$7,200.00(PVF_{k\%,9}) + \$19,900.00(PVF_{k\%,10}) \end{array}$$

表7.2中列舉出在若干不同的資金邊際成本下所計算出的淨現值。圖7.2則是其淨現值曲線圖。由圖7.2可看出在折現率小於17.47%時，投資方案之淨現值為正值，公司可採行該投資方案，使公司股東權益之價值能有同額之增加。

表7.2　MACRS資產替換方案之淨現值

邊際資金成本	淨現值
0%	$ 66,500
5%	$ 38,568
10%	$ 19,238
15%	$ 5,407
20%	－ $ 4,794

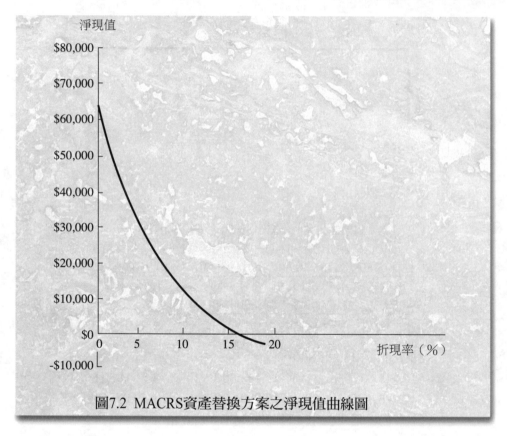

圖7.2 MACRS資產替換方案之淨現值曲線圖

內部報酬率

內部報酬率（internal rate of return, IRR）是指使公司投資方案之淨現值為零的折現率，此報酬率就是淨現值曲線圖中該曲線與橫軸之交點。

IRR可由下式來計算：

$$0 = CF_0 + \frac{CF_1}{(1+r)^1} + \ldots + \frac{CF_N}{(1+r)^N} \qquad (7.2)$$

其中

$$r = 內部報酬率$$

舉例來計算：

$$0 = -\$60,200 + \$8,200 \sum_{i=1}^{10} \frac{1}{(1+r)^i} + \frac{\$20,700}{(1+r)^{10}}$$

$$0 = -\$60,200 + \$8,200(PVFA_{r\%,10}) + \$20,700(PVF_{r\%,10})$$

我們以試誤法將不同之折現率代入試算。首先用9%之折現率代入：

$$0 = -\$60,200 + \$8,200(PVFA_{9\%,10}) + \$20,700(PVF_{9\%,10})$$

$$0 = -\$60,200 + \$8,200(6.4177) + \$20,700(0.4224)$$

$$0 = +\$1,169$$

由結果可知右式之值過大，因此應調升折現率，若以10%代入：

$$0 = -\$60,200 + \$8,200(PVFA_{10\%,10}) + \$20,700(PVF_{10\%,10})$$

$$0 = -\$60,200 + \$8,200(6.1446) + \$20,700(0.3855)$$

$$0 = -\$1,834$$

由此結果可知IRR介於9%到10%之間，若使用財務計算機或電腦軟體來計算，則可得到精準之折現率為9.38%。以此方式亦可算出MACRS替換方案之IRR為17.47%。

內部報酬率之接受準則

傳統的投資方案（conventional projects）通常是期初數期為負的現金流量，之後則都是正的現金流量。MACRS替換方案就屬於此型態。傳統投資方案的淨現值曲線為負斜率，圖7.1及圖7.2就是此類之例子。

傳統投資方案若以內部報酬率為標準來審核，則當內部報酬率大於或等於資金邊際成本時，可接受該投資方案，否則即應拒絕。對照圖7.1來看，可

知此接受條件就等於是要求正的淨現值，由此可知，在傳統投資方案之審核時，淨現值法與內部報酬率法所得到之結果相同。

借款方案（loan projects）開始幾期的現金流量為正值，之後則為負值。其正好和基本替換方案的現金流量狀況相反，圖7.3就是借款方案的例子。

若借款方案的內部報酬率小於或等於資金的邊際成本，則該方案可被接受，反之則會被拒絕。此接受條件就等於是要求正的淨現值，因為正投資方案之淨現值曲線均為負斜率。例如，當資金邊際成本為15%，可接受借款方案，因為該方案之要求報酬率為9.38%，而此時淨現值亦為正值，這也再次說明了兩個投資選擇標準彼此相符。

非傳統的投資方案（nonconventional projects）的期初現金流量可正可負，之後的現金流量則沒有固定之模式，正負值可能交錯出現，此性質會使這種投資方案的IRR有多重解之情況出現，因而使得無法明確判斷投資應否採行。

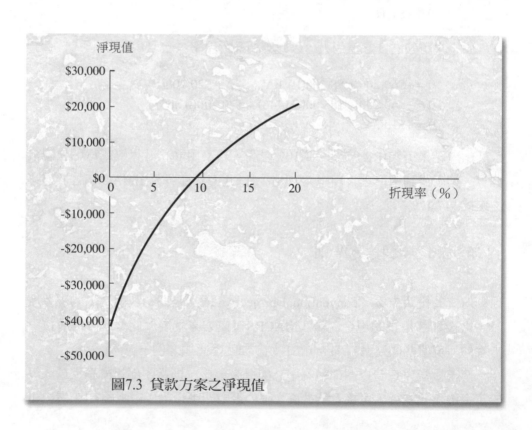

圖7.3 貸款方案之淨現值

〔例題〕

　　Princeton Printers公司在期初投資了$10,000，公司預期第一年可賺得$62,500的稅後現金流入，而第二期之稅後現金流量則為－$62,500，請問此投資方案之淨現值曲線圖為何形態？

解答：

　　表7.3列出了在不同折現率下的淨現值，圖7.4則是其曲線圖。

　　當折現率為25%到400%時，淨現值為正值，可接受此投資方案，而若折現率在此範圍之外，則應拒絕此投資方案。

表7.3　非傳統投資方案之淨現值

邊際資金成本	淨現值	邊際資金成本	淨現值
0%	－$10,000	250%	2,755
25%	0	300%	1,719
50%	3,889	350%	802
100%	5,625	400%	0
150%	5,000	450%	－702
200%	3,889	500%	－1,319

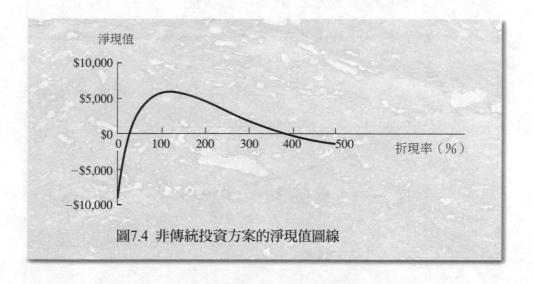

圖7.4 非傳統投資方案的淨現值圖線

〔例題〕

　　Princeton Printers公司在期初時投資$17,500，並預期第一年之稅後現金流量為$62,500，而第二年之稅後現金流量則為$−62,500，請問此方案的淨現值曲線圖之形狀為何？

解答：

　　表7.4列出了若干不同之折現率下投資方案之淨現值。其次，**圖7.5**則畫出了淨現值曲線圖。

　　由圖7.5可看出沒有任何一個折現率可使淨現值為零，當折現率大於

表7.4　無法算得內部報酬率之投資方案的淨現值

邊際資金成本	淨現值
0%	−$17,500
25%	−7,500
50%	−3,611
100%	−1,875
150%	−2,500
200%	−3,611
250%	−4,745
300%	−5,781
350%	−6,698
400%	−7,500
450%	−8,202
500%	−8,819

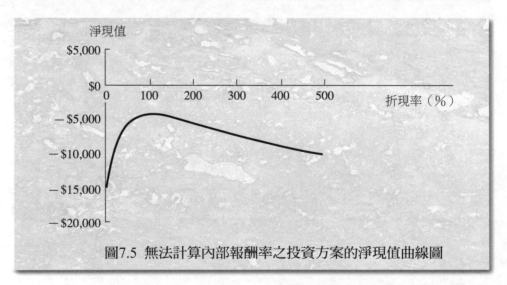

圖7.5　無法計算內部報酬率之投資方案的淨現值曲線圖

100%時，淨現值則呈下降走勢。這表示此投資方案不論折現率為何，都應被拒絕。

內部報酬率之接受準則只適用於獨立審核（independent）的投資方案，此種投資方案間彼此的現金流量完全各自獨立，如果方案彼此間互斥（mutually exclusive）的，則接受一投資方案就必須放棄別外的投資方案。例如，某公司選擇以A機器或B機器來替換原有之機器，但公司只能從兩種新機器中擇一購置。第8章將詳細介紹互斥投資方案的內部報酬率。

評估方式之比較

淨現值法符合價值相加法則（value additivity principle），也就是說，一組獨立方案的淨現值總額等於各別投資方案淨現值的加總。因此，公司股東權益之價值將因為採行正的淨現值之投資方案而有所增加。

內部報酬率對於傳統投資方案之審核結果和淨現值法一致，但對於非傳統投資方案之審核有時沒有明確之結果，其原因在於內部報酬率可能無解，或有多重解，此時財務人員應改採淨現值法。

美國失敗的資本投資制度 ······································

所謂的內部資本市場是指公司所採行的一種制度，它是把公司從內部及外部所取得之資本做一個分配，妥善投資到各項投資方案，公司投資方案之目標在於賺取高額之報酬以及極大化股票之價值。公司的財務人員必須詳細分析外部資本市場的各種資訊，至於公司的董事則只有非常的影響力。

美國資本預算的處理模式是由財務分析人員對投資方案進行量化之分析，而他們很少將研發、廣告或進入市場的花費當成是投資來處理。美式之作法常以年度為例行資本預算之規劃單位，因此其所注重的往往是當期之獲利率。而日本及德國的資本預算制度則與美國之制度大不相同，他們主要之目標在於維持公司之地位以及確保公司長遠之發展，

其他的選擇技術

　　淨現值及內部報酬率是評估投資方案最具效力的工具，有時業者會另外
再搭配若干其他的投資分析工具來一併使用。

回收期間

　　回收期間（payback period）是指回收期初投資金額所需耗費的年限，它
同時也是投資方案累計現金流量達到零所需要的年限，我們所使用的是稅後
現金流量，財務經理會設定一個最大之年限，若回收期間小於該年限，則可
接受該投資方案。以下舉一資產更新方案來說明：

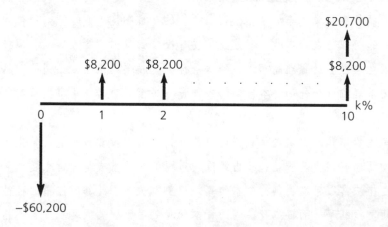

如果第一年後的現金流量為定值，則可將期初現金流量除以以後每年的

現金流量，而得：

$$PB = \frac{\$60,200}{\$8,200}$$
$$= 7.34 \text{（年）}$$

本例中，因為每年$8,200之現金流量將持續八年，故以上之回收期間是合理之答案。

我們亦可計算MACRS更新方案的回收期間，當各期的現金流量不是常數時，必須累加現金流量直到其總額為零。

期間	現金流量	累計現金流量
0	−$60,200.00	−$60,200.00
1	$13,201.80	−$46,998.20
2	$17,485.80	−$29,512.40
3	$14,545.80	−$14,966.60
4	$12,445.80	− $2,520.80
5	$10,950.60	+ $8,429.80

回收期間介於四到五年之間，因為在第五年時，累計現金流量由負值轉為正值，第五年現金流量只須$2,520.80就可使累計現金流量為零。

$$PB = 4 + \frac{\$2,520.80}{\$10,950.60}$$
$$= 4.23 \text{（年）}$$

也就是要花4.23年方可回收期初現金流量。回收期間雖被廣泛使用，但仍有一些嚴重的缺點：

· 它並未考慮金錢的時間價值。在回收期間中，前期之現金流量和後期的現金流量被賦予同樣的價值。
· 它忽略了回收期間之後的現金流量。也就是說，投資方案的接受與否和回收期間之後的現金流量沒有關係。

因此，一般而言回收期間計算雖較簡單，但其並不能完全取代淨現值。

折現的回收期間

折現的回收期間（discounted payback period, DPB）的定義和回收期間相同，唯一不同的地方在於每期的現金流量要以邊際資金成本折現回到第零期，**表**7.5以簡單的資產更換方案為例，列出了現金流量、折現後之現金流量以及累計現金流量，並假設資金的邊際成本為5%。

將折現的現金流量累加，直到其總和為零，即可求出折現的回收期間，此計算列於表7.5的最右欄。由表可看出折現的回收期間介於九到十年之間。詳細之計算如下：

$$DPB = 9 + \frac{\$1,916}{\$17,742}$$
$$= 9.11 \,(\text{年})$$

折現之回收期間的使用原則如下：如果投資方案在折現回收期間有足夠的正現金流量，並且在折現回收期間之後沒有負的現金流量的話，則可接受該投資方案。

通常折現的回收期間和淨現值法所得到之投資審核結果並不會相同。而折現的回收期間雖因為加入了金錢時間價值的觀念而比回收期間法為佳，但因它並未考慮回收期間之後的現金流量，因此，它仍不如淨現值法。

表7.5　基本資產替換方案的折現回收期間

年度	現金流量	折現的現金流量	累計現金流量
0	−$ 60,200	−$ 60,200	−$ 60,200
1	$ 8,200	$ 7,810	−$ 52,390
2	$ 8,200	$ 7,437	−$ 44,953
3	$ 8,200	$ 7,083	−$ 37,870
4	$ 8,200	$ 6,746	−$ 31,124
5	$ 8,200	$ 6,425	−$ 24.699
6	$ 8,200	$ 6.119	−$ 18,580
7	$ 8,200	$ 5,828	−$ 12,752
8	$ 8,200	$ 5,550	−$ 7,202
9	$ 8,200	$ 5,286	−$ 1,916
10	$ 28,900	$ 17,742	+$ 15,826

會計報酬率

會計報酬率（accounting rate of return, ARR）通常又被稱為帳面價值的平均報酬，它是將稅後的平均盈餘除以平均帳面價值。當使用此方法來評估投資方案時，計算出之價值常常會和整個產業的平均會計報酬率加以比較。

表7.6列出了前例資產替代方案的稅後盈餘及帳面價值，它來自於表6.2。

首先要求出每期的平均稅後盈餘，以本例而言，其為一定值$2,700。

在每年折舊為定值之情況下，可用下列公式來計算平均帳面價值：

$$ABV_c = \frac{BV_0 - BV_N}{2} + BV_N \tag{7.4}$$

其中

ABV_c = 平均帳面價值（折舊為定值）

BV_0 = 第0期的帳面價值

BV_N = 第N期（即投資方案期末）的帳面價值

本公式所表示的乃是一特殊的例子，其帳面價值以一個固定的比率下降。

表7.6 基本的資產替換方案的稅後盈餘及帳面價值

期間	稅後盈餘	帳面價值
0	$ 0	$ 105,000
1	$ 2,700	$ 96,500
2	$ 2,700	$ 88,000
3	$ 2,700	$ 79,500
4	$ 2,700	$ 71,000
5	$ 2,700	$ 62,500
6	$ 2,700	$ 54,000
7	$ 2,700	$ 45,500
8	$ 2,700	$ 37,000
9	$ 2,700	$ 28,500
10	$ 2,700	$ 20,000

以之前的資產更新方案為例，可用（7.4）式來計算平均帳面價值。

$$\text{ABV}_c = \frac{\$105,000 - \$20,000}{2} + \$20,000$$

$$= \$62,500$$

而其會計報酬率則為：

$$\text{ARR} = \frac{\text{平均稅後盈餘}}{\text{平均帳面價值}}$$

$$= \frac{\$2,700}{\$62,500}$$

$$= .0432 \text{ or } 4.32\%$$

若以會計報酬率來作為投資方案選擇之標準，則必須將4.32%與其他一些預估的數字做一比較。

表7.7列出了MACRS資產更新方案的稅後盈餘及帳面價值，它是從表6.8得來的。

表7.7　MACRS資產替換方案的稅後盈餘及帳面價值

期間	稅後盈餘	帳面價值
0	0	$105,000.00
1	$ 1,197.30	$ 89,995.50
2	− $ 5,228.70	$ 64,281.00
3	− $ 818.70	$ 45,916.50
4	$ 2,331.30	$ 32,802.00
5	$ 4,574.10	$ 23,425.50
6	$ 4,580.40	$ 14,059.00
7	$ 4,574.10	$ 4,683.00
8	$ 7,390.20	$ 0.00
9	$10,200.00	$ 0.00
10	$10,200.00	$ 0.00

要求此例的會計報酬率，首先要把十年來的稅後盈餘加以平均。

$$平均稅後盈餘 = \frac{\$1,197.30 - \$5,228.70 - \$818.70 + \ldots + \$10,200.00}{10}$$
$$= \$3,900.00$$

接著再以下面之公式來計算平均帳面價值（ABV），此公式用於每年之折舊並非是定值時：

$$ABV = \frac{\frac{BV_0 - BV_N}{2} + \sum_{n=1}^{N} BV_n}{N} \tag{7.5}$$

以MACRS方案為例：

$$ABV = \frac{\frac{\$105,000 - \$0}{2} + \$275,163}{10}$$
$$= \$32,766.30$$

其中$275,163是第一年到第十年的帳面價值之總和。

而其會計報酬率為：

$$ARR = \frac{平均稅後盈餘}{平均帳面價值}$$
$$= \frac{\$3,900.00}{\$32,766.30}$$
$$= 0.1190 \text{ or } 11.90\%$$

$$ABV = \frac{\frac{(\$105,000 - \$20,000)}{2} + \$582,500}{10}$$
$$= \$62,500$$

會計報酬率雖常被公司的經理人員使用，但它有若干缺失：

• 它使用的是淨利而非現金流量。淨利並未考慮到投資方案所有可能的利益，譬如說它不像現金流量有把折舊費用調整回來，因此，光看淨

利可能會導致錯誤的決策。

· 它並未考慮金錢的時間價值，因此，前期的利益與後期的利益被一視同仁。

因為有以上之缺失，會計報酬率也無法取代淨現值。

修正的內部報酬率

修正的內部報酬率（modified internal rate of return, MIRR）是指，某一折現率（本書以r_m來表示）可使負現金流量絕對值的現值剛好等於正現金流量終值的折現值，而終值是指，把各期正現金流量以邊際資金成本為利率複利計算到投資方案結束時之價值，本方式審核投資方案的準則和內部報酬率法相同。

接著以前面的資產更新方案為例來說明。假設邊際資金成本為10%，以下面是現金流量圖：

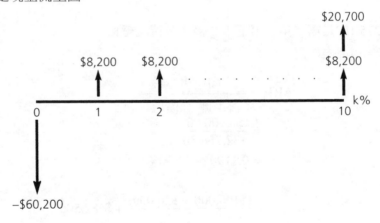

正現金流量在第十年的終值（terminal value）可以下面之公式來計算：

$$TV = \$8,200(FVFA_{10\%,10}) + \$20,700$$
$$= \$8,200(15.937) + \$20,700$$
$$= \$151,383.4$$

負現金流量的絕對值之現值為$60,200
現金流量圖為：

$$\$60,200 \qquad\qquad\qquad\qquad\qquad\qquad\qquad \$151,383.4$$

$$0 \qquad\qquad\qquad\qquad\qquad\qquad\qquad\qquad 10 \quad r_m\%$$

　　以財務電子計算機或財務電腦軟體可算出上述現金流量圖的內部報酬為9.66%，由於其小於邊際資金成本（10%），故應拒絕該投資方案。

獲利指數

　　獲利指數（profitability index, PI）是正現金流量現值與負現金流量絕對值現值的比率

$$PI = \frac{\text{正現金流量的現值}}{|\text{負現金流量的現值}|} \tag{7.6}$$

以前述之資產更新方案為例：

$$
\begin{aligned}
PI &= \frac{\$8,200 \sum_{i=1}^{10} \dfrac{1}{(1+k)^i} + \dfrac{\$20,700}{(1+k)^{10}}}{|-\$60,200|} \\[2mm]
&= \frac{\$8,200(PVFA_{k\%,10}) + \$20,700(PVF_{k\%,10})}{|-\$60,200|}
\end{aligned}
$$

如果令折現率（k%）為10%，則：

$$
\begin{aligned}
PI &= \frac{\$8,200(PVFA_{10\%,10}) + \$20,700(PVF_{10\%,10})}{|-\$60,200|} \\[2mm]
&= \frac{\$8,200(6.1446) + \$20,700(0.3855)}{\$60,200} \\[2mm]
&= 0.97
\end{aligned}
$$

表7.8 重置型方案中，不同的邊際資金成本（k）所計算出
的獲利率指數

邊際資金成本	獲利指數
0%	1.71
5%	1.26
10%	0.97
15%	0.77
20%	0.63

當獲利指數小於1時，代表淨現值為負值。因此，本例的獲利指數0.97代
表應拒絕此投資方案。表7.8則列出在不同的折現率下所算得之獲利指數。

獲利指數曲線

以獲利指數為縱軸，折現率為橫軸，可畫出獲利指數曲線（profitability
index profile）。前例之資產更新方案的獲利指數曲線圖如圖7.6所示。

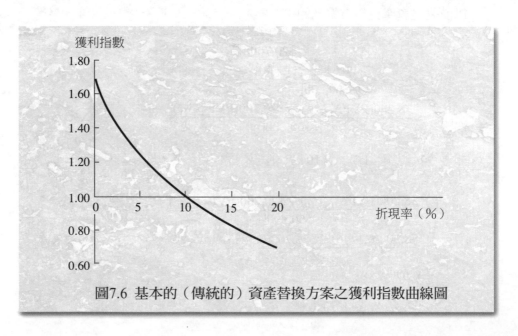

圖7.6 基本的（傳統的）資產替換方案之獲利指數曲線圖

從圖7.6可看出，當折現率增加時，獲利指數將會下降，並且當折現率為0%到9.38%時，獲利指數大於1（9.38%之值要用財務電子計算機或電腦軟體來算得）。

獲利指數之投資方案選擇標準

承前所述，當獲利指數大於1時，可接受該投資方案，反之則應拒絕。

以前述之資產更新方案為例，如果邊際資金成本為5%，獲利指數為1.26，表示可接受該投資方案（此時的淨現值為$15,826）。

以本章的投資方案選擇標準而言，獲利指數法和淨現值法所得到的結果會一致。

資金成本：日式作風 ···

美國公司的財管人員常常對日本公司大量鉅額的投資感到困惑，他們認為有許多日本公司的投資應該不會出現（即有些投資應不划算），因此，他們懷疑日本公司是否有做投資方案的財務分析評估。事實上，日本公司是有做投資方案的財務評估，但他們多只用投資方案回收期間而已。日本公司更看重的是長期在產業的地位，在此指導原則之下，擴大市場占有率、降低生產成本，以及策略性的打擊對手，自然成為其主要目標。因此，總而言之，日本企業之作風並不是把大筆鈔票丟到水裡。

摘　要

1.使用淨現值法來決定是否接受一個投資方案

淨現值是一個投資方案的現金以要求報酬率為折現率所算得的現值。
當一個投資方案的淨現值為非負值時，應接受該投資方案，相反的，
當其淨現值為負值時，應拒絕該投資方案。淨現值曲線圖所表達的是
淨現值與折現率之間之關係。傳統投資方案（即先是負現金流量然後
是正現金流量）的淨現值曲線為負斜率。

2.使用內部報酬率法來評估投資方案

內部報酬率為一個折現率的觀念，此折現率剛好使投資方案現金流量
的現值為零。在各個投資方案個別獨立審核是否採行時，其所得到的
結果和淨現值法一樣。對傳統的投資方案而言，如果其內部報酬率大
於邊際資金成本，則應接受該投資方案。

3.瞭解回收期間期的意義

回收期間是指回收期初投資所需的年限，也就是使累計現金流量為零
所需的年限。

4.瞭解折現的回收期間

折現的回收期間在定義上和回收期間相同，唯一不同的是所有的現金
流量都要先折現回時點零，而使用的折現率為邊際資金成本。

5.瞭解會計報酬率

會計報酬率是把平均稅後盈餘除以資產平均帳面價值。

6.瞭解修正的內部報酬率

此報酬率亦是一折現率，其可使投資方案的負現金流量絕對值的現值
總和與正現金流量終值的現值剛好抵消。終值是指各期現金流量均以
邊際資金成本複利計算至投資方案結束時的未來值總和。

7.瞭解獲利指數

其為投資方案的正現金流量現值總和除以負現金流量絕對值的現值總
和。以傳統的投資方案而言，當其獲利指數大於1時，應接受該投資方
案，反之，則應拒絕。

問　題

1. 請解釋在各個投資方案獨立審核時，為何淨現值法和內部報酬率法會得到相同的結果？

2. 為何內部報酬率法的投資評估標準會因為投資方案的型態不同（傳統、借款、非傳統）而有所不同？

3. 回收期間在什麼情況下有最好的效果？而其最要之缺點為何？

4. 折現的回收期間如何更改回收期間的缺點？

5. 會計報酬率被廣泛使用的原因為何？

6. 修正的內部報酬率與內部報酬率之差異為何？

7. 要如何才能確保投資方案不會有多重的內部報酬率？

8. 從計算的角度來看，為何資產添購方案只是資產替換方案的一個特例？

9. Augusta報社擴大生產規模的原因為何？

10. 日本、德國的資本預算系統和美國系統的最大差異為何？

11. 日本是否採用不同的標準來作為投資的決策？

習　題

1. 某公司正在評估一個新的投資方案，其預期的現金流量如下：

年度	現金流量
0	$-\$123,000$
1	$\$ 30,000$
2	$\$ 30,000$
3	$\$ 30,000$
4	$\$ 30,000$
5	$\$ 30,000$
6	$\$ 30,000$

假設邊際資金成本為10%，請問此投資方案的淨現值、內部報酬率、修正的內部報酬率及獲利指數各為何？並以各種不同的評估方式來解釋是否要接受該投資方案。

2. 某一運動器材公司想要購置一個新的生產設備，其涉及的現金流量如
下：

年度	現金流量
0	－$ 68,300
1	$ 15,000
2	$ 15,000
3	$ 15,000
4	$ 15,000
5	$ 25,000

如果資金的邊際成本為12%，請問淨現值、內部報酬率、修正的內部
報酬率及獲利指數各為何？並以各種評價方法來判定是否應採行該投
資方案。

3. 某開礦公司正在評估一個採礦設備購置的投資方案，以下是預估之現
金流量情形：

年度	現金流量
0	－$ 275,000
1	$ 58,000
2	$ 60,200
3	$ 70,400
4	$ 83,600
5	$ 144,000

如果資金的邊際成本是11%，請問此投資方案的淨現值、內部報酬
率、修正的內部報酬率及獲利指數各為何？並試以以上的各種評價方
法來決定是否應採行此投資方案。

4. 某公司決定替換原來價值為$300,000之生產設備，原來之設備是在十
五年前所安裝，分二十五年來折舊，殘值為零。新設備之成本為
$900,000，以直線法分十年折舊，殘值亦為零，另外，新設備的人員
操作訓練費為$5,000，淨營運資金也將增加$4,000。假設投資寬減稅額
為10%，邊際稅率為40%，公司花費$40,000來研究投資方案的可行
性。如果接受該投資方案，每年之盈餘將增加$150,000，而營運成本
則降低$150,000。首先先計算投資方案期間各期現金流量的變化及稅

後盈餘的變化，接著再計算回收期間、會計報酬率、淨現值、內部報酬率、修正的內部報酬率及獲利指數。（設資金之邊際成本為10%）

5.某公司正在評估一個資產購置的計畫，該方案的現金流量如下：

年度	現金流量
0	−$ 50,000
1	$ 10,000
2	$ 15,000
3	$ 20,000
4	$ 25,000

請問該方案的回收期間為何？

6.某一投資方案的財務資訊如下：

年度	稅後盈餘	帳面價值
0	$ 0	$100,000
1	$ 15,000	$ 85,000
2	$ 15,000	$ 70,000
3	$ 15,000	$ 55,000
4	$ 15,000	$ 40,000
5	$ 15,000	$ 25,000

請問該投資方案的會計報酬率為何？

7.某一投資方案的財務資訊如下：

年度	稅後盈餘	帳面價值
0	$ 0	$100,000
1	$ 3,426	$ 85,710
2	−$ 2,694	$ 61,220
3	$ 1,506	$ 43,730
4	$ 4,506	$ 31,240
5	$ 6,642	$ 22,310
6	$ 6,648	$ 13,390
7	$ 6.642	$ 4,460
8	$ 9,324	$ 0
9	$ 12,000	$ 0
10	$ 12,000	$ 0

請問該投資方案的會計報酬率為何？

8. 波特蘭水泥公司正計畫要以$1,300,000之成本購入一新的生產設備來取代原有的生產設備。原有的生產設備乃是在二十年前以$350,000所購得，它採直線折舊法分成三十年來折舊，殘值為$50,000，而今天其售價為$20,000。新的生產設備是以直線法分成十年來折舊，殘值為$300,000，新設備的安裝將會使每年的收益增加$500,000，而營運成本則保持不變，淨營運資金則須增加$50,000，投資抵減稅額是10%，邊際稅率則為40%，首先先分別計算投資方案期間的現金流量、稅後盈餘之改變，然後再計算回收期間，會計報酬率、淨現值、內部報酬率、修正的內部報酬率及獲利指數。（假設邊際資金成本為11%）

9. Butkus鋼鐵公司將更換一個生產設備，舊的生產設備是二十年前以$300,000所購得，它採直線折舊法分成二十年來折舊，殘值為0，今天之售價為$10,000，新設備的成本為$850,000，並且外加$50,000的運送及安裝費，它採直線法分成十年來折舊，殘值為$100,000，淨營運資金不須增加。新設備的安裝將會使每年的收益增加$200,000，而營運成本則下降$100,000，在計算出現金流量及稅後盈餘的改變之後，再計算出回收期間、會計報酬率、淨現值、內部報酬率、修正的內部報酬率及獲利指數。（假設邊際資金成本為12%。）

10. 某一機具公司正考慮購買一個新的生產設備，購買新設備的期初現金汲出為$10,000，之後六年每年的稅後營業現金流量是$4,000，無最終現金流量。請問回收期間及折現的回收期間各為何？（假設邊際資金成本為10%）

11. 某航空公司計畫推動一個飛機的汰舊換新方案，其老飛機是公司在二十年前以$95,000之成本所購得，並採直線法分三十年折舊，殘值為$5,000，今天的售價則為$35,000。新飛機的購買成本為$500,000，以MACRS法分成十五年來折舊，其每年的折舊百分率分別為：5.00，9.50，8.55，7.70，6.93，6.23，5.90，5.90，5.91，5.90，5.91，5.90，5.91，5.90，5.91，2.95，公司預測新飛機在二十年後的售價為$100,000，新飛機服役的二十年中，每年可增加$250,000的營收，並減少$50,000的營運成本。投資抵減稅額為10%，邊際稅率為40%，淨

營運資金則增加$25,000，請計算：投資方案期間每年現金流量及稅後盈餘的改變、回收期間、會計報酬率、淨現值、內部報酬率、修正內部報酬率及獲利指數。（假設邊際資金成本為13%）

12. 某開礦公司計畫花費$2,000,000來取得開礦所需的土地，其預估第一年後有現金流入$10,000,000，第二年則為-$8,000,000，第二年現金流出之原因在於環保費用的支付。請說明可接受該投資方案的邊際資金成本的範圍為何？假如第二年的現金流量改成-$12,500,000時，答案會如何調整？

西南電線公司（Southeastern Wire Corporation, SWC）是美國家用電線生產的一顆耀眼新星。SWC迅速走紅的原因在於其低成本的生產優勢，而此優勢是由於公司擁有高度自動化的生產設備，以及集中的生產線。

SWC的工程部最近又研發出改良的生產設備，此資產改良方案所需花費的成本約為$75,000，並採MACRS法分成五年來折舊。工程部估算五年後的檢修成本為$10,000，而十年後的設備售價則為原始成本的20%，SWC的邊際稅率為35%，邊際資金成本則為10%。

工程部也預估第二年可減少一位工人，而剩下之八年總共可減少二位工人，而每年每位勞工成本為$27,400，另外物料成本在未來十年中則每年可降低$8,400。

問題

1. 請列出此投資方案在未來十年中每年所引發的現金流量。
2. 請問公司是否應接受此方案？理由為何？

8

資本預算的若干主題

停電之困擾

Georgia Pacific公司的造紙工廠曾因為電力中斷而使生產大受影響，一年的損失竟高達一百二十億。在今日高度電腦化生產的時代，許多公司開始研發能解決斷電問題的產品。以下列舉二例：

首先是Superconductivity公司所研發的產品（名為SMES），該產品的開業成本約為$700,000，它不是電池所趨動的系統。另一個產品則是UPS，其為電池所趨動的系統。

SMES及UPS之選用對財務管理而言是一個非常有趣的問題。它所面臨最大的問題在於如何在有不確定因素的情況下來估計二種系統的現金流量。除此之外，科技持續的精進亦會使此問題更加複雜。

Source: David Stiff, "Power Glitches Become Critical as World Computerizes" *The Wall Street Journal*, May 18, 1992. Reprinted by permission of The Wall Street Journal, © 1992 Dow Jones & Company, Inc. All Rights Reserved Worldwide.

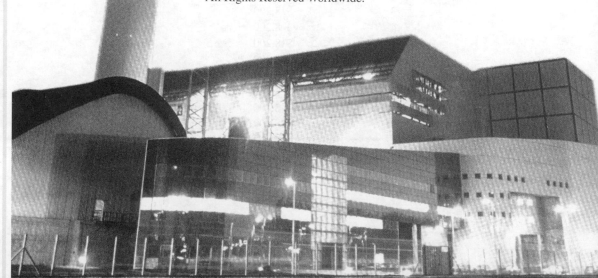

互斥的投資方案

前章所探討的資本預算都只是針對單一投資方案的評估，本章對投資方案的審核則是要從多個投資方案中擇一採行。所謂互斥（mutually exclusive）的投資方案是指當接受了某一投資方案時，就必須否決其他的投資方案。

在個別投資方案的審核時，淨現值法與內部報酬率法會得到相同的結果（即採行或不採行），但在互斥投資方案的審核時，淨現值法與內部報酬率法則可能得到不一致的結果。以下就以一個例子來說明：

〔例題〕

Van Alstyne公司考慮A、B兩個資產更新方案。A方案是自動化的設備，B方案則是人工操作。表8.1列出了二個投資方案的現金流量，公司必須決定到底要接受那一個投資方案，或是都不接受。

淨現值法

以K代表折現率，A方案之淨現值（NPV）為：

表8.1　A、B互斥投資方案的現金流量

期間	A方案之現金流量	B方案之現金流量
0	$-\$60,200$	$-\$17,740$
1	$ 8,200	$ 4,000
2	$ 8,200	$ 4,000
3	$ 8,200	$ 4,000
4	$ 8,200	$ 4,000
5	$ 8,200	$ 4,000
6	$ 8,200	$ 4,000
7	$ 8,200	$ 4,000
8	$ 8,200	$ 4,000
9	$ 8,200	$ 4,000
10	$28,900	$ 4,000

$$NPV_A = -\$60,200 + \$8,200 \sum_{i=1}^{9} \frac{1}{(1+k)^i} + \frac{\$28,900}{(1+k)^{10}}$$

$$= -\$60,200 + \$8,200(PVFA_{k\%,9}) + \$28,900(PVF_{k\%,10})$$

同理，B方案的淨現值為：

$$NPV_B = -\$17,740 + \$4,000 \sum_{i=1}^{10} \frac{1}{(1+k)^i}$$

$$= -\$17,740 + \$4,000(PVFA_{k\%,10})$$

表8.2列出了在若干不同的折現率之下A、B方案的淨現值

圖8.1則畫出了A、B方案的淨現值曲線，其中兩線相交於折現率為6%的地方，在此左邊，A方案之淨現值較高，而在此右邊，B方案之淨現值較高。因此若以淨現值法來選擇投資方案，則其結果會因為邊際資金成本的不同而可能產生差異。

在互斥投資方案的選擇時，我們會選擇較高淨現值的投資方案（當然其前提是淨現值大於零），以此標準來看，在邊際資金成本為0%到6%，會採行A方案，而在邊際資金成本為6%到18.37%時，則會採行B方案，而當邊際資金成本大於18.37%時，兩個投資方案都會被拒絕。

〔例題〕

承上例，若Van Alstyne公司的邊際資金成本為10%，請問公司應採行那一個投資方案？

解答：

從圖8.1中可明顯看出當邊際資金成本為10%，B方案的淨現值較大，因此應採行B方案。

表8.2　A、B互斥投資方案的現金流量

邊際資金成本	A方案之淨現值	B方案之淨現值
0%	$42,500	−$22,260
5%	$15,826	$13,147
10%	−$ 1,834	$ 6,838
15%	−$13,929	$ 2,335
20%	−$22,479	−$ 970

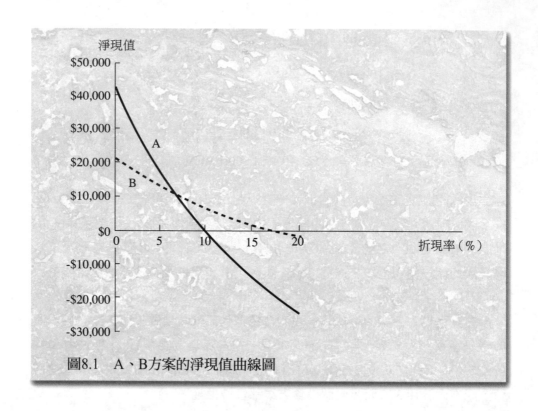

圖8.1　A、B方案的淨現值曲線圖

內部報酬率法

現今在業界最廣被使用的投資方案評估方式乃是內部報酬率法。

若以前章對個別投資方案評估之內部報酬率法來看，我們會選B方案，因為其內部報酬率較高（假設邊際資金成本比內部報酬率低），但此標準在互斥投資方案時並不正確。

另外，前一章曾指出使用淨現值法和內部報酬率法應得到相同的結果，但上述的內部報酬率法卻得到了和淨現值法不同的結果。請見**表8.3**。

表8.3　互斥投資方案的淨現值及內部報酬率

	邊際資金成本		
評估方式	0.00-6.00%	6.00-18.37%	18.37%以上
淨現值	A方案	B方案	二方案都遭拒絕
內部報酬率	B方案	B方案	二方案都遭拒絕

此衝突的來源在於，淨現值法假設各期現金流量是以邊際資金成本來當做是再投資的報酬率，而內部報酬率法則是以內部報酬率來當做是再投資的報酬率。

在二個互斥投資方案的選擇時，現金流量的大小及時點將會影響到那一個投資方案將會有較高的內部報酬率，例如，在投資方案期間後期有較大現金流量比重的投資方案，其價值對折現率提高會比較敏感（下跌），也因此其內部報酬率會比較低。

但內部報酬率亦可用於互斥投資方案的選擇，其方法是將二個投資方案的現金流量相減，如此可得到彷彿是一個獨立投資方案的現金流量，接著就可採用前章所介紹的內部報酬率法。表8.4的現金流量是以A方案之現金流量減去B方案之現金流量而得的。

表8.4的現金流量差額代表了A方案比B方案所增加的成本或利益。A方案的成本比B方案多了$42,460，但之後的九年中，每年的收益將比B方案多$4,200，第十年則比B方案多$24,900。以增額現金流量為基礎去計算內部報酬率，再以此報酬率和邊際資金成本加以比較來評估投資方案的可行性。

其算式如下：（以7.2式來計算）

$$0 = -\$42,460 + \$4,200 \sum_{i=1}^{9} \frac{1}{(1+r)^i} + \frac{\$24,900}{(1+r)^{10}}$$

$$0 = -\$42,460 + \$4,200(\text{PVFA}_{r\%,9}) + \$24,900(\text{PVF}_{r\%,10})$$

表8.4　A方案比B方案增加的增量現金流量

期間	A方案之現金流量	B方案之現金流量	A－B方案之增量現金流量
0	−$60,200	−$17,740	−$42,460
1	$ 8,200	$ 4,000	$ 4,200
2	$ 8,200	$ 4,000	$ 4,200
3	$ 8,200	$ 4,000	$ 4,200
4	$ 8,200	$ 4,000	$ 4,200
5	$ 8,200	$ 4,000	$ 4,200
6	$ 8,200	$ 4,000	$ 4,200
7	$ 8,200	$ 4,000	$ 4,200
8	$ 8,200	$ 4,000	$ 4,200
9	$ 8,200	$ 4,000	$ 4,200
10	$28,900	$ 4,000	$24,900

可使用財務計算機或借助電腦軟體來算出內部報酬率為6%，此為圖8.1的交叉點。

此增額現金流量也代表了A方案比B方案「好的程度」，因此，如果其內部報酬率大於邊際資金成本時，它代表A方案比B方案好，應採行A方案，反之，則應採行B方案（當然，各別方案本身的內部報酬率仍須高於邊際資金成本，否則不可能被採行）。

〔例題〕

承前例，若以內部報酬率法來衡量A、B兩個投資方案，且邊際資金成本為5%，請問應採行那一個投資方案。

解答：

由增量現金流量所算得之內部報酬率為6%，其比邊際資金成本5%來得高，它代表A方案比B方案好。

但我們尚須檢驗A方案本身的內部報酬率，其為9.38%其亦比邊際資金成本（5%）高，故應採行A方案。

〔例題〕

若前例中的邊際資金成本為10%，則結果又是如何？

解答：

以同樣的算法先求出6%的增量現金流量之內部報酬率，但其比10%之邊際成本來得低，故B方案較佳，而且B方案本身之內部報酬率為18.37%，比10%高，故應採行B方案。

〔例題〕

若上例中的邊際資金成本改為20%，則結果又將是如何？

解答：

承上例，雖然可得知B方案比A方案好，但由於B方案自己的內部報酬率比邊際資金成本低，故本題的兩個方案都不應被採行。

表8.5整理出在不同邊際資金成本下作決策的過程。它是上述三例的歸納。

表8.5 增量現金流量之內部報酬率的投資方案評估

邊際資金成本	增量方案之最初決策	個別方案評估決策	最後決策
5%	接受方案	接受A拒絕B	接受A
10%	拒絕方案	接受B拒絕A	接受B
20%	拒絕方案	接受B拒絕A	拒絕B

特別要注意的是在互斥投資方案時，不可只選內部報酬率較高的投資方案。另外，若以增量現金流量所算得的內部報酬率來作決策，其結果和淨現值法一致。

不同存續期限的投資方案

以上一節的例子來看，兩個互斥投資方案的存續年限（經濟年限）均為十年，但在實際的例子中，通常不同投資方案的存續年限各不相同，此時必須要考慮投資方案是否可重複採行。例如，兩個方案的經濟年限分別是五年及十年，我們首先應確定五年期的投資方案是否可重複採行，如果不行，則可使用前一節的評估方法來作選擇；如果可以，則有兩種評估方式：「重置法」及「約當年金法」。

〔例題〕

承前例，但又多了一個C方案可供選擇，該方案使用的耐久性成分較少，經濟年限是五年。在邊際資金成本為10%的情況下，已知B方案比A方案佳，因此，現在僅須比較B和C方案，兩方案的現金流量整理在表8.6中，請決定應如何作投資決策？

解答：

如果C方案不能重複採行，則直接先計算C方案的淨現值：

$$淨現值\ NPV_C = -\$20,100 + \$6,500(PVFA_{10\%,5})$$
$$= -\$20,100 + \$6,500(3.7908)$$
$$= \$4,540$$

表8.6　B、C互斥投資方案的現金流量

年度	B方案之現金流量	C方案之現金流量
0	−$17,740	−$20,100
1	$ 4,000	$ 6,500
2	$ 4,000	$ 6,500
3	$ 4,000	$ 6,500
4	$ 4,000	$ 6,500
5	$ 4,000	$ 6,500
6	$ 4,000	
7	$ 4,000	
8	$ 4,000	
9	$ 4,000	
10	$ 4,000	

　　而之前所算得的B方案淨現值為$6,838，因此應選B方案。但如果C方案可重複採行，則以下分別說明應如何決策。

重置法

　　重置法（replacement chain approach）是在共同經濟年限的基礎上比較不同的投資方案，並且選擇淨現值較高的投資方案。而共同的經濟年限是指兩個投資方案中較短的經濟年限，例如，前例中B方案之年限為十年，C方案之年限為五年，則共同經濟年限為五年。

　　現在考慮在第五年時重新採行C方案，則十年間之現金流量圖如下：

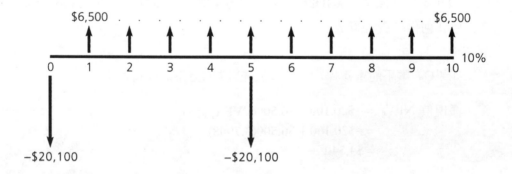

接著計算出此重複之C方案的淨現值：

淨現值 $NPV_{C'} = -\$20,100 + \$6,500(PVFA_{10\%,10}) - \$20,100(PVF_{10\%,5})$
$$= -\$20,100 + \$6,500(6.1446) - \$20,100(0.6209)$$
$$= \$7,360$$

由此結果可知，重複執行C方案二次可得到比B方案更高的淨現值，因此應選擇執行C方案二次。

當然以上的例子C方案執行二次剛好等於B方案的經濟年限，但有時候二次投資方案的年限相差不多時，要找到共同的重複後的經濟年限（亦即兩個經濟年限的最小公倍數）需要的年限會很長，如此重複執行相同投資方案的可能性將會下降。在此情況時，還不如忽略兩個投資方案經濟年限的差距而直接以其原來的淨現值來作比較。要不然亦可改採下述另一個方法來評估。

約當年金法

約當年金法（equivalent annual annuity approach）假設投資方案的年限可延展至無限期，它將淨現值平均分配到整個投資方案的年限，亦即尋找出投資方案平均每年對公司所附加的淨值。

譬如前例的B方案，在邊際資金成本為10%，經濟年限為十年時，淨現值為\$6,838，以下面之現金流量圖示來瞭解該方案每年平均為公司所帶來的價值。

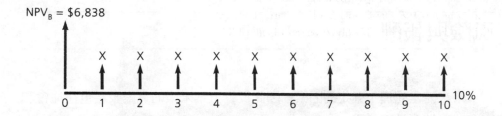

以十年期年金現值之公式來求算出年金的數額：

$$X(PVFA_{10\%,10}) = \$6,838$$
$$X = \frac{\$6,838}{6.1446}$$
$$X = \$1,113$$

X是年金的數額,亦即接受B方案後平均每年公司淨值的增加數額。

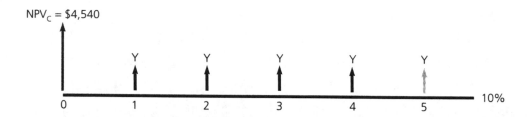

C方案亦以相同的方式去推算其約當年金:

$$Y(PVFA_{10\%,5}) = \$4,540$$
$$Y = \frac{\$4,540}{3.7908}$$
$$Y = \$1,198$$

因為C方案之約當年金比B方案高,故應採行C方案。

約當現金法假設投資方案可無限次的重複採行,其經濟年限自然大於前述之重置法,兩個方法因而會得到相同的結論。

以上各種評估方式都尚未將投資方案的風險差異加以考慮,以下我們會處理此問題。

風險與報酬

未來總是充滿不確定的因素,因此投資方案未來的實際收益也往往會和預期收益有所差距。

風險(risk)正是指投資發生損失的機率,持有高度不穩定報酬的資產將增加損失的機會,因此此類資產的風險較高。

在同樣的預期報酬之下，投資者往往比較偏好報酬變動較小的資產。

風險和不確定性（uncertainty）並不相同，有風險之情況下，各種可能發生的情況及其出現的機率都可掌握，而不確定性則否。要瞭解風險，就要先瞭解基本的機率分配。

風險的衡量

機率（probability）是指某事件可能發生的機會，如擲一枚正常的硬幣時，出現正面的機率是0.5，反面亦然。而機率分配（probability distribution）則是指所有可能發生之事件，及其分別可能出現之機率。

表8.7列出了第7章中資產替換投資方案之內部報酬率的機率分配，本表顯示公司的經理認為未來經濟繁榮之機率為0.25，正常之機率為0.55，而蕭條之機率則為0.20，而各種情況下所預估的內部報酬率也正如表所示。

由於公司在作投資決策時並不知道未來實際發生的內部報酬率，因此會使用預期報酬率（expected rate of return）來作決策。以數學符號來表示則如下式：

$$E(r) = P_1 r_1 + P_2 r_2 + \ldots + P_n r_n \tag{8.1}$$

其中

$E(r)$ ＝預期報酬率

p_j ＝第j種投資報酬率出現的機率（j=1,2,...,n）

r_j ＝第j種投資報酬率

n ＝可能出現之報酬率的數目

表8.7　替代方案之機率分配

期況	機率	內部報酬率
興盛	0.25	13.40%
持平	0.55	9.00%
衰退	0.20	5.40%

〔例題〕

以表8.7之資料來看,該投資方案的預期投資報酬率為何?

解答:

以(8.1)式來看:

$$E(R) = 0.25(13.40) + 0.55(9.00) + 0.20(5.40)$$
$$= 9.38\%$$

9.38%並不是未來可能出現之報酬率,未來出現之報酬率仍是上述三種報酬率的其中一種,而其變異性正反映了風險的存在。

〔例題〕

承上例,若邊際資金成本是10%,而Van Alstyne公司決定接受資產替換方案,請問該決策有多少可能是一個失策之舉?(即實際報酬率小於邊際資金成本之機率)

解答:

因為在景氣持平及衰退時之報酬率均小於10%(分別是9%及5.4%),而出現這兩種情況之機率為75%(即0.55+0.20=0.75),因此該投資決策產生損失之機率為75%。

公司經理人員常使用標準差(standard deviation)來衡量一個機率分配的風險(離散程度),其符號為σ,數學式之表達如下:

$$\sigma = \sqrt{[r_1 - E(r)]^2 P_1 + [r_2 - E(r)]^2 P_2 + \ldots + [r_n - E(r)]^2 P_n} \qquad (8.2)$$

〔例題〕

承上例,假設預期報酬率為9.38%,請問該投資方案的標準差為何?

解答:

以(8.2)式來計算:

$$\sigma = \sqrt{(13.40 - 9.38)^2 0.25 + (9.00 - 9.38)^2 .55 + (5.40 - 9.38)^2 0.20}$$
$$= 2.70\%$$

以上之例子所使用的是不連續機率分配(discrete probability distribution),

此種分配出現的事件是有限的個數（可數的），但實際上常常會遇到有無限多種可能出現事件之機率，此機率分配被稱為連續機率分配（continuous probability distribution）以上例而言，我們可想像成可能出現的投資報酬率不只三種，而是無限多種（如任意實數）。

上例投資方案的評估必須要預估未來十年每年的現金流量，而愈後面出現的現金流量愈難估計（可能因為整個市場或是技術很可能發生改變），因此，這些現金流量的「風險」也就愈大。由此可知，通常一個投資方案的年限愈長，其所涉及的風險也愈大，公司因而常使用回收期間來評估投資方案，其中回收期間較短的投資方案往往是比較容易脫穎而出的選擇標的。

以下我們將介紹整個投資組合（portfolio）的風險衡量。

投資組合的風險及報酬率

先看兩個資產的投資組合，可假設公司同時採行了資產替換方案及另一個投資方案。

投資組合的預期報酬率（expected return of a portfolio）是指一個投資組合中各個資產之預期報酬率的加權平均數，令其符號為r_p，則可以數學式表達如下：

$$r_p = w_1r_1 + w_2r_2 + \ldots + w_nr_n \tag{8.3}$$

其中

w_i = 個別資產所占投資組合的權數（i=1,2,...,n）

r_i = 個別資產的預期報酬率（i=1,2,...,n）

而且各權數之和（$w_1+w_2+...w_n$）為1

〔例題〕

承上例，Van Alstyne公司同時採行A方案（資產替換方案）及另一個D方案，其中A方案的預期報酬率為9.38%，D方案的預期報酬率則為11.62%，並且兩個方案的權數也相同。（即各占組合之一半）。請問此投資方案組合的預期報酬率為何？

解答：

可以（8.3）式計算：

$$r_p = 0.50(9.38\%) + 0.50(11.62\%)$$
$$= 10.50\%$$

至於該投資組合的標準差（standard deviation of portfolio return）則稍微有些複雜，以本例的兩個資產組合而言，可以下式表示：

$$\sigma_p = \sqrt{(w_1)^2(\sigma_1)^2 + (w_2)^2(\sigma_2)^2 + 2w_1w_2\rho_{12}\sigma_1\sigma_2} \qquad (8.4)$$

其中

σ_p = 投資組合之標準差

w_i = 個別資產權數

σ_i = 個別資產的標準差

ρ_{12} = 兩個資產的相關係數

相關係數（correlation coefficient）的值介於+1及－1之間，正的相關係數代表兩個資產的報酬率呈同向變動，而負的相關係數代表兩個資產的報酬率呈反向變動；如果相關係數為零，則代表兩個資產的報酬率獨立，互不相關。

多個資產的組合之標準差通常比組合中個別資產標準差之加權平均數來得小，這個情形被稱為分散風險（diversification）。

〔例題〕

承上例，A方案報酬率的標準差為2.70%，而D方案報酬率之標準差為3.50%，則假設相關係數分別在+1.0，+0.5，0，－0.5，－1.0之水準時，投資組合的標準差應為何？

解答：

可以（8.4）式來計算，如當相關係數為+0.5時，算式如下：

$$\sigma_p = \sqrt{(0.50)^2(2.70)^2 + (0.50)^2(3.50)^2 + 2(0.50)(0.50)(+.5)(2.70)(3.50)}$$
$$= 2.69\%$$

表8.8　投資組合（A、D方案）之標準差

相關係數	+1.0	+0.5	0.0	−0.5	−1.0
投資方案的標準差	3.10	2.69	2.21	1.59	0.40

註 $\sigma_1 = 2.70\%$, $\sigma_2 = 3.50\%$, $w_1 = 0.50$, $w_2 = 0.50$

表8.8列出了在其他的相關係數下所算得之標準差，由表中結果可知，當相關係數愈接近−1時，投資組合之標準差愈小，反之則愈大，當相關係數是−1時，如果兩個投資方案權數的安排得當，我們可完全消除此投資組合之風險。

國際投資組合可以有效的降低報酬率之風險。有些國家彼此間的景氣循環並不一致，也就是說不同國家投資方案的報酬率可能呈負相關，因此，透過採行多個屬不同國家投資方案，公司可以大幅降低投資組合報酬率的波動。

只要投資組合裡資產間的相關係數不是+1，投資組合的標準差就會比個別資產的標準差小，而且當投資組合中的資產增加時，風險會逐漸下降，但仍有一下限。

資產訂價模型

資產訂價模型（capital asset pricing model, CAPM）說明了風險與資產要求報酬率之間的關係。此模型原先是源於股票市場之投資，但它亦可用於其他許多種資產的投資，其中包括了本章所討論的資本預算投資方案。

CAPM把投資組合的風險區分成系統性及非系統性兩種，非系統性風險（unsystematic risk）可藉由增加投資組合中的投資方案種類來加以消除（或降低），但系統性風險（systematic risk）的部分則無法透過上述之方法來消除。圖8.2描繪了這兩種風險的關係，其中左虛線以下的部分是系統性風險，虛線以上的則是非系統性風險。

系統性風險和非系統性風險的來源並不相同。非系統性風險的來源是某一特定公司的本身狀況。由於各公司內部之狀況常是互相獨立的隨機變數，

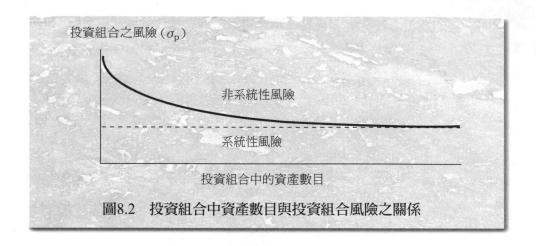

投資組合之風險（σ_p）

非系統性風險

系統性風險

投資組合中的資產數目

圖8.2　投資組合中資產數目與投資組合風險之關係

因此在某些公司雖然表現良好，但投資組合中的其他公司則可能表現不好，彼此的收益變化會相互抵消（但通常不是剛好完全抵消）；系統性風險的來源與公司自身的狀況無關，譬如當經濟不景氣時，每家公司都會受到不同程度的影響。

　　資產的beta系數所衡量的是資產報酬率相對於市場報酬率的波動性。譬如某一資產的beta係數是1，則代表該資產的風險和市場的風險相當；而beta為1.5的資產代表該資產比市場報酬率的波動性大約高了1.5倍，也就是說，當市場報酬率（如股票指數）上漲或下跌10%時，則該資產的報酬率平均而言會上漲或下跌15%。

　　beta通常是以特徵線（characteristic line）來估計，也就是將資產報酬率對市場報酬率加以迴歸而得。許多股票的beta係數可從ValueLine、Merrill Lynch及其他一些財務雜誌中查得，**表8.9**就提供了一些例子。

　　而證券市場線（security market line, SML）則是說明資產的要求報酬率與beta係數之關係。從**圖8.3**可看出當資產的beta係數愈高時，其要求報酬率也愈高。

　　SML可以下列數學式來表達：

$$k_s = k_{rf} + (k_m - k_{rf})b_i \qquad\qquad (8.5)$$

表8.9　普通股股票之beta 係數

股票名稱	BETA	股票名稱	BETA
Newmont Mining	0.35	General Electric	1.15
Joslyn Corporation	0.55	Westinghouse	1.20
Tab Products	0.60	Zenith Electronics	1.25
Duplex Products	0.80	Microsoft Corporation	1.30
Wallace Computers	0.90	Ryder System	1.40
Cubic Corporation	1.00	Novell, Inc.	1.50
Bell Industries	1.05	Scientific Atlanta	1.70
Honeywell	1.10	Midlantic Corporation	1.80

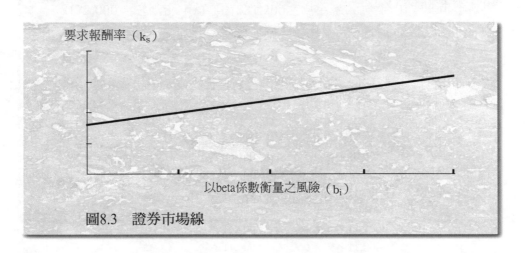

圖8.3　證券市場線

其中

$$k_{rf} = 無風險報酬率（如國庫券利率）$$

$$k_m = 市場報酬率（如股價指數報酬率）$$

$$b_i = beta係數（i資產的係數）$$

$$（k_m - k_{rf}）b_i 被稱為第i種股票的風險貼水$$

〔例題〕

　　某投資者（A君）想要找出Van Alstyne公司股票的要求報酬率，他已知無風險報酬率為8%，市場之要求報酬率為12%，而beta為1.99，請問Van

Alstyne公司的股票要求報酬率為何？

解答：

　　以（8.5）式來求解：

$$k_s = 8\% + (12\% - 8\%)1.99$$
$$= 15.96\%$$

　　此風險與報酬率之關係可由圖8.4來表示。

　　要求報酬率（k_s）是指對投資者承擔風險的補償。投資者可選擇投資國庫券、股價指數或是一般之股票，它們各因為不同之風險而有不同之要求報酬率。

圖8.4　Van Alstyne 公司之證券市場線

資本預算之風險

　　本節是將上一節介紹之風險與報酬的關係應用於資本預算方案的評估上。

　　有兩大類方法常用來處理帶入風險概念的資本預算問題，第一種是風險調整的折現率，第二種是敏感性分析，前者較主觀，後者則較客觀。

風險調整後的折現率

風險調整後的折現率（risk-adjusted discount rate, RADR）是把風險的大小反映在折現率上，再以之來衡量資本預算。通常是以邊際資金成本來作為投資方案的平均風險折現率，當投資方案的風險比平均風險高或低時，適用之折現率也會跟著增加或減少（以邊際資金成本為計算基準）。

〔例題〕

回到之前提及的Van Alstyne公司衡量投資方案的例子，假設B方案的風險比平均風險高，因此公司認為其折現率應比邊際資金成本10%高，但認為其應不會大於15%，請問現在是否應接受B方案？

解答：

由前所算出的內部報酬率為18.37%來看，即使加入了風險的考量，由於內部報酬率依然大於風險調整後的資金成本，故仍應採行B方案。

但有時決定風險調整後之折現率並不是件容易的事，例如，有些大型的公司內部有很多部門，不同部門間所適用的邊際資金成本通常並不相同。我們可尋找出與該部門業務相近的公司，然後以該公司的beta來算出一個要求報酬率，此報酬率可用來作為部門的資金成本（即折現率）。

〔例題〕

Van Alstyne公司其下的某一個部門正考慮一個資產替換方案，其內部報酬率為9.38%，而該部門的折現率是以另一家公司的要求報酬率8%來代表，請問Van Alstyne是否應採行此方案？

解答：

由於風險調整後的折現率小於內部報酬率，故應採行此投資方案。我們由此例可知Van Alstyne公司之下某些部門的風險比整個公司的風險來得低。

敏感性分析

敏感性分析（sensitivity analysis）是用來決定當某一要素投入發生變動，而其他的要素投入不變時，對產出所造成的影響。例如，以淨現值法來

評估投資方案時，產出是淨現值，而要素投入則包括收益之改變、營運成本之改變及邊際資金成本。

〔例題〕

考慮一個資產替代方案（被稱為S方案），其每年可使收益增加$10,000，而使營運成本降低$6,000，該方案詳細的資料列於表8.10，公司的邊際資金成本為10%，則S方案對於收益改變、營運成本及邊際資金成本之敏感性各為何？

表8.10　S方案現金流量工作底稿

年度	附加之現金流量	第 n 期現金流量之改變量	第 n 期收益之改變量	第 n 期營運成本之改變量
0	−$60,200	0	0	0
1	0	$10,600	$10,000	−$4,000
2	0	$10,600	$10,000	−$4,000
3	0	$10,600	$10,000	−$4,000
4	0	$10,600	$10,000	−$4,000
5	0	$10,600	$10,000	−$4,000
6	0	$10,600	$10,000	−$4,000
7	0	$10,600	$10,000	−$4,000
8	0	$10,600	$10,000	−$4,000
9	0	$10,600	$10,000	−$4,000
10	$20,700	$10,600	$10,000	−$4,000

年度	第 n 期折舊成本之改變量	新資產之折舊費用	舊資產之折舊費用	第 n 期稅後盈餘之改變量
0	0	0	0	0
1	$5,500	$8,500	$3,000	$5,100
2	$5,500	$8,500	$3,000	$5,100
3	$5,500	$8,500	$3,000	$5,100
4	$5,500	$8,500	$3,000	$5,100
5	$5,500	$8,500	$3,000	$5,100
6	$5,500	$8,500	$3,000	$5,100
7	$5,500	$8,500	$3,000	$5,100
8	$5,500	$8,500	$3,000	$5,100
9	$5,500	$8,500	$3,000	$5,100
10	$5,500	$8,500	$3,000	$5,100

解答：

先計算S方案的淨現值

$$NPV = -\$60,200 + \$10,600(PVFA_{10\%,10}) + \$20,700(PVF_{10\%,10})$$
$$= -\$60,200 + \$10,600(6.1446) + \$20,700(0.3855)$$
$$= \$12,913$$

若收益變動了10%（如從\$10,000上升到\$11,000，見表8.11），使用新的

表8.11　收益改變後現金流量之工作底稿

年度	附加之 現金流量	第 n 期現金 流量之改變量	第 n 期收益 之改變量	第 n 期營運 成本之改變量
0	−\$60,200	0	0	0
1	0	\$11,200	\$11,000	−\$4,000
2	0	\$11,200	\$11,000	−\$4,000
3	0	\$11,200	\$11,000	−\$4,000
4	0	\$11,200	\$11,000	−\$4,000
5	0	\$11,200	\$11,000	−\$4,000
6	0	\$11,200	\$11,000	−\$4,000
7	0	\$11,200	\$11,000	−\$4,000
8	0	\$11,200	\$11,000	−\$4,000
9	0	\$11,200	\$11,000	−\$4,000
10	\$20,700	\$11,200	\$11,000	−\$4,000

年度	第 n 期折舊 成本之改變量	新資產之 折舊費用	舊資產之 折舊費用	第 n 期稅後 盈餘之改變量
0	0	0	0	0
1	\$5,500	\$8,500	\$3,000	\$5,700
2	\$5,500	\$8,500	\$3,000	\$5,700
3	\$5,500	\$8,500	\$3,000	\$5,700
4	\$5,500	\$8,500	\$3,000	\$5,700
5	\$5,500	\$8,500	\$3,000	\$5,700
6	\$5,500	\$8,500	\$3,000	\$5,700
7	\$5,500	\$8,500	\$3,000	\$5,700
8	\$5,500	\$8,500	\$3,000	\$5,700
9	\$5,500	\$8,500	\$3,000	\$5,700
10	\$5,500	\$8,500	\$3,000	\$5,700

表8.12　S方案淨現值之敏感度分析

基期改變量	收益	營運成本	邊際資金成本
+10%	$ 16,600	$ 11,438	$ 9,516
0%	$ 12,913	$ 12,913	$ 12,913
−10%	$ 9,226	$ 14,388	$ 16,571

現金流量，計算出之淨現值為$16,600。我們可用此方法去計算其他變數之敏感性分析，其結果可見表8.12。

　　由表中之結果可知，S方案之NPV對收益之變動最敏感，而對營運成本較不敏感。透過敏感度分析，公司對S方案涉及的各方風險有了一個概略的瞭解。而財務電腦軟體通常都有計算敏感度分析之功能。

摘　要

1. 以淨現值法評估互斥的投資方案：互斥方案是指在兩個（或多個）投資方案中只能擇一採行。在淨現值大於零之前提下，應採行淨現值最高的投資方案。

2. 若以內部報酬率來評估互斥投資方案，則可使用增量現金流量之方式來分析。

3. 如果互斥方案彼此的經濟年限不一樣長，但方案可重複採行時，則可使用重置法或約當年金法來如以評估。

4. 風險是指投資發生損失之機率，若資產報酬率的波動較大的話，發生損失的機率也愈大，通常財務分析人員是以預期報酬率來當做資產的平均報酬率，而以標準差來衡量投資的風險。

5. 以多種資產組成的投資組合可使投資風險分散，即使報酬之標準差降低。投資組合的預期報酬率是組合中個別資產預期報酬率的加權平均數。

6. 風險調整後的折現率是把投資方案之風險反映在折現率上，而敏感度分析則是控制只有一個要素投入變動時，觀察產生所發生的變動。

問 題

1. 什麼是互斥的投資方案？請舉例說明之。

2. 以淨現值法評估兩個互斥投資方案時，可否使用增量現金流量的分析方式？原因為何？

3. 當遇到兩個以上的互斥投資方案時，請問內部報酬率的評估方式將如何使用？

4. 什麼是重置法？請舉例說明之。

5. 假如你有$1,000,000（中彩券之獎金），有人向你提出一個賭局：擲一枚銅板，若出現正面，你可得$1,000,000，若出現反面，則你要付給他$1,000,000，請問你是否要參與此賭局？你的最大可能損失為何？你的答案和風險有什麼關係？

6. 為什麼擴大投資組合之資產種類可降低風險？風險會持續降低嗎？

7. 使用風險調整後之折現率來評估投資方案時，請問是否有必要算得一精確之折現率？請舉例說明之。

8. 敏感度分析與風險之關係答何？請舉例說明之。

9. 當財務分析人員在選擇要採行SMES或UPS方案時，其所考慮之問題為何？

習 題

1. MoCartland公司正計畫採行一個設備更新方案，有A、B兩個方案可供選擇，其稅後現金流量如下：

年度	A方案現金流量	B方案現金流量
0	−$ 96,000	−$ 66,000
1	28,000	23,200
2	28,900	23,200
3	28,900	23,200
4	28,900	23,200
5	28,900	23,200

邊際資金成本為10%，以現值法評估，則應採行何種投資方案？

2.SucreSweet公司考慮採行一投資方案，有兩個方案（代號分別是3402
及3581兩個機種）可供選擇，兩方案之稅後現金流量如下：

年度	3402之現金流量	3581之現金流量
0	−$ 167,000	−$ 244,000
1	39,100	57,900
2	39,100	57,900
3	39,100	57,900
4	39,100	57,900
5	39,100	57,900
6	39,100	57,900
7	39,100	57,900

邊際資金成本為12%，分別使用淨現值法及內部報酬率法來評估應採
行那一種投資方案。

3.某公司正考慮採行一個設備更新方案，有R及S兩個方案可供選擇，其
稅後現金流量如下：

年度	R方案現金流量	S方案現金流量
0	−$ 35,400	−$ 42,800
1	10,500	10,700
2	10,500	10,700
3	10,500	10,700
4	10,500	10,700
5	10,500	10,700
6	10,500	10,700
7	10,500	10,700
8	17,900	18,800

邊際資金成本為10%，分別使用淨現值法及內部報酬率法來評估應採
行何種投資方案。

4.某金屬公司考慮採行一個設備更新方案，有〈一〉、〈二〉兩種方案
可供選擇，其稅後現金流量如下：
若邊際資金成本為12%，分別使用淨現值法及內部報酬率法來評估應
採行何種投資方案？

年度	方案〈一〉	方案〈二〉
0	−$ 128,000	−$ 156,000
1	26,900	30,800
2	26,900	30,800
3	26,900	30,800
4	26,900	30,800
5	26,900	30,800
6	26,900	30,800
7	26,900	30,800
8	26,900	30,900
9	26,900	30,900
10	53,800	60,500

5. 承習題1.，若有第三種可選擇之C方案，其期初之現金投入為$172,000，之後十年每年有$31,200之現金流入，A、B方案可重複採行，請分別使用重置法及約當年金法來評估應行三種方案中的那一種。

6. 某公司考慮以下兩個投資方案，Z方案為十年，K方案則只有五年，其現金流量如下。

年度	Z方案之現金流量	K方案之現金流量
0	−$ 60,200	−$ 28,900
1	$ 13,200	$ 11,000
2	$ 17,500	$ 11,250
3	$ 14,500	$ 11,500
4	$ 12,400	$ 11,250
5	$ 11,000	$ 11,000
6	$ 10,900	
7	$ 11,000	
8	$ 9,100	
9	$ 7,200	
10	$ 19,900	

若邊際資金成本為10%，請分別以重置法及約當年金法來評估應選擇何種投資方案。

7. Allied Industries公司正準備採行一個投資方案，其內部報酬率之機率分配如下：

機率	內部報酬率
0.15	25.20%
0.65	9.8%
0.20	−5.50%

請計算該方案的預期報酬率及其標準差，若公司的邊際資金成本為9%，則公司採行該方為一失策的機率為何？

8. A、B為兩個互斥的投資方案，其淨現值的機率分配如下：

A方案		B方案	
機率	淨現值	機率	淨現值
0.15	$ 10,000	0.25	$ 15,000
0.70	$ 20,000	0.50	$ 20,000
0.15	$ 30,000	0.25	$ 25,000

計算每一個方案的預期淨現值及其標準差，請問應採行何種方案為宜？

9. M方案有下列三種可能的現金流量：

	現金流量			
景氣情況	機率	0年	1~10年	第10年
興盛	0.20	−$40,000	$8,000	$17,000
持平	0.60	−$40,000	7,000	14,000
衰退	0.20	−$40,000	6,000	11,000

請計算內部報酬率之期望值及其標準差。

10. 有一投資組合中X、Y兩個投資方案，X方案的預期報酬率為10.42%，而Y方案的預期報酬率為13.16%，其標準差均為4.32%，兩方案各占投資組合之一半，若兩個投資方案的相關係數為0.25，則投資組合的預期報酬率及其標準差各為何？

11. 承習題2.，3402方案的風險和平均風險相當，但3581方案的風險則較高，其折現率比原先之邊際資金成本還高3%，經過此一風險的調整後，請問應採行何種投資方案？

12. 某一投資方案的現金流量如下：

年度	現金流量
0	−$123,000
1	30,000
2	30,000
3	30,000
4	30,000
5	30,000
6	30,000

若公司原來的邊際資金成本為10%，請分別使用8%，9%，10%，11%及12%為邊際資金成本來對此方案作敏感度分析。

13.某一投資方案的資訊如下：

年度	附加之現金流量	第 n 期現金流量之改變量	第 n 期收益之改變量	第 n 期營運成本之改變量
0	−$ 196,000	0	$ 200,000	$ 120,000
1	0	$ 60,000	$ 200,000	$ 120,000
2	0	$ 60,000	$ 200,000	$ 120,000
3	0	$ 60,000	$ 200,000	$ 120,000
4	0	$ 60,000	$ 200,000	$ 120,000
5	$ 60,000	$ 60,000	$ 200,000	$ 120,000

年度	第 n 期折舊成本之改變流量	新資產之折舊成本	舊資產之折舊成本	第 n 期稅後盈餘之改變量
0	0	0	0	0
1	$ 30,000	$ 30,000	$ 0	$ 30,000
2	$ 30,000	$ 30,000	$ 0	$ 30,000
3	$ 30,000	$ 30,000	$ 0	$ 30,000
4	$ 30,000	$ 30,000	$ 0	$ 30,000
5	$ 30,000	$ 30,000	$ 0	$ 30,000

營運成本為收益的60%，邊際稅率為40%，邊際資金成本為10%，請分別將收益、營運成本及邊際成本變動10%來作敏感度分析。

Dairyland公司從事冷凍食品的生產及行銷，該公司為了擴大產能，正考慮採行一個購買冷凍設備的投資方案，公司的工程部認為在技術上有兩個同樣可行的方案可供選擇。

A方案之設備成本為$800,000，經濟年限為十年；B方案之設備成本為$1,200,000，經濟年限為十五年。兩種設備的殘值都是其購置成本的10%。在稅務會計方面，依照MACRS的規定，冷凍設備是七年期的資產，並且適用半年法之慣例。其每年的折舊率分別是14.29%、24.49%、17.49%、12.49%、8.93%、8.92%、8.93%、4.46%。

兩方案第一年的收益均為$2,000,000，之後每年以5%之速度成長，A方案第一年的營運成本為$1,770,000，而B方案第一年的營運成本為$1,700,000，而之後兩方案的營運成本每年以4%之速度成長。假設邊際資金成本為10%，邊際稅率為40%，兩方案之條件至少可維持三十年。

問題

1.每個投資方案應以多少年作為適當的評估年限？
2.請列出方案存續期間每年的收益及營運成本。
3.若重複採行投資方案時，則在較後面之期間設備的成本為何？
4.每人的折舊數額為何？
5.以稅後為基礎所算得的殘值如何？
6.每個方案的淨現值為何？

PART4

資金成本、
財務槓桿作用、
資本結構及股利政策

資金成本

槓桿作用與資本結構

股利政策

9

資金成本

Hess公司準備發行新股以籌募
$412,500,000的資金

Amerada Hess公司目前正在考慮一項募股方
案,用來從事北海油田開發工程與維京島煉油廠
的產能升級計畫。Hess公司並且通過證券交易管
理委員會核准,除了在美國本土發行8,000,000股
股票,並經由Goldman Sachs & Co.於海外承銷
2,000,000股。儘管有發行新股的資金挹注,Hess
公司認為在投資計畫完成後,仍會透過舉債來支
應。

根據新澤西州紐霍克市證券情報公司的資料
記載,Hess公司的募股規模,不僅可以列名石油
產業有史以來第三大,更是自1990年7月美國石
油公司的籌資計畫以來最大的一
次。這個跡象同時反映出石油業
在經營策略上的重大變革——過
去數年來不少石油公司積極地買

回自家公司股票,不過最近這股趨勢顯著減少了。

「現階段進行募股的時機還不錯」紐約Dean Witter Reynolds公司的證券分析師Eugene Nowak認為,「鑑於石油價格呈現上升狀態,上星期石油業股票的交易曾經一度活絡起來。」雖然石油業目前的獲利表現仍積弱不振,但是他預測在下半年必定會有令人振奮的情況發生。另一方面,由位在紐約的證管會重大消息公告中得知,Hess公司準備把發行新股所得到的款項,用於償還過去龐大債務的一部分,這筆債務的金額已累積到二十億二千萬美元之多。

Amerada Hess公司募股計畫與隨後的清償債務舉動明白地顯示公司管理階層試圖將目前的資金成本降到最低,公司不光是把握住任何潛在機會去降低各種資金來源的成本,更期望調整資本結構至最適宜的程度。

Source: Caleb Solomon, "Hess to Raise $412.5 Million In Stock Offer," *The Wall Street Journal*, May 5, 1992. Reprinted by permission of The Wall Street Journal, © 1992 Dow Jones & Company, Inc. All Rights Reserved Worldwide.

各種以資本為要素之成本的計算

為何身為管理階層的人會對計算以資金為要素的成本感興趣?而且為什麼要關心這個問題呢?當然,找出最近資金來源的成本並將其作為資金成本是較輕鬆的方法,但這種方法可將公司一般股票的價值最大化嗎?答案是否定的。

資金成本(cost of capital)可定義如下:在維持公司約當普通股市價不變的原則下,公司進行各項風險性投資活動所應賺取的必要報酬率,得應付投資計畫所需的現金支出,對一項有利可圖的投資計畫而言,它所帶來的現金流入必須與投入資金的數量及成本成正比。這表示我們必須找出一加權平均資金成本(weighted average cost of capital, k_a)。

加權平均資金成本是各項資本要素來源的成本之加權平均值,此處所指的資金要素包括負債、優先股與約當普通股,當保留盈餘用以補充約當普通股的資金時,則k_a可以下列公式表示:

$$k_a = w_d k_d (1 - T) + w_p k_p + w_s k_s \qquad\qquad (9.1)$$

若公司發行新普通股補充約當普通股的資金,則k_a公式的最後一項將有些許的變化,如公式(9.1a):

$$k_a = w_d k_d (1 - T) + w_p k_p + w_s k_e \qquad\qquad (9.1a)$$

上述的差別是因為保留盈餘和新普通股的成本不同,所以權益資金在投入資本預算時,會先去以保留盈餘來支應,若仍未滿足需要,再發行普通股。

在本章往後的敘述中,我們將會以(9.1)與(9.1a)的若干變數來表達下述意義:

w_d = 負債的權重

k_d = 稅前負債成本

T = 邊際稅率

w_p = 特別股的權重

k_p = 特別股成本

w_s = 權益資金的權重

k_s = 保留盈餘成本

k_e = 新普通股成本

負債成本

負債成本的組成,是為新債的稅後成本(after-tax cost of new debt,ATCD):

$$ATCD = k_d(1 - T) \qquad\qquad (9.2)$$

由於負債的利息支出可以當作會計費用抵減所得稅,所以我們以稅後基礎表示時,必須乘上(1-T)項。其中稅前負債成本(k_d)是利用新債的到期殖利率(YTM)再調整過發行成本來表達。

〔例題〕

Henderson Hydraulics 發行一筆票面利率為12%的三十年期債券,面值為$1,000,每年付息一次,發行價格為$990,且每張債券尚有$10的發行成本。此公司的邊際稅率為40%,請問稅後的負債成本為何?

解答:

發行此債券的現金流量圖如下:

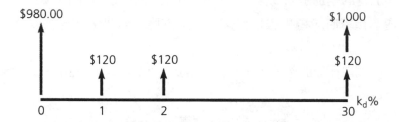

公司的淨現金流入為$980.00($990.00–$10.00),為了求得稅前資金成本,我們利用第3章的債券評價模式(公式(3.3)),將已知的債券市價和每年的現金流量型態,反推出債券的到期殖利率:

$$\$980.00 = \frac{\$120}{(1+k_d)^1} + \ldots + \frac{\$120}{(1+k_d)^{30}} + \frac{\$1,000}{(1+k_d)^{30}}$$
$$= \$120(\text{PVFA}_{k_d,30}) + \$1,000(\text{PVF}_{k_d,30})$$

我們也可利用本書原著所附贈的財務軟體中的THE FINANCIAL MANAGER(BOND)功能進行求算,可得稅前負債成本為12.25%。

至於稅後資金成本的求算則再加以考慮邊際稅率40%後,我們利用(9.2)式:

$$負債資金成本 = 12.25\%(1–0.40)$$
$$= 7.35\%$$

特別股成本

計算特別股資金成本(cost of perpetual preferred stock, k_P)可以利用第3章所述特別股評價模式(3.7),反推求得:

$$k_p = \frac{D_p}{P_n} \tag{9.3}$$

其中

$D_p =$ 特別股每年支付的股利

$P_n =$ 特別股淨發行價格

由於特別股的股利支出不能用來抵減所得稅,所以不必針對稅賦考量進行調整。

〔例題〕

Henderson Hydraulics發行一項股利支付率為12.5%的永續特別股,面值為$100。在考慮發行成本之後,每股的淨現金流入為$98.04,請問特別股資金成本為何?

解答:

利用(9.3)式,可得特別股資金成本(k_p)

$$k_p = \frac{\$12.50}{\$98.04}$$
$$= 0.1275 \text{ or } 12.75\%$$

其中分子項為特別股每年支付的股利額,是將面值$100乘以股利率12.5%。

權益資金成本

權益資金成本是由保留盈餘成本(cost of retained earnings, k_s),新普通股成本(cost of new common stock, k_e)其中一項所組成,我們可利用高登模式(Gordon model)或資本資產訂價模式(CAPM)來求得保留盈餘成本,至於新普通股成本,只要額外再考慮發行成本即可。

在第3章的普通股評價模式中,我們已經介紹了固定成長率股利模型(高登模式),如(3.10)式所表示:

$$V_s = \frac{D_0(1+g)}{k_s - g} = \frac{D_1}{k_s - g}$$

欲求解出高登模式中的k_s，我們只要將上式進行移項：

$$k_s = \frac{D_0(1 + g)}{P_0} + g = \frac{D_1}{P_0} + g \qquad (9.4)$$

（9.4）式即提供我們一個途徑，利用高登模式求得保留盈餘成本，茲舉一例說明之。

〔例題〕

Henderson Hydraulics的普通股股價為26.75元，且已於今天發放股利$2.00，未來的股利會以7%的水準持續成長，請問保留盈餘成本為何？

解答：

將上述資訊一一代入高登模式中，可得：

$$k_s = \frac{\$2.00(1 + 0.07)}{\$26.75} + 0.07$$
$$= 0.08 + 0.07$$
$$= 0.1500 \text{ or } 15.00\%$$

不過此例利用高登模式來求解的前提是，必須假設股利以固定比率進行成長。

我們亦可使用資本資產訂價模型（CAPM）所求得的普通股必要報酬率來估計保留盈餘成本。根據（8.5）式，普通股的必要報酬率（k_s）為

$$k_s = k_{rf} + (k_m - k_{rf})b_i$$

〔例題〕

Susan Sanderson為Henderson Hydraulics的財務研習生，他已找出無風險利率為9%，普通股的必要報酬率為14%，Henderson股票的其他係數（β）為1.20，請問保留盈餘成本為何？

解答：

將此例的各項資訊代入CAPM公式中，可得

$$k_s = 9.00\% + (14.00\% - 9.00\%)1.20$$
$$= 9.00\% + 6.00\%$$
$$= 15.00\%$$

上述高登模式與CAPM所估計的結果相同，皆為15.00%，但在實務上，他們有些許差異。

若我們試圖求得新普通股的資金成本，必須針對發行成本的部分進行調整。發行成本主要是包括承銷費用與新股發行所必須的一定程度折價，因此我們以（9.5）式來表達新普通股成本：

$$k_e = \frac{D_0(1+g)}{P_0(1-f)} + g = \frac{D_1}{P_0(1-f)} + g \tag{9.5}$$

（9.5）式亦可改寫為：

$$k_e = \frac{D_0(1+g)}{P_n} + g = \frac{D_1}{P_n} + g \tag{9.5a}$$

其中

f = 發行成本（為每股市價的某一比例）

P_n = 扣除發行成本後的普通股價格

當我們知道發行公司每的股實收價格後，（9.5a）式將是一個非常有用的公式。

〔例題〕

Susan公司今日發放股利，金額為每股$2.14，未來股利並會以7%持續成長，而目前股價為$26.75。若新股發行成本11.11%，請問此公司新普通股成本為何？

解答：

利用所有已知資訊代入修正過的高登模式（（9.5）式），可得：

$$\begin{aligned}
k_e &= \frac{\$2.14}{\$26.75(1-0.1111)} + 0.07 \\
&= 0.0900 + 0.07 \\
&= 0.1600 \text{ or } 16.00\%
\end{aligned}$$

在上面Susan的例子中，Susan公司採用股利與股價資訊去求得權益資金成本，但此舉只能適用於公開發行公司，對於未公開發行公司、合夥事業與獨資事業而言，估計權益資金成本是項十分困難的工作。此外，這三種事業

組織不同的稅率結構，使得估計出稅後負債成本變得難上加難。

邊際資金成本

邊際資金成本（marginal cost of capital, MCC）是指公司進行資本預算時，為取得額外的一元新資金，所必須負擔的成本。一般而言，當公司需要更多的資金來進行投資計畫時，其中一項資本要素的需求額度增加時，就會使邊際資金成本上升。不過，邊際資金成本指的是募集新資金所增加的新成本，過去所募集資金的成本並不會上升。

帳面價值加權與市場價值加權

在（9.1）式與（9.1a）式中的權值是表示公司未來會使用的負債，特別股與普通股比例，即反映了目標資本結構（target capital structure）的概念。一家公司的目標資本結構應該建立在最適資本結構（optimal capital structure）上，也就是指可以使公司股東價值最大化的資本結構型態，我們在下一章會針對資本結構問題作詳細探討。在實務上，公司的財務人員理想中的資本結構會因時而異，畢竟增資計畫的代價是不低的。

在計算邊際資金成本時，我們通常會採用帳面價值或市場價值的其中一項作為權數的依據。帳面價值加權（book value weights）乃是基於公司資產負債表中的歷史成本資訊;而市場價值加權（market value weights）則是利用公司所發行各種證券的市價資料。不過一般公司的財務人員對市場價值加權的方式情有獨鍾，這是由於如此方式可以確切地反映出市場上的投資大眾如何評價其公司。

〔例題〕

Henderson Hydraulics公司的資本結構大致如下：長期負債部分由50,000張票面利率為12%的十五年期公司債所組成，每張面值為$1,000，半年付息一次，而目前的市場利率走勢為14%；特別股共有100,000股，每股面值為

$100，市價為$90；普通股共計1,000,000股，每股面值為$40，市價為$50。假設目前的資本結構為最適資本結構下，請問帳面價值權數和市價值權數分別為何？

解答：

　　將各種資本要素的單位數量乘上每單位面值，我們可以得到各種資本要素的總面值。以債券部分而言，將債券張數乘上每張債券的面值，即是債券總面值：

$$債券總面值 = \$1,000 \times 50,000 = \$50,000,000$$

同理，可求得特別股與普通股部分的總面值：

$$特別股總面值 = \$100 \times 100,000 = \$10,000,000$$
$$普通股總面值 = \$40 \times 1,000,000 = \$40,000,000$$

　　將上述三項加總，可得資本總面值為$100,000,000,至於計算各種資本要素市價的方式，也是利用類似的過程，將各種資本要素的單位數量乘上每單位的市價。在債券部分，我們必須先利用第三章所介紹的債券評價模式（（3.3）式）求得每張債券的市價：

$$
\begin{aligned}
V_b &= \frac{\$60}{(1.07)^1} + \frac{\$60}{(1.07)^2} + \ldots + \frac{\$60}{(1.07)^{30}} + \frac{\$1,000}{(1.07)^{30}} \\
&= \$60(PVFA_{7\%,30}) + \$1,000(PVF_{7\%,30}) \\
&= \$60(12.4090) + \$1,000(0.1314) \\
&= \$744.54 + \$131.40 \\
&= \$875.94
\end{aligned}
$$

再將每張債券市價乘以債券的總張數，即是債券部分的總市價：

$$債券總市價 = \$875.94（50,000）= \$43,797,000$$

　　在已知的特別股與普通股的市價資訊下，我們同理可得到特別股與普通股的總市價：

$$特別股總市價 = \$90（100,000）= \$9,000,000$$

表9.1帳面價值加權與市場價值加權之比較

資本要素	帳面價值 數額	權值	市場價值 數額	權值
長期負債	$50,000,000	50.0%	$43,797,000	42.6%
特別股	10,000,000	10.0%	9,000,000	8.8%
普通股	40,000,000	40.0%	50,000,000	48.6%
	$100,000,000	100.0%	$102,797,000	100.0%

普通股總市價 = $50（1,000,000）=$50,000,000

將上述三項市價資料加總，可以獲得資本總市價為$102,797,000

表9.1是將帳面價值與市場價值做一比較，可以明顯地看出二者有相當大的差異，如同前述，市場價值加權較廣為採用。

邊際資金成本序列

我們於前段中曾說明在合理的情況下，財務主管會先籌募便宜的資金來進行投資計畫，因而當所需募集的資金愈多，邊際資金成本也愈高。有了此概念後，我們接著來學習如何利用在既有的資訊下，計算邊際資金成本。

由於發行新普通股的資金成本高於保留盈餘的資金成本，所以，當一家公司的保留盈餘不足以應付投資需求時，勢必會發行新普通股，來補足權益資金，這時會使權益資金的成本產生跳躍式的上升，亦使邊際資金成本序列（marginal cost of capital schedule）形成一個突破點。而我們可以利用表格或是邊際資金成本線來表達邊際資金成本序列，描述資本預算規模與資金成本的關係。

〔例題〕

Henderson Hydraulics的最適資本結構為30%的負債、10%的特別股與60%的權益資金，權益資金中保留盈餘的資金成本為15%，發行新普通股的資金成本為16%。若目前保留盈餘增加$600,000，則資本預算的額度可擴大多少？

解答：

我們可將權益資金比重與權益資金突破點（BP_CE）之乘積為保留盈餘額度，即可藉此求得權益資金突破點。

$$0.60(BP_{CE}) = \$600,000$$
$$BP_{CE} = \$1,000,000$$

經由上述簡單的計算，可得出\$600,000的保留盈餘所支持的資本預算額度為\$1,000,000，其中包含了30%的負債資金、10%的特別股資金與60%由保留盈餘組成的權益資金。因此，欲維持最適資本結構不變之下，進行此資本預算必須發行\$300,000的負債與\$100,000的特別股。我們將這項資本預算的各種資金來源與額度整理如下：

負債	\$300,000
特別股	100,000
保留盈餘	600,000
	\$1,000,000

接下來的例子會涉及到當原有的負債資金耗盡，再發行新債時，所造成負債資金成本增加與邊際資金成本線突破點產生等影響。

〔例題〕

Henderson Hydraulics可以12%的成本，籌募到\$450,000的負債資金，若超過此額度，成本將上升至14%。已知公司的邊際稅率為40%，請問原有較低成本的負債額度可以支應多少的資本預算？

解答：

我們可將負債資金比重與負債突破點（BP_DT）之乘積設定為較低成本負債所能籌措的額度，即可求出負債資金突破點。

$$0.30(BP_{DT}) = \$450,000$$
$$BP_{DT} = \$1,500,000$$

根據計算後，可以得到成本為12%的負債資金可以支應\$1,500,000的資本預算計畫。若要維持最適資本結構不變之下（即30%的負債、10%的特別股與60%的權益資金），此公司必須再額外發行新特別股共\$50,000與新普通股

$300,000。我們將這項資本預算所需的各種資金與數額整理如下：

負債	$450,000
特別股	150,000
保留盈餘	600,000
新普通股	300,000
	$1,500,000

　　最後，我們來探討當原有較低成本的特別股資金用盡，再發行新特別股時，對於邊際資金成本線的影響。

〔例題〕

　　Henderson Hydraulics可以12.5%的成本發行$200,000的特別股，大過此額度則必須負擔13.5%的成本。請問較低成本的特別股額度可支應多少的資本預算計畫?

解答：

　　我們可將特別股資金比重與特別股突破點（BP_{PS}）之乘積設定為較低成本特別股所能籌措的額度，即可求出特別股突破點。

$$0.10(BP_{PS}) = \$200,000$$
$$BP_{PS} = \$2,000,000$$

　　結果是成本為12.5%的特別股資金可以支應$2,000,000的資本預算計畫。若要維持最適資本結構不變之下，除了利用原有的保留盈餘成本為12%的負債資金外，尚須發行成本為14%的負債資金共$150,000，以及新普通股共$600,000。我們將所需的各種資金與額度整理如下：

負債（成本為12%）	$450,000
負債（成本為14%）	150,000
特別股	200,000
保留盈餘	600,000
新普通股	600,000
	$2,000,000

　　由圖9.1中，我們可以明顯地看出邊際資金成本線有三個突破點，分別是$1,000,000、$1,500,000與$2,000,000，將邊際資金成本線分為四個區間，因此，邊際資金成本線的區間數目為突破點個數再加上一。在此例中，邊際資

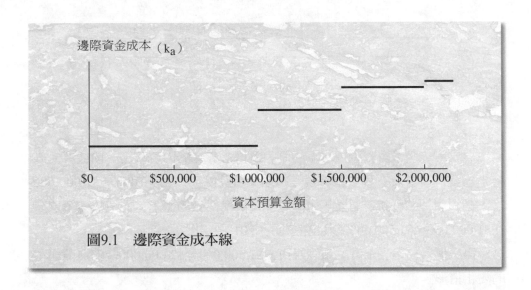

圖9.1　邊際資金成本線

金成本線的四個階段分別表示資本預算規模由$0至$1,000,000、由$1,000,000至$1,500,000、由$1,500,000至$2,000,000,與$2,000,000以上,每一個階段都需要計算出對應的邊際資金成本,而我們可以採用表格的方式得到結果。

第一個表格是計算資本預算規模由$0至$1,000,000下的邊際資金成本。

		$0至$1,000,000		
資本要素	權　重	×	成　本	= 加權後成本
負債(12%)	0.30		7.20	2.16
特別股	0.10		12.50	1.25
保留盈餘	0.60		15.00	9.00
				12.41%

值得注意的是,我們籌募資金的順序是由成本最低的負債、特別股與權益資金(即保留盈餘)開始進行的,而負債的資金成本必須以稅後來表達,12%(1–0.40)=7.20%,所以資本預算規模在$0至$1,000,000時,邊際資金成本為12.41%。

第二個表格則是計算資本預算規模在$1,000,000至$1,500,000時的邊際資金成本。

| | | | $1,000,000至$1,500,000 | |
資本要素	權 重	×	成 本 =	加權後成本
負債（12%）	0.30		7.20	2.16
特別股	0.10		12.50	1.25
新普通股	0.60		16.00	9.60
				13.01%

形成第二段邊際資金成本線的原因是權益資金的內容改變。前幾頁的內容中，我們曾談及在資本預算規模超過保留盈餘突破點（BP_CE）$1,000,000後，必須額外發行新普通股，來滿足權益資金部分的需求，而邊際資金成本在$1,000,000至$1,500,000階段也上升至13.01%

第三個表格是表示資本預算規模在$1,500,000至$2,000,000時的邊際成本的變化情形。

| | | | $1,500,000至$2,000,000 | |
資本要素	權 重	×	成 本 =	加權後成本
負債（12%）	0.30		8.40	2.52
特別股	0.10		12.50	1.25
普通股	0.60		16.00	9.60
				13.37%

當資本預算規模超過負債突破點（BP_DT）$1,500,000之後，負債資金的內容發生改變，原有稅前成本為12%的負債資金來源無法滿足所需，必須發行稅前成本為14%的債券工具才行。而此時負債的稅後資金成本為14%（1–0.40）=8.40%，此一階段的邊際資金成本亦上升至13.37%。

最後一個表格是指資本預算規模大於$2,000,000時的邊際資金成本的計算。

| | | | $2,000,000以上 | |
資本要素	權 重	×	成 本 =	加權後成本
負債（14%）	0.30		8.40	2.52
特別股	0.10		13.50	1.35
新普通股	0.60		16.00	9.60
				13.47%

當資本預算規模大於特別股突破點（BP_PS）$2,000,000時，邊際資金成本會上升至13.47%。圖9.2所表達的是完整的邊際資金成本線的圖形。

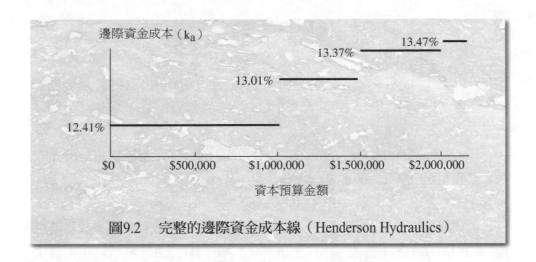

圖9.2　完整的邊際資金成本線（Henderson Hydraulics）

資金成本與資本預算

我們可把邊際資金成本規劃與企業現有的投資機會分析搭配利用，將可藉以篩選出合適的投資計畫，而此一選擇過程亦可幫助一家企業找出最適的資本預算規模。

在前面，我們曾經說明當所需的資金額度愈多，邊際資金成本線（MCC）會逐漸上升;而所投資的計畫愈多，投資計畫的內部報酬率（IRR）則會逐漸下降。因而只要是投資計畫的內部報酬率高過於當時的邊際資金成本，則這些投資計畫可說是有利可圖的。這樣的篩選過程一直進行到投資計畫的報酬率等於邊際資金成本時為止。

投資機會序列

投資機會序列（investment opportunity schedule）是將各投資計畫依據內部報酬率（IRR），由高至低加以排列，我們可以利用表格的方式或投資機會線來表達投資機會序列的觀念。

〔例題〕

Peterson Pumping公司在下一年度會有下列的投資機會可供選擇：

計畫	期初投入	內部報酬率
A	$900,000	15%
B	$1,100,000	16%
C	$700,000	18%
D	$900,000	14%
E	$1,200,000	12%

Dave Hamilton為Peterson Pumping公司的財務主管,想要由這些潛在的投資計畫繪出一條投資機會線。

解答:

欲完成投資機會線的繪製,必須依照下列步驟:首先要將各投資計畫根據內部報酬率由高至低依序排序,可得到其順序為C、B、A、D、E;其次是要將投資計畫的期初投入規模依次累加,結果如下:

計畫	期初投入	內部報酬率
C	$700,000	18%
B	$1,800,000	16%
A	$2,700,000	15%
D	$3,600,000	14%
E	$4,800,000	12%

最後畫出投資機會線,如圖9.3所示。

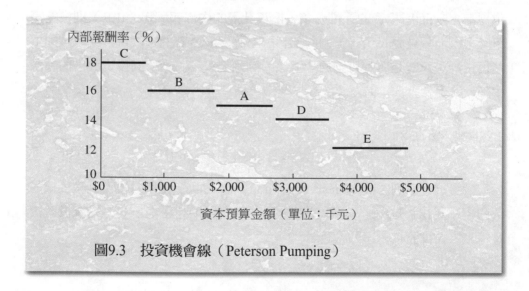

圖9.3 投資機會線(Peterson Pumping)

結合邊際資金成本序列與投資機會序列

當投資機會線與邊際資金成本線搭配使用時，我們可以決定合適的投資計畫與資本預算的總額度。在此例中，我們根據以下所述的財務條件，將邊際資金成本線與前面完成的投資機會線繪製在一起，以進行分析。

〔例題〕

Peterson Pumping的目標資本結構為40%的負債、60%的權益資金，而不考慮發行特別股。預期淨利會有$2,500,000，其中的40%會以股利型式發放。至於Peterson Pumping的舉債能力如下：

舉債金額	稅前資金成本
$600,000以下	12%
$600,000至$1,400,000	14%
$1,400,000以上	16%

Peterson Pumping其他的財務資訊為：邊際稅率為40%，普通股目前市價為$30.00，若發新普通股，扣除發行成本後，公司可得的淨售價每股為$27.50;今天剛發放股利$1.50，預期未來股利將會以10%的成長率持續成長。請為Dave Hamilton製作邊際資金成本序列。

解答：

Dave進行邊際成本序列的首要工作是找出突破點，根據上述資訊，將會產生二個負債突破點與一個保留盈餘突破點。將負債資金比重與負債突破點之乘積設定為最低成本負債可以籌措的資金額度，即可求得第一個負債突破點（BP_{DT1}）為$1,500,000

$$0.40(BP_{DT1}) = \$600,000$$
$$BP_{DT1} = \$1,500,000$$

接著將負債資金比重與負債突破點之乘積設定為次低成本負債可以籌措的資金額度，即可求得第二個負債突破點（BP_{DT2}）為$3,500,000.

$$0.40(BP_{DT2}) = \$1,400,000$$
$$BP_{DT2} = \$3,500,000$$

我們也可利用相同的方式，將權益資金比重與保留盈餘突破點的乘積設定為保留盈餘的額度，就可得出保留盈餘突破點（BP_CE）。而保留盈餘的額度，是將淨利乘上保留的比例，即$2,500,000（1–0.40）=$1,500,000

$$0.60(BP_{CE}) = \$1,500,000$$
$$BP_{CE} = \$2,500,000$$

Dave的第二步工作是要找出各資本要素的成本，包括稅後負債成本、保留盈餘成本與新普通股的成本。先利用（9.2）式得出發行新債的稅後成本：

稅後負債成本12% = 12%(1 – 0.40) = 7.20%
稅後負債成本14% = 14%(1 – 0.40) = 8.40%
稅後負債成本16% = 16%(1 – 0.40) = 9.60%

Dave接著利用（9.4）式求出保留盈餘成本：

$$k_s = \frac{D_0(1 + g)}{P_0} + g$$
$$= \frac{\$1.50(1 + 0.10)}{\$30.00} + 0.10$$
$$= 0.1550 \text{ or } 15.50\%$$

Dave再利用（9.5a）式求得新普通股的成本：

$$k_e = \frac{D_0(1 + g)}{P_n} + g$$
$$= \frac{\$1.50(1 + 0.10)}{\$27.50} + 0.10$$
$$= 0.1600 \text{ or } 16.00\%$$

經由上述的計算，Dave求得出三個突破點，可將邊際資金本成線劃分成四個階段，分別是$0至$1,500,000、$1,500,000至$2,000,000、$2,500,000至$3,500,000，以及3,500,000以上 。第一個表格是指$0至$1,500,000的階段，此時籌措資金的方式是由成本最低的負債與保留盈餘著手，而邊際資金成本為12.18%。

			$0至$1,500,000	
資本要素	權重	× 成本	=	加權後成本
負債（12%）	0.40	7.20		2.88
保留盈餘	0.60	15.50		9.30
				12.18%

第二個表格是指$1,500,000至2,500,000的階段，當資本預算規模大於第一個負債突破點（BP$_{DT1}$）$1,500,000時，必須利用次低成本的負債資金來源才能滿足所需，而邊際資金成本也上升至12.66%

			$1,500,000至2,500,000
資本要素	權重×	成本	=加權後成本
負債（14%）	0.40	8.40	3.36
保留盈餘	0.60	15.50	9.30
			12.66%

第三個表格是資本預算規模在$2,500,000至$3,500,000的階段，此時權益資金中的保留盈餘額度不足所需，必須再發行新普通股。

而新普通股的成本為16.00%，亦將邊際資金成本拉升至12.66%。

			$2,500,000至$3,500,000	
資本要素	權重	× 成本	=	加權後成本
負債（14%）	0.40	8.40		3.36
新普通股	0.60	16.00		9.60
				12.96%

第四個表格是指資本預算規模大於$3,500,000的階段，由於超過第二個負債突破點（BP$_{DT2}$），所以舉債的資金來源必須轉向到成本最高負債，成本為16%，而邊際資金成本也上升至13.44%。

			$3,500,000以上	
資本要素	權重	× 成本	=	加權後成本
負債（16%）	0.40	9.00		3.84
新普通股	0.60	16.00		9.60
				13.44%

圖9.4是邊際資金成本線，可以明顯地看出各種資本預算規模下的邊際資金成本。圖9.5是將投資機會線與邊際資金成本線繪製在同一張圖中，藉以篩

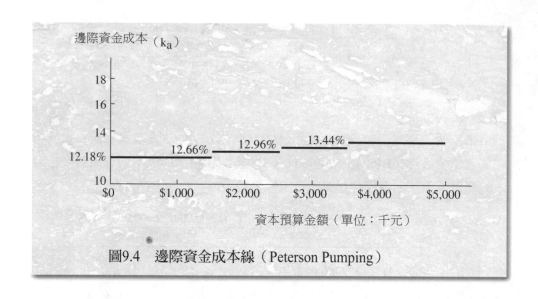

圖9.4 邊際資金成本線（Peterson Pumping）

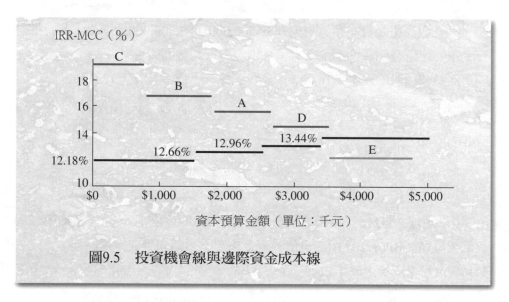

圖9.5 投資機會線與邊際資金成本線

選出值得進行的投資計畫與最適資本預算規模。由圖中我們可以發現計畫C、B、A與D的內部報酬率皆大於邊際資金成本，因此值得採行，而計畫E的內部報酬率小於邊際資金成本，不是一個有利可圖的投資計畫。最後將A、B、C、D四項投資計畫的期初投入金額予以加總，可以得到最適的資本預算規模為$3,600,000。

預算配額的影響

　　一直到目前為止，我們對所探討的問題，皆是假設各公司籌措資金的能力毫無限制。前面Peterson Pumping的例子中，這家公司有足夠能力籌措$3,600,000以進行四項有利可圖的投資計畫C、B、A與D。但是如果Peterson Pumping所有募集到的資金少於$3,600,000則情況會變得如何呢？

　　面對這個難題，我們必須瞭解兩種預算配額：外在配額與內在配額。外在配額（external rationing）又稱為信用配額，是指整體市場的資金成本過高，限制了資金籌募者所能募集到資金的額度；內在配額（internal rationing）又稱為資本配額，是指公司內部當局因為某種緣故，對於最適資本預算下的投資計畫，並未悉數採行。

日本經濟蕭條激起爭論，也迫使廠商修正以往繁榮時期的經營路線 ……………………

　　過去幾年日本的經濟成長率出現急劇衰退，加上股市與房地產價格大幅滑落，加倍衝擊了日本的產業環境。影響所及，一些過去所堅信的管理策略，例如，「追求市場占有率擴大，是以犧牲利潤為代價」與「經營眼光過高，以致忽視迫在眉睫的問題」，這些因素是否為經濟惡化的罪魁禍首，專家學者們正在爭論不休。「現階段的問題本末，在於日本金融市場正一步一步地迫使日本產業界仿效海外的競爭對手」，野村研究機構的著名經濟學者Richard Koo指出「廠商於是大舉裁撤虧損連連的生產線，以提供股東較佳的報酬率。」

　　「讓步的結果，使得日本的企業大刀闊斧改變以往的籌資途經，但此舉無形中導致企業喪失長遠的經營目標。」前任日本銀行主管鈴木芳夫強調。至於其他令人感到憂慮的經濟難題，像是股價的低迷不振，遏阻了企業試圖以發行新股來降低負債比率。「不過值得欣慰的是，從現在開始，日本企業在進行任何投資決策前，會更加詳細周密地考量真正

外在配額

當整體金融環境的資金成本過高,使得籌募資金的公司的邊際資金成本也相對地上升。面對這種資本配額,在不違背最大化股東利益的基本原則下,因應之道是將最適資本預算的規模予以縮小。

〔例題〕

（呈前例）Peterson Pumping的財務主管Dave Hamilton認為舉債額度在$1,400,000以上階段的資金成本過高,因而對於會利用到第二個負債突破點$3,500,000以後資金的投資計畫皆不予考慮,以避免邊際資金成本會上升到16%。請問在這種情況下的最適資本預算規模為何?

解答:

圖9.6是原有的投資機會線與新狀況下的邊際資金成本線的圖形分析。投資計畫C、B與A的內部報酬率明顯地看出是大於邊際資金成本,因此皆值得進行,而計畫E的內部報酬率小於邊際資金成本線,不應該投資。值得注意的是計畫D,假設此計畫是不可分割進行的計畫,而計畫D中有一部分投入資金的報酬率小於邊際資金成本,故必須放棄。所以在最大化股東利益的原則下,最適的資本預算規模比較於前例,有所縮小,由$3,600,000降至$2,700,000。

內在配額

若以圖9.5的情況來分析,正常的情況下是將計畫C、B、A與D進行投資,而拒絕 E計畫的採行。但是在某些時機,公司管理當局可能會放棄計畫D的投資機會。

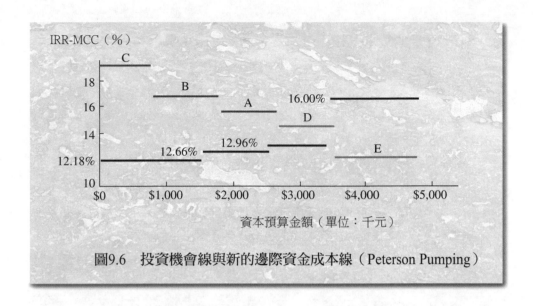

圖9.6　投資機會線與新的邊際資金成本線（Peterson Pumping）

　　根據George Trivoli與Wiliam McDaniel的看法，當我們籠罩在景氣蕭條時期的陰影時，經濟狀況的不確定程度增加，財務主管會高估邊際資金成本線，設法縮減資本預算的規模，以保守的態度去因應任何潛在風險。不過這與前述外在配額的例子中，由於整體金融市場的資金成本上升，以致使得邊際資金成本線上揚，進而縮小合適資本預算規模的情況是有所不同的，各位讀者必須加以釐清。

　　Trivoli與McDaniel兩位學者並指出，造成高估邊際資金成本線的主要原因有二個：第一是此公司個別市場的信用條件發生緊縮；第二是市場條件改變的衝擊所致。當經濟不確定情況造成整體經濟活動力減弱與信用條件緊縮的程度愈強烈，邊際資金成本線的高估幅度就愈大。

　　因此，原先我們所認為的不理性行為，事實上是有其邏輯根據的。內在配額說是一般公司在面臨經濟不確定情況時，在投資決策方面的一種合理且明智的因應之道，主動地限制資本預算規模也使公司本身能夠一直在最大化股東利益的首要原則下行事。

創造財富的真正關鍵 ·······································

假如你正在調查某家企業的經營條件,你應該使用什麼方式,立即地判定它未來是否仍有利可圖?假如你是一位管理者,你應該採用那種衡量標準確信營運動仍然為公司創造價值?假如你是位投資人,你應該依據什麼觀點來判斷股市仍極有可能地繼續攀向高點?什麼準則可以讓你具備競爭優勢,因為這是大多數管理者與投資人所欠缺的?

簡單地說,經濟附加價值(Economic Value Added, EVA)就是一個種可以衡量營運實質獲利的指標。它考慮了傳統衡量方式所忽略的重要因素——營運資金的總成本。這是指涉及到營運項目的所有現金支出,包含了重大設備、不動產、電腦,以及購入後預期會獲利的要素:營運資金,主要是現金、存貨與應收帳款。EVA可以表達成稅後營業利益減去每年的總資金成本。

可口可樂總裁Roberto Goizueta曾經說了一段意義深遠的話:「我們把所籌募的資金投入公司,專心致力於經營活動,賺取報酬後支付每項資金、每項的成本,讓股東的荷包變厚。」可惜的是,太多的企業集團對於資金成本的概念不甚瞭解。雖然負債的成本可由利息費用中得知,但是權益資金的成本卻未顯示於財務報表上。除非他們能求出實際的成本,否則將永遠無法明白所賺的錢能否支應成本,能否為公司增加價值。

Source: Shawn Tully "The Real Key To Creating Wealth," FORTUNE, September 20, 1993. pp.38-50. © 1993 Time Inc. All rights reserved.

摘　要

1.各種資本要素成本的計算

稅前負債成本是利用新債的到期殖利率,再針對發行成本予以調整;特別股成本是將特別股股利除以淨發行價格而得;權益資金成本是由保留盈餘成本、新普通股成本的其中一項所組成,保留盈餘成本可透過高登模式或資本資產訂價模式來求得,而新普通股成本只要額外調整發行成本即可。

2.帳面價值加權與市場價值加權的決定

　　在計算邊際資金成本時，我們通常會採用帳面價值或市場價值的其中一項作為權數的依據。帳面價值加權乃是基於公司資產負債表中的歷史成本資訊；而市場價值加權則是利用公司所發行各種證券的市場資訊。財務管理人員對於市場價值加權情有獨鍾。

3.邊際資金成本序列

　　邊際資金成本是指公司為取得額外的一元新資金，所必須負擔的成本。當低成本的資本要素用盡時，會使得權益資金成本、特別股成本與負債成本產生跳躍式的上升，亦使得邊際資金成本線形成一個個的突破點，邊際資金成本線的區間數目為突破點個數再加一。

4.投資機會序列

　　投資機會序列是將各投資計畫依照內部報酬率的高低加以排列，我們可利用表格或投資機會來表達投資機會序列的觀念。

5.邊際資金成本序列與投資機會序列的結合

　　將投資機會線與邊際資金成本線搭配使用，可決定最適的資本預算額度。只要某一計畫的內部報酬率大於邊際資金成本，就是可行的計畫。

6.解釋資本預算過程中的配額所帶來的影響

　　外在配額（信用配額）是指整市場的資金成本過高，限制籌資者所募集到集金的額度；內在配額（資本配額）是指公司內部當局因某種緣故，對於最適資本預算下的投資計畫，並未全部採行。像是處於景氣蕭條時期時，經濟狀況的不確定程度增加，財務主管會高估邊際資金成本線，設法縮減資本預算規模，以保守態度因應。

問　題

1.邊際資金成本的意義為何?

2.如何使用邊際資金成本與投資機會圖去決定應該採行的計畫?

3.稅後基礎的負債成本如何計算?稅法改變會如何影響到這項資本要素的成本?

4.為什麼發行新普通股應在保留盈餘用盡後?

5.計算邊際資金成本時為什麼要用市場價值加權,而非帳面價值加權?

6.資本限額的意義為何?舉一個像是資本限額的例子,但實際上卻不是。

7.Amerada Hess公司引導資金成本下降的步驟是什麼?

8.為什麼日本產業要改變籌資途徑?

9.經濟附加價值的概念是什麼?

習　題

1.（稅後負債成本）Hall公司的稅前負債成本為12%,在邊際稅率為40%下,請問稅後負債成本為何?

2.（稅後負債成本）Hillcrest公司發行一筆票面利率為10%的二十年期債券,面值為$1,000,每年付息一次,發行價格為$1,050.00,且每張債券尚有$15.00的發行成本。此公司的邊際稅率為40%,請問稅後的負債成本為何?（BOND）

3.（稅後負債成本）Hines運動器材公司發行一筆票面利率為12%的三十年期債券,面值為$1,000,半年付息一次,發行價格為$980.00,且每張債突尚有$20.00的發行成本。此公司的邊際稅率為40%,請問稅後的負債成本為何?（BOND）

4.（特別股成本）Indiana實業公司發行一項股利支付率為12%的特別股,面值為$100,在考慮發行成本後,每股的淨現金流入為$97.00。請問特別股成本為多少?

5.（保留盈餘成本）McLaughin公司的普通股股價為$40.125,且於今天發放股利$3.21,未來的股利會以7%的水準持續成長。請問保留盈餘的成本為何?

6.（保留盈餘成本）白宮家具公司的普通股股價為$33.00,並於今日發放股利$1.50。公司預期成長率是10%,請問保留盈餘成本為何?

7.（保留盈餘成本）Poole公司股票的其他係數為1.40,另外,由長期政府公債利潤所推估的無風險利率為8%。假設所有股票的要求報酬率平均是13%,請問該公司的保留盈餘成本為多少?

8.（保留盈餘成本）Porter皮箱公司股票的其他係數為0.8,若目前的無風險利率為9%,全體股票的要求報酬率平均為12%,試問該公司的保

留盈餘成本為何?

9. （新普通股成本）Singley機械公司於今日發放股利，金額為每股 $3.00，未來股利會以9%繼續成長，而目前股價位於$45.00。若新股發 行成本為10%，請問新普通股成本為何?

10. （新普通股成本）Trulock開發公司（TDC）在今日發放每股股利 $2.16，預測未來盈餘及股利的成長率是12%。若銷售新股，每股淨 現金流入為$27.00，請問新普通股成本為何?

11. （帳面與市場價值加權）Kirkland建設公司的資本結構大致如下：長 期負債是由10,000張票面利率為13%的二十年期公司債所組成，每張 面值為$1,000，半年付息一次，而目前的市場利率走勢為12%；特別 股共有25,000股，每股面值為$100，市價為$95；普通股共計500,000 股，每股面值$30，市價為$40。假設目前的資本結構為最適資本結 構，請問帳面價值權數與市場價值權數分別是多少?

12. （投資機會線）Parker印刷公司下一年度的投資機會如下：

計畫	期初投入	內部報酬率
A	$600,000	12%
B	$1,000,000	18%
C	$500,000	15%
D	$800,000	13%

請由這些投資組合，繪製投資機會線。

13. （邊際資金成本線）Parker印刷公司的目標資本結構為40%的負債、 60%的權益資金。預期淨利將有$3,000,000，其中的40%會以股利型 式發放。至於其舉債能力如下：

舉債金額	稅前成本
$0至 $500,000	10%
$500,000至 $1,500,000	12%
$1,500,000以上	14%

其他相關的財務資訊為：邊際稅率為40%；普通股每股市價為$50.00， 若發行新股，扣除發行成本後，每股淨現金流入為$45.00；今日剛發 放股利$3.00，預測未來的股利將會以9%的成長率不停成長。請製作

Parker公司的邊際資金成本序列。

14. （最適資本預算規模）將習題12.的投資機會線與習題13.的邊際資金成本線融合為一，請判斷出可行的投資計畫，與最適的資本預算規模。

個案研究

個案提示：國家石油暨天然氣公司的獲利表現主要決定在它對於市場條件變化的反應能力，像是在天然氣購買與銷售合約上的談判結果。

國家石油暨天然氣公司（NOGC）是一家從事開採、加工、處理、運送與銷售天然氣與液態瓦斯的公司，擁有德州內主要的輸油管、多家天然氣加工廠與一座儲存池。

天然氣與液態瓦斯的價格會受到國內生產量、進口原油的核准量、其他競爭性燃料的銷售狀況、季節性需求與政府規定管制等因素所影響。因此NOGC的獲利表現主要決定在公司本身對於市場條件變化的反應能力，像是在天然氣購買與銷售合約上的協商結果。這些決策的形成會牽涉到管理階層對於未來發展和市場動態的判斷。

William Connelly身兼NOGC的首席副總裁與財務部門主管，在1993年7月時，他準備訂定次年的資本預算規模，事先所蒐集到的財務資訊如下：NOGC過去曾運用長期負債與普通股籌資，長期負期是由73,500張面值為$1,000的債券所組成，票面利率為12%，半年付息一年；到期期限為十五年，而現階段的利率走勢為10%；普通股共有16,000,000股，每股市價為$7.50。William Connelly相信公司的市場價值加權的資本結構正處於最適狀態。

獲利能力方面，NOGC預測稅後淨利將達到$7,000,000，並計畫將盈餘的40%以股利型式發放。若公司要進行舉債，稅前資金成本要視借款規模而定：金額小於$6,000,000時，稅前資金成本為10%，超過此金額，成本將上升至12%。William Connelly並判定目前NOGC股票的其他係數為1.50，若以發行新股籌措資金，發行成本為籌資金額的9%，其他財務資訊還包括：NOGC的邊際稅率為35%；政府公債的報酬率為7%，可視為無風險利率；股票投資人對於整體股票市場的要求報酬率為11%。

在次年的資本預算中，NOGC有三個投資機會可供選擇，分別是：輸油管改良計畫，成本為$10,000,000，報酬率為19%；天然氣加工廠建造計畫，成本為$8,000,000，報酬率為15%；天然氣儲存池開發計畫，成本為$5,000,000，報酬率為10%；此時，William Connelly的難題是判斷出可以採行的計畫。

問題

1. 請問市場價值加權數為何？
2. 請計算出各種資本預算規模下的邊際資金成本？
3. 若同時運用投資機會線與邊際資金成本線，請問有那些計畫將會採行或拒絕？

10

槓桿作用與資本結構

ITT公司計畫買回自家股票，是利是弊有待商榷

ITT公司已經通過證管會核准，預仍執行一項股票購回方案。所購回的股票包括普通股及可轉換特別股，總數量相當是25,000,000的普通股。這項計畫的目標是希望在1996年前，將公司的股東權益報酬率提升至15%，並促使股價上揚。不久之前，ITT公司曾宣布出售Alcatel公司，關於

這家公司會進行組織重整的消息紛紛出籠，不少分析師認為若沒有更進一步的重整舉動，ITT公司的目標將是難以達成，所幸ITT隨即宣布股票購回計畫。由於Alcatel公司在股東權益報酬率的表現高於市場平均水準，ITT公司利用股票購回降低流通在外股數，以提升本身股價的方

式，可彌補出售Alcatel後所可能喪失的潛在利益。

　　ITT公司的董事長兼總經理Rand V. Araskog曾向股東保證，公司未來數年會採取一系列的措施，讓股價表現更好，只要股東權益報酬率達到15%的目標，公司遠景相信是十分樂觀。「雖然現階段整體經濟情勢委靡不振，但是我們仍舊是表現最好的。」Araskog一再重申公司的首要任務就是提高股東權益的價值。

　　在學理上，購回股票是ITT公司改變資本結構的方式之一，藉由在外流通股數的減少，與負債比率的上升，以提升股東權益報酬率，不過必須注意這項行為也會增加公司本身的財務風險。

Source: Michael Selz "ITT Proposes New Buy-Back Of Its Shares," *The Wall Street Journal*, May 6, 1992. Reprinted by permission of The Wall Street Journal, © 1992 Dow Jones and Company, Inc. All Rights Reserved Worldwide.

財務上的槓桿作用

　　在第9章的內容中，我們已經學習如何求得資金成本的概念。不過在過去的討論裡，皆是假設已有一個能使公司股東價值最大化的最適資本結構存在。在本章我們學習的內容將更上層樓，討論如何決定合適的資本來源組合狀態。

　　在我們學習資本結構的同時，先來討論一下「槓桿作用」的概念。一般日常的用法中，「槓桿作用」是指使用槓桿工具以獲得機械上的優勢。但是在財務管理的領域中，槓桿作用有三種，分別是營運槓桿作用、財務槓桿作用與總槓桿作用。營運槓桿作用（operating leverage）是指公司在營運的過程中，固定成本相對於變動成本的使用程度；財務槓桿作用（financial leverage）是指公司的資本結構中，負債的使用程度；總槓桿作用（total leverage）則是衡量營運槓桿與財務槓桿的綜合效果。不過在我們學習第一種槓桿作用——營運槓桿——之前，先來認識一個相關的課題——損益平衡分析。

損益平衡分析

損益平衡分析（breakeven analysis）的用途是：尋找出使一家企業息前稅前盈餘（EBIT）為0下的銷售量或銷售金額，當處於損益平衡點時，企業的總收入會恰好等於總成本。而損益平衡分析是大家所熟知的成本——數量——利潤（CVP）分析的一部分，CVP分析常被用來衡量售價、成本或銷售量改變所造成的衝擊程度，與這些因素變化對於利潤的影響。

損益表中的成本項目可分為固定成本與變動成本。「固定成本」顧名思義，其總額在某一特定的產出範圍內保持不變。固定成本的例子包括薪資、廣告支出、財產稅、保險費用與折舊費用等。至於租金常常視為固定成本的一項，除非公司管理決定擴大承租的內容，以致使租金費用發生改變。變動成本則是會隨著生產水準的變化而有所改變，其例子包含人工成本、原料、運費、銷售佣金與能源費用等。

把銷售收入扣除固定成本與變動成本後，其金額稱為息前稅前盈餘（EBIT）對一個只生產單一產品的公司而言，EBIT可以下列公式來表達：

$$EBIT = PQ - VQ - F \qquad (10.1)$$

其中

$P = $ 單位售價
$Q = $ 生產數量
$V = $ 單位生產成本
$F = $ 固定成本

上式中，PQ項表示銷售收入，VQ項表示總變動成本。當息前稅前盈餘為0時，發生損益平衡情況，把（10.1）式中的EBIT設定為0，則可以用Q_{BE}來表達損益平衡下的產量，我們並可進一步由此方程式導出Q_{BE}：

$$EBIT = PQ - VQ - F$$
$$0 = PQ_{BE} - VQ_{BE} - F$$

$$Q_{BE} = \frac{F}{(P - V)} \qquad (10.2)$$

〔例題〕

Barry Friedman為Mobley製造公司的財務分析人員，目前正嘗試著分析其他兩家公司的財務狀況，A公司為一家經營方式較積極的公司，固定成本為$50,000而每單位售價與變動成本分別為$2.00與$1.00；C公司為一家保守經營的公司，固定成本為$15,000，每單位售價與變動成本分別為$2.00與$1.50請Barry Friedman找出兩家公司的損益平衡點。

解答：

利用（10.2）式可分別求得A公司與C公司的損益平衡點：

$$Q_{BE(A)} = \frac{\$50,000}{(\$2.00 - \$1.00)}$$
$$= 50,000 \text{ units}$$
$$Q_{BE(C)} = \frac{\$15,000}{(\$2.00 - \$1.50)}$$
$$= 30,000 \text{ units}$$

圖10.1是利用圖形方式來進行兩家公司的損益平衡分析，這樣也可以求得A公司的損益平衡點為50,000個單位，C公司的損益平衡點為30,000個單位。產量在損益平衡點以上時，與銷售收入、總成本二條線所包圍的區塊是具有營業利益的涵義；反之，產量在損益平衡點以下時，與銷售收入、總成本兩條線所包圍的區塊則表示為營業損失。由圖10.1可發現A公司潛在營業利益與營業損失，都比C公司來得大。

有時在進行損益平衡分析時，我們會對發生損益平衡狀況的銷售金額較有興趣，而非是銷售量，因此可以稍微修正（10.1）式成為（10.3）式，來滿足我們的需要：

$$EBIT = S - V_T - F \tag{10.3}$$

其中

$$S = 銷售金額$$
$$V_T = 總變動成本$$

與前述求解損益平衡下的銷售量（Q_{BE}）可說是如出一轍，只要將（10.3）式中的息前稅前盈餘（EBIT）設定為0，即可求得損益平衡下的銷售金額

（S_{BE}）：

$$EBIT = S - V_T - F$$
$$0 = S_{BE} - V_T - F$$

$$S_{BE} = \frac{F}{1 - \dfrac{V_T}{S}}$$ (10.4)

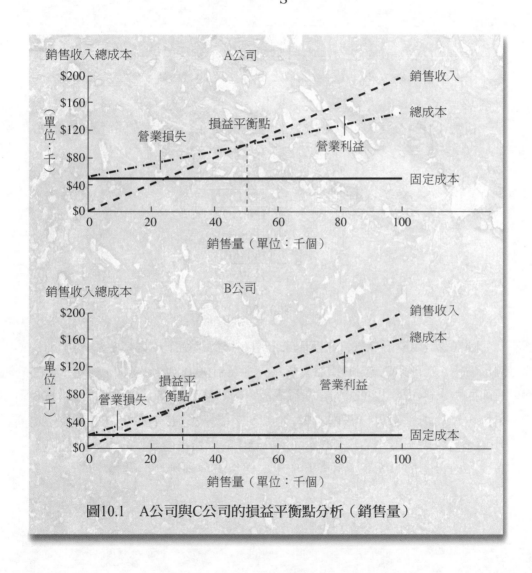

圖10.1　A公司與C公司的損益平衡點分析（銷售量）

表10.1　A公司與C公司的基本銷售與成本資訊		
	A公司	C公司
銷售收入	$200,000	$200,000
總變動成本	$100,000	$150,000
固定成本	$ 50,000	$ 15,000

〔例題〕

表10.1是A公司與C公司在某一段期間的基本銷售與成本資訊，請求解兩家公司在損益平衡下的銷售金額。

解答：

利用（10.4）式，可以求得A公司與C公司在損益平衡時的銷售金額如下：

$$S_{BE(A)} = \frac{\$50,000}{1 - \dfrac{\$100,000}{\$200,000}}$$
$$= \$100,000$$

$$S_{BE(C)} = \frac{\$15,000}{1 - \dfrac{\$150,000}{\$200,000}}$$
$$= \$60,000$$

圖10.2是以圖形方式來求解兩家公司在損益平衡下的銷售金額，可以由圖形看出A公司與C公司的損益平衡點分別為$100,000與$60,000。假如我們將前面所求得A公司與C公司在損益平衡下的銷售量（$50,000單位與$30,000單位），分別乘上單位售價（$2.00），亦可以獲得一模一樣的結果。而（10.4）式更能適用於某公司的產品不只一樣的損益平衡分析，不過必須假設其產品組合內容為固定，且變動成本與銷售表現須維持一個穩定的比例關係。

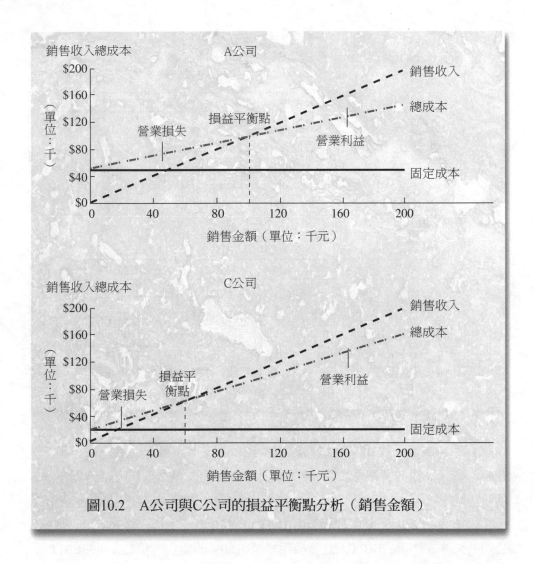

圖10.2　A公司與C公司的損益平衡點分析（銷售金額）

營運槓桿

營運槓桿是指公司在營運的過程中，固定成本相對於變動成本的使用程度。營運槓桿較大的公司，銷售額略為變動，會造成息前稅前盈餘（EBIT）發生大幅的變化。

〔例題〕

Barry Friedman正在調查A公司與C公司的營運槓桿狀況，想發現兩家公

表10. 2銷售量增減10%，對A、C公司EBIT的影響

A公司

	減少10%	原有銷售量下	增加10%
銷售量	54,000	60,000	66,000
銷售收入	$108,000	$120,000	$132,000
減：變動成本	54,000	60,000	66,000
固定成本	54,000	50,000	50,000
息前稅前盈餘	$　4,000	$　10,000	$　16,000
(EBIT)	減少60%		增加60%

C公司

	減少10%	原有銷售量下	增加10%
銷售量	54,000	60,000	66,000
銷售收入	$108,000	$120,000	$132,000
減：變動成本	81,000	90,000	99,000
固定成本	15,000	15,000	15,000
息前稅前盈餘	$　12,000	$　15,000	$　18,000
(EBIT)	減少20%		增加20%

司原有的銷售量60,000個單位若發生增減10%的變動，會對EBIT形成何種程度的影響。他並把調結果歸納成**表10.2**，請問由此表可立下什麼結論？

解答：

　　根據表10.2，可以明顯地看出銷售量改變10%，對A公司的衝擊程度較C公司為大，A公司的EBIT因此而發生增減各60%的變化，而C公司的EBIT只產生增減20%的變化。

　　若我們想要準確地測度銷售收入變化對於EBIT的影響程度，則可以使用下述方式：營運槓桿程度（degree of operating leverage, DOL），這可衡量出銷售量，變化某一百分比後，導致EBIT發生變化的百分比。

$$DOL = \frac{EBIT\ 的變化百分比}{銷售量的變化百分比} \tag{10.5}$$

$$= \frac{\frac{\Delta EBIT}{EBIT}}{\frac{\Delta Q}{Q}} \tag{10.5a}$$

　　由（10.5）與（10.5a）式可以很清楚地瞭解營運槓桿程度的涵義，不過我們還可利用另一個簡潔的計算公式，以求解營運槓桿程度：

$$DOL = \frac{Q(P - V)}{Q(P - V) - F} \tag{10.6}$$

〔例題〕

　　Barry Friedman對於A公司與C公司的營運槓桿程度很有興趣，在利用前例的財務資訊與兩公司目前的銷售量各為60,000個單位之下，請為他求出所需要的答案。

解答：

　　運用（10.6）式，即可快速地求解出兩家公司的營運槓桿程度：

$$DOL_A = \frac{60,000(\$2.00 - \$1.00)}{60,000(\$2.00 - \$1.00) - \$50,000}$$
$$= 6.0$$

$$DOL_C = \frac{60,000(\$2.00 - \$1.50)}{60,000(\$2.00 - \$1.50) - \$15,000}$$
$$= 2.0$$

　　我們前面分別以兩家公司的財務報表資料，計算出銷售量10%的改變，會對A公司的EBIT造成60%的變化，而對C公司的EBIT造成20%的變化。此處我們可運用營運槓桿程度（DOL）的計算結果，再乘上銷售量改變的百分比，也會獲得相同的結論，不過計算過程卻是簡單多了。以A公司為例，10%的銷售量改變，乘上營運槓桿程度為6，就可得到EBIT會發生60%的變化。此外，A公司的營運槓桿程度較C公司為大，表示其營運槓桿作用較大，也可以明顯地發現銷售量改變，對於A公司所產生的衝擊較C公司來得劇烈。

　　下面是（10.6）式的另一種表達型態，此時所採用的資訊是銷售金額、總變動成本與固定成本。

$$DOL = \frac{S - V_T}{S - V_T - F} \qquad (10.6a)$$

〔例題〕

在已知A公司與C公司的銷售金額皆為$120,000與其他的財務資訊不變之下，請為Barry Friedman求出兩家公司的營運槓桿程度。

解答：

由於兩家公司的產品售價都是$2.00，銷售金額為$120,000與前例銷售量60,000個單位的意義是相同的。將銷售金額（$120,000）與總變動成本代入（10.6a）式中，可以得到營運槓桿程度：

$$DOL_A = \frac{\$120,000 - \$60,000}{\$120,000 - \$60,000 - \$50,000}$$
$$= 6.0$$
$$DOL_C = \frac{\$120,000 - \$90,000}{\$120,000 - \$90,000 - \$15,000}$$
$$= 2.0$$

財務槓桿

財務槓桿是指公司的資本結構中，負債的使用程度。經由財務槓桿的作用，息前稅前盈餘（EBIT）稍微的增加或減少，都會使得每股盈餘（EPS）產生大幅度的變化。

〔例題〕

Barry Friedman正在研究A公司與C公司的財務槓桿效果。在利息支出部分，A公司為$6,000，而C公司為$9,000；兩家公司目前皆已發行出1,000股普通股，邊際稅率亦同為40%，表10.3是兩家公司有關EBIT與EPS的資訊。請問對於兩家公司的財務槓桿有何看法？

解答：

當企業進行舉債後，財務槓桿的作用會使用得每股盈餘（EPS）的變化幅度大於EBIT的變化。以A公司為例，EBIT改變60%會造成EPS產生150%的

變化；至於C公司而言，EBIT改變20%會造成其EPS產生50%的變化，因此這兩家公司EPS變化幅度皆是EBIT變化幅度的2.5倍。

若我們希望能更準確地估計出EBIT改變對於EPS的影響效果，可利用財務槓桿程度（degree of financial leverage），藉以衡量EBIT改變某一百分比，造成EPS發生變化的百分比，其公式如下：

$$DFL = \frac{EPS變化的百分比}{EBIT變化的百分比} \qquad (10.7)$$

再將（10.7）式轉換成（10.8）式，只需要相關變數的資料，我們可以更容易地獲得所需的結果。

$$DFL = \frac{Q(P-V) - F}{Q(P-V) - F - I} \qquad (10.8)$$

表10.3　A公司與C公司的EBIT改變對於EPS的影響

	A公司		
	減少60%	原有EBIT	增加60%
息前稅前盈餘（EBIT）	$ 4,000	$ 10,000	$ 16,000
利息費用	6,000	6,000	6,000
稅前淨利	$ (2,000)	$ 4,000	$ 10,000
所得稅總額（40%）	(800)	1,600	$ 4,000
稅後淨利	$ (1,200)	$ 2,400	$ 6,000
每股盈餘（EPS）	($1.20)	$ 2.40	$ 6.00
	減少150%	增加150%	
	C公司		
	減少20%	原有EBIT	增加20%
前稅前盈餘（EBIT）	$ 12,000	$ 15,000	$ 18,000
利息費用	9,000	9,000	9,000
稅前淨利	$ 3,000	$ 6,000	$ 9,000
所得稅總額	1,200	2,400	$ 3,600
稅後淨利	$ 1,800	$ 3,600	$ 5,400
每股盈餘（EPS）	$ 1.80	$ 3.60	$ 5.40
	減少50%	增加50%	

上式中，I是公司所有已發行債券的利息費用。我們亦可將Q（P–V）–F 項以EBIT型式來表達，則（10.8）式可以再進一步地轉換：

$$DFL = \frac{EBIT}{EBIT - I} \qquad (10.8a)$$

〔例題〕

Barry Friedmnan有意瞭解A公司與C公司的財務槓桿程度。已知這兩家公司的EBIT分別為$10,000與$15,000，其他的財務資訊如同前例所說明的，請為Barry Friedman計算出結果。

解答：

充分運用既有的財務資訊，代入（10.8a）式中即可求得兩家公司的財務槓桿程度：

$$DFL_A = \frac{\$10,000}{\$10,000 - \$6,000}$$
$$= 2.5$$
$$DFL_C = \frac{\$15,000}{\$15,000 - \$9,000}$$
$$= 2.5$$

只要將財務槓桿程度乘以EBIT改變的百分比，就可以知道EPS變化的百分比是多少。以A公司為例，EBIT改變60%會使得EPS產生150%的變化；而C公司的EBIT改變20%會使其EPS發生50%的變化。

由上述的例子，可以知道A公司與C公司有相同的財務槓桿程度，但不能純粹依據這項數項就進行兩家公司的比較，唯有在比較對象具有相同EBIT的基礎之下，才可再進一步利用財務槓桿程度以比較雙方財務風險的高低。

總槓桿作用

總槓桿作用是營運槓桿與財務槓桿兩種作用的總合效果，所以是在評估銷售收入的增加或減少，而造成EPS的變化程度。

〔例題〕

Barry Friedman此時要在A公司與C公司兩家的銷售量皆在60,000個單位的比較基準下，衡量兩家公司在銷售量增加或減少10%時，對於EPS的影響程度。他並將計算結果歸納於**表10.4**中，請問由這張表可獲得什麼結論？

解答：

我們可由表10.4中發現當A公司與C公司的銷售量都是60,000單位時，10%的銷售量改變，會使A公司的每股盈餘（EPS）增加或或少150%，而只

表10.4　比較A公司與C公司之銷售量增減10%對EPS的影響效果

	A公司		
	減少10%	原有銷售量下	增加10%
銷售量	54,000	60,000	66,000
銷售收入	$ 108,000	$ 120,000	$ 132,000
減：變動成本	54,000	60,000	66,000
固定成本	50,000	50,000	50,000
息前稅前盈餘（EBIT）	$ 4,000	$ 10,000	$ 16,000
利息費用	6,000	6,000	6,000
稅前淨利	$ (2,000)	$ 4,000	$ 10,000
所得稅總額（40%）	(800)	1,600	4,000
稅後淨利	$ (1,200)	$ 2,400	$ 6,000
每股盈餘（EPS）	($1.20)	$ 2.40	$ 6.00
	減少150%		增加150%

	C公司		
	減少10%	原有銷售量下	增加10%
銷售量	54,000	60,000	66,000
銷售收入	$ 108,000	$ 120,000	$ 132,000
減：變動成本	81,000	90,000	99,000
固定成本	15,000	15,000	15,000
息前稅前盈餘（EBIT）	$ 12,000	$ 15,000	$ 18,000
利息費用	9,000	9,000	9,000
稅前淨利	$ 3,000	$ 6,000	$ 9,000
所得稅總額（40%）	1,200	2,400	3,600
稅後淨利	$ 1,800	$ 3,600	$ 5,400
每股盈餘（EPS）	$ 1.80	$ 3.60	$ 5.40
	減少50%		增加50%

會讓C公司的每股盈餘形成增減各50%的變化。因此，在相同的銷售量基礎下，10%的銷售量改變對於A公司的影響程度遠大於C公司。

除了直接運用財務報當的計算來衡量EPS的變化程度，我們更可以利用總槓桿程度（degree of total leverage, DTL）這項指標來獲得所要的結果。總槓桿程度可定義為「當銷售量變動一個百分比時，EPS隨之變動的百分比」：

$$DFL = \frac{EPS變化的百分比}{銷售量變化的百分比} \tag{10.9}$$

再經由函數的轉換，我們尚可以更加簡潔的方程式估計總槓桿程度，公式如下：

$$DTL = \frac{Q(P-V)}{Q(P-V)-F-I} \tag{10.10}$$

〔例題〕

在利用前面範例的相關財務資訊下，Barry想要知道A公司與C公司銷售量同為60,000單位時，總槓桿程度分別為何？

解答：

將所需的財務資料代入（10.10）式，可求得兩家公司的總槓桿程度分別如下：

$$DTL_A = \frac{60,000(\$2.00 - \$1.00)}{60,000(\$2.00 - \$1.00) - \$50,000 - \$6,000}$$
$$= 15.0$$

$$DTL_C = \frac{60,000(\$2.00 - \$1.50)}{60,000(\$2.00 - \$1.50) - \$15,000 - \$9,000}$$
$$= 5.0$$

只要將銷售量變化百分比10%分別乘以兩家公司的總槓桿程度，我們就可以得到A公司與C公司的EPS變化百分比各為150%與50%。

我們可把（10.10）式以另一種型式表達，此時除了需要固定成本與利息費用的財務資料外，還需要銷售金額與總變動成本的資料，公式如下：

$$DTL = \frac{S - V_T}{S - V_T - F - I} \tag{10.10a}$$

〔例題〕

　　Barry Friedman在已知A公司與C公司的銷售金額為$120與其他相關資訊下，他想要知道藉此所算出兩家公司的總槓桿程度與前面一個例子有何差別？

解答：

　　當兩家公司的單位售價都是$2.00時，事實上銷售金額$120,000與銷售量60,000個單位的意義是相同的。不過，我們仍可以將（10.10a）式運用於單位售價與單位變動成本資訊不足的情況。

$$DTL_A = \frac{\$120,000 - \$60,000}{\$120,000 - \$60,000 - \$50,000 - \$6,000}$$
$$= 15.0$$

$$DTL_C = \frac{\$120,000 - \$90,000}{\$120,000 - \$90,000 - \$15,000 - \$9,000}$$
$$= 5.0$$

　　值得一提的是，若我們將營運槓桿程度的方式（10.6）式與財務槓桿程度的公式（10.8）式予以相乘，可以洞察到一個重要涵義：

$$(DOL)(DFL) = \left[\frac{Q(P-V)}{Q(P-V)-F}\right]\left[\frac{Q(P-V)-F}{Q(P-V)-F-I}\right]$$

$$(DOL)(DFL) = \frac{Q(P-V)}{Q(P-V)-F-I}$$

　　由兩式相乘的結果，可明顯地發現和總槓桿程度的公式（10.10）式是一模一樣的，因此，總槓桿程度等於營運槓桿程度與財務槓桿程度的乘積：

$$DTL = DOL(DFL) \tag{10.11}$$

　　再將前面一連串範例的結果予以代入（10.11）式，更可驗證此一關係的存在。

$$DTL_A = 6.0(2.5) = 15.0$$
$$DTL_C = 2.0(2.5) = 5.0$$

數大就是美嗎? ··

　　在美國「大」的事物總是被視為最好的。這是由於美國人民過去一直沉溺於世界超級強國與全球最大經濟體系的傳統思想下。不過近幾年來，一些美國以外的企業逐漸在世界上嶄露頭角，根據這些企業的新式管理思想，「大」意味著「複雜」，而過於複雜的組織很容易導致效率不彰、膨脹自負的官僚體系與內部溝通管道阻塞不順。因此我們可以預先的是，明日社會的大公司將是由數以百計的小規模與高度分權的運作單位所組成，每一個獨立單位都是以迅速靈活的手段面對市場競爭及消費者需求。這說明了企業經營時，「規模經濟」曾經是使組織壯大的關鍵因素；目前卻不再是一個具有效益的競爭武器。大量化生產方式的存活空間逐漸向彈性的生產組織屈服，這種生產組織手中握有著許多小型分支單位，以製造多元而個性化商品為擅長。從前大規模公司憑藉著低於競爭對手的成本，大量生產標準化商品，以獲取成功的日子可說是壽終正寢了。

Source: Brian Dumaine "Is Big Still Good?" FORTUNE , April 20, 1992, pp.50-

資本結構

　　在第9章中，我們曾經學習有關目標資本結構的概念，也就是一家公司未來所會採用的各項資本要素比例，包括負債、特別股與權益資金部分。當公司的實際負債比例低於目標資本結構下的要求時，在未來的資本預算計畫，決策當局應該以發行新債的方式來籌募資金；反之，若實際的負債比例高於目標資本結構的要求時，應該以發行新普通股的方式來籌募資金。

　　長期來看，一家公司的目標資本結構應該設法達到「最適資本結構」的狀態，所謂的最適資本結構，就是能夠最大化普通股股東價值的資本結構，至於如何尋找出公司的最適資本結構，我們首先必須在報酬與風險之間進行取捨。一般而言，當我們在各項資本要素的來源中，若提高負債的比例，不

僅資金成本較低，而且沒有稀釋公司盈餘之虞，因此預期未來普通股股利增加，普通股報酬率也隨之水漲船高；但是負債比例上升，若盈餘情況不佳，可能會有付不出利息的疑慮，進而會使破產風險上升，所預高報酬必然會伴隨著高風險。有了這項概念後，在往後的討論中，我們將討論資本結構理論的目標——尋找出一個最佳的負債比例使普通股價格達到最大。

資本結構理論

現代資本結構的演進過程，起源於1950年代初期David Durand的研究。關於財務槓桿作用對於公司價值的影響，他提出了兩種極端的觀點，分別是淨利法（net income approach）以及營業利益法（net operating income Approach）。隨後在1950年代末期與1960年代，Franco Modigliani與 Merton H. Miller發表了一系列的經典文獻，更強化了資本結構理論的內涵。

「未考慮公司所得稅的MM模型」（Modigliani and Miller model without corporate taxes）主張公司的資本結構不會影響公司價值的資金成本。為了證明這個論點，M&M兩位學者作了許多假設，其中包括一個無稅、無交易成本與完全資本市場存在的世界。

M&M兩位學者認為，在沒有公司所得稅的情況下，公司的價值應滿足下列關係式：

$$V = \frac{EBIT}{k_a} = \frac{EBIT}{k_{su}} \qquad (10.12)$$

其中

$k_a =$ 加權平均資金成本

$k_{su} =$ 未舉債公司的權益資金成本

當上式成立下，k_a必定等於k_{su}。此外，M&M兩位學者推導出下面這個公式，來說明當兩家公司的信用等級相同時，已舉債公司的加權平均資金成本會相等於未舉債公司的加權平均資金成本：

$$k_{sl} = k_{su} + (k_{su} - k_d)\frac{D}{S} \qquad (10.13)$$

其中

k_{s1} = 未舉債公司的權益資金成本

k_d = 負債的資金成本

D = 負債的總市值

S = 股東權益的總市值

V = 負債總市值與股東權益總市值之總和

由（10.13）式的結果，可以知道雖然負債的資金成本較低，但是舉債會讓公司的權益資金增加，增加的幅度即是（10.13）式等式右邊第二項風險溢酬的部分。因此，舉債所帶來的好處與壞處會相互抵銷，M&M二位學者主張在無公司所得稅的情況時，資本結構中的負債比例上升，是無法提高公司的價值。圖10.3以圖形的方式呈現在各種的資本結構狀態下，公司價值與加權平均資金成本的變化情形。

〔例題〕

Mobley製造公司（MMC）今年的息前稅前盈餘（EBIT）為\$1,000,000在未舉債下的權益資本成本為12.5%，若進行舉債則其負債的資金成本為9%。假設MMC目前的負債與股東權益的總市值相等，請問其公司價值與股東權益的資金成本各是多少？

解答：

運用（10.12）式的概念，我們可以求得MMC的公司價值：

$$V = \frac{EBIT}{k_a} = \frac{EBIT}{k_{su}}$$
$$= \frac{\$1,000,000}{0.125}$$
$$= \$8,000,000$$

再將各項財務資料一一代入（10.13）式中，可以得出舉債後股東權益的資金成本（k_{s1}）：

$$k_{s1} = k_{su} + (k_{su} - k_d)\frac{D}{S}$$
$$= 12.5\% + (12.5\% - 9\%)\left(\frac{\$4,000,000}{\$4,000,000}\right)$$
$$= 16.0\%$$

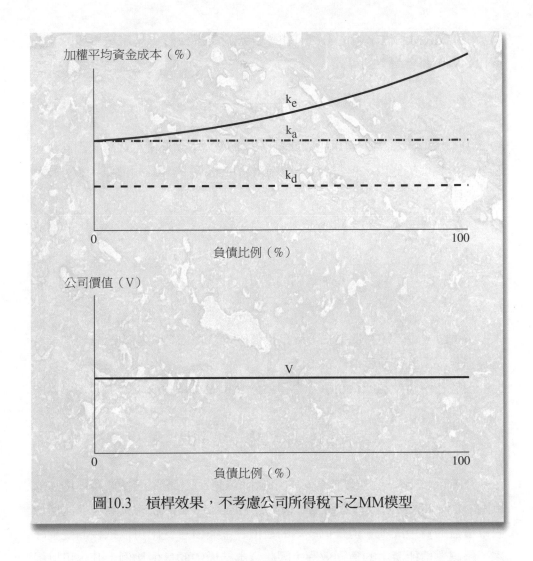

圖10.3 槓桿效果，不考慮公司所得稅下之MM模型

　　由上面的運算結果亦可知道舉債對於權益資金的風險溢酬為3.5%（k_{s1}－k_{s4}＝16%－12.5%＝3.5%）

　　M&M兩位學者在資本結構領域的第二個重要貢獻，是推導出「考慮公司所得稅的MM模型」（Modigliani and Miller model with corporate taxes）。由於在計算公司所得稅時，由於負債的利息支出可以抵減所得稅，因此他們主張資本結構中的負債比例增加，可以同時降低公司的加權平均資金成本與提高公司價值。

根據M&M兩位學者的看法，在考慮公司所得稅時，一家未舉債公司的價值（V_u）將會是下列等式：

$$V_u = \frac{EBIT(1-T)}{k_{su}}$$ (10.14)

由（10.14）式中，可以明顯地看出未舉債公司沒有債息費用，因此也無法享有稅賦上的好處。但是若是一家有舉債的公司，其公司價值（V_l）為下式：

$$V_l = V_u + TD$$ (10.15)

其中

　　　　V_u = 未舉債公司的價值

　　　　T = 邊際稅率

（10.15）式等號右邊第二項就是舉債後，公司價值增加的部分，其額度是邊際稅率乘上目前負債的總市價。

至於在考慮公司所得稅下，舉債對於股東權益資金成本的影響，可以由下式得知：

$$k_{sl} = k_{su} + (k_{su} - k_d)(1-T)\frac{D}{S}$$ (10.16)

（10.6）式等號右邊第二項，為使用負債對於股東權益資金成本所增加的風險溢酬，M&M兩位學者認為舉債雖然會提高股東權益的風險，進而增加股東權益的資金成本，但是低成本的負債資金與債息支出可以抵稅的雙重好處，超越舉債所產生的負面效應，因此資本結構中的負債比例上升，可以提高公司價值。圖10.4清楚地表示在資本結構的各種狀態下，公司價值與加權平均資金成本變化情形。

〔例題〕

Mobley製造公司（MMC）今年的息前稅前盈餘（EBIT）為\$1,000,000，在未舉債下的權益資金成本為12.5%，若進行舉債則其負債的資金成本為9%。假設MMC目前的負債總市價為\$4,000,000，請計算其公司價值與股東權益的資金成本。

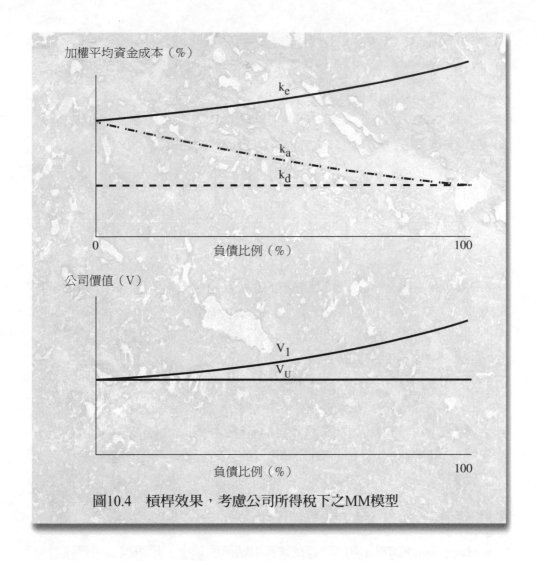

圖10.4 槓桿效果，考慮公司所得稅下之MM模型

解答：

　　利用（10.14）式可得到MMC在未舉債下的公司價值：

$$V_u = \frac{EBIT(1-T)}{k_{su}}$$

$$= \frac{\$1,000,000(1-0.40)}{0.125}$$

$$= \$4,800,000$$

再運用（10.15）式我們可算出MMC舉債後的公司價值：

$$V_l = V_u + TD$$
$$= \$4,800,000 + 0.40(\$4,000,000)$$
$$= \$6,400,000$$

由於 $V = D + S$，可以進一步得出舉債下公司的股東權益總市值為 $2,400,000。最後利用（10.16）式的概念求出股東權益的資金成本：

$$k_{sl} = k_{su} + (k_{su} - k_d)(1 - T)\frac{D}{S}$$
$$= 12.5\% + (12.5\% - 9\%)(1 - 0.40)\left(\frac{\$4,000,000}{\$2,400,000}\right)$$
$$= 16.0\%$$

將 k_{se} 與 k_{su} 相減，可得知舉債後對股東權益資金成本所增加的風險溢酬為 3.5%。

影響資本結構的其他因素

至於會影響到一家公司最適資本結構的其他因素，包括：（1）公司管理者與投資者之間由於彼此資訊不對稱所導致的成本；（2）因舉債過多所引起的公司破產機率上升；（3）借款者為了監督管理階層所產生的代理成本。以下將逐一討論這三種影響資本結構的因素。

■ 資訊成本

Modigliani與Miller兩位學者在其資本結構理論中，是假設公司管理者與投資者對於公司盈餘與未來前景所獲知的資訊內容是一模一樣的，也就是資訊對稱（symmetric information）的現象。但是實際上公司管理者所知悉的資訊比起投資者來得多且正確，因此會產生資訊不對稱（asymmetric information）的情形，而這會影響到管理當局對於資本結構的決策。

〔例題〕

Constantini公司的工程師研發出一款創新的高獲利產品，但此一產品尚未被市場人士所知，而公司目前急迫的工作就是籌措一筆巨款來從事生產設備的擴張。為了獲得這筆款項，管理當局必須在負債與權益性資金之間進行

選擇。假如公司現有的資本結構十分接近於最佳狀態，請問應該從那一個途經進行融資？

解答：

當管理當局是以發行新普通股的方式籌措資金，則開發新產品所得到的好處像是股價上揚，將是由原有股東與新股東共同分享；反之，當以舉債方式籌資，只有現有股東能夠享受得到開發新產品的利益，所以管理者會考慮舉債一途。假如在各種籌資方案皆具可行性之下，管理者選擇權益性資金的方式，投資者會由此一行動所傳達的信號（signal），會認為公司未來前景不佳，進而造成股價下跌。因此，許多公司會利用各種決策所產生的信號，傳達關於公司未來展望的資訊給予市場上投資大眾。此例中，若Constantini公司決定以發行新普通股的途徑，就無法在市場中反映出，就產品有利可圖的前景。

■ 破產成本

一家公司發生破產的機率是決定於企業風險與財務風險這兩方面的來源，不過在既定的企業風險之下，公司舉債的比例愈大，會同時導致預期的破產成本（bankruptcy costs）提高與股東權益市值降低。因此，破產成本的存在，使得公司的資本結構中，負債使用的額度受到限制。

上面所指的企業風險（business risk）是用來衡量息前稅前盈餘（EBIT）變動的可能性。這類風險的變化程度會因產業別而有所差異，一些景氣循環性產業，如鋼鐵業，就具有很高的企業風險，而食品製造商與公用事業的企業風險則是相對的低。其次，多角化經營的大公司的企業風險也會小於只經營單一產品的小公司。至於其他會產生企業風險大小不同的因素，包括：某些固定成本使用程度較高的公司，在面臨銷售量衰退時不易刪減固定成本的支出，因此，會蒙受較高的企業風險；部分公司所處的競爭狀況不那麼激烈，其企業風險較低，因而能夠針對營運成本的改變而調整產品售價；一些會運用高科技的製造業，必須負擔龐大的固定成本支出，在營運槓桿程度升高之下，也會遭受到高企業風險。

通常我們會把營運槓桿程度較高的公司歸類為高企業風險的公司，但是營運槓桿程度的高低並不是會影響企業風險變化的唯一來源，其他像是銷售

收入穩定性與成本穩定性也會決定企業風險的大小。當公司的產品售價與面對的需求都十分穩定時，或是處於平穩的原料價格時，這些情況都會使得這家公司的企業風險相對變小。

每家公司或多或少都會面臨企業風險，財務風險（financial risk）可說是一種額外增加的風險，只有當公司利用負債籌措資金時才會遭遇到。舉例來說，一家100%以權益資金來源的公司，總資產為$5,000,000擁有每張淨值為$100的股份共50,000股，若決定將半數的股東權益以負債來代替，則這家公司面對的風險會增加，這是起因於公司開始承擔付不出利息和本金的可能性。

■ 代理成本

第1章中，我們曾說明代理成本是指使公司代理問題最小化的成本，並指出當公司管理者若因股東會的決議而傷害到債權人應有的利益時，代理問題便會發生在股東與債權人之間。債權人面臨這類情形，理所當然的會在債務契約中加入保護條款，或是增加公司舉債的資金成本，用以限制公司任何可能的不利舉動。

我們也可以風險與報酬的角度，來解釋代理成本。債權人對於公司所收取的利息費用標準是決定於公司本身的事業風險與財務風險，管理者假如想要圖利股東的話，可以在發行公司債的任務完成後，進行一些會產生高風險的計畫。若高風險計畫非常成功，絕大部分的好處必定會由股東所享有，而非是債權人；若是高風險計畫不幸失敗，損失是由債權人與股東共同承擔。為了避免這樣的不公平現象，債權人通常是藉由保護條款的規定來限制公司試圖擴大營業風險與財務風險的能力，而這項約束行為發生的成本就是代理成本。

目標資本結構

關於傳統學派（traditional approach）的資本結構理論中，要尋找目標資本結構的前提是：當負債比例由零開始增加時，負債成本與權益資金成本會以完全相同的成長速度上升。因為負債成本小於權益資金成本，開始以負債

籌資時，會讓加權平均資金成本比起原來只利用權益資金時下降許多。但是隨著舉債額度的增加，潛在風險提高的結果，使原有負債的低廉成本優勢不再，加權平均資金成本也隨之上揚。

傳統學派理論學者認為當加權平均資金成本的變化過程中，可以找出一個加權平均資金成本的最低點，此時的負債額度能夠滿足最適資本結構的要求，公司若以如此資本結構作為未來的目標資本結構，必然會使公司價值最大化。圖10.5亦說明了各種資本結構狀態下，公司價值與資本結構的變化情形。

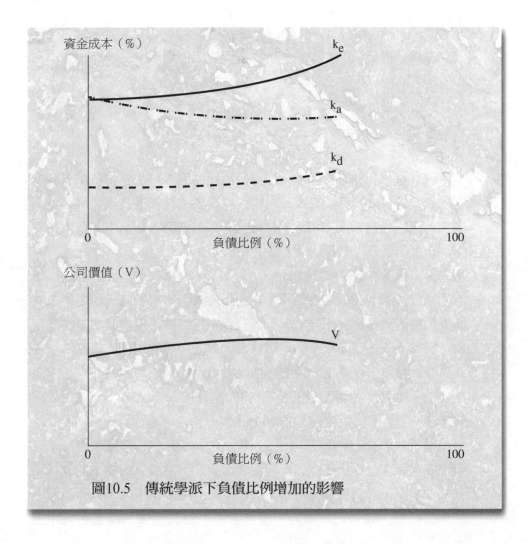

圖10.5　傳統學派下負債比例增加的影響

摘　要

1. 公司損益平衡點的計算

   損益平衡分析的用途是：尋找出使企業息前稅前盈餘為零下的銷售量或銷售金額。當企業處於損益平衡點時，總收入恰好等於總成本。

2. 衡量公司的營運槓桿

   營運槓桿是指公司在營運過程中，固定成本相對於變動成本的使用程度。由於營運槓桿的作用，銷售額略為變動，會造成息前稅前盈餘發生大幅的變化。

3. 衡量公司的財務槓桿

   財務槓桿是指公司的資本結構中，負債的使用程度。由於財務槓桿的作用，息前稅前盈餘的稍微變動，會造成每股盈餘產生大幅變化。

4. 衡量公司的總槓桿

   總槓桿作用是營運槓桿與財務槓桿的總合效果，可以衡量銷售收入的變化，所造成每股盈餘的變化程度。

5. 解釋由Modigliani與Miller兩位學者所提出的資本結構理論「未考慮公司所得稅的MM模型」主張公司的資本結構不會影響公司價值與資金成本；而「考慮公司所得稅的MM模型」主張資本結構中的負債比例增加，會降低公司的資金成本與提高公司價值。

6. 解釋會影響資本結構的其他因素

   首先是公司管理者所知悉的資訊，比起投資者來得多且正確，產生資訊不對稱現象，這會影響管理者對於資本結構的決策。其次是在既定的企業風險下，公司舉債的比例愈大，會同時導致預期的破產風險提高與股東權益市值降低。再者，債權人會藉由保護條款的訂定，來限制公司企圖擴大企業風險與財務風險的能力。

7. 解釋傳統學派尋找最適資本結構的主張

   傳統學派尋求最適資本結構的主張是：當負債比例由零開始增加時，負債成本與權益會以完全相同的速度上升。因為負債成本小於權益資金成本，開始以負債籌資時會使加權平均資金成本下降。但是隨著舉債額度提高，負債的低廉成本優勢不再，促使加權平均資金成本上

揚。

問　題

1. 資本預算決策的改變會如何影響公司的營運槓桿？
2. 營運槓桿的變化會如何影響損益平衡點？
3. 為什麼營運槓桿發生變化，會使得公司改變其財務槓桿？
4. 討論營運槓桿、財務槓桿與總槓桿之間的關係。
5. 試區別企業風險與財務風險。
6. 比較「考慮公司所得稅的MM模型」與「未考慮公司所得稅的MM模型」之差異點。
7. 不讓投資人獲知公司的產品資訊是否符合道德？
8. 你如何決定貴公司的資本結構。
9. ITT公司透過何種方式買回自家公司股票？
10. 為什麼今日的公司不再奉行大量生產政策？

習　題

1. （損益平衡點）Hanson公司從事郵筒的生產，每件售價是$25。單位變動成本是$8.00，而固定成本是$10,200。請計算損益平衡點下的銷售量，以及希望獲利$17,000的必要銷售量。

2. （損益平衡點）Breakaway自行車公司專門生產比賽用車，每輛賣$850。營運過程的固定成本為$250,000，單位變動成本為$350。找出損益平衡點下的銷售量與銷售金額。

3. （損益平衡點與營運槓桿程度）Patterson公司的固定成本為$200,000，單位變動成本$10.00，產品的單位售價是$30.00。請計算損益平衡點下的銷售量，與銷售15,000單位時的營運槓桿程度。

4. （營運槓桿程度）Bush Bearing公司目前的銷售金額為$600,000，總變動成本為$200,000，固定成本是$250,000，請找出營運槓桿程度。

5. （損益平衡點、營運槓桿、財務槓桿與總槓桿）Franklin空調公司的損益表如下：

銷售收入	$850,000
減：變動成本	250,000
固定成本	300,000
息前稅前盈餘	$300,000
利息費用	100,000
稅前淨利	$200,000
所得稅總額（40%）	80,000
稅後淨利	$120,000

在這個銷售水準下，求出營運槓桿程度、財務槓桿程度、總槓桿程度，以及損益平衡點下的銷售額。

6.（每股盈餘，槓桿程度與損益平衡點）Thomas Oldham公司是家具生產業者。本年度的銷售額為$10,000,000，而總變動成本與固定成本分別是$8,000,000與$1,000,000。目前有金額達$3,000,000的債券流通在外，利率為10%，另外有100,000股普通股流通在外。Oldham公司的邊際稅率是40%，股利支付率是40%。公司計畫投資$5,000,000購買新機器，此舉雖不會影響銷售額，但會讓變動成本占銷售額比率下降到65%，固定成本增加$500,000。因此公司必須以12%的利率發行新債，或是以$50價位發行新股。

(1)計算目前的EPS，以及兩種籌資計畫下的EPS。

(2)計算每一種情況下的DOL、DFL與DTL。

(3)每一種情況下的損益平衡點又為何？

7.（未考慮公司所得稅的MM模型）MacDonald與McDonald公司的財務條件幾乎一致，除了McDonald曾發行一筆金額達$5,000,000的債券，利率為10%，而MacDonald公司沒有任何債務。兩家公司今年的EBIT同為$1,000,000，且均不需付稅。已知MacDonald公司的權益資金成本為14%，請問兩家公司的價值為何？ McDonald公司的權益資金成本及價值又為何？

8.（考慮公司所得稅的MM模型）Smith公司與Smyth公司的體質十分相仿，除Smyth公司曾發行一筆金額達$6,000,000的債券，而Smith公司沒

有任何債務。兩家公司今年度的EBIT同為$2,000,000,並適用40%的稅率。已知Smith公司的權益資金成本為12%,請問兩家公司的價值為何?Smyth公司的權益資金成本及價值又為何?

Handy電子公司是全美第二大電子零件與系統工程產品的經銷商。這家公司配銷了大約110,000種不同產品給30,000位以上的顧客,其中包括製造業者與工業模具生產公司。目前,電子經銷業已經逐漸地重視電子產品的重要行銷管道,這讓電子產業能夠以經濟且符合效率的方式將產品銷售予最終消費者。

最近以來,總體經濟的景氣衰退,為眾多的製造業者帶來負面效應,也影響了電子產業中的Handy公司。撇開整體經濟變化所產生的干擾不談,電子業本身在產品售價、產品適用性、地區銷售據點的數目,與迅速便捷的服務等方面,一直都處於高度競爭的情勢。此外,縱使Handy公司早已與其上游供應商簽訂合約,但是在某些情況下這些合約仍有可能會由於不利因素而失去效力。以上種種原因,皆使得Handy電子公司的經營狀況產生不少的不確定的來源。

Handy公司計畫藉由積極的存貨管理制度去改善營運項目的獲利能力,採取的措施包括:強調高附加價值的服務、重視管理資訊系統以及品質管制程序的一貫化。

Handy公司為了維持其在美國中部與南部的領導地位,並且擴充營運內部,計畫藉由積極的存貨管理制度去改善營運項目的獲利能力,採取的措施包括:強調高附加價值的服務、重視管理資訊系統及品質管制程度的一貫化。

Scott Summers是Handy公司的財務長,在1993年8月時與公司營運主管進行多次的非正式會談後,彼此都認為於下一個會計年度將總共有$95,000,000的資金需求,Scott Summers估計其中有$25,000,000是利用內部資金來源支應,其餘的$70,000,000準備在「舉債」或「募股」中選擇一個方式來籌措。

針對未來各種可能的籌資途徑,Scott Summers密切聯繫多家投資銀行。由於長期利率水準已滑落了一陣子,因此Handy公司能以10%的票面利率舉債,而且期限長達二十五年,並附有$35,000,000額度的償債基金條款,必須於到期前六年開始還款。在募股計畫方面,投資銀行建議以每股$70的價位承銷普通股。

至於Handy公司其他財務資訊如下:每年的利息負擔為$12,000,000,在外流通的普通股共有4,000,000股,聯邦與州政府的總利息負擔為40%。值得注意的是,Scott Summers預測下一會計年度的銷售金額約在$600,000,000,他相信變動成本仍舊會維持在銷售金額的60%,而營運範圍內的固定成本支出將上升至$180,000,000。Scott此刻正在困惑上述兩種融資計畫,那一項對於Handy公司較為有利?

問題

1. 請分別計算出舉債與募股計畫下,Handy公司的營運槓桿程度、財務槓桿程度和總槓桿程度。
2. 請求出兩種籌資計畫之下的每股盈餘(EPS)。

11 股利政策

Procter & Gamble的股票分割
決策，如同大幅提高股利

今年以來，Procter&Gamble公司
(P&G)在財務政策方面著手進行重大變
革，內容包括宣布配股率為10%的股票股
利，以及把普通股由一股分割成兩股的股
票分割方案。股票股利準備在5月15日發給
登記基準日(4月24日)後股東名冊上的股
東，這會使每股面值由現有的$0.50增加到

$0.55。值得注意的是，P&G的股票分割方
案相當是配股比例為100%的股票股利，是
以5月15日的股東名冊為基準，將在6月12
日執行。

P&G的股利政策一宣布之後，股價在
紐約的證券交易所(NYSE)節節高升，由
$41.50一直升到$104.50。至於此次股利擴

增的決策，是否真能傳達給投資大眾更多公司經營績效卓越的信號，分析師們的看法則是明顯分歧。「目前P&G公司正邁入財務決策大舉變革的階段，這反映出P&G過去數年來的經營成果是超乎預期地好。」Prudential證券公司研究部門分析師Andrew Shore一再強調，「當P&G面臨改變的重要關卡時，它的確會大刀闊斧地進行改革。」而對於這項引起許多分析師大感吃驚的股票分割方案，P&G公司本身的看法是要讓其股票對投資大眾更具有吸引力。

其他數家在股市中屬於績優股的公司，像是Merck公司、Walt Disney公司，在過去短短數個月內，也分別宣布股票分割方案。「不少公司希望透過更加一致的比較基礎與減低股價波動幅度的途徑下，嘗試著獲得個別投資人的青睞。」Crowell Weedon公司的Doug Christopher說道。

而P&G公司準備提高股利的宣告，是否會引發其股價的上揚？部分觀察人士表達出肯定的論點，這是因為有些投資人比較喜愛股利而非資本利得。還有觀察者深信公司的管理階層握有更正確的資訊，因此股利宣告為他們所要傳達的一種信號。

Source: "Procter & Gamble Sets Stock Split, Boosts Its Dividend," *The Wall Street Journal* , April 15,1992. Reprinted by permission of The Wall Street Journal, © 1992 Dow Jones & Company, Inc. All Rights Reserved Worldwide.

股利的基本概念

在第1章裡，我們曾經討論到股利決策，此乃決定有多少部分的稅後盈餘要分配給特別股和普通股股東，或是保留下來作為日後投資之用。若是股利決策不受到公司投資決策的結果所影響，這意味著股利決策的不同可能反映出公司採取的融資方式。換句話說，當一家公司發放高額的股利，但在維持權益資金來源的比例不變下，它會傾向於採行發行新股的方式來籌資，缺點是高成本的外部權益資金可能導致資本預算規模縮小的不利後果。

問題在於：股利政策是否會影響公司的股票價值？我們將在本章內容中

嘗試提供合理的解答，或是激發讀者關於這個重要主題的想法。以下首先來學習股利的支付程序。

支付程序

　　股利的發放額度與發放日期是由公司的董事會所決定，發放額度多少以「年」為基礎，而發放日期通常是以「季」為單位。以Consolidated罐頭公司為例，它於1992年時每季發放給每股$0.95的股利，相當於當年度每股的股利有$3.80，再把這個金額除以當時的每股股價$95.00，就可以算出1992年的股利率為4%。

　　下面是股利支付程序的四個重要日期：

- 宣告日（declaration date）經過董事會決議，宣布即將發放定期股利的日期乃是宣告日。例如Consolidated罐頭公司便在1992年7月19日時宣布發放當季股利、登記基準日與支付日。
- 登記基準日（holder-of-record date）公司會將股利支付給在登記基準日時股東名冊上的投資人。Consolidated罐頭公司須在登記基準日1992年8月7日當天下午五點交易結束時，獲知有關當時股票賣出與移轉的資料，以便製造股東名冊，作為支付股利的依據。
- 除息日（ex-dividend date）主要的證券交易所都同意在登記基準日的四個工作日以前仍持有股票的投資人，才擁有享受股利的權利。在Consolidated罐頭公司的例子中，由於登記基準日1992年8月7日適逢星期五，因此除息日是1992年8月3日，想要獲得股利的投資人必須在8月3日以前買進股票。
- 支付日（payment date）支付日是指公司郵寄股利支票的日期。例如Consolidated公司是在1992年9月4日寄發領取股利的支票給登記基準日時股東名冊上的投資人。

法令與契約條款的限制

　　實務上股利支付額度受到許多法令與契約條款的限制，讓我們來認識一

下有那些因素：

- 保護條款（protective covenants）債權人和特別股股東都會與發行公司訂定法律協議，稱為債券契約（indenture)或特別股契約，契約上通常會附帶一些特殊條款（covenants)，用以限制債權人和特別股股東所承擔的風險。舉例來說，若公司某項財務比率無法達到約定的水準，債權人和特別股股東可以限制或否決股利發放行為。

- 資本損害規定（capital impairment rule）資本損害規定是禁止公司將股東權益的資本科目以股利型式發放出去。股東權益的資本科目在某些國家是定義為法定資本與資本公積的總和，因此這項規定也可解釋為公司的股利支付額度不得超過保留盈餘的餘額。例如，某家處於財務困難中的公司可能會藉由出售資產來支付巨額股利給股東，這不僅不利於債權人，也會觸犯資本損害規定。

- 不當累積盈餘（improper earnings accumulation）一家公司也可能會被限制不得發放過低的股利。在美國，若是國稅局發現某家公司累積大量的盈餘而不發放股利，構成不當累積盈餘的行為時，國稅局會向公司課徵處罰性質的稅賦。這項稅賦的用意是為了防止一些股權集中的公司藉由減低股利發放額度，來遞延大股東股利所得稅的支付。

- 現金可用性（cash availability）由於現金股利必須以現金進行支付，有時公司本身現金狀況不佳時就會影響到股利的支付能力，然而此時公司只能透過借款方式來改善現金狀況。

股票股利與股票分割

除了以現金方式支付股利，公司也可選擇以發放新股份給予普通股股東的途徑來支付股利，稱為股票股利（stock dividend）。像是某公司股東所持有的每100股股票可以獲得10股，這種使股東持有股數以某一比例增加的情況就是典型的股票股利。

股票分割（stock split）是讓股東持有股數倍數增加，例如，某公司採取一股分割為兩股的股票分割方案，表示在登記基準日以前持有每一股原股票的股東，可以收到兩張的新股票。

表11.1　Anderson公司與Baker公司的股東權益科目

普通股股本（每股面額 $1，共1,000,000股）	$1,000,000
資本公積	4,000,000
保留盈餘	5,000,000
	$10,000,000

　　乍看之下，股票股利與股票分割的意義似乎很接近，但是兩者在會計處理方式上卻有顯著的不同。股票股利是將資產負債表的保留盈餘科目移轉到股本與資本公積科目；而股票分割是將每股股票的面額予以降低。一般而言，若配發新股的額度大於原有的25%時，會計上以股票分割型式處理；小於這個比例時，則以股票股利型式處理。

〔例題〕

　　Anderson公司和Baker公司的財務狀況完全一致，兩家公司不僅目前每股股價皆位於$15、稅後盈餘都為$2,200,000，期初資本科目也都呈現相同狀態（見**表11.1**）。若Anderson公司計畫採行一項配股比例為10%的股票股利方案，而Baker公司則準備進行一股分割成兩股的股票分割方案。請問經過上述決策，這兩家公司的財務狀況會產生何種變化？方案進行後的每股盈餘（EPS）各為何？

解答：

　　Anderson公司的股票股利方案，配股比例為10%，使得總股數增100,000股。由於每股股價為$15，必須由保留盈餘科目移轉$1,500,000到其他兩項資本科目（$15×100,000=$1,500,000）。其中普通股股本增加$100,000（$1×100,000），資本公積增加$1,400,000〔（$15–$1）×100,000〕。**表11.2**反映Anderson公司在股票分割後的財務狀況。

表11.2　Anderson公司發放股票股利後的股東權益科目

普通股股本（每股面值 $1，共1,100,000股）	$1,100,000
資本公積	5,400,000
保留盈餘	3,500,000
	$10,000,000

表11.3　Baker公司進行股票分割後的股東權益科目

普通股股本（每股面值 $0.50，共2,000,000股）	$1,000,000
資本公積	4,000,000
保留盈餘	5,000,000
	$10,000,000

　　Baker公司的一股分割成兩股的股票股利方案，讓在外流通股數由1,000,000股上升至2,000,000股，每股面值由$1下降至$0.50。表11.3明白顯示出Baker公司股東權益的所有科目的總價值皆維持不變。

　　Anderson公司發放股票股利之前，每股盈餘的計算如下：

$$\text{EPS} = \frac{\$2,200,000}{1,000,000}$$
$$= \$2.20$$

　　經過發放股票股利後，總流通股數增加10%，每股盈餘的變化結果如下：

$$\text{EPS} = \frac{\$2,200,000}{1,100,000}$$
$$= \$2.00$$

　　可以看出當股數增加10%，原來的EPS會比起新的EPS高出10%。
　　至於Baker公司在股票分割前的每股盈餘的計算如下：

$$\text{EPS} = \frac{\$2,200,000}{1,000,000}$$
$$= \$2.20$$

　　經過股票分割後，股數增加為原來的兩倍，使得新的EPS比起原來EPS減少一半。

$$\text{EPS} = \frac{\$2,200,000}{2,000,000}$$
$$= \$1.10$$

　　股票股利雖然其型式為發放股利，但本質上卻讓公司得以保留盈餘成果所獲得現金。股票股利與股票分割更深一層的涵義，可說是維持公司的股價

在特定的區間範圍裡。例如，Baker公司的管理階層希望其每股股價能夠低於$10，因此宣布一股分割成兩股的股票分割方案，股價自然由$15降至$7.5。部分財務管理人員相信低股價可以吸引更多小額投資者的需求，進而提升公司的價值。

股票購回

當某些公司有閒餘的現金時，除了選擇發放現金股利，當可利用買回自家股票的方式，讓多餘現金獲得效益。其次透過股票購回（stock repurchase）也可以改變公司的財務槓桿程度，如公司發行公司債並利用所得款項買回股票，便會增加資本結構中的負債比例，所買回的股票稱為庫藏股（treasury stock）。股票購回另外一個顯著的效應是可使公司股價上揚，日後再出售股票時便可得到一筆利益。

股票購回的案件在美國股市的黑色星期一之後可說是相當頻繁，黑色星期一是指1987年10月19日，當天紐約證券交易所股票總市值重挫20%，因為許多公司經理人仍對十分看好公司前景，深信公司股票的價格是被低估了，因此紛紛從股市買回自家公司股票，最後促使股價回升，上漲幅度竟超乎市場人士所預期。

PS集團宣布暫緩支付每季股利 ·······································

位於聖地牙哥的PS集團，在旗的飛機租賃與高危險性廢棄物回收事業於今年二月支付每股$0.15的股利後，日前宣布暫緩發放1992年尚未支付的未來三季股利，讓往來銀行得以保障金額達$120,000,000的債權。PS集團事後表示，這項負債條款修正策略，目的是要讓公司本身的財務狀況能符合貸款契約的限制，若不再進行修正，債權人將會對PS集團宣布「債務違約」，不僅導致全部負債提前到期，且將扣押所有信用狀的現金抵押品。

由於過去數年PS集團股利支付的來源是保留盈餘，負債條款修正後，1993年開將，公司唯有在累積淨利超過未來股利支付額度時，得以進行股利發放。此外，PS集團除了同意暫緩股利支付，作為銀行修正負

債條款的條件之一，並且允諾藉由縮減1993年的資本預算規模，以提高每年債息支付額度，進而逐年降低負債總額。

　　過去一年，PS集團的經營狀況不佳，不僅所擁有飛機的價值大幅滑落，位在伊利諾州的新回收工廠也遭遇一些問題，以致於PS集團發生$23,900,000的虧損，每股淨值也跌至$4.38。

Soure: "Corporate Dividend News," *The Wall Street Journal*, April 6, 1992. Reprinted by permission of The Wall Street Journal, © 1992 Dow Jones & Company, Inc. All Rights Reserved Worldwide.

　　實務上，發行公司可以下列三種主要途徑買回股票：（1）公司在公開交易市場中購回股票，這也是最常使用的方法；（2）公司宣布「公開出價收購合約」（tender offer），以大於股票市價的某一設定價格水準，直接向股東買回特定數量的股票。若股東提供的股票數量超額，最後公司所買回的股票將會大於原來所預計的數量；（3）公司向大股東以議價方式買回大量股票，不過若公司進行購回的對象是已大量收購本公司股權的意圖購併者，這種行為是購併實務中的選擇性股票收購（greenmail）。

股利再投資計畫

　　股利再投資計畫（dividend reinvestment plans）讓股東收到股利後，將所得款項再投資原公司的股票。

　　這項計畫有兩種基本型式：

1. 股利再投資計畫的投資標的為庫藏股或新發行的普通股，此舉對發行公司而言有募集新資金的功效。
2. 股利再投資計畫委託某家銀行為受託人，透過銀行在公開市場投資原發行公司股票，這種型式雖然無法為公司帶來額外的資金，但是提供股東以較低成本再投資所屬公司的服務。

實務上採行的股利政策

實務上公司可以採行的股利政策有數種，像是剩餘股利政策、固定股利支率的股利政策、穩定成長的股利政策與低固定股利加額外股利政策，這些股利政策不僅會影響到公司的資金成本，更會使資本結構產生變化。至於那一種股利政策最好，應該是能夠使股東財富最大化的股利政策是最好的。

剩餘股利理論

剩餘股利理論（residual dividend theory）主張，公司應該將盈餘用來支應資本預算中權益資金的要求，再把剩餘部分的盈餘支付股利。

這種股利政策是假設股票投資人較希望公司能將盈餘保留在公司體系內並積極地再從事投資，因為他們認為在相同的風險下，由公司運用資金可以產生較高的報酬；若公司將全數盈餘皆以股利型式發放，個別投資人再進行投資時只會預期得到平均水準的報酬，遠小於公司再投資所能獲得的。

至於剩餘股利政策是依照下列四項步驟來執行：（1）決定最適的資本預算規模；（2）計算出資本預算所需要的權益資金；（3）將資本預算所需的權益儘可能地以保留盈餘來挹注；（4）將盈餘的剩餘部分支付股利。在第9章資金成本的內容中，曾經說明過前兩項步驟，下面我們以範例方式說明後面兩項步驟。

〔例題〕

Carson公司的目標資本結構是由40%的負債與60%的股東權益所組成的。假設在各種的資本預算規模下，邊際資金成本一直維持在13%，投資機會線與邊際資金成本線的圖形如圖11.1所示。若Carson決定採行剩餘股利政策，請問在淨利分別為$1,500,000與$2,000,000時，股利的支付額是多少？

解答：

第一個步驟是決定出最適的資本預算規模。由圖11.1可以明顯地發現

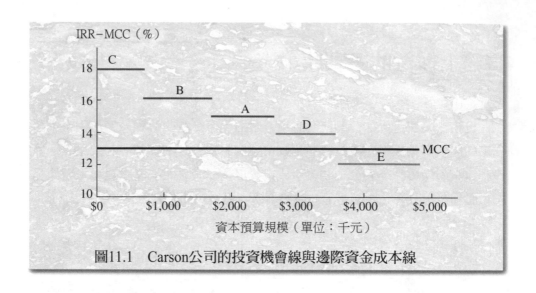

圖11.1　Carson公司的投資機會線與邊際資金成本線

C、B、A、D四項投資計畫值得採行，投資金額加總可得資本預算規模為
$3,600,000。

　　第二個步驟是計算資本預算所需要的權益資金額度。在已知Carson公司
的目標資本結構中，股東權益所占的比例為40%，這項計算可以很輕易地求
得：

$$所需的權益資金額度＝3,600,000（0.60）$$
$$＝\$2,160,000$$

　　第三個步驟是將資本預算所需的權益資金儘可能地以保留盈餘來支應。
這步驟關係到兩種情況的淨利水準而會產生不同的結果，在淨利為1,500,000
時，保留盈餘注入投資計畫的金額是$1,500,000，還必須發行新普通股來支
應不足部分；而在淨利為$2,500,000時，保留盈餘可以充分滿足所需權益資
金$2,160,000的要求。

　　第四個步驟是將盈餘的剩餘部分支付股利。和第三個步驟相同，要視兩
個種情況下的淨利水準而定。在淨利為$1,500,000時，全數的盈餘都保留下
來應付投資計畫所需，因此無任何盈餘可以支付股利；在淨利為$2,500,000
時，有2,160,000的盈餘挹注投資計畫，剩下$340,000可供作為股利發放給股
東。

固定股利支付率的股利政策

當公司採行固定股利支付率（constant dividend payout ratio）的股利政策時，每年必須從盈餘中提出一個固定百分比，用以支付股利。由於公司每年的盈餘狀況有所不同，因此容易使得每年的股利水準產生大幅變化。

〔例題〕

Davis公司於1984年到1993年的每股盈餘（EPS）表現如下：

年	EPS	年	EPS
1984	$2.00	1989	$3.00
1985	2.20	1990	3.00
1986	2.80	1991	2.80
1987	3.20	1992	3.20
1988	4.00	1993	3.60

若Davis公司的盈餘中發放為股利的比率一直維持在60%，對過去十年的股利有何影響？

解答：

我們將Davis公司的每股盈餘與每股股利繪製成圖11.2，由這張圖可以明顯看出每股盈餘與每股股利水準的變化相當不穩定，因此股東將Davis公司的股利視為一個穩定的收入來源。

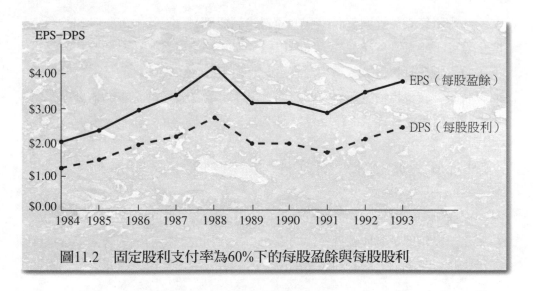

圖11.2 固定股利支付率為60%下的每股盈餘與每股股利

實際上很少公司是採行固定股利支付率的股利政策，理由是，若公司將股利水準向下調整時，投資人會把這個舉動解讀為公司前景不甚樂觀的信號，進而造成公司的股價下挫。

穩定成長的股利政策

遵循穩定成長股利政策（constant dividends with growth），開始時會發放金額較低的股利，在公司評估其獲利能力足以支撐時，提高股利水準，故股利水準會呈現穩定成長狀態。至於前面提及由於股利變化不定所導致的負面結果，穩定成長的股利政策可以有效地避免。

我們再利用前述Davis公司的例子，仔細說明穩定成長的股利政策。此時公司的每股股利金額並不是由每股盈餘的一個比例所決定，而是在盈餘水準增加時，管理當局會謹慎地小幅提高股利；但若盈餘表現不佳，公司會儘量維持原有的股利水準。

年	EPS	DPS	年	EPS	DPS
1984	$2.00	$1.20	1989	$3.00	$1.60
1985	2.20	1.30	1990	3.00	1.60
1986	2.80	1.40	1991	2.80	1.60
1987	3.20	1.50	1992	3.20	1.70
1988	4.00	1.60	1993	3.60	1.80

我們將每股盈餘與每股股利的資料繪製成圖11.3，圖中每股股利的曲線變化程度不如每股盈餘激烈，而是以穩定方式持續成長。在這種股利政策之下，股東可把股利視為一項相當確定的收入來源。值得注意的是，每股盈餘與每股股利的變化幅度有很大的差異，這暗示著當公司的資本結構型態有所更動時，內部權益資金都可以有效地支應。

低固定股利加額外股利政策

採取低固定股利加額外股利（constant dividends with extras）政策的公司，在一般年度是發放較低金額的股利，在獲利成效特別好的時候，會選擇在年底時再支付額外的股利。這種股利支付方式明白地傳達投資人一個重要

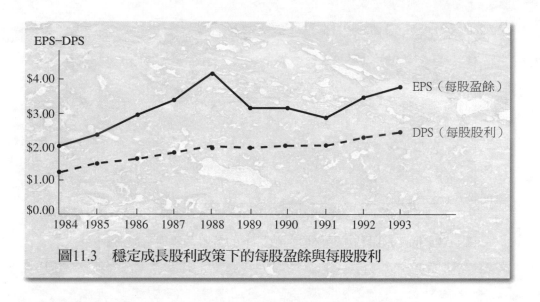

圖11.3　穩定成長股利政策下的每股盈餘與每股股利

訊息，有時發放高股利的情況是不會持續發生的。再以前面Davis公司為例，解釋低固定股利加額外股利政策。這時候四個季節的基本股利十分穩定，而每年年底的額外股利則變化不定，要視當年度的盈餘表現而定。

年	EPS	四季 DPS	額外 DPS	年	EPS	四季 DPS	額外 DPS
1984	$2.00	$1.20	$0.00	1989	$3.00	$1.500	$0.00
1985	2.20	1.30	0.00	1990	3.00	1.50	0.00
1986	2.80	1.40	0.00	1991	2.80	1.50	0.00
1987	3.20	1.50	0.00	1992	3.20	1.60	0.00
1988	4.00	1.50	0.50	1993	3.60	1.70	0.00

圖11.4是由每股盈餘與每股股利的資料繪製而成，如圖所示，四季的每股股利變化情況相當穩定。

關於股利政策的一些爭論

那一種股利支付方式對於公司是最有利的？這個問題目前仍未解決。部分財務學者強調唯有在公司的權益性資金需求獲得滿足之後，才可進行股利

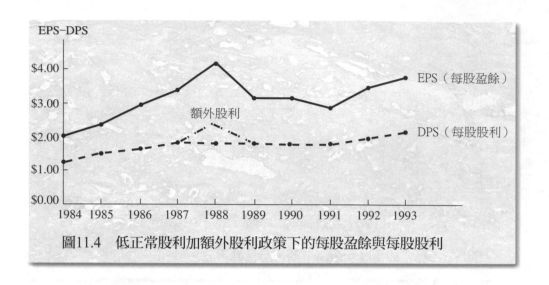

圖11.4　低正常股利加額外股利政策下的每股盈餘與每股股利

發放；另一派人士則堅信公司當局應設法維持股利水準的穩定；還有一些學者主張股利支付型態和公司價值是沒有關聯的。在這節的討論中，我們將一一瞭解為什麼學者們會有如此的看法。

股利政策無關論

Merton Miller與Franco Modigliani曾經發表一些學術性文章，內容是股利政策的無關論（dividend irrelevance），他們主張在既定的風險水準下，公司的價值高低是由獲利能力所決定，而不是股利支付額度的多寡。

Miller與Modigliani兩位學者是根據以下假設，推導出股利政策無關論的模型：（1）沒有個人與公司所得稅；（2）沒有交易成本；（3）沒有發行成本；（4）股利政策不會影響權益資金成本大小；（5）投資決策與股利決策之間沒有相關性；（6）公司管理者與投資者獲得資訊的能力相同。

M&M兩位學者的論點是否成立，要視其假設是否成立而定，理論中一個非常重要的部分是假設投資決策是獨立於股利決策，處於這種情況下，公司的投資決策可決定其獲利能力，則公司的價值會等於未來現金流量的現值。

一鳥在手理論

John Lintner認為投資大眾比較喜歡確定的股利收入，而不喜歡不確定的資本利得，因此提出一鳥在手理論（bird-in-the-hand approach）。由於在股利的不確定風險較小下，投資人所要求的報酬率也較低，使得股利的現值比起資本利得的現值來得高。

M&M兩位學者強調投資人會將股利收入再投資於性質相似的公司，無法降低現金流量未來的潛在風險，因此他們認為投資人對於股利收入和資本利得兩者是不會感到有所差異。

股利的信號效果

實際上有許多公司提高股利後，通常會引起股價上漲，因而有些學者相信投資大眾偏好股利，而非資本利得。不過Miller與Modigliani兩位學者的看法是，股價上漲的原因是由於股利增加為傳達了公司管理者對於獲利前景樂觀的信號（signal）。這個信號對於股東來說是彌足珍貴的，因為他們獲知公司資訊的能力遠不及於管理階層。

股利的顧客效果

股東之間的稅賦差別，也會造成每一位股東對於股利政策的接受程度有所不同。適用於低邊際稅率的投資人比較喜愛投利收入，因為對他們而言，稅賦並不是一項重要的考慮因素；相對地，適用於高邊際稅率的投資人會希望公司將盈餘保留再進行投資，使投資人得以遞延所得稅支出，直到未來實現利得時再繳稅。在1986年美國的稅制改革方案實行之前，資本利得相較於股利更廣受高所得投資人的青睞，因為過去資本利得的稅率低於股利所得的稅率。

Miller與Modigliani深信公司若採行某些特定股利政策，會引起特定的投

資人進行投資。舉例來說，當一家公司宣布提高股利將吸引一些偏好短期投資的人士，這是因為提高股利的舉動會刺激市場對於此股票的需求，有助於股價上升。不過股利的顧客效果（dividend clientele）就如同股利的信號效果（dividend signaling）一樣，實務上很難驗證其是否真正存在。

募股籌資以支付股利的爭論

　　本章一開始的內容中，我們曾經指出採取高股利政策的公司，當資金不足時，會傾向於發行新普通股來支付股利，這項行為可能進一步地導致資本預算規模縮小，明顯的和股東價值最大化的目標有所不符。

　　不過Guy Charest、Joseph Aharony與Itzhak Swary分別在其研究中發現募股計畫之前的股利增加（減少）會引發其股價的上漲（下挫），這似乎隱含提高股利對於發行新股是有益的。

　　而Claudio Loder與David Mauer卻不支持這項觀點，他們強力主張股利政策與募股計畫的連鎖效果即使有好處，也是微不足道的。解釋理由有二：（1）股利宣告後產生的預期盈餘增加的看法，會被發行新股的負面效應所抑制住；（2）公司也許握有不錯的投資機會正待進行，這比起發放股利舉動更能提高公司的價值。

摘　要

1. 解釋現金股利的支付程序

    經董事決議在宣告日公布即將發放定期股利後，公司會將股利支付給在登記基準日股東名冊上的投資人。而投資人欲獲股利，必須在除息日以前進行交易。最後，公司會在支付日將股利支票寄出。

2. 解釋那些是限制股利支付的法令與契約條款

    首先是債權人和特別股東均會與發行公司訂定法律協議，稱之為債券契約或特別股契約。其次是公司也可能會被限制不得發放過低的股利。再者是現金股利必須以現金進行支付。

3. 討論現金股利的替代方案

    除了支付現金股利，公司可選擇股票股利或股票分割的方式，兩者主

要的差別是會計處理方式。此外，當公司有多餘資金時，尚可利用股票購回方式替代股利發放。股利再投資計畫是讓股東將所得股利再投資於原公司的股票。

4. 描述剩餘股利理論

剩餘股利理論主張公司應先將盈餘用來支應資本預算中的權益資金要求。因為投資人認為在相同風險下，由公司運用資金可產生較高報酬，故希望公司能將盈餘保留在公司再做投資。若公司將全數盈餘發放為股利，投資人預期自行投資只會有平均水準的報酬，這遠小於公司再投資所能賺取的。

5. 說明其他的股利政策

固定股利支付率政策要求公司每年必須從盈餘提出固定的百分比，用以支付股利；穩定成長股利政策要求公司開始時發放較低的股利，在獲利能力足以支撐時提高股利水準；低固定股利加額外股利政策要求公司平時發放低股利，偶爾才發行額外的股利。

6. 簡述股利政策的爭論

Merton Miller 與 Franco Modigliani 主張在某些條件下，股利政策與公司價值無關；John Lintner 認為投資人較偏好確定的股利收入，而不喜歡較不確定的資本利得，也就是一鳥在手理論；Claudio Loder 與 David Mauer 堅信股利政策與募股計畫的連鎖效果即使有好處，也是微不足道的。

問 題

1. 請問有關股利發放的四個重要日期是什麼？
2. 解釋關於股利支付額度的各種法令限制。
3. 請問股票股利與股票分割的相異點為何？
4. 請討論股票購回。
5. 兩種基本的股利再投資計畫為何？
6. 解釋剩餘股利政策。
7. 固定股利支付率政策如何運作？
8. 比較穩定成長股利政策與低固定股利加額外股利政策。

9.解釋股利政策無關論所引起的爭論。

10.一鳥在手理論的涵義為何？

11.股利的信號效果如何促使股價的上升？

12.投資人的稅賦等級如何影響其對股利政策的偏好？

13.在發行新股時，宣告發放股票股利，會有什麼效應？

14.請問P&G的股利增加宣告，是否造成其股價上揚？

15.PS集團為了維持銀行信用協議所作的承諾，帶來了何種限制？

習　題

1.（盈餘保留率與股利支付率）Provenzano公司去年的盈餘為 $16,500,000，保留了$6,600,000於公司內部，請問盈餘保留率為何？股利支付率又為何？

2.（盈餘保留率與保留盈餘）Shumpert空調公司去年度的銷售額為 $900,000，利潤邊際是5%，並採行股利支付率為40%的政策。請問盈餘保留率為何？保留盈餘金額又為何？

3.（股利率）Howle公司最近一季的每股股利是$0.50，若目前股價為 $50，請問年股利率為多少？

4.（除息日）Kuper保險公司決議於1992年11月16日宣布發放定期股利，並將登記基準日設定在1992年11月11日。試問除息日是那一天？

5.（除息價）Van Hook公司的股票於除息前的價格是$50，年股利為 $10.00。若採取每季發放股利，請問除息價為多少？

6.（股利預測）Johnson公司於今天公布每股盈餘為$4.00。管理階層希望公司穩定成長，因此盈餘將以10%的速度持續增加。若股利支付率會維持在40%，請估計未來五年的股利。

7.（盈餘分配）Elizabeth Richardson公司出版的年報中揭露了下列資訊：

稅後淨利	$2,900,000
本益比	10
流通在外普通股	1,000,000
流通在外特別股	100,000
普通股每股股利	$1.40
特別股每股股利	$1.00

請計算普通股盈餘、每股盈餘、股利支付率與盈餘保留率。

8.（股利金額）H. J Hodge公司的資產負債表如下：

現金	$ 600,000	應付帳款	$ 700,000
其他流動資產	1,200,000	長期負債	500,000
流通資產合計	$1,800,000	普通股（面額$1）	200,000
		資本公債	1,000,000
固定資產	1,500,000	保留盈餘	900,000
資產總額	$3,300,000	負債與股東權益總額	$3,300,000

法律上，公司可支付每股股利的最大金額是多少？根據現金餘額，公司所能支付每股股利的最大金額為何？若總資產報酬率為5%，股利支付率為40%，請問該公司願意支付的股利總值是多少？

9.（除權價）Key Executives公司的股票價位目前是$25.00，若公司宣布將發放20%的股票股利，請問股價會有何變化？

10.（股票分割後的股價）Marley Tree公司的股票價位目前是$75.00，若董事會宣布將進行一股分割成三股的股票分割方案，請問股價會有何變化？

11.（股票股利方案下的每股盈餘）Green漁業公司計畫發放10%的股票股利，目前股票市價為 $50，而資本科目明細如下：

普通股（每股面值$1，共2,000,000股）	$ 2,000,000
資本公積	10,000,000
保留盈餘	18,000,000
	$ 30,000,000

請問執行該計畫之後，資產負債表會有何變化？若稅後淨利是$4,400,000，則股利發放前後之每股盈餘各是多少？

12.（股票分割方案下的每股盈餘）Black公司預計進行一股分割成三股的股票分割方案，目前股票市價為$28.50，而資本科目明細如下：

普通股（每股面值$0.60，共1,000,000股）	$ 600,000
資本公積	5,000,000
保留盈餘	3,400,000
	$ 9,000,000

請問進行該方案後，以上科目會產生何種變動？若稅後淨利為
$1,500,000，則股票分割前後的每股盈餘各是多少？

13. （股利發放後的預估資產負債表）Carling公司的董事會正在細閱最新
的資產負債表，以決定下一季的股利金額與型式：

流動資產	$ 50,000,000	流動負債	$ 15,000,000
		長期負債	185,000,000
固定資產	350,000,000	普通股（面值$1）	10,000,000
		資本公積	35,000,000
		保留盈餘	155,000,000
資產總額	$ 400,000,000	負債與股東權益總額	$ 400,000,000

某位董事建議發放5%的股票股利與$0.10的現金股利，請建構一份反
映股票股利與現金股利的預估資產負債表。

14. （股利宣告）Hensley建設公司從1984年到1993年的每股盈餘資料如
下：

年度	EPS
1984	$1.00
1985	1.20
1986	1.30
1987	2.00
1988	1.20
1989	1.40
1990	1.40
1991	1.50
1992	2.00
1993	1.60

公司歷年來均是將盈餘的40%發放為股利。請計算以下各種股利政策
的每年股利金額：
(1)固定股利支付率政策。
(2)穩定成長股利政策。
(3)低固定股利加額外股利政策。

15. （股利支付率與盈餘保留率）Mills公司預期下年度的盈餘是
$20,800,000，最適資本預算規模為$15,600,000。公司希望將負債比率

維持在40%，並依據剩餘股利理論發放股利。請計算該公司的股利支付率與盈餘保留率。

計畫	期初投入	內部報酬率
A	$400,000	19%
B	$900,000	16%
C	$600,000	10%
D	$600,000	13%

公司的目標資本結構是由40%的負債及60%的普通股所組成，稅前負債成本為12%，保留盈餘與新普通股的成本分別為14%與16%，邊際稅率為40%。若公司預期稅後淨利可望達到$2,000,000，並將遵循剩餘股利理論進行股利發放。請決定出可行的投資計畫、最適的資本預算規模、股利金額與股利支付率。

17. （剩餘股利理論）Parker印刷公司下一年度的投資機會如下：

計畫	期初投入	內部報酬率
A	$600,000	12%
B	$1,000,000	18%
C	$500,000	15%
D	$800,000	13%

公司的目標資本結構是由40%的負債與60%的普通股所組成。資金成本方面，負債稅前成本要視籌借金額而定：

金額	稅前成本
$0至$500,000	10%
$500,000至$1,500,000	12%
$1,500,000以上	14%

而保留盈餘成本為15.54%，新普通股成本為16.27%，邊際稅率為40%，若預期稅後淨利可望達到$3,000,000，並將遵循剩餘股利理論。請決定出可行的投資計畫、最適的資本預算規模、股利金額與股利支付率。

Dayton公司是美國國內最具規模的羊毛布料紡織品生產商,大致上的作業流程為:購入纖維後,經過吐絲、編織成布、染色等手續,再稍加修飾,即可算是完成品。Dayton公司同時也生產針織衣料,此乃運用於女性輕型質料的服飾品,如帽子與短褲。

1990年,Dayton紡織(Dayton Fabrics)被管理人員及一群小額投資者所買下,第二年完成資本額的重新調整之後,股東與Dayton公司進行換股策略,Dayton紡織於是成為Dayton公司百分之百擁有的子公司。不過在管理者與投資人收購Dayton紡織的過程中,曾經運用了大量的負債來籌措資金。

1992年,Dayton公司公開銷售7,000,000單位的普通股,其中由公司員工購入4,600,000股,此項募股計畫使得流通在外股數達到13,500,000股。公司管理計畫利用所得到的資金協助子公司Dayton紡織償還債務,並且發放總金額為$5,000,000的股利給原股東,原因是Dayton公司在1991年於田納西州成為股份有限公司後,就沒有再進行任何的股利發放。

在經營狀況方面,最近幾年Dayton公司的生產設備已經達到營運上的產能極限,相當是每天運轉二十四小時,一週七天都投入生產。因此1980年代後期,公司開始從事廠房更新計畫,透過添購一些先進行的科技設備,以維持Dayton公司在產業中的高品質與低成本競爭優勢。管理當局預計1993年會計年度的總資本支出將達$8,250,000,淨利為$9,850,000。

Dayton公司的財務總裁Jeffrey Walker正在評估1993年會計年度的股利政策,以給董事會一項妥當的建議方案。Jeffrey Walker明白募股工作結束後,長期負債仍然占資本結構的50%,而董事會希望在未來十年內,每年能夠降低負債比率1%,大約是每年減少負債金額$2,000,000。

雖然Jeffrey獲悉某位董事曾建議發放每股$0.10的現金股利,以作為短期投資用途。但他相信合適的股利政策是將淨利先行償還部分債務與從事資本支出,再把剩餘的部分全數發放為股利。

問題

1.償還部分債務與進行資本支出,必須以多少的權益資金來支應?
2.在Jeffrey的規劃中,每股股利是多少?
3.本文中的兩種股利方案優劣點分別為何?

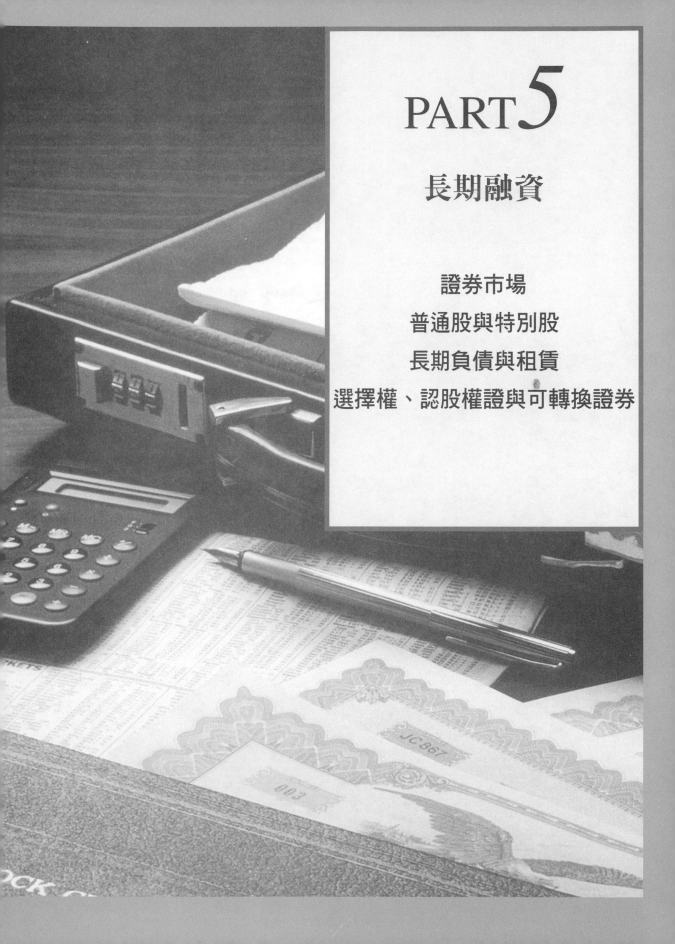

PART5

長期融資

證券市場
普通股與特別股
長期負債與租賃
選擇權、認股權證與可轉換證券

12

證券市場

聯合百貨公司的募股方案

聯合百貨公司（Federated Department Stores Inc.）日前發布消息，將要發行 40,000,000 股的普通股，作為償還 $941,500,000 債務的一部分，這家百貨公司目前是和 Bloomingdale、Rich 兩家公司聯銷經營。公司管理當局並透露已經完成一項聯貸計畫協議，主辦行為花旗銀行，信用額度總額達 $300,000,000。由於公司準備運用龐大現金償還負債，因此必須先為營運貨金需求確立資金來源。

聯合百貨公司的股價合理區間是 $15 到 $17 之間，這意味著若發行 40,000,000 股的普通股，扣除相關發行費用後，將為公司籌募到至少 $600,000,000 的資金。公司準備把籌措到資金中的 $541,500,000 部分，連同目前的現金餘額 $40,000,000，用還清總額為 $941,000,000 的債務。鑒於企業破產處置程序第 11 章的規範，為了預防財務危機

時清算動作會對債權人有所不公，聯合百貨公司這次發行新股必須提撥出24,000,000股非限制股票交予主要債權人保管，若募股任務成功的話，將有64,000,000股的非限制股票流通在外。

由證管會重大消息公告中得知，聯合百貨公司這次募股方案，是成立以來第一次公開發行。但是Delaware Bay公司的分析師Andrew Herenstein卻認為承銷價過低，如同賤賣股票。不過他也體認發行新股能夠有效降低聯合百貨公司的財務槓桿程度。

聯合百貨公司現階段所處的情況，正困擾著承銷團。以募股方案而言，仍然存在不少潛在風險值得考量。表面上清償債務後所剩餘的款項，可以擴充股東權益科目，但是負債水準依然很高，且負債契約也附帶許多限制條款，包括限定資本支出及出售資產、財務比率的規定等，就算考慮到所有的風險因素，如同設定一個合適的承銷價，也是一項十分艱鉅的工作。

Source: Jeffrey A. Trachtenberg, "Federated Posts Mixed Results, Plans Stock Offering and Seeks Line of Credit," *The Wall Street Journal*, April 2, 1992. Reprinted by permission of The Wall Street Journal, © 1992 Dow Jones & Company, Inc. All Rights Reserved Worldwide.

證券市場

為了達成「股東價值最大化」的財務管理目標，許多公司時常經由證券市場來籌募新的資金。證券市場的組織架構若以所交易有價證券的到期期限長短來區分，期限較短的為貨幣市場（money markets），期限較長的是資本市場（capital markets）。就如同本章開始時所介紹的聯合百貨公司個案，一般公司應該依照各種不同天期的資金需求，運用不同的籌資工具。

貨幣市場的嚴格定義係指提供短期有價證券（到期日在一年以下）進行交易的場所。參與者包括企業、金融機構與政府，個別投資人較傾向於透過貨幣市場共同基金的方式間接參與貨幣市場的運作。貨幣市場交易工具的特色是具有相當高的流動性，且發行者的違約風險很低。

貨幣市場中應為大家所交易的工具包括有：國庫券（treasury bills）、聯邦資金（federal funds）、地方政府的短期債務憑證（short-term municipal obligations）、商業本票（commercial paper）、可轉讓定期存單（negotiable certificates of deposit）、銀行承兌匯票（bankers' acceptances）與附買回協議（repurchase agreements）。企業的財務管理人員可以運用這些金融工具去融通短期資金需求，或為短暫的閒餘資金找尋一個適合的投資途徑。我們將會在第16章的內容中更加詳細地探討貨幣市場課題。

資本市場是提供到期日在一年以上有價證券的交易場所。企業利用資本市場發行公司債、特別股與普通股，而個別投資人、金融機構與其他的團體組織則可以投資企業所發行的有價證券。資本市場的參與者也包括了政府機關，財政部會在資本市場中發行中長期公債，聯邦住宅管理局（FHA）發行房屋貸款抵押債券，各級地方政府則發行普通的地方公債與收益型債券，下面我們以發行者身分為區分，一一解說資本市場的各種金融工具。

企業所發行的證券

一般而言，企業所發行的有價證券有兩種基本型式：負債與股東權益。公司債為資產債表的負債科目，而普通股及特別股則表示股東權益科目，不過特別股卻同時擁有公司債與普通股的特徵。

債券市場交易的債券種類包括：信用債券（debentures）、次級信用債券（subordinated debentures）、可轉換債券（convertible debentures）、抵押債券（mortgages）、收益債券（income bonds）、質押信託債券（collateral trust bonds）、設備信託憑證（equipment trust certificates）。信用債券是指公司發行債券時，並沒有提供特定資產作為抵押品的債券，故又稱之為無擔保債券（unsecured bond）；次級信用債券是指求償順位在擔保債券與一般信用債券之後的債券；可轉換債券特別之處是債權人有權利將債券轉換為普通股股份；抵押債券是指一些特定金融機構以其所持有的不動產放款為抵押品發行的債券；收益債券和地方政府收入公債很相似，只有在有盈餘時才支付利益；質押信託債券是指公司以金融性資產為質押所發行的債券；設備信託憑證通常是由運輸事業所發行，它們是以某些特定設備為抵押品。

特別股類以債券之處在於每次支付的股利金額，是由契約記載的面額與發放率所決定。但是特別股不同於債券之處是：除非董事會宣布將發放股

利，否則公司並沒有義務一定要支付股利，而且特別股不像債券有到期日的限制。在求償順位方面，特別股優先於普通股。

普通股代表的是公司的所有權，因此在公司已支付所有的求償義務後，普通股股東才可對剩下的資產與盈餘進行求償。一般情況下，公司將盈餘支付稅賦、特別股股利後，將剩下的部分支付普通股股利，或是以保留盈餘型式繼續留在公司體系內。

政府債券

財政部會在資本市場發行有價證券以融通政府支出，到期日介於一年到十年之間的稱為中期公債（treasury notes），到期日在十年以上的稱為長期公債（treasury bonds），中長期公債的違約風險幾乎可說是零。

中長期公債的面額有$1,000、$5,000、$10,000、$100,000與$1,000,000數種，並分為記名與不記名兩類。募集發行的消息會宣布在財政部例行公告與每天報紙上，購買者會透過競標或非競標方式來取得公債，非競標的價格是由所有以競標方式得標者的投標價加權平均而得出。

在次級市場中，中長期公債的買賣是經由政府公債交易商，圖12.1是中長期政府公債的報價表，摘自《華爾街日報》。Rate表示每年支付的債息，不論此張債券是一年付息一次或是半年付息一次；Bid與Asked分別表示政府公債交易商的買入價與賣出價，雖然這些價格是以小數型式表達，但是每一個最小單位是表示1/32，以第三列為例，賣價100：17是表示面額的100（17/32）％；Yld（到期殖利率）是由賣價求得的。某些公債可提前贖回，將會有兩個到期日列於表中，若到期日是指其提前贖回日，此時Yld是指贖回殖利率（yield to call）。

政府機構債券

政府機構和一些由政府贊助成立的企業，會以發行中長期債券的方式在資本市場籌募資金，融通其營運所需資金。其中許多債券有聯邦政府的保證，因此安全性相當於政府公債，沒有違約之虞。這些政府機構包括聯邦住

TREASURY BONDS, NOTES & BILLS

Thursday, October 7, 1993

Representative Over-the-Counter quotations based on transactions of $1 million or more.

Treasury bond, note and bill quotes are as of mid-afternoon. Colons in bid-and-asked quotes represent 32nds; 101:01 means 101 1/32. Net changes in 32nds. n-Treasury note. Treasury bill quotes in hundredths, quoted on terms of a rate of discount. Days to maturity calculated from settlement date. All yields are to maturity and based on the asked quote. Latest 13-week and 26-week bills are boldfaced. For bonds callable prior to maturity, yields are computed to the earliest call date for issues quoted above par and to the maturity date for issues below par. *-When issued.

Source: Federal Reserve Bank of New York.

U.S. Treasury strips as of 3 p.m. Eastern time, also based on transactions of $1 million or more. Colons in bid-and-asked quotes represent 32nds; 101:01 means 101 1/32. Net changes in 32nds. Yields calculated on the asked quotation. ci-stripped coupon interest. bp-Treasury bond, stripped principal. np-Treasury note, stripped principal. For bonds callable prior to maturity, yields are computed to the earliest call date for issues quoted above par and to the maturity date for issues below par.

Source: Bear, Stearns & Co. via Street Software Technology Inc.

GOVT. BONDS & NOTES

Rate	Maturity Mo/Yr	Bid	Asked	Chg.	Ask Yld.
7 1/8	Oct 93n	100:02	100:04	....	0.00
6	Oct 93n	100:06	100:08	....	1.12
7 3/4	Nov 93n	100:15	100:17	....	1.93
8 5/8	Nov 93	100:18	100:20	- 1	1.79
9	Nov 93n	100:18	100:20	- 1	2.14
11 3/4	Nov 93n	100:28	100:30	....	1.52
5 1/2	Nov 93n	100:11	100:13	....	2.41
5	Dec 93n	100:13	100:15	....	2.79
7 5/8	Dec 93n	101:00	101:02	- 1	2.65
7	Jan 94n	101:00	101:02	....	2.81
4 7/8	Jan 94n	100:17	100:19	....	2.86
6 7/8	Feb 94n	101:09	101:11	....	2.88
8 7/8	Feb 94n	101:31	102:01	....	2.84
9	Feb 94	102:01	102:03	....	2.79
5 3/8	Feb 94n	100:28	100:30	....	2.89
5 3/4	Mar 94n	101:07	101:09	....	2.96
8 1/2	Mar 94n	102:16	102:18	....	2.93
7	Apr 94n	101:29	101:31	- 1	3.07
5 3/8	Apr 94n	101:05	101:07	....	3.13
7	May 94n	102:06	102:08	....	3.14
9 1/2	May 94n	103:22	103:24	....	3.07
13 1/8	May 94n	105:26	105:28	- 1	3.05
5 1/8	May 94n	101:06	101:08	+ 1	3.12
5	Jun 94n	101:07	101:09	+ 1	3.18
8 1/2	Jun 94n	103:22	103:24	- 1	3.18
8	Jul 94n	103:16	103:18	....	3.21
4 1/4	Jul 94n	100:23	100:25	....	3.26
6 7/8	Aug 94n	102:29	102:31	....	3.28
8 5/8	Aug 94n	104:12	104:14	....	3.25
8 3/4	Aug 94	104:15	104:19	....	3.19
12 5/8	Aug 94n	107:24	107:26	....	3.16
4 1/4	Aug 94n	100:25	100:27	....	3.27
4	Sep 94n	100:19	100:21	....	3.31
8 1/2	Sep 94n	104:28	104:30	....	3.27
9 1/2	Oct 94n	106:00	106:02	....	3.34
4 1/4	Oct 94n	100:27	100:29	....	3.37
6	Nov 94n	102:23	102:25	+ 1	3.39
8 1/4	Nov 94n	105:04	105:06	....	3.38
10 1/8	Nov 94	107:04	107:06	....	3.37
11 5/8	Nov 94n	108:24	108:26	....	3.35
4 5/8	Nov 94n	101:09	101:11	....	3.41
4 5/8	Dec 94n	101:11	101:13	+ 1	3.44
7 5/8	Dec 94n	104:30	105:00	+ 1	3.40
8 5/8	Jan 95n	106:07	106:09	....	3.48
4 1/4	Jan 95n	100:28	100:30	....	3.51
3	Feb 95	100:00	101:00	....	2.24
5 1/2	Feb 95n	102:16	102:18	+ 1	3.53
7 3/4	Feb 95n	105:15	105:17	+ 1	3.50
10 1/2	Feb 95	109:01	109:03	....	3.51

Rate	Maturity Mo/Yr	Bid	Asked	Chg	Ask Yld
9 1/8	May 99n	120:30	121:00	+ 1	4.80
6 3/8	Jul 99n	107:17	107:19	+ 1	4.85
8	Aug 99n	115:26	115:28	+ 1	4.85
6	Oct 99n	105:20	105:22	+ 1	4.90
7 7/8	Nov 99n	115:16	115:18	+ 2	4.89
6 3/8	Jan 00n	107:21	107:23	....	4.93
7 7/8	Feb 95-00	105:18	105:22	+ 3	3.50
8 1/2	Feb 00n	119:07	119:09	+ 1	4.92
5 1/2	Apr 00n	103:11	103:13	+ 1	4.88
8 7/8	May 00n	121:25	121:27	+ 1	4.95
8 3/8	Aug 95-00	108:04	108:08	- 1	3.70
8 3/4	Aug 00n	121:15	121:17	+ 1	5.00
8 1/2	Nov 00n	120:10	120:12	+ 1	5.05
7 3/4	Feb 01n	116:04	116:06	....	5.08
11 3/4	Feb 01	140:22	140:26	- 1	5.03
8	May 01n	117:29	117:31	+ 1	5.11
13 1/8	May 01	150:05	150:09	- 1	5.07
7 7/8	Aug 01n	117:11	117:13	+ 2	5.15
8	Aug 96-01	110:02	110:06	- 2	4.16
13 3/8	Aug 01	152:27	152:31	+ 2	5.10
7 1/2	Nov 01n	115:02	115:04	+ 1	5.19
15 3/4	Nov 01	169:20	169:24	+ 2	5.12
14 1/4	Feb 02	161:05	161:07	+ 2	5.14
7 1/2	May 02n	115:12	115:14	+ 1	5.25
6 3/8	Aug 02n	107:14	107:16	+ 13	5.30
11 5/8	Nov 02	145:03	145:07	+ 1	5.30
6 1/4	Feb 03n	106:11	106:13	+ 1	5.37
10 3/4	Feb 03	139:09	139:13	+ 1	5.34
10 3/4	May 03	139:30	140:02	+ 2	5.36
5 3/4	Aug 03n	103:08	103:10	+ 1	5.31
11 1/8	Aug 03	143:16	143:20	+ 1	5.36
11 7/8	Nov 03	149:27	149:31	+ 1	5.39
12 3/8	May 04	155:21	155:25	+ 3	5.39
13 3/4	Aug 04	167:22	167:26	+ 5	5.40
11 5/8	Nov 04	150:18	150:22	+ 2	5.47
8 1/4	May 00-05	116:28	117:00	- 1	5.17
12	May 05	155:00	155:04	+ 3	5.50
10 3/4	Aug 05	144:25	144:29	+ 3	5.53
9 3/8	Feb 06	133:21	133:25	+ 4	5.56
7 5/8	Feb 02-07	113:18	113:22	+ 2	5.55
7 7/8	Nov 02-07	116:07	116:11	+ 3	5.56
8 3/8	Aug 03-08	120:24	120:28	+ 3	5.59
8 3/4	Aug 03-08	123:30	124:02	+ 3	5.60
9 1/8	May 04-09	127:21	127:25	+ 3	5.61
10 3/8	Nov 04-09	138:25	138:29	+ 3	5.62
11 3/4	Feb 05-10	150:24	150:28	+ 4	5.62
10	May 05-10	136:23	136:27	+ 3	5.63
12 3/4	Nov 05-10	161:23	161:27	+ 4	5.63
13 7/8	May 06-11	173:11	173:13	+ 3	5.65
14	Nov 06-11	176:09	176:13	+ 3	5.66

Mat.	Type	Bid	Asked	Chg.	Ask Yld.
May 01	ci	67:16	67:21	+ 2	5.22
May 01	np	67:14	67:19	+ 2	5.22
Aug 01	ci	66:12	66:17	+ 2	5.26
Aug 01	np	66:10	66:15	+ 2	5.28
Nov 01	ci	65:05	65:10	+ 1	5.34
Nov 01	np	65:02	65:07	+ 1	5.36
Feb 02	ci	63:31	64:04	+ 2	5.39
May 02	ci	63:03	63:08	+ 2	5.41
May 02	np	63:03	63:08	+ 2	5.41
Aug 02	ci	62:01	62:06	+ 2	5.45
Aug 02	np	62:03	62:08	+ 2	5.43
Nov 02	ci	60:30	61:03	+ 2	5.49
Feb 03	ci	59:25	59:30	+ 2	5.55
Feb 03	np	59:28	60:01	+ 2	5.53
May 03	ci	58:29			5.59
Aug 03	ci	57:24	57:30	- 1	5.63
Nov 03	ci	56:25	56:31		5.66
Feb 04	ci	55:21	55:27	+ 2	5.72
May 04	ci	54:17	54:23		5.78
Aug 04	ci	53:19	53:25		5.80
Aug 04	ci	52:23	52:29		5.82
Nov 04	bp	53:04	53:09		5.76
Feb 05	ci	51:22	51:27		5.88
May 05	ci	50:30	51:03	+ 4	5.88
May 05	bp	51:16	51:22	+ 4	5.78
Aug 05	ci	49:31	50:05	+ 2	5.91
Aug 05	bp	50:18	50:23	+ 2	5.82
Aug 05	ci	48:29	49:02	- 2	5.97
Feb 06	ci	48:01	48:06	+ 2	6.00
Feb 06	bp	49:09	49:15	+ 2	5.78
May 06	ci	47:07	47:12	+ 2	6.02
Aug 06	ci	46:13	46:18	+ 2	6.04
Nov 06	ci	45:17	45:22	+ 2	6.07
Feb 07	ci	44:20	44:25	+ 4	6.11
May 07	ci	43:27	44:00	+ 4	6.13
Aug 07	ci	43:00	43:06	+ 2	6.16
Nov 07	ci	42:06	42:11	+ 2	6.19
Feb 08	ci	41:12	41:17	+ 4	6.22
Aug 08	ci	40:18	40:23	+ 6	6.25
Aug 08	ci	39:24	39:30	+ 6	6.28
Nov 08	ci	38:31	39:05	+ 4	6.31
Feb 09	ci	38:05	38:10	+ 4	6.35
May 09	ci	37:12	37:18	+ 6	6.38
Aug 09	ci	36:22	36:27	+ 9	6.40
Nov 09	ci	36:02	36:07	+ 8	6.41
Nov 09	bp	36:27	37:01		6.27
Feb 10	ci	35:07	35:12		6.46
May 10	ci	34:19	34:24	+ 2	6.47
Aug 10	ci	33:30	34:03	+ 2	6.49
Feb 11	ci	33:11	33:16	+ 2	6.50
Feb 11	ci	32:24	32:29	+ 6	6.51
Aug 11	ci	32:00	32:06	+ 2	6.55
Aug 11	ci	31:14	31:19	+ 4	6.56
Feb 12	ci	30:26	31:00	+ 4	6.58
Feb 12	ci	30:07	30:12		6.60
Aug 12	ci	29:20	29:25		6.60
Aug 12	ci	29:06	29:12	+ 2	6.61
Nov 12	ci	28:23	28:28	+ 4	6.61
Feb 13	ci	28:05	28:10	+ 4	6.63
May 13	ci	27:21	27:26	+ 4	6.64
Aug 13	ci	27:06	27:11	+ 4	6.64
Nov 13	ci	26:24	26:29	+ 4	6.64
Feb 14	ci	26:05	26:10		6.67
May 14	ci	25:24	25:28		6.67
Feb 14	ci	25:08	25:13		6.68
Nov 14	ci	24:27	25:00	+ 2	6.68
Feb 15	ci	24:18	24:17	+ 2	6.69
Feb 15	bp	24:17	24:22		6.66
May 15	ci	24:01	24:06	+ 2	6.68
Aug 15	ci	23:21	23:26	+ 2	6.68
Aug 15	bp	23:26	23:30	+ 2	6.65
Aug 15	ci	23:10	23:15	+ 2	6.67

圖12.1 中長期政府公債的報價表

宅管理局（FHA）、政府國有抵押協會（GNMA），後者就是金融市場人士所暱稱的Ginnie Mae；政府贊助成立的企業，包括聯邦房屋貸款銀行（FHLB）、聯邦國有抵押貸款協會（FNMA），後者常稱為Fannie Mae。

　　上述機構與企業所發行的債券，面額普遍介於$1,000至$50,000間，利息大多是採取半年支付一次，到期時一併償還本金。而票面利率的水準要視特定債券的利息所得是否列入稅法列舉的課稅範圍而定，是些政府機構債券的收益，可以免繳聯邦與州政府的稅賦。圖12.2是美國政府機構債券的報價範例。

地方政府債券

　　州、郡、市等各級地方政府所發行的債券，之所以吸引投資大眾的原因，是因為這些債券的利息所得通常免納聯邦所得稅與債券發行州的州所得稅。舉例來說，喬治亞港務局所發行債券的利息，對於當地居民是免稅的。由於這項特性，地方政府的收益率較低，使其考慮稅賦的等值收益率（tax equivalent yield）會和市場上其他相同風險等級的證券收益率一致。

〔例題〕

　　John Latham購買一筆收益率為8.00%的免稅地方政府債券，若其邊際稅率為40%，請問考慮稅賦後的等值收益率是多少？

解答：

　　將債券收益率除以（1－邊際稅率），就可以得出等值收益率：

$$TEY = \frac{8.00\%}{(1 - 0.40)}$$
$$= 13.33\%$$

　　這表示其他必須課稅的證券，需要有13.33%的報酬率，才能和收益率為8%的免稅地方政府債券有相同的實質報酬率。

　　地方政府債可分為一般債券和收益債券兩種。一般債券是以發行的政府當局所收取稅金，作為償還本金與利息的來源，因此這個政府本身有義務履行債務；而收益債券的本金與利息是由特定公共計畫的收入來支應的，所以

GOVERNMENT AGENCY & SIMILAR ISSUES

Thursday, October 7, 1993

Over-the-Counter mid-afternoon quotations based on large transactions, usually $1 million or more. Colons in bid-and-asked quotes represent 32nds; 101:01 means 101 1/32.

All yields are calculated to maturity, and based on the asked quote. * -- Callable issue, maturity date shown. For issues callable prior to maturity, yields are computed to the earliest call date for issues quoted above par, or 100, and to the maturity date for issues below par.

Source: Bear, Stearns & Co. via Street Software Technology Inc.

FNMA Issues

Rate	Mat.	Bid	Asked	Yld.
7.75	11-93	100:11	100:19	0.11
7.38	12-93	100:21	100:29	1.69
7.55	1-94	101:00	101:04	2.86
9.45	1-94	101:16	101:24	2.20
7.65	4-94	102:04	102:12	2.81
9.60	4-94	103:03	103:11	2.78
9.30	5-94	103:12	103:16	3.12
8.60	6-94	103:14	103:22	2.91
7.45	7-94	102:30	103:02	3.26
8.90	8-94	104:11	104:19	3.22
10.10	10-94	106:12	106:20	3.29
9.25	11-94	105:19	105:27	3.66
5.50	12-94	101:23	101:27	3.89
9.00	1-95	106:11	106:19	3.53
11.95	1-95	109:30	110:10	3.40
11.50	2-95	109:29	110:09	3.50
8.85	3-95	107:26	108:02	3.44
11.70	5-95	112:01	112:13	3.54
11.15	6-95	111:23	112:03	3.60
4.75	8-95	101:18	101:22	3.80
10.50	9-95	112:03	112:15	3.69
8.40	11-95*	100:15	100:19	0.74
8.80	11-95	109:22	109:30	3.78
10.60	11-95	113:09	113:17	3.77
9.20	1-96	111:01	111:09	3.90
7.00	2-96	106:04	106:12	4.10
7.70	2-96*	101:13	101:17	3.02
9.35	2-96	111:10	111:18	4.10
8.00	4-96*	102:06	102:10	3.25
8.05	6-96*	102:26	102:30	3.50
8.50	6-96	110:14	110:22	4.21
8.75	6-96	111:01	111:09	4.22
4.41	7-96*	100:12	100:16	3.71
8.00	7-96	109:14	109:22	4.22
7.90	8-96	109:11	109:19	4.27
8.15	8-96	110:00	110:08	4.27
8.20	8-96*	103:27	103:31	3.32
7.70	9-96	109:00	109:04	4.33
8.63	9-96	111:16	111:24	4.29
7.05	10-96	107:18	107:22	4.29
8.45	10-96	111:19	111:27	4.24
6.90	11-96*	103:18	103:22	3.40
7.70	12-96	109:18	109:26	4.34
8.20	12-96	111:04	111:12	4.35
6.20	1-97*	103:22	103:30	2.95
7.60	1-97	109:06	109:14	4.44
7.05	3-97*	104:29	105:01	3.41
7.00	4-97	104:22	104:26	3.66
9.25	4-97*	102:31	103:03	2.90
6.75	4-97	106:16	106:20	4.69
9.20	6-97	114:28	115:04	4.66
8.95	7-97	114:05	114:13	4.70
8.80	7-97	113:25	114:01	4.71
9.15	9-97*	104:29	105:05	3.35
9.55	9-97	116:12	116:20	4.83
5.70	9-97*	102:07	102:11	4.41
5.35	10-97	101:26	101:30	4.32
6.05	10-97	103:20	103:26	4.08
6.05	11-97	104:07	104:11	4.86
9.55	11-97	116:26	117:02	4.88
7.10	12-97*	108:11	108:19	4.80
8.60	12-97*	106:13	106:21	2.73
9.55	12-97	117:28	118:04	4.70
6.30	12-97*	105:02	105:06	3.78
6.05	1-98	105:00	105:04	4.70
8.65	2-98	114:26	115:02	4.76
8.20	3-98	113:09	113:13	4.79
5.30	3-98*	101:16	101:20	4.58
5.25	3-98	102:00	102:04	4.72
9.15	4-98	117:03	117:11	4.81
8.38	4-98*	107:30	108:02	2.95
8.15	5-98	113:21	113:25	4.76
5.25	5-98*	101:08	101:16	4.63

(FNMA Issues, continued)

Rate	Mat.	Bid	Asked	Yld.
8.63	4-01*	111:01	111:05	3.89
8.70	6-01*	111:17	111:21	4.04
8.88	7-01*	113:27	113:31	3.49
7.80	12-01*	104:28	105:04	3.20
7.20	1-02*	107:26	108:02	4.50
7.50	2-02	113:11	113:19	5.45
7.90	4-02*	112:23	112:31	3.89
7.55	4-02	113:19	113:27	5.49
7.80	6-02*	111:26	112:02	4.21
7.30	7-02*	109:01	109:09	4.57
7.00	8-02*	107:06	107:14	4.85
6.95	9-02*	106:22	106:30	4.97
7.30	10-02*	109:16	109:24	4.63
6.80	10-02*	105:30	106:11	3.53
7.05	11-02	110:09	110:17	5.56
6.40	1-03	109:01	109:05	5.52
6.40	3-03*	103:27	103:31	5.39
6.63	4-03*	105:16	105:20	5.20
6.45	6-03*	104:19	104:23	5.29
6.20	7-03*	102:30	103:02	5.46
6.25	8-03*	103:05	103:09	5.47
5.45	10-03	100:00	100:02	5.44
12.35	12-13*	100:29	101:13	3.43
12.65	3-14*	102:29	103:13	4.18
0.00	7-14	24:04	24:12	6.93
10.35	12-15	148:09	148:25	6.25
8.20	3-16	122:28	123:04	6.26
8.95	2-18	132:12	132:20	6.31
8.10	8-19	121:23	121:31	6.36
0.00	10-19	17:00	17:08	6.88
9.65	8-20*	119:06	119:14	2.39

Federal Home Loan Bank

Rate	Mat.	Bid	Asked	Yld.
6.09	10-93	100:04	100:06	0.87
7.88	10-93	100:06	100:12	0.00
8.13	11-93	100:08	100:14	0.00
9.13	11-93	100:24	100:30	1.39
7.38	12-93	100:26	101:00	2.50
7.50	12-93	100:27	100:31	2.76
12.15	12-93	101:27	102:01	2.27
5.00	1-94	100:14	100:18	2.98
7.30	1-94	101:03	101:09	2.74
7.55	1-94	101:06	101:08	3.02
9.30	2-94	102:00	102:06	2.80
7.45	2-94	101:14	101:20	2.97
9.60	2-94	102:09	102:15	2.81
12.00	2-94	103:04	103:16	2.40
7.58	3-94	101:28	101:30	3.23
5.48	4-94	101:06	101:16	3.21
7.28	4-94	102:01	102:05	3.16
8.50	4-94	102:22	102:28	3.02
9.55	4-94	103:08	103:14	3.09
7.20	5-94	102:11	102:15	3.12
7.50	6-94	102:25	102:29	3.79
8.60	6-94	103:18	103:24	3.17
8.63	6-94	103:11	103:15	3.15
8.30	7-94	103:21	103:27	3.28
6.70	8-94	102:27	103:01	3.48
8.60	8-94	104:09	104:15	3.32
6.58	9-94	102:26	102:30	3.42

(Federal Home Loan Bank, continued)

Rate	Mat.	Bid	Asked	Yld.
8.00	7-96	109:18	109:26	4.22
7.70	8-96	108:28	109:04	4.29
8.25	9-96	110:25	111:01	4.23
7.10	10-96	107:26	107:30	4.28
8.25	11-96	111:06	111:14	4.29
6.85	2-97	107:00	107:08	4.50
7.65	3-97	109:12	109:20	4.60
9.15	3-97	114:04	114:12	4.60
6.99	4-97	107:09	107:13	4.69
9.20	8-97	114:18	114:26	4.94
5.26	4-98*	101:08	101:12	4.33
9.25	11-98	119:04	119:12	4.92
9.30	1-99	118:04	118:12	5.27
8.60	6-99	117:07	117:15	5.03
8.45	7-99	116:21	116:29	5.04
8.60	8-99	117:24	118:00	5.07
8.38	10-99	116:16	116:24	5.11
8.60	1-00	107:02	107:10	5.28
9.50	2-04	126:29	127:13	5.92

Federal Farm Credit Bank

Rate	Mat.	Bid	Asked	Yld.
11.80	10-93	100:08	100:14	0.00
3.21	11-93	100:00	100:02	2.01
3.48	11-93	100:00	100:02	2.26
3.07	12-93	100:00	100:02	2.82
3.31	12-93	100:00	100:02	2.82
3.80	12-93	100:00	100:03	3.07
7.38	12-93	100:26	100:28	3.08
0.00	1-94	99:31	100:01	2.86
3.30	1-94	99:30	100:00	2.99
3.63	1-94	100:01	100:05	2.90
3.36	2-94	100:01	100:03	3.03
3.43	2-94	99:30	100:02	3.41
7.19	2-94	101:06	101:10	3.04
3.19	3-94	100:00	100:02	3.02
3.34	3-94	99:30	100:00	3.33
12.35	3-94	103:14	103:26	2.35
3.33	4-94	99:30	100:00	3.33
3.15	4-94	100:01	100:03	2.95
5.80	4-94	100:05	100:09	3.35
14.25	4-94	105:22	106:02	2.44
3.32	5-94	99:29	100:01	3.26
3.56	6-94	100:04	100:08	3.15
3.60	7-94	100:01	100:05	3.37
3.64	8-94	100:05	100:09	3.28
3.40	9-94	100:00	100:02	3.25
4.31	9-94	100:20	100:24	3.44
8.63	9-94	104:13	104:19	3.30
13.00	9-94	108:07	108:19	3.07
3.43	10-94	100:01	100:03	3.33
11.45	12-94	108:19	108:27	3.43
8.30	1-95	105:18	105:26	3.58
6.38	4-95	103:06	103:12	3.85
5.50	12-95	103:08	103:12	3.85
5.08	1-96	102:07	102:13	3.95
4.49	3-96*	100:12	100:16	3.16
6.65	5-96	105:27	105:31	4.16
5.75	11-96*	100:00	100:08	0.99
11.90	10-97	125:02	125:14	4.86

World Bank Bonds

Rate	Mat.	Bid	Asked	Yld.
11.63	12-94	108:24	108:28	3.82
8.63	10-95	108:18	108:22	3.99
7.25	10-96	107:28	108:04	4.30
8.75	3-97	113:02	113:10	4.47
5.88	7-97	104:07	104:15	4.57
9.88	10-97	116:08	116:16	5.22
8.38	10-99	117:02	117:10	4.99
8.13	3-01	117:04	117:06	5.28
6.75	1-02	111:01	111:05	5.08
12.38	10-02	146:04	146:12	5.72
8.25	9-16	122:30	123:06	6.3.
8.63	10-16	127:11	127:19	6.33
9.25	7-17	135:01	135:09	6.35
7.63	1-23	117:19	117:27	6.28
8.88	3-26	133:15	133:23	6.39

Financing Corporation

Rate	Mat.	Bid	Asked	Yld.
10.70	10-17	151:04	151:16	6.45
9.80	11-17	140:15	140:27	6.44
9.40	2-18	135:19	135:31	6.45
9.80	4-18	140:19	140:31	6.45
10.00	5-18	143:03	143:19	6.44
10.35	8-18	147:17	147:29	6.45
9.65	11-18	139:04	139:16	6.45
9.90	12-18	142:08	142:24	6.44
9.60	12-18	138:19	139:03	6.44
9.65	3-19	135:11	135:27	6.44
9.70	4-19	139:17	139:29	6.48
9.00	6-19	131:18	132:02	6.43
8.60	9-19	127:05	127:21	6.40

Inter-Amer. Devel. Bank

Rate	Mat.	Bid	Asked	Yld.
13.25	8-94	108:01	108:05	3.32
11.63	12-94	108:11	108:15	3.91
11.38	5-95	111:11	111:15	3.70
12.25	12-96	108:16	108:24	4.51
9.50	10-97	116:20	116:28	4.82
5.50	5-01	118:24	119:00	5.40
12.25	12-08	161:25	162:01	5.97
8.50	3-11	124:25	125:01	6.14

GNMA Mtge. Issues a-Bond

Rate	Mat.	Bid	Asked	Yld.
6.00	30Yr	99:12	99:20	6.14
6.50	30Yr	101:10	101:18	6.34
7.00	30Yr	103:10	103:18	6.40
7.50	30Yr	104:26	105:02	6.36
8.00	30Yr	105:21	105:29	6.22
8.50	30Yr	105:30	106:06	6.14
9.00	30Yr	106:24	107:00	6.23
9.50	30Yr	107:31	108:07	6.20
10.00	30Yr	110:05	110:13	5.80
10.50	30Yr	112:02	112:10	5.82
11.00	30Yr	113:20	113:28	5.40
11.50	30Yr	115:05	115:13	6.56
12.00	30Yr	116:10	116:18	6.54
12.50	30Yr	117:10	117:18	6.01

Tennessee Valley Authority

Rate	Mat.	Bid	Asked	Yld.
8.25	10-94	104:14	104:18	3.41
4.38	3-96*	100:06	100:10	3.56
8.25	11-96	110:20	110:24	4.49
6.00	1-97*	101:08	101:16	5.49
6.50	1-99*	101:18	101:26	6.09
6.25	8-99*	104:25	104:29	4.98
8.38	10-99	117:07	117:11	4.98

圖12.2　美國政府機構債券的報價表

風險較高，支付的利息亦較高。不過兩種型式的地方政府債券的風險，都比中央政府公債為高。

一般型地方政府債券不同於收益型地方政府債券之處，是其採取定期發行制度，而且是在整個債券期限清償本金；收益型地方政府債券是在到期日當天或接近到期日時，才會償還本金，只有少數的債券會在債券期間攤銷一部分的本金。

產業開發債券是一種典型的收益債券，地方政府用此金融工其籌措資金，以建造新興產業的廠房。為了支付債券的本金與利息，這些工廠會承租給企業以賺取收益。雖然有許多新興行業企圖利用這個途徑將地方政府債券的稅制優勢移轉到企業上，但聯邦法律已明文規範各級地方政府對於產業開發債券的用途。

美國政府對於公債市場的廣泛調查 ……………………………

根據美國司法部日前一份文件得知，政府對於公債市場的調查分析內容，可以說是無所不包，更遠超過原先所承認的程度。由於所羅門兄弟公司在最近的一次公債交割中，所顯示的種種不尋常跡象，引起了隸屬於司法部反托拉斯部門的密切注意，他們正在追查幾家大型交易商是否曾經進行勾結或是其他觸犯反托拉斯法的行為。結果發現在1991年5月22日的二年期公債投標過程中，所羅門兄弟公司與一些匿名的同謀者的確有操縱市場走勢的舉動。對於反托拉斯部門與證管會的判決結果，所羅門兄弟公司既不承認，也不否認。不過它願意支付金額達二億九千萬元的罰款與賠償金。值得注意的是，曾有交易商在1979年的某次一年期國庫券投標過程之中，從事勾結行為，財政部於事後進行調查和提出控告，並修訂了相關招標法令，卻沒有任何一家交易商被判刑。

Source: Kevin G. Solwen and John Connor, "U. S. Has Wider Probe in Treasurys," *The Wall Street Journal,* June 15, 1992. Reprinted by permission of The Wall Street Journal, © 1992 Dow Jones & Company, Inc. All Rights Reserved Worldwide.

初級市場

我們除了將證券市場分為貨幣市場與資本市場，還可以根據所交易證券的型式，區分為初級市場與次級市場。初級市場（primary market）是指從事新發行證券交易的金融市場，例如，發行債券、特別股與普通股。在這個市場中，發行者會收到現金，並登記為資產負產表的資產科目，而投資者會獲得一張新的有價證券。次級市場（secondary market）是指從事流通中證券交易的金融市場，像是紐約證券交易所（NYSE）、美國證券交易所（AMEX）、區域性交易所、外匯市場和櫃檯買賣市場都算是次級市場。本節的焦點著重在初級市場的討論，與投資銀行在這個市場中所扮演的角色。

投資銀行業（investment banker）是促成初級市場順利運作的主要參與者之一，他們經營的業務有別於一般商業銀行，乃是協助企業與政府在金融市場籌措長期資金。主要提供的服務有：（1）財務顧問；（2）所發行證券的設計；（3）證券的承銷工作；（4）證券配銷服務。以下是對每一項業務進行解釋。

財務顧問

財務顧問（advisement）是指投資銀行所提供的諮詢功能。某些有發行證券意願的公司，會特別針對這個方面與投資銀行進行溝通；另外有些公司在各種因素的考慮之下，自己擁有專門人士從事建議方面工作，而不求助於外部諮詢。

事實上，財務顧問並非只局限在證券發行期間，運用範圍可說是相當的廣泛，包括發行前籌資工具的選擇、時機的安排與配銷數量，此外還延伸至合併、收購、融資買下、換債、長期資本規劃、公司重整及國際財務管理等業務，對象大多是公司的董事會。

所發行證券的設計

在證券發行前，一些相關事務的設計與創造（origination），也需要借助於投資銀行，包括籌措資金的額度、發行時點、發行證券的型式與特徵、發行價格等，都必須經過完整詳細的評估、討論。投資銀行在這個階段中，開始著手分析發行公司的種種，確保發行公司的行事風格，能符合投資銀行的要求。這一點對於投資銀行本身名譽聲望的保護非常重要，並有助於日後證券發行與註冊工作。

根據1993修訂的證交法規定，跨州流通的證券在發行時必須向證券交易管理委員會（SEC）註冊登記，另外公布註冊聲明（registration statement）。證管會不僅強制規範發行公司例行揭露財務狀況與未來計畫，更要求該揭露務必完整，且不得有誤導投資人之事。這些規定只是一種程序上的保障，而非投資人獲利的保證。不少規模較大的公司曾以海外子公司發行債券，部分原因就是為了逃避證管會種種規定的束縛。

發行公司所公布的註冊聲明中，其中一項為公開說明書（prospectus），目的是提供投資人詳實的資訊，以作為購買決策的依據。該資料除了記載公司各級主管的姓名、薪資、股票及股票選擇權的持有數量，並敘述了這次證券發行計畫的資金用途。

在證券正式發行日之前，發行公司通常會出版一份草擬的公開說明書（preliminary prospectus）給市場上潛在的購買者，由於封面文字的印刷顏色，因此被暱稱為燻青魚（red herring）。和正式的公開說明書不同的是，公司出版草擬的公開說明書之前，只需向證管會進行報備，而不必經過核准；此外，這份資料也不會記載證券的發行價格或發行日期。一般來說，證券確實發行價格是在發行日當天所決定的。

美國證管會特別准許大規模公司，在第415條法令規範之下，可以事先報備未來二年內可能發行的證券，直到實際發行證券前一段時間內，再更新部分註冊資料即可。這種制度稱為總括申報制（shelf registration），目的是讓大公司在證券發行規模與發行時點，擁有較大的靈活性。

證管會並同意公司可以在報紙與期刊上，刊登有關證券發行的廣告，如圖12.3所示。由於乍看之下很像墓碑上的文字，因而戲稱為墓碑式廣告

This announcement is neither an offer to sell nor a solicitation of an offer to buy these securities.
The offer is made only by the Prospectus.

September 29, 1993

1,480,000 Shares

SOUTHWEST SECURITIES GROUP, INC.

Common Stock

Price $10.50 Per Share

Copies of the Prospectus may be obtained in any State in which this announcement is circulated only
from such of the undersigned as may legally offer these securities in such State.

Raymond James & Associates, Inc.

Southwest Securities, Inc.

D. A. Davidson & Co.
INCORPORATED

Robert W. Baird & Co. INCORPORATED	**J. C. Bradford & Co.**	**First of Michigan Corporation**
Gruntal & Co., Incorporated	**Interstate/Johnson Lane** CORPORATION	**Edward D. Jones & Co.**
Legg Mason Wood Walker INCORPORATED	**McDonald & Company** SECURITIES, INC.	**Morgan Keegan & Company, Inc.**
Piper Jaffray Inc.		**The Principal/Eppler, Guerin & Turner, Inc.**
Rauscher Pierce Refsnes, Inc.		**Stephens Inc.**
Anderson & Strudwick INCORPORATED	**Barre & Co., Inc.**	**Calton & Associates, Inc.**
Empire Securities Inc. of Washington	**Ernst & Co.**	**Fechtor, Detwiler & Co., Inc.**
First Southwest Company	**Fox & Company**	**John G. Kinnard and Company** INCORPORATED
Scott & Stringfellow, Inc.		**William K. Woodruff & Company** INCORPORATED

Source: The Wall Street Journal, October 5, 1993.

圖12.3 墓碑式的證券發行廣告

（tombstone advertisement）。其中簡要載明了一些發行資訊，包括發行公司名稱、發行證券型式與數量、承銷團成員等。排列位置愈高的承銷商，證券承銷過程所扮演的角色就愈重要。不過這類廣告所提供的資訊並不完整，投資人在投資證券前仍須參考公開說明書。

證券承銷

　　一般證券發行前，大多會籌組成一個承銷團（underwriting syndicate），再進行承銷工作（underwriting），成員有投資銀行、設計證券型式的金融機構等，總數目由二家到二百多家皆有可能。承銷商們在簽訂契約之後，答應於特定日期依據約定比例購買公司所發行的證券。由於承擔了風險，承銷商自然會希望能儘快將手中證券轉賣出去。

　　承銷商與發行公司在經過面對面的協商討論後，雙方之間會締結一份契約。如果承銷商同意購買所有的證券，就是確定承銷（firm commitment），又稱為包銷，如此一來，證券承銷成敗的風險，完全由承銷商所承擔。

　　若是處於某些情況，特別是針對一些受到法律規範的產業時，證券承銷會採取競標的方式。例如，美國的聯邦能源協會便指示所有的公用事業公司及其子公司，必須以競標方式承銷證券。競標之前，參與投標的金融機構都會獲得這次證券發行的說明書，上面記載了整個關於發行的資訊，但不包括價格。競標方式有一項明顯的好處，即公司能以較低的成本發行證券；壞處是投資銀行被迫必須投出一個確定價格以競標，等於是暴露高度的價格風險中。

　　有時承銷商會與發行公司簽訂餘額承銷（standby agreement）契約，在契約期間內（通常為三十天）銷售證券；契約到期後，未售出的證券由承銷商以特定價格買下。此外，對於一些投機性質較為強烈的證券發行案件，投資銀行會採行盡力承銷（best effort）的方式，而不保證證券可以全數銷售出去。實務上，這類情形的比率非常低，而且不易以確定價格進行銷售，因此發行公司所能籌募的資金較為有限。

　　承銷價差（underwriting spread）是下列二者的差距：承銷商支付給發行公司的價格與銷售給投資大眾的價格。舉例來說，若支付給發行公司的價格

是$25.00，而銷售給投資大眾的價格是$26.50，則承銷價差為$1.50，相當是發行價格的5.66%這個金額為承銷商在銷售過程中，承擔風險的補償。一般而言，發行公司本身的體質愈佳，承銷價差的比率就愈小；反而是一些風險較高的公司，承銷商為了吸引足夠數量的投資人，其所訂定的發行價格會比市價還低，以致於承銷價差占發行價格的比率較高。

若不想採用公開發行的方式，公司也可以透過銷售認股權（right offering），將新股直接出售現有股東；或是和保險公司、退休基金、有錢的大戶商妥私募（private placement）契約。當公司銷售認股權之後，即承擔了賣出股票的義務，而股東則擁有一項優先認股權（preemptive right），有權利依據目前持股比率認購新股，我們將會在下一章的內容中，對認股權銷售作更詳盡的討論。

私募是將新發行的證券對二十五個以下的特定人從事洽售，而且不必向證管會註冊，這可避免了準備註冊文件的昂貴成本。儘管在私募方式下仍要負擔找尋買主的成本，但這比起付給承銷商的承銷價差來得低。私募的其他好處是縮短的銷售證券的時間，與降低法律上的複雜程度。不過，私募方式的最大缺點是這些證券未來在市場上的流通性較差。

配銷服務

證券的配銷（distribution）需要以下成員的參與才得以進行：主辦承銷商統籌整合證券發行的相關事務；承銷團同意銷售證券後，旗下的仲介商負責將證券銷售給投資大眾，而自營商只負擔一小部分的銷售工作。某些投資銀行會同時兼任所有的工作，集承銷商、自營商與仲介商於一身。圖12.4說明了證券配銷網路的架構。

當市場條件十分有利，且法令規範也都一一符合後，承銷商會開放股票的登記申購，投資人這時才能實際地購買股票。為了避免新發行股票價格波動劇烈到難以控制的地步，承銷商通常會進行「安定操作」，時間在二天到一個月。該舉動是法律所允許的價格操作行為，也是投資銀行十分堅持的必要措施。

```
                    發行公司

                    主辦承銷商

                     承銷團

                    自營商集團

                     仲价商

                    投資大眾
```

圖12.4　投資銀行的配銷過程

次級市場

　　次級市場（secondary market）是指從事流通中證券買賣的市場，包括一些有組織的交易所與櫃檯買賣市場所（OTC）。交易所有紐約證券交易所（NYSE）、美國證券交易所（AMEX）、小型的地區性交易所與海外的交易所等；櫃檯買賣市場中，交易商利用電腦、電話所連結成的網路從事交易，買賣的標的物是未在交易所上市的證券。

　　次級市場中著名的股票，大多是所有權為分散的公開發行公司；相反地，一些小規模小司的股票，交易卻不怎麼活絡，它們通常是所有權較為集中的未公開發行公司（closely held corporations），少數股東在公司的經營管理上扮演著關鍵性的角色。

　　次級市場的存在，提供了兩項重要的經濟功能：第一，它們給多證券流動性，若沒有次級市場，投資人對於初級市場的購買決策便會無所適從；第二，它們決定了證券一個公平合理的市場價格，這是承銷商在設定新發行證

券價格時，非常重要的判斷準則。

紐約證券交易所

紐約證券交易所（New York Stock Exchange, NYSE）是美國境內最大的股票交易所，規模遠遠超過美國證券交易所，與一些地區性交易所，如中西部證券交易所、太平洋證券交易所，它擁有美國集中交易市場的80%交易量，因此地位可說是相當重要。1972年成立於華爾街，1817年選擇定名為紐約證券交易委員會（New York Stock and Exchange Board），1863年更名為紐約證券交易所，並延用至今。目前在紐約證券交易所交易的股票超過一千五百家公司。

在紐約證交易所中交易的股票，都是登記上市的有價證券。為了通過上市門檻，發行公司必須保證自己符合某些標準，且未來也能符合。這些標準是有關公司規模、所有權分配狀況，與盈餘數字等資料。由於紐約證券交易所的上市規定非常嚴厲，因此整體的證券周轉率小於其他交易所。有時某家股票會被下令交易中斷（trading halt），這是在市場條件允許下，暫時停止這家股票的交易行為。此外，假如某家公司股票成交量顯著衰退，將會遭到下市的命運。

紐約證券交易所的會員數目，從1933年開始就一直固定在1,366個，想要成為新會員的申請人必須從現有會員中購買席位（seat）。每一席位的價格，在1942年時一度跌到$17,000，最近幾年則一直上漲到數十萬美元。若公司其中一位股東已是交易所會員，這家公司也可以直接申請交易所會員。不過要成為交易所會員的公司或個人最後都必須經過交易所董事會的審核，只有在管理表現與財務承擔能力這幾項嚴厲的標準都能一一符合下，才可望成為新會員。

紐約證券交易所的會員，擔任下列幾種角色：

- 經紀人（commission brokers）是股票經紀商旗下的代理人，接受客戶委託下單到交易所內，據此服務向客戶收取些許的手續費。一家經紀商會有一位以上的經紀人，下單到場內經紀人也有所不同。

- 場內交易人（floor traders）是只為自己的帳戶從事買賣，而不處理公眾客戶的交易。他們在市場價格不均衡時，進行投機行為以獲利——在賣壓沈重時買入股票，等到買氣旺盛時再出清部分了結。關於場內交易人的舉動，所能降低的股價波動程度究竟多大，一直受到廣泛的爭論。目前對於場內交易人的具體限制是減少他們的數目。

- 場內經紀人（floor brokers）的主要工作是替場外的客戶執行交易委託單。在經紀商接單數量過多時，場內經紀人會支援他們，分擔一些經紀人的業務，並收取部分手續費。

- 專業證券商（specialists）扮演兩種功能：第一，負責執行其他場內經紀人的委託單，特別是一些較難成交的限價單。第二，從事自營商的工作，根據他們的特殊地位來買賣股票，但卻承擔了價格波動風險。這二項任務中，專業證券商會優先執行第一項。

一般的委託下單程序是從投資人向股票經紀商詢問特定股票價格時開始，隨後券商的報價系統會提供買價與賣價資料，以及目前這個價位在市場上的有效數量。如果投資人願意接受這個報價，便會指示經紀人買入指定數量的股票，經紀人接著下委託單給經紀商位於紐約的總公司，再由總公司將委託單電傳到交易所內。

在紐約證券交易所成交的股票都會陳列於聯合揭示帶（consolidated tape）上，其他的交易所像美國證券交易所、太平洋證券交易所與中西部證券交易所，也參加了聯合揭示帶的行列，不過80%的成交資料都是紐約證券交易所締造出來的。

委託單載明的買賣數量通常是一個完整單位，如100股或100股的倍數。100股以下稱為畸零股（odd lot），10,000股以上的交易稱為鉅額交易（block trade）。畸零股交易的手續費略高於一般交易所需，原因是畸零股經紀商的處理程序較為繁雜；而鉅額交易的手續費比一般交易來得低。這幾年鉅額交易占整體股市成交比率相當地高，大約是50%左右。

市價單（market order）的買賣價格是根據當時券商所報出的買賣價（bid-asked price），而限價單（limit order）是以有利的特定價格買入或賣出證券。舉例來說，投資人想要購買聯合公司（Allied Corporation）的股票，

下一張$50的限價單，意味著當聯合公司股價下跌到$50或$50以下時，該妥託單才會成交；同樣地，投資人要求以$50限價賣出，必須在股價上升至$50以上時才會執行。限價單的缺點是不一定會成交，因為股票經紀商多是優先執行市價單，就算市場價格一度達到限價單上的價格，但可能馬上逆轉，因此有可能無法消化該價位的所有單子。

停損單（stop order, stop-loss order）是來鎖定損失或鎖定獲利的委託單，當股票價格觸及到所指示價格時，立即轉成市價單。若你以$40買入股票，隨後價格上漲到$50，為了保護部位免於遭受價格重挫的影響，可以下一張以$47停損賣出的委託單。一旦股價果真大幅反轉，觸及到$47時馬上以市價單執行，成交價格在$47或$47以下。

美國證券交易所

美國證券交易所（American Stock Exchange）於1850年開始聚集交易於紐約的華爾街與漢諾瓦街（Hanover Street），那個時候是在戶外交易市場從事股票買賣，這就是為什麼今天還有人稱呼它為The Curb的原因了。1910年更名為紐約戶外交易市場協會，1953年再度更名為美國證券交易所。

美國證券交易所和紐約證券交易所在交易機制上大致雷同，不過還是有幾個不同點值得說明。第一，由於美國證券交易所的上市審查規則不那麼嚴格，上市的公司絕大部分比較年輕，規模也較小；第二，美國證券交易所內有不少的外國公司股票，占總市值的25%；第三，數目相當多的認股權證與股票選擇權，在美國證券交易所進行交易。一直到今天，仍然沒有公司同時在紐約證券交易所與美國證券交易所上市買賣。

地區性交易所

地區性交易所（regional exchanges）的上市公司為一些在紐約證券交易所與美國證券交易所中較為熱門的公司，以及具有地方獨特重要性質的公司，每家交易所提供交易的股票，從一百家到九百家都有。著名的地區性交易所像是位於舊金山與洛杉磯的太平洋證券交易所（PCSE）、位於芝加哥的

中西部證券交易所（MSE）。

　　同時在全國性與地區性交易所上市的股票，對於投資人來說，這具備了更充分的價格競爭環境。大型與小型交易所的股票經紀商都會根據其他交易所的價量情況來提供報價，增加了股價的活絡性。不過在全國性交易所紛紛廢除固定費率手續費制度之後，從前以低額手續費來吸引投資人的優勢不再，近幾年的成交市值有逐漸縮小現象。

櫃檯買賣市場

　　櫃檯買賣市場（over-the-counter market, OTC）是證券交易商利用電腦終端機、電話、電報所連結成網路，以進行證券買賣的市場。過去銀行們都是在其行內櫃檯上從事股票與債券交易業務，因此得到「櫃檯」之名。目前全國證券自營商協會的自動報價系統（NASDAQ），已能非常迅速地提供各式報價資料。而且這些自營純粹為自己帳戶從事交易，和為投資人服務的經紀商有所不同。

　　只有全國證券自營商的會員獲准在櫃檯買賣市場內交易，一般的個別投資人若要參與櫃檯買賣市場，必須藉助於股票經紀商，由他們與自營商進行議價。成交後，投資人再支付些許手續費。圖12.5是NASDAQ刊登於《華爾街日報》的報價表。

外國的交易所

　　世界各地有很多重要的交易所，不停地與紐約證券交易所、美國證券交易所競相爭奪市場，例如，日本證券交易所（TSE）以及倫敦證券交易所（LSE）。

　　日本證券交易所是日本國內最大的交易所，在當地所受到的地位與美國的紐約證券交易所一樣。雖然日本有八家證券交易所，但是以全國上市公司的總市值來計算，日本證券交易所負擔了80%的交易量，因此在1987年成為世界最大的交易所。

　　日本證券交易所的上市股票，包括國內與國外的公司。交易最熱絡的國

NASDAQ NATIONAL MARKET ISSUES

Quotations as of 4 p.m. Eastern Time
Friday, October 8, 1993

	52 Weeks Hi	52 Weeks Lo	Stock	Sym	Div	Yld %	PE	Vol 100s	Hi	Lo	Close	Net Chg
			-A-A-A-									
s	24 1/2	15	A&W Brands	SODA	.32	1.3	21	286	24 1/2	24 3/8	24 1/2	+ 1/8
s	13 1/4	5 5/8	ABS Ind	ABSI	.20	1.7	19	358	12	11 3/8	11 3/4	+ 1/2
n	21 1/2	15	ABT BldgPdt	ABTC		...	...	67	20 1/4	20	20 1/4	...
s	21	10 1/8	ACC	ACCC	.12	.6	66	382	19 1/4	18 3/4	19	...
n	46 3/4	10 3/4	ACX Tch	ACXT		...	...	179	36	35	35 3/4	+ 1/4
s	41	16 1/4	ADC Tel	ADCT		...	35	363	38 3/4	38	38 3/4	...
	17 1/4	4 7/8	ADESA	SOLD		...	26	56	15 1/4	14 3/4	15	+ 1/4
	7 1/2	5	AEL Ind A	AELNA		...	dd	155	6 7/8	6 3/4	6 7/8	− 1/8
	19 1/2	9 3/4	AEP Ind	AEPI	.05e	.3	15	108	15 3/4	15 1/2	15 3/4	...
n	9 1/4	7	AER EngyRes	AERN		...	...	129	9 1/4	8 1/2	9 1/4	...
▲	33 1/4	21	AES Cp	AESC	1.00f	3.0	20	2083	33 3/8	32 1/2	32 7/8	− 1/8
	26	5	AGCO Cp	AGCO	.04	.2	28	306	25 1/2	24 3/4	25 1/2	+ 5/8
n	38	24 1/2	AGCO pf		.46p	1.2	...	42	37 3/4	37	37 5/8	− 1/8
	18	12	AgSvcAm	AGSV		...	14	9	16 3/4	16 3/4	16 3/4	+ 3/4
n	25 1/4	20 1/8	AMCOR Ltd	AMCRY	.51e	2.1	...	5gg				...
n	16 1/4	15 1/2	APS Hldg	APSI		...	...	3910	15 5/8	15 1/2	15 5/8	+ 1/8
n	12 3/4	11 3/4	A PealnPod	APOD		...	...	64	12 1/4	11 3/4	11 7/8	+ 1/8
n	17 3/4	14	A + Comm	ACOM		...	...	930	16 1/2	16	16 1/2	...
	6	1 7/8	ARI Netwk	ARIS		...	dd	58	4 5/8	4 3/8	4 1/2	+ 1/8
	28 1/8	9 1/2	ASK Grp	ASKI		...	dd	4687	14 1/4	13 1/8	13 5/8	− 1/2
	24 1/4	12 3/4	AST Rsrch	ASTA		...	dd	2200	17 1/4	16 3/4	17 1/8	+ 1/8
	9	5 1/4	ATSMed	ATSI		...	dd	300	6 1/8	5 7/8	6 1/8	...
	6 1/8	2 5/8	AW Cptr A	AWCSA		...	9	103	3 3/4	3 3/8	3 3/4	+ 1/8
s	13 1/8	5 5/8	AamesFnl	AAMS	.30	3.4	8	1352	9 1/4	8 1/2	8 7/8	− 1/8
s	**14**	**7 3/8**	**AaronRents**	**ARONA**	**.06**	**.5**	**13**	**77**	**13**	**11 7/8**	**11 7/8**	**−1 1/8**
	8	**3 3/4**	**Abaxis**	**ABAX**		**...**	**...**	**337**	**7 3/4**	**7**	**7**	**− 1/2**
	24 3/4	11	AbbeyHlthcr	ABBY		...	17	1499	23	22 1/8	22 1/2	+ 3/4
	12	6 1/4	AbingtnSav	ABBK		...	14	34	11	10 1/2	11	− 1/2
	15 1/2	7	Abiomed	ABMD		...	dd	551	10 1/4	8 3/4	9 1/4	− 1/4
	6 1/2	**3 3/4**	**Abramsind**	**ABRI**	**.12f**	**2.0**	**8**	**1**	**6**	**6**	**6**	**− 7/16**
n	**16 1/2**	**4 1/2**	**AbsolutEntn**	**ABSO**		**...**	**...**	**824**	**7 3/4**	**6 5/8**	**7 5/8**	**+ 7/8**
	4 3/4	**2 3/4**	**Accelint**	**ACLE**		**...**	**dd**	**3**	**3 1/8**	**3 1/8**	**3 1/8**	**− 3/8**
	12 1/8	3 1/4	AccessHlth	ACCS		...	35	407	8 1/8	7 5/8	7 3/4	− 1/4
s	**31 3/4**	**7 9/16**	**AcclmEntn**	**AKLM**		**...**	**44**	**36573**	**30 7/8**	**28**	**28 1/4**	**−3 1/8**
n	17 1/2	6 3/4	AceCashExp	AACE		...	29	49	11	10 3/4	11	...
s	17 1/2	12 5/8	Aceto	ACET	.28	2.2	36	36	13	12 3/4	12 3/4	...
	20 3/4	11	AcmeMetals	ACME		...	cc	2	15	15	15	...
n	20 1/2	10 1/2	Actel	ACTL		...	...	877	14 1/2	14	14 1/2	+ 3/8
n	7	4 1/2	ActionPerf	ACTN		...	...	78	4 13/16	4 11/16	4 13/16	− 1/16
n	1 3/4	9/16	ActionPerf wt			...	...	10	15/16	15/16	15/16	− 1/16
s	23 1/2	11 3/4	Acxiom	ACXM		...	39	59	23 1/2	22 3/4	23 1/2	+ 1/2
s	16 7/8	9 1/4	AdacLabs	ADAC	.48	3.8	12	532	13 1/4	12 1/2	12 3/4	...
	7 1/2	**3 1/4**	**Adage**	**ADGE**		**...**	**37**	**22**	**7 1/8**	**6 5/8**	**6 5/8**	**− 1/2**
	33 1/4	18 1/2	Adaptec	ADPT		...	15	5722	30	29 1/4	30	+ 1/2
	18 1/4	12 1/4	AddintnRes	ADDR		...	cc	380	17	16 1/2	17	+ 1/2
	22	**11 1/2**	**AdelphiaComm**	**ADLAC**		**...**	**dd**	**342**	**19 1/4**	**18**	**18 1/2**	**+ 7/8**
	26 1/2	15	AdiaSvcs	ADIA	.16	.7	18	8	24	23 3/4	23 3/4	...
s	37	12 5/8	AdobeSys	ADBE	.20	1.0	18	5859	19 3/4	18 1/2	19 1/4	− 1/4
	8 1/2	**1 1/4**	**AdvaCare**	**AVCR**		**...**	**dd**	**411**	**2 3/8**	**2 1/8**	**2 3/8**	**+ 1/8**
	15	6	AdvCircuit	ADVC		...	9	777	10 7/8	10 1/4	10 1/2	− 3/8
	20 1/8	9 5/8	AdvRoss	AROS		...	22	30	18 1/2	18 1/2	18 1/2	− 1/2
	5 7/8	1 15/16	AdvIntrvnt	LAIS		...	dd	2679	3 1/4	3	3 1/16	− 1/8
	5 9/16	2 1/2	AdvLogicRsrch	AALR		...	dd	360	3 1/2	3 1/8	3 5/32	− 3/32
	9 3/4	4 7/8	AdvMktg	ADMS		...	12	310	6 3/4	6 1/2	6 3/4	...
	10 1/8	5 1/8	AdvPolymer	APOS		...	dd	1246	5 5/8	5 3/8	5 5/8	...
n	8 1/4	4 1/4	AppldSignal	APSG		...	...	11	5 3/4	5 1/4	5 1/4	...
	5 3/8	2 1/8	ArabShld	ARSD		...	...	507	2 5/8	2 1/2	2 1/2	...
n	25 3/4	22 3/4	Aramed	ARAM		...	...	110	25	25	25	
	23 3/4	15 1/2	ArborDrug	ARBR	.20	1.1	17	171	18 1/4	17 3/4	17 3/4	− 1/2
n	15 1/4	12 3/4	ArborHlth	AHCC		...	...	45	15 1/4	15	15	+ 1/4
	19 1/2	8 3/4	ArborNtl	ARBH		...	14	52	19 1/2	19	19 1/4	+ 1/8
	18 3/4	7	ArchComm	APGR		...	dd	916	17 3/4	17 1/4	17 1/4	− 3/8
	5 11/16	3 1/2	ArchPete	ARCH		...	25	392	4 1/2	4 1/4	4 1/2	...
s	27	11 1/8	Arctco	ACAT	.21	.8	25	349	26	25	25 1/4	− 1/2
n	16 3/8	9 5/8	Arethusa	ARTHF		...	...	712	14 5/8	14 1/8	14 1/2	− 1/8
s	27	13 1/2	ArgentBk	ARGT	.48	1.9	10	4	25	23	25	+2
	35 1/2	27	ArgonautGp	AGII	1.00	3.2	10	384	32 3/4	31	31	−1 1/4
n	36 3/4	15 1/4	ArgosyGaming	ARGY		...		796	27 3/4	26 1/2	27 1/4	+ 3/4
	10 3/4	3 1/4	ArgusPharm	ARGS		...	...	241	5 3/8	5 1/4	5 1/4	...
	29/32	1/16	AristotleCp	ARTL	.45j	...	dd	52	11/16	11/16	11/16	− 3/32
	7	3 1/2	Aritech	ARIT		...	10	288	5 1/4	4 15/16	4 15/16	...
	17 1/8	8 1/8	ArkansBest	ABFS	.04	.3	16	143	11 1/2	11 1/8	11 1/2	+ 3/8
n	52 5/8	36 1/2	ArkansBest pfA		2.88	6.5	...	23	44	43 7/8	44	...
	21	12 3/4	ArmorAll	ARMR	.64	3.2	21	202	20	19 1/4	20	+ 1/4
	40 1/2	26 3/4	ArnoldInd	AIND	.68	1.7	20	27	39 7/8	39 1/4	39 7/8	...
	13 3/4	6 5/8	ArrowFnl	AROW	.05e	.4	15	13	13 3/4	13	13 3/4	...
	29 1/2	17 1/2	ArrowInt	ARRO	.10	.4	22	109	23 1/8	23	23	− 3/4
n	**7**	**5**	**ArrowTransp**	**ARRW**		**...**	**...**	**37**	**7**	**6 1/2**	**7**	**+ 3/8**
	13 1/2	5 3/4	ArtsWayMfg	ARTW		...	24	1	11 1/4	11 1/4	11 1/4	...
	19 3/4	5 3/4	Artisoft	ASFT		...	17	595	9 1/4	8 7/8	8 7/8	− 3/8
	11 1/2	3 7/8	ArtGreetg	ARTG	.05e	1.1	15	52	4 3/4	4 1/4	4 3/4	+ 1/8
n	14 1/2	9 1/2	Aseco	ASEC		...	...	101	10 3/4	10 5/8	10 3/4	+ 1/4
	35 3/4	9	AspectTel	ASPT		...	53	944	34 3/4	33 1/4	34 5/8	+1 3/8
	18 1/4	8 1/4	AspenBcsh	ASBK	.20	1.1	18	28	18 1/4	17 3/4	17 7/8	+ 1/8
s	40	27 1/4	AssocBcp	ASBC	1.00b	2.6	14	1	37 3/4	37 3/4	37 3/4	...
	27 1/2	**13**	**AssocComm B**	**ACCMB**		**...**	**...**	**344**	**26 3/4**	**26**	**26**	**−1 1/2**
	27 1/2	13	AssocComm A	ACCMA		...	cc	32	27 1/2	27	27 1/4	− 1/4
s	14 7/8	5	AstecInd	ASTE		...	12	127	13 7/8	13 1/4	13 1/4	− 5/8
	17	**10**	**AstroMed**	**ALOT**	**.12**	**1.1**	**17**	**8**	**11 1/8**	**11**	**11**	**− 5/8**
	3	**2**	**Astronic**	**ATRO**		**...**	**8**	**4**	**2 3/8**	**2 3/8**	**2 3/8**	**− 1/4**
	5 3/8	3 7/8	Astrosys	ASTR		...	24	14	4 1/8	4 1/8	4 1/8	− 5/32
n	12 1/2	10	AsystTech	ASYT		...	...	481	10 1/2	10	10	− 1/2
n▲	14 5/8	13 5/8	AtchisonCast	ACCX		...	...	3179	15 1/4	14 1/2	14 7/8	+ 5/8
	9 3/4	6 1/2	AthenaNeuro	ATHN		...	...	594	9 1/2	8 3/4	8 3/4	− 1/4
	7 3/4	5	AtheyPdts	ATPC		...	dd	30	7 1/4	7 1/4	7 1/4	...
	10 1/4	7 1/2	AtkinsnGuy	ATKN		...	38	126	9 3/4	9	9 3/8	− 1/8
	2 3/4	5/8	AtlanAm	AAME		...	11	16	2	1 7/8	1 7/8	...
n	17	10	AtlCoast	ACAI		...	...	116	12 7/8	12 1/4	12 1/4	− 5/8
	7 1/4	4 1/4	AtlGulf	AGLF		...	dd	331	7	6 3/4	7	+ 3/16
s	39	14 3/4	AtlanSEAir	ASAI	.28	1.0	25	1575	29 3/4	29	29	− 3/4
	25 3/4	9 3/4	AtlTeleNtwk	ATNI	.40	3.1	16	149	13	12 1/2	13	+ 1/2
	38 5/8	11 1/2	Atmel	ATML		...	28	5985	35 1/2	33 3/4	35	− 1/8
	10 1/2	5 3/4	AtrixLabs	ATRX		...	...	174	6 1/2	6	6 1/2	− 1/4
	12	8 1/2	AtwoodOcn	ATWD		...	dd	1	11 1/2	11 1/2	11 1/2	− 1/2
	29	17 1/2	AuBonPain A	ABPCA		...	39	1619	18 3/4	18	18 1/2	+ 1/8
	6 7/8	2 15/16	AuraSystems	AURA		...	dd	2082	6 5/8	6 1/8	6 7/16	+ 1/4
n▼	**15 1/2**	**9 1/2**	**AuspexSys**	**ASPX**		**...**	**...**	**2827**	**10**	**9**	**9**	**− 3/4**
	16 1/2	**9 1/4**	**Autocam**	**ACAM**	**.52t**	**3.4**	**17**	**8**	**16 1/4**	**15 1/2**	**15 1/2**	**−1**
	8 3/4	6 7/8	AutoclvEngr	ACLV	.24	2.8	77	7	8 1/2	8 1/2	8 1/2	+ 1/8
	56 3/4	38 3/4	Autodesk	ACAD	.48	1.1	20	3180	44 3/4	44	44 1/8	− 3/8
	11 3/4	4 1/2	AutoFinGp	AUFN		...	42	76	11 1/4	10 3/4	11	+ 1/4
n	**15**	**4 3/4**	**AutoImmune**	**AIMM**		**...**	**...**	**1606**	**8**	**7**	**7 3/4**	**+ 1/2**
	5	3 1/4	AutoInfo	AUTO		...	14	110	3 7/8	3 3/4	3 7/8	− 1/8
	30 3/4	13	AutoIndus A	AIHI		...	27	1164	28 1/2	28	28	− 1/2
s	50	7 1/8	Autotote A	TOTE		...	66	1051	47	45 1/2	46	−1
	17 1/2	11 3/4	AutotrolCp	AUTR	.59t	4.0	dd	44	14 3/4	14 5/8	14 5/8	− 1/4

Source: The Wall Street Journal, October 11, 1993. Reprinted by permission of The Wall Street Journal, ©
1993 Dow Jones & Company, Inc. All Rights Reserved Worldwide.

圖12.5　櫃檯買賣市價的報價表

內上市公司股票,是在交易廳內以人工喊價方式撮合,而交易較冷淡的股票則是透過電腦達成交易。近年來受到美元對日圓匯率走低的影響,日本證券交易所的外國公司股票呈現急遽增加情況。

證券市場法規

影響證券業的重要法規,首推1933年通過的銀行法,俗稱為格拉斯・史蒂格勒法案(The Glass-Steagall Act)。它嚴格禁止商業銀行涉足證券承銷等投資銀行業務。但是某些美國以外的國家,並未樹立商業銀行業務與投資銀行業務間的防火牆區隔,日本就是一個例子。日本的證券承銷案中,主辦承銷商多是由商業銀行擔任。

最近幾年,隨著存款機構管制解除暨貨幣控制法案(The Depository Institutions Deregulation and Monetary Control Act)與存款機構法案(The Depository Institution Act)分別於1980年與1982年通過之後,1933年銀行法的管制已逐漸放寬。目前銀行可以提供證券經紀服務,未來期望能獲得更廣泛的投資銀行業務。

1933年實行的證券法案(The Securities Act)充分反映出1920年代證券市場體系的紊亂,以及1929年美國股市大崩盤後的種種併發症。在當時,詐欺交易、瘋狂的融資投機、內線交易的傳聞不斷。這項法案也是第一個專門針對證券業而訂定的,十分強調證券交易的誠信原則,例如,要求新發行證券必須登記註冊、製作公開說明書來揭露攸關資訊等作法,都是源自於此一法案。

1934年,證券交易法(The Securities Exchange Act)制定後,大幅擴張了聯邦政府對於次級市場與證券交易所的管轄權力,不僅設置了證券市場的監督機關——證券交易管理委員會(SEC),也明令交易所、經紀商與自營商在執業前須事先註冊、從事信用交易的保證金規定、禁止公司人員利用內部資訊做投機活動等事項。

證券交易管理委員會同時擔任某些聯邦法律的主管機關,如1935年通過的公用事業控股公司法案(The Public Utility Holding Company Act)便將天然氣公司與電力公司納入證管會的管轄內,證管會得以掌控他們的會計簽證

程序，核准證券發行的型式。

1938年施行的破產法案（The Bankruptcy Act）要求證管會須一同列席破產事件的審判法庭，理由是宣告破產的公司過去曾發行的證券，會牽涉到許多投資大眾的權益。同年的麥隆尼法案（The Maloney Act）是將櫃檯買賣市場也歸入證管會的管理，並建建立櫃檯買賣市的自律組織——全國證券自營商協會（NASD）。

1939年的信託契約管理法案（The Trust Indenture Act）賦予證管會權利區隔「債券受託人」與「債券發行人」，並認可受託人來決定契約樣式。1940年通過的投資公司法案（The Investment Company Act）將註冊登記與資訊揭露要求的對象，擴大到投資公司，目的是防止1920年代時公司管理階層任意操縱經營項目以從事投機活動的種種弊端再度發生。

1940年，投資顧問法案（The Investment Advisors Act）制定之後，再將投資顧問公司納入證管會的管轄，並規定投資顧問公司所須具備的專業知識與能力。1970年的證券投資人保護法案（The Securities Investor Protection）設立了證券投資人保護公司，這家政府經營公司的服務項目如同保險公司般，在投資人所委託的經紀商破產倒閉時，立即負擔投資人一切損失。

證券法修正案（The Securities Act Amendments）於1975年通過，除了要求證管會將管理重心轉移到「開發一個全國性的證券市場」，並還有其他的重要變革：廢除證券經紀商的固定手續費制度、准許紐約證券交易所會員買賣交易所內的上市公司股票、授權證管會制定證券經紀商的最低資本額限制等項目。

摘　要

1. 解釋企業在資本市場籌資時所發行的證券

   企業所發行的證券有二種基本型式：負債與股東權益。負債如公司債，股東權益如普通股及特別股，不過特別股卻同時擁有公司債與普通股的特徵。

2. 解釋政府在資本市場籌資時所發行的債務工具

   財政證部會發行政府公債融通政府支出；政府機構與一些由政府贊助成立的企案會發行中長期債券，融通其營運所需資金；州、郡、市等

各級地方政府則是發行地方政府債券。

3.細說投資銀行扮演的功能

投資銀行業是促成初級市場順利運作的主要參與者之一，他們經營的業務有別於一般商業銀行，乃是協助企業與政府在金融市場籌措長期資金。主要提供的服務有財務顧問、證券設計、證券配銷工作。

4.描述交易所與櫃檯買賣市場中的證券買賣

次級市場是指從事流通中證券買賣的市場，包括有組織的交易所與櫃檯買賣市場。交易所有紐約證券交易所、美國證券交易所、小型的地區性交易所與海外交易所等；櫃檯買賣市場中，交易商利用電腦、電話所連結成的網路從事交易，買賣的標的物是未在交易所上市的證券。

5.描述證券市場法規

最重要的法規是1933年通過的銀行法，俗稱格拉斯‧史蒂格勒法案；1933年實行的證券法案充分反映出1920年代證券市場體系的紊亂，以及1929年美國股市大崩盤後的種種併發症；1934年證券交易法制定後，大幅擴張聯邦政府對於次級市場與政券交易所的管轄權力，並由證券交易管理委員會擔任聯邦法律的主管機關。

問 題

1.解釋貨幣市場的意義，並列出市場中常見的交易工具。

2.解釋資本市場的意義，並說明主要的參與者。

3.討論政府中期公債與長期公債。

4.解釋政府機構與政府贊助成立的企業如何籌募資金。

5.地方政府債券吸引人之處為何？

6.屬於地方政府債券的一般債券和收益債券之相異點為何？

7.解釋特別股相似於債券與普通股之處。

8.次級市場與次級市場的差別是什麼？

9.解釋投資銀行所扮演的功能。

10.註冊聲明與公開說明書的內容有那些？

11.說明總括申報制的運作方式。

12.什麼是草擬的公開說明書與墓碑式廣告？

13.什麼是承銷團？作業方式為何？

14.確定承銷與餘額承銷的意義為何？

15.承銷價差的意義是什麼？

16.列出幾家主要的世界級交易所。

17.公開發行公司與未公開發行公司之間有何差別？

18.次級市場提供了那些功能？

19.紐約證券交易所中的經紀人、場內交易人、場內經紀人與專業證券商的角色是什麼？

20.什麼是聯合揭示帶？

21.何謂整股交易、畸零股交易及鉅額交易？

22.美國證券交易所相異於紐約證券交易所之處為何？

23.地區性交易所的組成為何？

24.敘述兩家最大的海外交易所。

25.什麼是櫃檯買賣市場？運作方式為何？

26.1933年的格拉斯‧史蒂格勒法案與1934年的證券法之重要性為何？

27.證券交易管理委員會所管轄的法規有那些？

28.聯合百貨公司為什麼想要發行普通股？

29.為什麼司法部要調查所羅門兄弟公司於國庫券市場的交易行為？

習　題

1.（等值收益率）John Rafferty購買一筆收益率為10%的地方政府公債，若其邊際稅率為40%，請問考慮稅賦後的等值收益率是多少？

2.（發行股數的計算）Fernandez運動器材公司正計畫藉由發行普通股籌措 $ 10,000,000。在於承銷商一番討論後，管理階層相信每股可賣得 $25.00。不過除了承銷商將收取發行價格的10%作為補償外，公司尚須支付額外的發行成本達$125.00。請問Fernandez公司應發行多少普通股，才可籌募到$10,000,000？

3.（發行新股）你正負責某項新普通股發行方案，請描述你會如何處理這項任務。

Computer Shoppe公司的營運項目是向三十個以上的電腦製造商採購桌上型電腦設備，再將這些電腦販售給美國東南地區的中小企業，並且負責安裝與維修事宜。公司的經營策略是提供顧客最先進的微電腦設備，與高品質的服務與支援。理由是管理階層深信高附加價值的服務，是讓公司在價格競爭激烈的資訊流通業中，與其他對手搶食市場大餅的優勢。

Computer Shoppe公司預計以每股$9.00的價位，首次公開發行1,000,000股的普通股，以乃考量諸多因素後，經由發行公司與承銷商第一喬治亞公司彼此協議出的預估承銷價格。這些因素包括公司的經營能力、獲利率的過去表現與未來展望、現階段的研發狀況、管理階層所估計的價格與同業的市價水準，以及產業的整體動態。由於在過去一段時間內，電腦硬體產業的股票曾經出現巨幅波動情況，因此這次Computer Shoppe公司的承銷價格與目前市場價格有很大差距。不過在預估的承銷價格決定後，第一喬治亞公司有權利依據市場實際狀況變化，進行適當的調整。

另一方面，Computer Shoppe公司的存貨有相當高的比例是在向上游製造商大量採購後形成的，雖然公司可以根據採購合約上的附註事項，終止購買協議，但是電子科技快速變遷特徵與電腦產業高度競爭現象，使得公司存貨價值容易受到外在環境改變的影響。因此，在募股的公開說明書上，提醒投資大眾應該仔細評量公司條件，再決定是否投資。

Computer Shoppe過去在各式行銷計畫推動下，經歷了大幅成長時期。至於未來數年如何維持以往的成長率，公司曾把收購其他公司的方案納入考慮，目前較具體的行動是準備進入電腦設備的郵購市場。不過值得注意的是，一旦顧客自行組裝電腦後，Computer Shoppe公司可以刺激消費者購買欲望的因素只有價格了。

在承銷合約中，承銷商第一喬治亞公司允諾以包銷方式，先全數買下1,000,000股普通股，再將股票賣給投資大眾，預訂的承銷價格將會以公開說明書封面上所記載的價格為準。第一喬治亞公司並且有權利選擇國家證券交易商協會的某些會員以進行股票交易。

問題

1. 投資銀行在證券承銷所過程中，所扮演的角色為何？
2. 預定的承銷價格是依那些因素決定的？
3. 身為一個投資人，你會根據什麼資訊判斷是否投資股票？

13 普通股與特別股

特別股高股利的背後，隱藏著潛在風險

穩定的高額股利，是特別股受到眾多小額投資人青睞的因素。雖然特別股可為投資組合創造固定收益來源，投資卻強調這種證券的高風險特徵，遠超過一般人所想像。

「特別股是一種混合性的投資工具，同時具有普通股與債券的性質。它可以減輕

股市大跌時的不利衝擊，也意味著若發行公司獲利情況不錯時，特別股無法享受到價格上漲的潛在利益。」紐約大學的財務與管理學教授Robert Boyden Lamb分析指出。其他值得投資人注意的因素包括：高股利特性使得特別股在利率水準波動時，價格容易產生上漲或下跌狀況；公司若取消特別股股利發放，並不會導違約，這與

公司無法及時支付債券利息就發生違約的情形是不同的。

「想要尋求固定收益投資工具的小額投資人，最好是購買公司債。」波士頓Loomis Sayles公司的執行副總裁Daniel Fuss認為，「唯有在邊際稅率較低的機構投資者，才會真正享受到一般特別股的高股利好處。沒有特殊因素的話，發行公司是不會對特別股支付太高的股利，因此小額投資人應極力避免投資一般特別股。」

至於「普通股與特別股究竟何者較好」的辯論，目前仍然持續著，爭執焦點是二種證券在風險與報酬上的取捨關係。市面上各種不同型式的特別股，投資人購買前宜謹慎選擇。

Source: Tom Herman, "Preferreds' Rich Yields Blind Some Investors to Risks," *The Wall Street Journal*, March 24, 1992. Reprinted by permission of The Wall Street Journal, © 1992 Dow Jones & Company, Inc. All Rights Reserved Worldwide.

普通股的基本概念

普通股與特別股都是代表公司的所有權，普通股股東擁有的權利是可以掌握公司長期的經營決策，而特別股雖然沒有參與公司事務的權利，卻是享有優先分配股利與清算的權利。

經織一家公司前，務必熟悉普通股的一些基本概念，像是公司的設立、股份的表彰、結算公司的運作內容、普通股的各種法律型式、種類、價值衡量方式，以及股價平均數與股價指數。

公司的設立

當州政府核准組織章程（charter）與頒發營業執照後，一家公司便開始存在。組織章程上除了載明公司名稱、經營項目、核准的普通股股數與董監事姓名及住所，並詳述股東的權利與義務。若達到半數或三分之二以上的同意票，可以對公司章程進行修正（一股代表一個投票權）。理所當然的，公司章程的任何修正部分，都必須經由當地州政府的准許。

公司設立時也須備妥組織細則（bylaw），專門針對公司的管理階層，內容包括選舉董監事的方式、各種委員會的組成、現有股東的優先認股權利、組織細則的修訂程序等。目前一些新成立的公司，在組織細則的格式上都有一套共通的標準。

股份的表彰

股票（stock certificate）是表彰公司股份的所有權，記載了公司名稱、設立地點、持有股數、公司總裁與經辦人員的簽章。股票與股東的一些重要資料都會登記在公司的股東名簿上，這對於股東是否能如期收到股利、年報與進行表決權來說，都是十分必要的。

當投資人進行股票轉讓登記時，便要借助於股務代理（transfer agent）。他們先撤銷原股東的股票，再發行新股票給新的股東，並確實地記錄，作為分配權益或追訴責任的依據。發行公司的股務工作，通常是委託銀行、信託公司等專業機構來代理。

結算公司

為了防範現股交割、轉讓與登記過程中所衍生的種種問題，結算公司（clearinghouse）運用電腦處理交易資料的方式便因應而生。全國證券結算公司目前處理了紐約證券交易所、美國證券交易所與一些櫃檯買賣市場的所有交易事項。結算所的電腦化集中運作模式，的確省卻了現股交割作業的成本。

存款信託公司（DTC）則是保有各送存單位的證券交易資料，記帳分錄中顯示著各送存單位的股票持有數目，每一張股票並以存款信託公司的名義寄放在股票發行公司。股利方面是先支付給存款信託公司，再由存款信託公司貸記在各送存單位的帳戶上。前一章曾提及美國1975年的證券法修正案中，要求證管會將管理重心移到「開發一個全國性的證券市場」，就包括建立證券的集中管理制度，以免除證券運送的麻煩。

普通股的各種法律型式

　　核定股本（authorized stock）是公司在不變更公司章程的情形下，可以發行的最大股數。考量各種變更章程的成本後，公司向主管機關申請發行的股份通常是一個較大的數目，實際發行時卻是核定股本的一小比例。剩餘的部分可能保留著，用來應付股票選擇權與可轉換證券執行時所需（這部分將在第15章作更詳細的討論）。

　　這裡有些專有名詞會牽涉到核定股本：「已發行股份」是股東過去已繳足股款所購買的股份，這個數目理所當然的會小於核定股本。「庫藏股」是公司在公開市場買回自家股票，或是經由宣布「公開出價收購合約」（tender offer）的方式，以大於股票市價的某一設定價格，直接向股東買回特定數量的股票。庫藏股的特性是不具表決權，也不支付股利。「在外流通股份」是股東實際所持有的股份，因此在外流通股份的數目是等於已發行股數減去庫藏股數。

普通股的種類

　　部分公司所發行的普通股，其種類不只一種。過去的分類是：A類是不具投票權的股份，而B類則擁有投票權，如此一來，公重大決策是由B類普通股股東所掌握著。時至今日，A類普通股通常是具有投票權與股利分配權，為一般投資大眾持有；B類普通股由公司管理者持有，只有在盈餘水準超過預定目標後，始可配息，這種股票也就是公司發起人所認購的股份。

　　某些公司對於普通股的種類，更會超過二種。1984年，美國通用汽車（GM）收購電子資料系統司（EDS）時，是以所發行的E類普通股加上現金作為付款條件；1985年，通用汽車再買下休茲飛機公司（Hughes Aircraft），付款方式則是H類普通股加上現金。不同於通用汽車正常的普通股具有一股一個投票權，每股E類與H類普通股分別擁1/4與1/2的投票權。股利額度方面，E類與H類普通股的支付標準是根據這二家子公司的調整後盈餘水準而定。目前它們也都在紐約證券交易所上市。

表13.1 Hardeman公司在1992年12月31日的股東權益科目

普通股股本（核定股本1,000萬股，在外流通股數 500萬股，每股面值$1）	$ 5,000,000
資本公積	45,000,000
保留盈餘	50,000,000
股東權益總額	$100,000,000

普通股價值的衡量

股東權益是資產負債表的一部分，提供一些普通股的相關資料。表13.1是Hardeman公司在1992年12月31日股東權益科目，其中每股面值（par value）是公司管理者在章程中所任意決定的數字。若發放股利可能導致股東權益價值低於普通股股本科目金額時，公司是無法進行股利發放的，這就是為什麼面值會設定在較低金額的原因。例子中，面值 $ 1乘以在外流通股數500萬股，可以得出普通股股本金額為$5,000,000。

普通股通常是以大於面值的水準售出，公司新股東所購入價格超過面值的部分，須記入資本公積（capital in excess of par）科目。表13.1的例子中股票售出價格是面值的好幾倍，超過幅度達$45,000,000。

股東權益中，最後介紹的一個科目是保留盈餘，這等於公司過去數年所賺得盈餘扣去所發放股利的總和，每一年所額外增加的保留盈餘都會加在這項科目。由表13.1中，可以獲知公司在歷年歲月中的保留盈餘總和為$50,000,000。

〔例題〕

1933年時，Hardeman公司以每股$25.00的價格發行1,000,000股普通股，並在當年度賺得盈餘$15,000,000，其中的40%將以股利型式發放出去。財務分析師Ricardo Estrada想要從這條件中建構出Hardeman公司在1993年12月31日的股東權益科目。

解答：

由表13.2中可看出在外流通股數由5,000,000股增加為6,000,000股，將

表13.2 Hardeman公司在1993年12月31日的股東權益科目	
普通股股本（核定股本1,000萬股，在外流通股數 600萬股，每股面值$1）	$ 6,000,000
資本公積	69,000,000
保留盈餘	59,000,000
股東權益總額	$134,000,000

6,000,000股乘以每股面值$1，得到普通股股本為$6,000,000。再把發行價格$25與面值$1的差距$24，乘以新發行的1,000,000股，可算出新增的資本公積為$24,000,000，再加上原來的數字$45,000,000，即為改變後的資本公積為$69,000,000。

最後將當年度的盈餘$15,000,000乘以保留率0.60，得出新增的保留盈餘$9,000,000，與前年度的金額相加，乃是當年期末的保留盈餘$59,000,000。上述三項的總和為新的股東權益$134,000,000。

比較兩張表，可以知道Handeman公司兩年期末的帳面價值（book value）總額分別是$100,000,000與$134,000,000。每股帳面價值是面值總額除以在外流通的股數，1992年的每股帳面價值為$20.00（$10,000,000/5,000,000），1993年的每股帳面價值為$22.33（$134,000,000/6,000,000）。Hardeman公司的普通股交易價格，低於或高於面值的情形都有可能，理由是面值計算要視會計方法而定，然而市價決定於投資大眾對公司未來現金流量價值的評判。

清算價值（liquidation value）是公司資產的目前市價減去負債、特別股、清算費用的總額，再除以流通在外股數，乃是每股清算價值，這表示若進行清算動作，每股實際上能分配到的金額，故可視為普通股價值的底限。組織創造的價值（organizational value）是市價扣除清算價值，為考慮綜效（synergy）後的結果。

股價平均數與股價指數

多數投資人在追從股價趨勢時，是依據股價平均數與股價指數。股價平均數（stock market average）是某一組股票的市價在特定時點之算術平均。

將一個較早時點的股價平均數,作為後來時點股價平均數的基準而得之百分數,稱為股價指數(stock market index)。股價指數呈現上升趨勢時稱為多頭市場(bull market),下降趨勢則稱為空頭市場(beat market)。

《華爾街日報》的出版商道瓊公司,編製出四種股價平均數:工業股價平均數、運輸業股價平均數、公用事業股價平均數與綜合股價平均數。道瓊工業股價平均數(Dow Jones Industrial Average, DJIA),由三十種工業股票價格構成,有通用汽車、IBM、西屋公司,以及其他大型上市公司,選取標準因時而異。若採樣公司支付股票股利或發生股票分割時,計算股價平均數前會先對除數作適當調整。道瓊運輸業股價平均數是由二十種鐵路、公路與航空公司股票組成;道瓊公司用事業股價平均數是由十五種公用事業股票構成;道瓊綜合股價平均數則是由以上三十種工業股票、二十種運輸業股票與十五種公用事業股票所組合而成。

另外一家財務資訊的出版商,史坦德普耳(Standard & Poor)公司製作了六種股票指數:500指數、工業指數、公用事業指數、運輸業指數、金融業指數、MidCap指數。每一項指數都是選定一組股票在1941～1943年的價值作為基期(乘以10),並依照公司每天在外流通股數作為權數加以計算。若其中一指數目前是150,表示指數已增加為基期的十五倍。

史坦德普耳500指數(Standard & Poor's 500 Index, S & P500)是由四百家工業、四十家公用事業、二十家運輸業與四十家金融業的股票所構成;史坦德普耳工業指數是由四百家工業股票組成;史坦德普耳公用事業指數是由四十家公用事業股票組成;史坦德普耳運輸業指數是由二十家運輸業股票組成;史坦德普爾金融業指數是由四十家金融業股票所組成。1991年,該公司揭曉了史坦德普耳MidCap指數的內容,包括四百家中型規模的公司。

其他受到投資人士所廣泛利用的股票指數包括:紐約證券交易所計算的所有上市公司的綜合指數,以及工業、公用事業、運輸業、金融業股票的個別指數;美國證券交易所也編製了一套所有上市公司的綜合指數;全國證券自營商協會依據五千家上櫃股票市價所設計出的股價指數。以上這些股價指數每天都會刊登在《華爾街日報》,如圖13.1。

STOCK MARKET DATA BANK 10/1/93

MAJOR INDEXES

HIGH	LOW (†365 DAY)		CLOSE	NET CHG		% CHG		†365 DAY CHG		% CHG		FROM 12/31		% CHG
DOW JONES AVERAGES														
3652.09	3136.58	30 Industrials	3581.11	+	25.99	+	0.73	+	380.50	+	11.89	+	280.00	+	8.48
1683.08	1219.56	20 Transportation	1638.82	+	10.69	+	0.66	+	392.07	+	31.45	+	189.61	+	13.08
256.46	214.76	15 Utilities	249.41	−	0.39	−	0.16	+	31.71	+	14.57	+	28.39	+	12.84
1358.57	1107.47	65 Composite	1332.06	+	7.52	+	0.57	+	202.59	+	17.94	+	127.51	+	10.59
439.93	380.79	Equity Mkt. Index	438.84	+	2.06	+	0.47	+	51.46	+	13.28	+	25.55	+	6.18
NEW YORK STOCK EXCHANGE														
256.88	222.11	Composite	256.29	+	1.06	+	0.42	+	30.48	+	13.50	+	16.08	+	6.69
304.74	273.18	Industrials	302.50	+	1.39	+	0.46	+	24.33	+	8.75	+	8.11	+	2.75
246.95	198.98	Utilities	c243.24	+	0.52	+	0.21	+	39.56	+	19.42	+	33.58	+	16.02
255.27	182.66	Transportation	c253.42	+	1.67	+	0.66	+	66.92	+	35.88	+	38.70	+	18.02
232.75	177.91	Finance	232.40	+	0.84	+	0.36	+	52.30	+	29.04	+	31.57	+	15.72
STANDARD & POOR'S INDEXES														
463.56	402.66	500 Index	461.29	+	2.36	+	0.51	+	50.82	+	12.38	+	25.58	+	5.87
524.99	471.36	Industrials	519.56	+	2.84	+	0.55	+	38.72	+	8.05	+	12.10	+	2.38
409.36	307.94	Transportation	403.43	+	2.79	+	0.70	+	87.20	+	27.57	+	39.68	+	10.91
189.49	148.88	Utilities	186.04	+	0.65	+	0.35	+	31.06	+	20.04	+	27.58	+	17.41
48.40	35.17	Financials	48.17	+	0.21	+	0.44	+	12.37	+	34.55	+	7.28	+	17.80
175.74	140.50	400 MidCap	175.73	+	0.13	+	0.07	+	33.69	+	23.72	+	15.17	+	9.45
NASDAQ														
763.66	565.21	Composite	763.23	+	0.45	+	0.06	+	191.60	+	33.52	+	86.28	+	12.75
781.73	598.56	Industrials	779.82	−	0.31	−	0.04	+	175.21	+	28.98	+	54.88	+	7.57
946.00	701.03	Insurance	941.24	−	4.76	−	0.50	+	235.00	+	33.27	+	137.33	+	17.08
701.66	453.28	Banks	701.66	+	2.85	+	0.41	+	242.70	+	52.88	+	168.73	+	31.66
337.87	250.33	Nat. Mkt. Comp.	337.43	+	0.16	+	0.05	+	84.31	+	33.31	+	36.87	+	12.27
312.88	239.80	Nat. Mkt. Indus.	311.90	−	0.19	−	0.06	+	69.74	+	28.80	+	20.50	+	7.04
OTHERS														
461.59	364.85	Amex	461.59	+	1.20	+	0.26	+	90.35	+	24.34	+	62.36	+	15.62
288.21	238.81	Value-Line(geom.)	288.21	+	0.42	+	0.15	+	45.96	+	18.97	+	21.53	+	8.07
253.00	186.50	Russell 2000	253.00	+	0.05	+	0.02	+	63.51	+	33.52	+	31.99	+	14.47
4619.87	3899.31	Wilshire 5000	4619.87	+	18.03	+	0.39	+	660.45	+	16.68	+	330.13	+	7.70

†-Based on comparable trading day in preceding year.

圖13.1 《華爾街日報》刊登的股票市場指數

股東的法定權利

　　公司股東所享有的權利甚多，茲就其最主要者說明如下：

盈餘分配權

　　在支付給債權人利息後，普通股股東有權利對稅後盈餘中未支付給特別股股東的部分進行分配。這些盈餘可採股利型式發放給普通股股東，或是繼續保留在公司體系內，將好處遞延到未來。舉例來說，某公司支付債權人$2,000,000的利息後，當年度的稅後淨利是$5,000,000，若特別股股息是$1,000,000，則普通股股東享有金額達$4,000,000的盈餘分配權。

　　公司董事會可宣布$4,000,000中的任何比例作為股利，或不作任何分配。此時股東可以召開股東大會，藉投票表決的手段更換管理階層，以表達

對股利政策的不滿，然而只要公司能夠把保留盈餘投資於具獲利性的資產，促進股價上揚，股東依然會間接享受到保留盈餘的好處。

公司重大決策的投票權

普通股的所有權賦予股東每持有一股可以獲得一個投票權，最重要的用途是在選舉董監事的時機上。至於其他會執行投票權的情況有：修訂公司章程或組織細則、購併行為的贊成與否、重大政策的變更、授權不同種類的普通股發行等事項。

普通股股東選舉出董事會成員後，再由董事會來推派公司的管理階層。這項選舉一般是每年一次，且多是於股東年度常會中舉行。有些股東會親自出席股東會，不過大多數股東會把投票權轉換給別的股東。為了打消敵意購併人士的企圖心，有的公司每年只會只會改選董事會的部分成員。

委託他人代理行使投票權的文件，稱為委託書（proxy）。管理階層會徵求股東的委託書，目的是要掌握公司的經營。在現有股東普通滿意公司管理階層作個的狀態下，那只會有一種董監事候選人名單；若情況不然，就會發現市場派人士也在收購委託書，意圖取得公司經營權。

上述舉動是大家所熟悉的委託書爭奪戰（proxy fight），在爭戰過程中，雙方都會相互指責對方並不是在謀求全體股東的最大利益。

基於證券交易管理委員會的規定，公司在徵求委託書時必須切實遵循一套程序，包括一份徵求委託書的書面文件，上面明白記述著董監事被提名人的背景，以及參選理由等相關資訊。最近幾年，委託書爭奪戰已經逐漸成為購併場合的一部分。

投票的方式是決定誰能掌控公司的重要因素。採用多數選舉法（majority voting）時，每股股份投票權的數目與董監事候選人的數目相等，但每股所選之候選人不得重複。這使得一個占有百分之五十以上股權比例的團體，足夠控制全體董監事，進而握有公司決策大權；而累積選舉法（cumulative voting）乃是每股股份所擁有的選舉票數，可重複投給單一候選人，所以持有股數低於百分之五十的股東也有出任董監事的機會，讓小股東的意見得以受到重視，在某些議題上與公司管理階層相抗衡。

〔例題〕

　　某公司目前流通在外股數為12,000股，Ricardo Estrada持有2,100股。若股東會將要選舉出五名董事，請問在多數選舉法與累積選舉法之下，Ricardo分別可以掌握幾名董事？

解答：

　　由於Ricardo只握有17.5%的股權，未超過半數，除非他能獲得大多數股東的支持，否則光憑本身實力，是無法在多數選舉中有所斬獲，也就是連一席董事都控制不到。

　　而累積選舉法的結果，要視Ricardo如何分配自己的投票權而定。其他股東總共有49,500張選票（（12,000－2,100）×5），若平均分配給五個候選人，每人得票數是9,900（49,500÷5），只要Ricardo將所擁有的10,500張選票（2,100×5）全力支持另外一個候選人，就可穩操勝算，獲得一席董事。

　　在累積選舉法下，欲當選某一數額董事，則可以利用下列公式計算出所需要的股數：

$$SR = \frac{DD(SO)}{TD + 1} + 1 \tag{13.1}$$

　　其中

　　　　SR ＝所需股數
　　　　DD＝欲當選的董事數額
　　　　SO ＝流通在外股數
　　　　TD ＝應選出的董事數額

（13.1）式也證實了Ricardo擁有2,100股，足以當選一席董事：

$$SR = \frac{1(12,000)}{5 + 1} + 1$$
$$= 2,001$$

　　同理，如欲當選二名董事，所需的股數是4,002股。

新股的優先認購權

　　公司章程常會給予普通股股東一項權利，在新股發行時可以優先購買，

稱作優先認購權（preemptive right）。多數的州政府並未強制要求公司章程須納入此一權利，而是讓公司自行決定。

　　優先認購權的存在，滿足了兩個目標：第一，維持現有股東對於公司的控制權。若沒有優先認購權，公司管理階層可透過購入新發行股票的途徑來提高控制程度，剝奪現有股東的權益。第二，防範管理階層以發行新股方式，稀釋現有股東所持有的股票價值。例如，某公司目前流通在外股數為12,000股，市價為$100，股票總市值為$1,200,000。在公司決議以每股$50價格進行現金增資3,000股後，股票總市值改變為$1,350,000，每股市價降低為$90（$1,350,000÷15,000）。若原股東無法依原持股比例優先購入新股，每股將會損失$10，產生被稀釋的結果。

關於其他國家的股東權利 ·······················

　　只要有金融市場的地方，就會發生客戶抱怨股票經紀商蓄意炒作（churning）其帳戶以榨取佣金的事件。不過對於日本金融市場而言，這類問題的犧牲者卻是特別嚴重。因為在許多國家，投資大眾對此可以訴諸法律行為取得賠償；但是日本社會的道德標準與法令規範，阻礙了損失者這麼做。原因是在日本的社會體系中，人們從小就被教育不該做個喜好爭論鬥嘴的民族，因而使得避免衝突的觀念深植人心，「社會和諧」的重要性勝過任何個人權利。股票市場內也深深反映了這種現象，即使交易過程中確實有違法舉動，人們卻普遍認為過失責任應由交易雙方共同承擔，因此最好能互相讓步，謀求妥協。「投資人會覺得公開揭發他人在股市中的脫軌行為，是一件不太名譽的事。」敏雄鹽木指出，他本身處理過多次小額投資人證券買賣糾紛事件。一位不具名的內閣官員認為任何有關經紀商炒作客戶帳戶的法律，像是對於牽涉這類證券交易醜聞的人，判決懲罰性質的賠償金，或是由法院訂立更強制的命令來加以規範，都可能會瓦解掉傳統社會精神體系。

Source: Quentin Hardy, "Stock Risk in Japan：Remedies Are Few If the Broker Cheats," *The Wall Street Journal* , April 1 ,1992. Reprinted by permission of The Wall Street Journal, © 1992 Dow Jones & Company, Inc. All Rights Reserved Worldwide.

認購普通股的權利

普通股的發行，通常藉由下列五種方法：（1）透過投資銀行或證券商，銷售給一般投資大眾；（2）採用私募方式，銷售給一些機構投資者或有錢的大戶；（3）運用員工認股計畫，直接由公司員工進行認購；（4）以股利再投資計畫銷售給現有股東；（5）以發行認股權的方式，銷售給現有股東。本節注重的焦點是第五種方法。

發行認股權的特性

一般公司章程中，大多會給予股東權利以原持股比例認購新股，也就是優先認購權。公司更可透過具體的行動來達到這個目的——發行認股權（rihgt offering, privileged subscription）。在公司發行認股權時，股東每持有一股，就會收到一個可以購買特定數量原股票的選擇數，即稱為認股權（right）。該選擇權契約授權持有者可以根據發行條件來認購新股。

在公司宣布發行新股和認股授權書寄達現有股東之前，董事會必須對認股權發行計畫進行嚴謹的審核。認股授權書記載了認購價格、認購日、新股發放日等事項，認購價格是現有股東每認購一股所須支付的價格，認購日是該權利仍可執行的最後一天，發放日是將新股發給參與認購股東的日子。

表13.3是以例子說明與發行認股權有關的重要日子。5月1日公司董事會宣布發行認股權的計畫，且同時指定5月23日為登記基準日。登記基準日當天股東名簿上的股東才具有資格參與認股權發行計畫，而這些股東必須是在四天之前就已經交易買入該公司股票，故5月19日為除權日，5月19日以後購入股票的投資人都無法享受到認股的權利。認股授權書將會在6月15日——郵寄給資格符合的股東。可執行權利的最後一天是6月26日，並預定在7月14日將新股發放給參與認購的股東。

表13.3	關於發行認股權的幾個重要日子
5月 1日	宣布發行認股權計畫
5月19日	除權日
5月23日	登記基準日
6月15日	認股授權書寄送日
6月26日	認購日
7月14日	新股發放日

評估認股權的價值

在公司董事會宣布發行權計畫的當日，也會一併訂定出認購價格。為了誘使股東踴躍認購，該價格會設定得比認購日可能出現的最低價格還要低。認購價格高低與公司預定籌募的金額多寡，共同決定了所要發行的股數。

〔例題〕

Hardeman公司預計透過發行認股權方式籌措$1,000,000的資金，認購價格為每股$20，而目前股價是每股$30。請為Ricardo計算出應該發行的股數。

解答：

我們可以採用下列公式決定需要發行的股數：

$$新股數目 = \frac{所需資金}{認購價格}$$
$$= \frac{\$1,000,000}{\$20}$$
$$= 50,000（股）$$

發行認股權方式給予了現有股東可依照原持股比率認購新股的機會，運用這個概念，我們可以決定出認購一股新股所需要的認股權數目。

〔例題〕

Hardeman公司已有200,000股普通股流通在外，請再為Ricardo計算出多少個認股權可認購新股一股。

解答：

利用下述公式：

$$認股權數目 = \frac{流通在外股數}{新股發行數目}$$

$$= \frac{200,000}{50,000}$$

$$= 4（認股權）$$

由於現有股東每持有一股普通股就收到一個認股權，因此需要四個認股權才可認購普通股一股。

在原股東能以低於市價之水準認購新股的因素下，使得認股權本身產生了價值，這個價值相當於股價在除權日當天所下降的幅度。

〔例題〕

Recardo Estrada對於公司股票在認股權發行後的總市值感到有興趣，並想瞭解理論上的每股市價為何？

解答：

認股權發行後，股票總市價的計算可利用下式：

股票總市值（TMV）＝已有股票的市價＋新發行股票的市價

$$TMV = 200,000(\$30) + 50,000(\$20)$$

$$= \$6,000,000 + \$1,000,000$$

$$= \$7,000,000$$

再將此值除以流通在外總股數，可得出理論上的每股市價，也就是股票的除權價（P_{ex}）：

$$P_{ex} = \frac{總票總市值}{流通在外總股數}$$

$$= \frac{\$7,000,000}{200,000+50,000}$$

$$= \$28（每股）$$

進而可得知除權日當天，股價下跌的幅度為\$2（\$30–\$28），可視為認股

權的價值。我們也可以直接運用除權價、認購價與認購一單位新股所需的認股權數目這三項資訊，求出認股權的價值（R），公式如下：

$$R = \frac{P_{ex} - S}{N} \qquad (13.2)$$

其中

        S ＝認購價格

        N＝認購一單位新股所需的認股權數目

將資科一一代入後，認股權的價值為：

$$R = \frac{\$28 - \$20}{4}$$
$$= \$2$$

另一個計算認股權價值的公式則是需要含權價（P_{ro}）的資訊，計算結果依然相同：

$$R = \frac{P_{ro} - S}{N + 1} \qquad (13.3)$$

一般的實務是，基於市場預期股價上漲的投機性買盤介入影響下，認股權的實際市價往往會高於理論價值（$2）。

$$R = \frac{\$30 - \$20}{4 + 1}$$
$$= \$2$$

在發行認股權過程中，通常有少數股份未被認購，大約1%至2%，此時公司會鼓勵其他股東超額認購。處於這種情況下，因為認購價格比起從市場中買進來還要便宜，認購的股東可說是獲得實質上的好處。

普通股的分類

股票市場中，聚集了各式各樣的普通股，從極端保守的到高度投機的，一應俱全。若我們以股票的風險與報酬特性加以分類，奉勸投資大眾應該在

投資前對所選擇的股票有所認識，檢驗其是否能符合投資人對於報酬率的要求與風險的承擔能力。本節就五種主要類別的普通股作一介紹：

藍籌股

藍籌股（blue chip stocks）是指一些廣受市場人士重視的績優股，像是通用汽車、IBM、全錄等公司。道瓊工業股價平均數所採樣的股票也都算是藍籌股的族群。它們原本僅是在產業中具有壓倒性的地位，財務報表相當完整健全，盈餘與股利記錄也都十分穩定。

儘管藍籌股們的表現並非是完全相同，卻倒是多數保守投資人士矚目的焦點。這些股票提供了合理的股利水準，每年穩健地持續成長，在金融風暴時期更是頗具魅力。1987年10月19日美國股市大崩盤之後，藍籌股普遍受到投資大眾的認同訴求。

成長型股票

成長型股票（growth stocks）投資人預期未來在每股盈餘與價格極具成長空間的股票。這個定義或許和某些學者的觀點迥異，他們解釋成長型股票為過去在盈餘及股價已經歷高度成長時期的股票。此外，成長型股票與成長型公司有所差異，後者是指該公司在規模上呈現持續成長狀態。

屬於成長型股票的公司，管理階層在投資決策所獲致的報酬率，能有效地大於邊際資金成本。簡單舉例，某公司現階段的邊際資金成本為12%，而投資計畫的報酬率可達20%，這正是支持公司快速成長的力量。

收益型股票

收益型股票（income stocks）在長期而言，擁有穩定且高額的現金股利。公用事業股票的股利支付型態即滿足此一特性，故算是收益型股票。反觀一些高科技產業的股票，並不以現金股利為號召，努力保留公司盈餘，以充分掌握任何的成長機會。因此，收益型股票的高股利政策雖然限制了公司

的成長可能性，但是大量的盈餘來源卻讓公司得以生生不息。

收益型股票吸引了一群特定的投資人，他們都相信現有的高股利收入是相當安全可靠的。然而一小部分的收益型股票倒是不敢保證其股價不會出現震盪起伏的情況。

抗跌型股票與景氣循環型股票

抗跌型股票（defensive stocks）的特徵是在經濟蕭條時期，股價還能維持十分平穩，甚至有上揚的可能，對於景氣循環變化不甚敏感。與其相對的是景氣循環型股票（cyclical stocks），股價波動幅度遠超過大盤的表現。公用事業與食品零售業可說是抗跌型股票的一種，製造機械工具的產業則屬於景氣循環型股票。

若站在資本資產訂價模型（CAPM）的角度，抗跌型股票的系統風險與不可分散風險較低，等於是低 β 係數（小於1）；而景氣循環型股票的系統風險高，β 係數大於1。抗跌型股票中最極端的例子要算是黃金開採業了，在經濟低迷時仍然十分亮麗，展現出反景氣循環的型態。

投機股

投機股（speculative stocks）具有高風險與高預期報酬，包括一些新成立的公司，以及面臨財務困境的公司。這類股票的盈餘狀況既不確定也不穩定，而且本益比通常很高。會購買投機股的投資人多是著眼於短期獲利，搶短線的作法屢見不鮮。

特別股

特別股是一種混合性的證券，同時兼具負債與普通股的性質。儘管特別股的股利類似於永續債券的利息支付型態，但是若未發放股利，特別股股東無法訴諸法律要求公司支付。對發行公司而言，特別股還有一點與債券不

同，就是其股利不似債息具有抵稅的效果。

特別股在發行時通常會有一個既定的面值（如$100），股利的表達方式是由「金額」或「面額的某一百分比」中擇其一。舉例來說，某張面額為$100的特別股上會載明了股利金額為$10，或股利支付率為10%，而實際支付時是分為四季，每季$2.50。

特別股的型式

累積特別股（cumulative preferred stock）的特性是歷年所有積欠股利必須分配足額後，普通股股東方得領取股利。該特性等於是施加董事會一股壓力，只好盡其所能地維持每期股利發放。假如某期股利未能支付，董事會依規定必須提出說明，有時則改以新普通股來代替特別股股利。

可贖回特別股（callable preferred stock）是指發行公司在既定年限後有權利向特別股股東贖回特別股，並隨之註銷。所設定的買回價格略高於面值，超過的部分稱為買回權利金（call premium）。由於贖回條款不利於特別股股東，其股利率通常較高。而公司決定是否贖回特別股的考量因素，相似於贖回負債的決策，這部分我們將於後再做討論。

可轉換特別股（convertible preferred stock）的股東擁有權利將特別股轉換成特定數量的普通股，最近幾年約有半數的特別股是以此種條件發行。簡單舉例，Martin公司發行股利率為10%的特別股，每張的面值與贖回價格分別為$100與$110，持有人並有權將每張特別股轉換成兩股普通股。若目前普通股市價為$60，等於是兩股的價值為$120，對持有人而言，明智之道是在第一次贖回日將其轉換成普通股。

參加特別股（participating preferred stock）的特性是：公司分派股利給特別股與普通股股東後，若尚有剩餘盈餘可供分配，則特別股仍可繼續參加分配。不過前提是普通股股東與特別股股東必須享有等額股利後，特別股股東才可繼續共享盈餘分配。例如，Morris公司發行一筆面額為$100的參加特別股，股利率為10%，唯有為普通股股東也獲得$10的股利後，所有股東才可繼續分配盈餘。

1980年代，可調整股利率特別股與競價特別股一一誕生。1982年，一些

公司開始發行可調整股利率特別股（adjustable rate preferred stock, ARPS），其股利率並非固定的，而是盯住市場指標利率，如政府公債利率。在浮動股利率可以減低價格波動性的考慮下，吸引許多公司進行短期投資。1984年，競價特別股（market auction preferred stock）首次發行，股利率的水準是透過每七個月的競價方式來訂定。

特別股在稅賦方面的問題

特別股與普通股股利的來源都是稅後收益，不同於債券利息來源是根據稅前收益。稅賦上的不利因素，使特別股對於發行公司的魅力不及於公司債。

〔例題〕

Hardeman公司的財務部門正在評斷該發行$1,500,000的特別股，或是$1,500,000的公司債，特別股股利率和公司債的票面利率均訂在10%。預期下一年度的息前稅前盈餘（EBIT）是$1,000,000，邊際稅率為40%。管理階層希望Ricardo能找出兩種計畫下，普通股股東可以分配的盈餘額度。

解答：

表13.4列出了兩種計畫下普通股股東可供分配的盈餘，分別是$450,000與$510,000，其中的差距是債息節稅後的效益（0.40×$150,000＝$60,000）。

表13.4　特別股與公司債發行計畫下，普通股股東可供分配的盈餘

	特別股	公司債
息前稅前盈餘	$1,000,000	$1,000,000
利息費用	0	150,000
稅前盈餘	$1,000,000	$ 850,000
應付所得稅	400,000	340,000
稅後盈餘	$ 600,000	$ 510,000
特別股股利	150,000	0
普通股股東可分配的盈餘	$ 450,000	$ 510,000

特別股的投資者大多是企業、保險公司與退休基金，原因是稅法准許機構投資者可將絕大比例的特股股利視為免稅所得，這讓特別股的稅前收益率高於公司債。

〔例題〕

　　Hardeman公司正考慮投資特別股或公司債，兩者的稅前收益率為10%，不過特別股股利的80%可列入免稅所得。倘若公司的邊際稅率為40%，請計算出兩種投資工具的稅後收益率。

解答：

　　對於機構投資者而言，公司債利息並未享受任何稅賦優惠，債券稅後收益率（ATBY）計算如下：

$$ATBY＝債券稅前收益率（1－稅率）$$
$$＝10\%（1－0.40）$$
$$＝6.00\%$$

　　特別股股利的80%可視為免稅所得，因此特別股稅後股利率（ATPY）為：

$$ATPY＝特別股稅前股利率〔1－（稅率）（1－免稅比率）〕$$
$$＝10\%〔1－（0.40）（0.20）〕$$
$$＝9.20\%$$

摘　要

1. 解釋普通股的基本概念

   公司成立須經州政府核准組織章程與頒發營業執照。股票是表彰公司股份的所有權。股價平均數是某一組股票的價格算術平均；而股價指數是將一個較早時點的股價平均數，作為後來時點股價平均數的基準而得之百分數。

2. 說明普通股股東所享有的法定權利

   在支付給債權人利息後，普通股股東有權利對稅後盈餘中未支付給特

別股股東的部分進行分配；普通股股東並有權利投票選舉出董事會成員，再由董事會來推派公司的管理階層；公司章程亦常會給予普通股股東權利，可在新股發行時優先購買，稱為優先認購權。

3.敘述發行認股權的意義

在公司發行認股權時，股東每持有一股，就會收到可購買特定數量原股票的選擇權，即稱為認股權。該選擇權契約授權持有者可以根據發行條件來認購新股。

4.認股權價值的決定

為了誘使股東踴躍認購，認股權價格會設定得比認購日可能出現的最低價格還要低。在原股東以低於市價之水準認購新股的因素下，使得認股權本身產生了價值，這個價值相當於股價在除權日所下降的幅度。

5.根據風險與報酬的特性來分類普通股

藍籌股是指一些廣受市場人士重視的績優股；成長型股票是投資人預期未來在每股盈餘與價格極具成長空間的股票；收益型股票是長期擁有穩定股利的股票；抗跌型票的特徵是於經濟蕭條時期，股價還能維持十分平穩；投機性股票是一些具有高風險與高報酬的股票。

6.解釋特別股的基本概念

特別股是一種混合性證券，同時兼具負債與普通股的性質，其股利和普通股一樣，都是來自公司的稅後淨利。

問　題

1.解釋公司的基本概念。

2.解釋股票的基本概念。

3.解釋結算公司的基本概念。

4.討論普通股的各種法律型式。

5.討論普通股的種類。

6.解釋資產負債表中關於股東權益的部分。

7.帳面價值、每股帳面價值、清算價值與每股清算價值的意義各是什麼？

8.股價平均數與股價指數的相異點為何？

9.討論普通股之盈餘分配權。

10.一般公司的董事會是如何被選出？

11.多數選舉法與累積選舉法的相異之處是什麼？

12.解釋優先認購權的用途。

13.列出發行股票的五種方法。

14.什麼是發行認股權？運作方式為何？

15.關於發行認股權的幾個重要日子是什麼？

16.解釋普通股的分類。

17.特別股不同於普通股之處是什麼？

18.討論特別股的型式。

19.稅賦上如何處理特別股？

20.請問普通股與特別股那一種較好？

21.英代爾公司與AMD公司的版權侵犯訴訟對於股價有何衝擊？

22.為什麼日本人會想要極力避免任何的法律行為？

習　題

1.（股東權益科目）Madison公司於1993年12月31日的股東權益科目如下：

普通股股本（核定股本1,000,000股，在 　外流通股數500,000股，每股面值$1）	$　500,000
資本公積	3,500,000
保留盈餘	6,000,000
股東權益總額	$10,000,000

公司於1994年時以每股$15.00的價格發行100,000股普通股，並在當年度賺得盈餘$1,000,000，其中的40%將以股利型式發放出去。請建構出Madison公司在1994年12月31日的股東權益科目。

2.（股東權益科目）Champion公司於1993年12月31日的股東權益科目如下：

普通股股本（每股面值$1）	$ 750,000
資本公積	2,250,000
保留盈餘	5,000,000
股東權益總額	$ 8,000,000

公司在次一年度時以每股$10.00的價格發行15,000股普通股，並在當年賺得盈餘$800,000，其中的30%將以股利型式發放出去。請建構該公司在1994年12月31日的股東權益科目。

3. （選舉董事）某公司的流通在外股數為465,000股，你持有175,000股。若股東會將要選出六名董事，請問在多數選舉法與累積選舉法之下，你分別可以掌握幾名董事？

4. （選舉董事）Blanding公司的流通在外股數為950,000股，Jane Robinson持有375,000股。若股東會將要選七名董事，請問在多數選舉法與累積選舉法之下，他分別可以掌握幾名董事？

5. （認股權）Vyas公司預計透過發行認股權方式籌措$2,000,000的資金，認購價格為每股$20，而目前股價是每股$25，請問該發行多少新股？若Vyas公司已有200,000股普通股流通在外，請問多少個認股權可認購新股一股？認股權發行後的股票總市值為何？理論上的每股市價又為何？

6. （認股權）Turner工具公司正在對股東發行認股權，五個認股權可以認購價格$25去買入一股新普通股，目前股票的含權價格為$30。請問認股權的價值為若干？除權後的股價會有何變動？

7. （普通股盈餘）Qualitool公司的財務部門正在評斷該發行$1,000,000的特別股，或是$1,000,000的公司債，特別股股利率和公司債票面利率均訂在11%。預期下一年度的息前稅前盈餘（EBIT）是$750,000，邊際稅率為40%。請問兩種計畫下的普通股盈餘分別是多少？

8. （普通股盈餘）Advanced系統公司將選擇發行$6,000,000的特別股或公司債，特別股股利率和公司債票面利率均訂在11%。預期下一年度的息前稅前盈餘（EBIT）是$1,900,000。請問兩種計畫下的普通股盈餘各為何？

9. （稅後收益率）New Brunswick公司正考慮投資特別股或公司債，兩者

的稅前收益率皆為12%，不過特別股股利的80%可列入免稅所得。倘若公司的邊際稅率為40%，請計算兩種投資工具的稅後收益率。

10. （稅後收益率）目前市場上的公司債收益率為11%，而特別股收益率為12.5%。Hoenshel製造公司的邊際稅率為$40%，特別股股利收入的70%可列入免稅所得。請問兩種投資工具的稅後收益率各是多少？

Trimatic公司是汽車內部高級裝飾設備的領導廠商，產品包括整套的汽車門窗組合、扶手枕、頭靠枕與車用音響座架，顧客大多是北美汽車、小型貨車、輕型卡車的製造商。

這家公司目前有五種普通股流通在外，由A類至E類，今年希望普通股全面簡化成A類（具投票權）與B類（不具投票權）兩種，已有的A、B、C、D四類舊普通股可轉換成A類新普通股，而E類舊普通股可轉換成B類新普通股。另外，B類新普通股在某些限制條件之下，持有人有權轉換成A類新普通股。Trimatic公司並準備以$15.00的價格發行5,000,000股A類新普通股，完成這項普通股種類簡化計畫。

Trimatic公司並且曾發行總面值為2,400萬具贖回權與交換權的累積特別股，每季發放股利，每年發放率達9.5%，其他契約條款包括：公司必須在公元2001年4月前贖回這特別股；公司在支付面額5%的現金後，有權利以發行附屬信用債券代替這些特別股，債券的年利率為9.5%，到期期限為公元2001年；若Trimatic公司的財務狀況未能達到某些條件時，可不以現金方式支付特別股股利及附屬信用債券的利息，曾經有過以額外特別股股份代替股利的例子發生。

值得注意的是，Trimatic公司過去曾發行附認股權證的優先承兌債券，每個認股權證可以$210.00的履約價認購34,000股A類普通股，在1997年4月3日到公元2001年4月3日公司贖回認股權證這段期間，持有人可以選擇以認股權證來購買股票。

A類新普通股發行計畫完成後，Trimatic公司掌握的A類普通股比例達到64%。在這之前，幾乎所有股東都認同最大股東的意見，藉此控制董事會的選舉結果，以有效影響公司事務。此外，Trimatic公司於二年前收購了另一家公司後，就沒有再宣布發放普通股股利，未來仍是繼續保留公司盈餘以支持公司成長，任何支出都需要經由董事會斟酌考慮後才能付諸行動。

| 問題 |

1.有什麼原因會使得公司希望簡化普通股的種類？
2.什麼是具贖回權與交換權的累積特別股？
3.認股權證的運作方式為何？
4.你會如何分類這家公司的普通股？
5.若你是Trimatic公司的新普通股股東，你會希望擁有那些權利？

14

長期負債與租賃

美墨兩國積券市場可望平穩

目前在美國的債券市場中，交易商及基金管理人員一致認為柯林頓總統將會在北美自由貿易協定（NAFTA）中獲得關鍵性的勝利，這種心理使得三十年期公債價格得以穩定。在這之前，由於投資大眾憂慮通膨一觸即發，而導致債券價格發生暴跌現象。儘管不少投資人普遍懷疑此一事件對於債券市場的影響能力，但是相較於其他國際貿易協議，如歐盟協定，他們相信北美自由貿易協定的通過會帶來好預兆，理由是貿易全球化會促進通膨的改善。

市場專家對於北美自由貿易協定的看法則是顯著分歧，所羅門兄弟公司的首席經濟學家John Lipsky強調：「貿易自由化表示經濟體系能夠有效運作，長期而言，這有助於通膨壓力的減輕。」富達投資顧問公司旗下一位基金經理人Robert

Beckwitt也預期北美自由貿易協定之後,將促使墨西哥整體信用評等上揚。不過一家從事貨幣市場共同基金管理的Scudder Steven & Clark公司,其經理人Adam Greshin則抱持著不同意見:「此一貿易協定的通過,對於美國本土債券市場的激勵因素相當有限,但假若無法通過,為債市所帶來的負面效應卻是不容忽視。」在北美自由貿易協定尚未通過之前,一些從事貨幣市場業務的人士頻頻與日本交易商接洽,目的是要降低美國政府長期公債的持有比率,以預防貿易協定失敗所引發的不利後果。

北美自由貿易協定的例子,說明了貿易自由化協議對於全球債券市場的影響效果。在本章中,我們將會學習到更多債券市場體系的事物。

Source: Thomas T. Vogel, Jr. and Leslie Scisml, "Bond Markets in U. S. and Mexico Were Tranquil in Anticipation of Vote on Free Trade Accord," *The Wall Street Journal*, November 18, 1993. Reprinted by permission of The Wall Street Journal, © 1993 Dow Jones & Company, Inc. All Rights Reserved Worldwide.

長期負債融資

企業的長期負債型式一般為中期或長期公司債,前者的到期年限在一年到十年間,後者的到期年限在十年以上。本節所要討論的焦點是債券契約、債券的形式與債券評等。

債券契約(bond indenture)是發行公司與債權人之間的協定。這份文件充滿了各式各樣的法律術語,有時達數百頁之多,而債券受託人(trustee)負責確保債券契約型式符合法律要求。債券受託人必須是1939年所通過的信託契約管理法案(The Trust Indenture Act)所核准的資格為限,並由發行公司支付相關費用。實務上,債券受託人大多是一些主要商業銀行的信託部門來擔任。債券契約中,較為重要的部分是保護性條款與還款的方式。

保護條款(protective convenants)的設計用意是要降低發行公司對於這筆債券可能違約的機率,內容包括要求公司定期提供允當的財務報表數據、資產的維修計畫、繳稅情形、足夠的保險、加速條款等項目,還有當利息未付超過特定期限後,允許債券受託人宣告公司違約的細節規定。

保護條款通常會限制公司再發行其他新債，以確保目前債權的品質。一些對於資產管理方式的規範，也是保護條款中常見的敘述，例如，對流動比率的最低要求、轉讓應收帳款與出售固定資產行為的禁止、股利發放的限制等，最後一項是用來約束公司對於現有盈餘的運用。

　　至於償付債券的方式有五種：（1）贖回約定；（2）分期償付債券；（3）利用償債基金；（4）轉換；（5）到期償還。

　　具有贖回約定（call feature）的公司債授予發行公司在原定到期日之前有收回債券的權利。部分可贖回債券，可在公告通知後的三十日至六十日內自行進行贖回動作；其他的可贖回債券只能在既定期間（如五年）後才可贖回。而不可贖回債券在任何時點都無法贖回。「償付條款」（refunding provision）也是贖回約定的一型，准予公司在某些因素下買回債券，像是有超額現金的情況。不過，償付條款的理由不包括利率水準下跌，公司發行較低成本換回舊債。

　　償債基金條款（sinking fund provision）是要求公司能夠以有系統的方式償還債券，例如，在債券發行後第十一年至第三十年之間，每年收回5%的債券。不少債券契約允許可以採行最合乎經濟的方式收回債券——若利率水準高於債券票面利率，債券處於折價狀態，而公司可以市價買回債券；若利率水準低於債券票面利率，債券處於溢價狀態，而公司可抽籤決定出那部分的債券是以面值買回。值得注意的是，償債基金條款的存在會縮短債券的實際年限，上述例子中債券的平均壽命只有二十年又六個月。

　　分期償付債券（serial bonds）和附有償債基金條款的債券有點類似。一筆分期償付債券中，每張債券都有自己的到期日，好處是投資人可以選擇債券的到期期間，發行公司也得以降低資金成本。但由於一筆債券被細分為許多小單位，彼此有所差異的結果，分期償付債券的流動性很差，次級市場也難有活絡表現。

　　債權人對於債券的處理方式還有「進行轉換」與「持有至到期」兩種。前者是指可以轉換成特定數量普通股的可轉換債券，這部分在下一章中會有詳細的說明。後者在持有的過程中將面臨若干風險，理由是發行公司會在有利時點採取必要舉動。

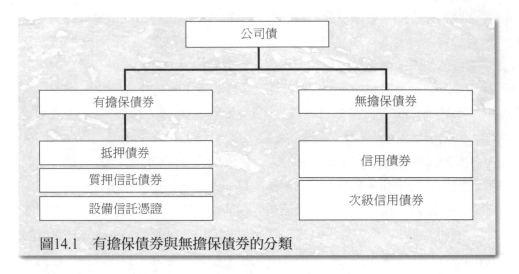

圖14.1　有擔保債券與無擔保債券的分類

債券的型式

　　有擔保債券（secured bonds）以某項資產作為抵押。若不幸發生違約情況，可對債券人有所保障。公司若要對已擔保的資產進行處分時，均須獲得債權人的允諾。有擔保債券的三種基本型式是：抵押債券、質押信託債券、設備信託憑證。圖14.1是有擔保債券與無擔保債券的分類。

　　無擔保債券（unsecured bonds）是根據公司背後的信用為保證來發行的，並沒有特定資產作為抵押，這是多數公司所採用的型式。信用債券（debenture）是屬於無擔保債券的一種，正常的年限多在十五年以上，債權人只享有一般的求償權，對於已作為有擔保債券抵押品的資產，求償順位在有擔保債券的債權人之後。某些信用債券契約為了保障持有人，會有負面抵押條款，規定公司不得以剩餘資產為抵押發行其他的有擔保債券或貸款。此一限制條件使信用債券持有人，有較高的保障程度。發行信用債券，對公司的利益在於資產運用上沒有任何的約束。

　　次級信用債券（subordinated debentures）必須在所有非次級債券（如銀行貸款、有擔保債券、信用債券）求償完畢後，才可對其進行清償。在風險考量的因素下，發行次級信用債券的資金成本相對較高。

　　垃圾債券（junk bonds）為一種兼具高風險與高收益的次級信用債券，史坦德普耳與沐迪兩家信用評等公司的評等分別在BB級與Ba級以下的債

券，均定為垃圾債券，可分為：（1）發行時即被視為高風險性的債券；（2）風險程度隨著時間經過而提高的債券。前者在融資買下（LBO）的場合中，常作為籌資工具。由於銷售這些高風險債券比起投資級債券來得困難許多，所以高額的承銷費用便造就了一些投資銀行，像Derxel Burnham證券公司。

收益債券（income bonds）的利息支付來源是發行公司的息前稅前盈餘（EBIT），當EBIT為正數，但小於原定的利息額度，實際利息支出為EBIT的金額；當EBIT為負數，公司不必支付任何利息。不過假如收益債券附有累積條款，當年度未發放的債息須累積至下一年度。此一特性使得收益債券與特別股頗為雷同，差異處在於收益債券的利息支出是可以抵稅的。

抵押債券（mortgage bonds）是發行公司以不動產為抵押品所發行的債券，常用的抵押品有房屋及土地。有時公司可對相同的不動產，發行第一順位與二順位的抵押債券。由於抵押順位較低的債券，違約風險大，因此持有人會要求較高的報酬率。

某些抵押債券契約嚴禁發行公司再對所抵押的資產，發行其他的債券，這稱為封閉式抵押（closed-end mortgage）。若沒有此項限制，稱為開放式抵押（open-end mortgage）。整體抵押債券（blanket mortgage bonds）是發行公司將全數資產作為擔保，而非局限於某項不動產。為了提供債權人更進一步的保障，部分公司會在債券契約中加入後續添購條款（after-acquired clause），此時抵押品除了原有的資產外，尚包括公司日後所購得的財產。

質押信託債券（collateral trust bonds）是以有價證券（如股票、債券）為擔保品，並存放於受託人。發行公司對所質押的證券仍可享受債息或股利所得，且仍握有表決權。實務運作上，一些控股公司把子公司股票作為擔保品，以較低的票面利率發行債券。為了避免子公司自己再發行其他債券，對已有質押信託債券的持有人不利，債券契約會針對子公司的籌款行為加諸若干限制。

設備信託憑證（equipment trust certificates）是債券的一種，抵押品是一些機器設備，通常由鐵路運輸公司發行。長期來看，這類債券的品質可說是相當不錯，原因是所抵押的機器設備可隨時替換零件，其市價得以保持穩定。信託公司並握有機器設備的權狀，直到公司將債務清償完畢、所有權移轉後為止。令人感到好奇的是，儘管設備信託憑證本身確實屬於債券，但市

場上倒是將支付給持有人的款項稱為股利。

債券評等

債券評等（bond ratings）反映了發行公司可能對債券義務違約的機率，出版這類資訊的公司非常多，最大的兩家是史坦德普耳公司與沐迪投資人服務公司，圖14.2與圖14.3是這兩家公司對各種等級債券的分類與解釋。

AAA Debt rated 'AAA' has the highest rating assigned by Standard & Poor's. Capacity to pay interest and repay principal is extremely strong.

AA Debt rated 'AA' has a very strong capacity to pay interest and repay principal and differs from the higher rated issues only in small degree.

A Debt rated 'A' has a strong capacity to pay interest and repay principal although it is somewhat more susceptible to the adverse effects of changes in circumstances and economic conditions than debt in higher rated categories.

BBB Debt rated 'BBB' is regarded as having an adequate capacity to pay interest and repay principal. Whereas it normally exhibits adequate protection parameters, adverse economic conditions or changing circumstances are more likely to lead to a weakened capacity to pay interest and repay principal for debt in this category than in higher rated categories.

BB, B, CCC, CC, C Debt rated 'BB', 'B', 'CCC', 'CC' and 'C' is regarded, on balance, as predominantly speculative with respect to capacity to pay interest and repay principal in accordance with the terms of the obligation. 'BB' indicates the lowest degree of speculation and 'C' the highest degree of speculation. While such debt will likely have some quality and protective characteristics, these are outweighed by large uncertainties or major risk exposures to adverse conditions.

BB Debt rated 'BB' has less near-term vulnerability to default than other speculative issues. However, it faces major ongoing uncertainties or exposure to adverse business, financial, or economic conditions which could lead to inadequate capacity to meet timely interest and principal payments. The 'BB' rating category is also used for debt subordinated to senior debt that is assigned an actual or implied 'BBB −' rating.

B Debt rated 'B' has a greater vulnerability to default but currently has the capacity to meet interest payments and principal repayments. Adverse business, financial, or economic conditions will likely impair capacity or willingness to pay interest and repay principal. The 'B' rating category is also used for debt subordinated to senior debt that is assigned an actual or implied 'BB' or 'BB −' rating.

CCC Debt rated 'CCC' has a currently identifiable vulnerability to default, and is dependent upon favorable business, financial, and economic conditions to meet timely payment of interest and repayment of principal. In the event of adverse business, financial, or economic conditions, it is not likely to have the capacity to pay interest and repay principal. The 'CCC' rating category is also used for debt subordinated to senior debt that is assigned an actual or implied 'B' or 'B −' rating.

CC The rating 'CC' is typically applied to debt subordinated to senior debt that is assigned an actual or implied 'CCC' rating.

C The rating 'C' is typically applied to debt subordinated to senior debt which is assigned an actual or implied 'CCC −' debt rating. The 'C' rating may be used to cover a situation where a bankruptcy petition has been filed, but debt service payments are continued.

CI The rating 'CI' is reserved for income bonds on which no interest is being paid.

D Debt rated 'D' is in payment default. The 'D' rating category is used when interest payments or principal payments are not made on the date due even if the applicable grace period has not expired, unless S&P believes that such payments will be made during such grace period. The 'D' rating also will be used upon the filing of a bankruptcy petition if debt service payments are jeopardized.

Plus (+) or Minus (−): The ratings from 'AA' to 'CCC' may be modified by the addition of a plus or minus sign to show relative standing within the major categories.

NR indicates that no public rating has been requested, that there is insufficient information on which to base a rating, or that S&P does not rate a particular type of obligation as a matter of policy.

Source: Reprinted by permission of Standard & Poor's, a division of McGraw-Hill, Inc.

圖14.2　史坦德普耳的債券評等說明

Aaa

Bonds which are rated **Aaa** are judged to be of the best quality. They carry the smallest degree of investment risk and are generally referred to as "gilt edge." Interest payments are protected by a large or by an exceptionally stable margin and principal is secure. While the various protective elements are likely to change, such changes as can be visualized are most unlikely to impair the fundamentally strong position of such issues.

Aa

Bonds which are rated **Aa** are judged to be of high quality by all standards. Together with the **Aaa** group they comprise what are generally known as high grade bonds. They are rated lower than the best bonds because margins of protection may not be as large as in **Aaa** securities or fluctuation of protective elements may be of greater amplitude or there may be other elements present which make the long term risks appear somewhat larger than in **Aaa** securities.

A

Bonds which are rated **A** possess many favorable investment attributes and are to be considered as upper medium grade obligations. Factors giving security to principal and interest are considered adequate but elements may be present which suggest a susceptibility to impairment sometime in the future.

Baa

Bonds which are rated **Baa** are considered as medium grade obligations, i.e., they are neither highly protected nor poorly secured. Interest payment and principal security appear adequate for the present but certain protective elements may be lacking or may be characteristically unreliable over any great length of time. Such bonds lack outstanding investment characteristics and in fact have speculative characteristics as well.

Ba

Bonds which are rated **Ba** are judged to have speculative elements; their future cannot be considered as well assured. Often the protection of interest and principal payments may be very moderate and thereby not well safeguarded during both good and bad times over the future. Uncertainty of position characterizes bonds in this class.

B

Bonds which are rated **B** generally lack characteristics of the desirable investment. Assurance of interest and principal payments or of maintenance of other terms of the contract over any long period of time may be small.

Caa

Bonds which are rated **Caa** are of poor standing. Such issues may be in default or there may be present elements of danger with respect to principal or interest.

Ca

Bonds which are rated **Ca** represent obligations which are speculative in a high degree. Such issues are often in default or have other marked shortcomings.

C

Bonds which are rated **C** are the lowest rated class of bonds and issues so rated can be regarded as having extremely poor prospects of ever attaining any real investment standing.

Source: Moody's Bond Record, November 1993, p. 8.

圖14.3　沐迪的債券評等說明

市場人士喜歡把債券分為投資級與投機級兩類，投資級債券（investment grade bonds）須是評比為前四級的債券，史坦德普耳的標準是由AAA至BBB，沐迪的標準是由Aaa至Baa；其於等級的歸類為投機級債券（speculative grade bonds），亦稱作垃圾債券。某公司的評等降低不僅會導致新發行債券的資金成本上揚，也會使該公司目前流通中債券的市價下挫。若等級降低幅度是由投資級轉變成投機級，損失可說是十分嚴重，因為多數銀行與機構投資者不願意持有垃圾債券。

國際券市場獲利與風險性 ……………………………………

　　對於追求更高報酬率的投資客來說，轉戰國際債券市場是件理所當然的事，藉由將部分或全部資金投資在美國以外地區所發行的高收益率債券，不僅有助於分散投資組合的風險，更可以提高整體的報酬率。雖然這項投資工具聽起來十分不錯，但其中隱含的陷阱卻不得不小心——匯率風險。隨著美元匯率的上升，會侵蝕投資組合的獲利；反之，美元匯率下跌會提高投資組合的報酬率。此外，逐漸強大的經濟體系，對於美元的干預能力日趨重要，這些因素都會影響到海外債券的表現。

　　為了規避匯率風險，許多國際債券基金透過外匯交易市場的工具來達到目的，但策略十分複雜，光靠單一匯率的變化是不夠的，基金經理人需要利用交叉匯率的關係，以減少手中所持海外債券的風險。這是因為不少國家的貨幣政策是將匯率控制在一個區間內，且多國匯率的變化彼此具有連銷影響關係。另外有一個問題也必須注意，國際債券基金每年收取的管理費用高達1.5%，遠高於國內債券基金一半以上。

Source: Ruth Simon, "The Profits And Perils Of Gobal Bonds." Reprinted from the April 1992 issue of MONEY by special permission; copyright 1992, Time Inc.

換債操作

換債操作（bond refunding）的意義是發行新債來償還全部或部分的舊債。在利率走勢下跌到某一個程度時，公司基於節省利息支出的因素，會考慮進行換債操作。而財務主管所要面對的問題是：換債操作所得到的利益是否能大過成本？若要解答這個疑問，則需執行資本預算型式的分析。

〔例題〕

Richardson公司已有一筆發行達十年的債券流通在外，總金額為$10,000,000、票面利率是12%。而發行成本為$500,000，採用直線法為基礎，在二十五年內攤銷完畢。Richardson此時正考慮再發行一筆金額為$10,000,000、票面利率是10%的新債來收回舊債，贖回溢價是10%。至於新債的發行成本是$450,000，同樣是以直線法處理，在十五年內攤銷完畢。新債將於舊債贖回前一個月進行銷售工作，所得款項暫時投入於短期有價證券，報酬率為9%。假如公司適用的邊際稅率為40%，試問換債操作是否具可行性。

解答：

解決這個問題的要領是決定增量現金流量的金額，再計算出現值。我們可以運用第6章所介紹的觀念，求得期初現金流量與每年現流量、第7章的資本預算模式得到現值。

期初現金流量

期初現金流量為下列四項的總和：（1）舊債的贖回溢價；（2）新債的發行成本；（3）舊債發行成本未攤銷部分，進行沖銷後的稅賦結餘（tax saving）；（4）舊債與新債重疊期間的額外利息支出。我們將每一項現金流量分別予以計算。

舊債贖回溢價的稅後現金流量（ATCF$_1$）計算如下：

$$ATCF_1 = -\$10,000,000(0.10)(1 - 0.40)$$
$$= -\$600,000$$

贖回溢價是－$1,000,000，這部分可以抵減稅賦，故稅賦結餘是0.40（$1,000,000）=$14,000,000。將贖回溢價與稅賦結餘相加的結果是－$600,000，亦可用上式一次計算出。

新債發行成本的稅後現金流量（ATCF2）計算如下：

$$ATCF_2 = -\$450,000$$

在時點0時，新債發行成本不牽涉任何稅賦，因為會計處理上這筆支出是攤銷到每一年，進而對每年的稅賦計算有所影響。

在舊債發行成本未攤銷部分，進行沖銷後所產生稅賦結餘的計算如下：

$$ATCF_3 = +\$500,000(15/25)(0.40)$$
$$= +\$120,000$$

舊債發行成本還有十五年的額度尚未攤銷$500,000（15/25）=$300,000，這部分可作為當年所得的扣減額，所少繳交的稅賦是$300,000（0.40）=$120,000。

舊債與新債重疊期間，額外利息支出的計算如下：

$$ATCF_4 = -\$10,000,000(0.12 - 0.09)(1/12)(1 - 0.40)$$
$$= -\$15,000$$

由於公司對於票面利率為12%的舊債，仍要支付一個月的債息，而發行新債所得款項投入短期有價證券的報酬9%，因此淨利息支出是－$10,000,000（0.12－0.09）（1/12）=－$25,000，可抵減的稅賦為0.40（$25,000）=$10,000，相加後的現金流量是－$15,000。

再將上面四項現金加總，乃是換債操作的期初現金流量：

$$CF_0 = ATCF_1 + ATCF_2 + ATCF_3 + ATCF_4$$
$$= -\$600,000 - \$450,000 + \$120,000 - \$15,000$$
$$= -\$945,000$$

每年現金流量

在資本預算中，每期稅後營運現金流量的計算，是基於計畫採行後所造成的現金流量改變；而在換債操作方面，每年現金流量是決定於新債與舊債在利息支出及攤銷金額的差異。

從第一年到第十五年，每年利息支出改變而產生的稅後現金流量計算如下：

$$ATCF_{1,1-15} = \$10,000,000(0.12 - 0.10)(1 - 0.40)$$
$$= \$120,000$$

換債後每年可節省的利息支出是$10,000,000（0.02）=\$200,000，公司須對所增加的稅前盈餘支付的稅額為$200,000（0.40）=\$80,000，相加後實際的稅後現金流量為\$200,000-\$80,000=\$120,000。

其次，每年所攤銷發行成本的金額，亦會因換債而改變，產生的現金流量計算如下：

$$ATCF_{2,1-15} = (\$450,000/15 - \$500,000/25)0.40$$
$$= \$4,000$$

鑑於每年攤銷額度增加$30,000-\$20,000=\$10,000，因此減少的稅賦為$10,000（0.40）=\$4,000。

把這二項金額予以加總，可得到換債後的每年現金流量：

$$CF_n = ATCF_{1,1-15} + ATCF_{2,1-15}$$
$$= \$120,000 + \$4,000$$
$$= \$124,000$$

現值的計算

換債操作採用的折現率是新債的稅後利息成本，這是因為債券契約對公司所加諸的義務，使得稅後現金流量型態較為穩定，風險亦低。參閱（9.2）式的方法，將收益率以新債利息成本代入，即可獲得新債的稅後資金成本。

$$ATCD = k_d (1 - T)$$
$$= 10\%(1 - 0.40)$$
$$= 6\%$$

接著將前述的現金流量資訊，以下面的線圖扼要表示：

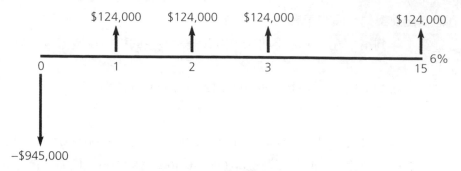

再用6%的折現率予以折現，可求出現值：

$$PV = -\$945,000 + \$124,000(PVFA_{6\%,15})$$
$$= -\$945,000 + \$124,000(9.7122)$$
$$= \$259,313$$

由現值為正數得知，換債操作值得採行。

表14.1是運用第6章的現金流量工作底稿概念來進行計算。若讀者使用本書所附財務軟體THE FINANCIAL MANAGER中的PROJECT功能，就會發現這個格式相當好用。該軟體並可在變動任何假設下，迅速地重新計算出新的現值。

前面的例子裡，隱含了一個重要假設：舊債的剩餘手限恰好等於新債的到期期間，而許多實際個案的舊債剩餘年限往往小於新債的到期期間，計算現值時只要考慮舊債到期前的現金流量即可。

〔例題〕

假設Richardson公司的舊債是十五年前發行的，其餘資料均和前例一致，試問分析結果會有何影響？

解答：

在期初現金流量方面，只有「沖銷舊債未攤銷的發行成本所產生的稅賦結餘」有所改變，計算如下：

$$ATCF_3 = +\$500,000(10/25)(0.40)$$
$$= +\$80,000$$

表14.1　換債的現金流量工作底稿

PERIOD	CF_{ADD}	CF_N	R_N	OC_N
0	-$945,000	0	0	0
1	0	$124,000	$200,000	0
2	0	$124,000	$200,000	0
3	0	$124,000	$200,000	0
4	0	$124,000	$200,000	0
5	0	$124,000	$200,000	0
6	0	$124,000	$200,000	0
7	0	$124,000	$200,000	0
8	0	$124,000	$200,000	0
9	0	$124,000	$200,000	0
10	0	$124,000	$200,000	0
11	0	$124,000	$200,000	0
12	0	$124,000	$200,000	0
13	0	$124,000	$200,000	0
14	0	$124,000	$200,000	0
15	0	$124,000	$200,000	0

PERIOD	DC_N	DC_{NEW}	DC_{OLD}	EAT
0	0	0	0	0
1	$10,000	$30,000	$20,000	0
2	$10,000	$30,000	$20,000	0
3	$10,000	$30,000	$20,000	0
4	$10,000	$30,000	$20,000	0
5	$10,000	$30,000	$20,000	0
6	$10,000	$30,000	$20,000	0
7	$10,000	$30,000	$20,000	0
8	$10,000	$30,000	$20,000	0
9	$10,000	$30,000	$20,000	0
10	$10,000	$30,000	$20,000	0
11	$10,000	$30,000	$20,000	0
12	$10,000	$30,000	$20,000	0
13	$10,000	$30,000	$20,000	0
14	$10,000	$30,000	$20,000	0
15	$10,000	$30,000	$20,000	0

在每年現金流量方面，此時只要考慮第一年到第十年：

$$CF_n = ATCF_{1,1-10} + ATCF_{2,1-10}$$
$$= \$120,000 + \$4,000$$
$$= \$124,000$$

接著是算現值（折現率仍為6%）：

$$PV = -\$945,000 + \$124,000(PVFA_{6\%,10})$$
$$= -\$945,000 + \$124,000(7.3601)$$
$$= -\$32,348$$

明顯看出此時換債操作不值得採行。

債券交易壓榨了一般納稅人 ·······················

　　正當許多納稅人每日竭盡心力讓生活收支平衡時，地方政府官員卻任意濫用政府信用，盲目地對外舉債，金額遠遠過每年稅捐收入。更重要的是，這些債務不僅利息成本高昂，相關發行費用也十分可觀。根據亞特蘭大議事法庭的資料顯示，地方政府在公債發行過程中，事先選定華爾街某些團體參與，而排拒當地居民，這些特定團體包括承銷商與律師，他們將公債發行方式設計成「洽特定人認購」，而非是經由投標來達成，因此在債券交易中，享受到高額發行費用與利息收入。這種缺乏競價精神的公債發行系統，每年浪費的金額高達數百萬美元。另外在喬治亞州，地方政府支付給債務代理人的費用，也超過應有的十倍之多。

　　有些華爾街的投資銀行與承銷商為了由公債發行中獲利，每年在競選活動中花費了不少政治獻金，鑑於這些錢很可能會敗壞金融市場的公正性，因此佛羅里達州對於某些從事地方政府債券相關事務的公司，明令禁止接受其政治獻金。而這些債券承銷商進行發行工作前，須經由地方議會、相關委員會與公開機關等層層關卡，讓債券發行過程能夠攤開在納稅大眾的眼前。

Source: Richard Witt, "Bond deals pinch taxpayers," *The Atlanta Journal-Constitution* , June 21, 1992. Reprinted with permission from the Atlanta Journal and The Atlanta Constitution.

租　賃

　　租賃（lease）是出租人（lessor）與承租人（lessee）之間的一種契約行為。出租人（所有人）授與承租人（使用人）在一定期間內使用某項資產設備的權利，並定期收取租金作為報酬。承租人可以挑選所要承租的資產樣式，並與出租人協議租賃期間。傳統租賃中，出租人擁有該項資產的所有權。

租賃的類型

　　營運租賃（operating lease）是傳統的租賃型式，又稱為服務租賃（service lease），具有下列特徵：

- 租賃設備的成本未被完全攤銷掉，租賃時間通常小於資產的使用年限（這次意味著出租人在租賃契約到期後，須設法再簽訂新的租賃契約，或是將資產以合理價格售出）。
- 出租人須負擔資產的維修工作、財產稅與保險費用。
- 租賃契約包含承租人有權利提前解約的條款（對承租人而言，這項權利是具價值的，可將資產的過時風險轉嫁給出租人）。

　　融資租賃（financial lease）又稱為資本租賃（capital lease），它具有下列特徵：

- 租賃設備的成本會被完全攤銷掉。
- 資產的維修工作、財產稅與保險費用是由承租人負擔。
- 租賃契約不可提前解約。
- 租賃契約到期時，承租人可以續約。

　　融資租賃分為售後租回協定及槓桿租賃兩種。

售後租回協定（sale-and-leaseback arrangement）一般來說具備以下性質：

- 擁有財產設備的公司將資產出售給另一家公司後，立刻再按照特定條件租回上述資產。
- 承租人定期支付租金給出租人以使用資產。

槓桿租賃（leveraged lease）則是具備以下性質：

- 承租人定期支付租金給出租人以使用資產。
- 出租人購買資產時，自己只負擔資產成本的20%到50%。
- 資產成本不足的部分，由貸款人（lender）提供融資，貸款人可能由保險公司或退休基金擔任。

租賃的會計處理

在1976年11月前，融資租賃（資本租賃）是歸類於資產負債表外融資（off-balance-sheet financing），這表示租賃契約並未表示在資產負債表右方的負債科目中，而是以附註型式揭露。影響所及，一些公司為了改善負債比率，不透過舉債購置資產，倒是採用租賃的方式，且相信此舉可降低負債的資金成本。

財務會計準則委員會（FASB）於1976年11月發布第13號公報「租賃會計處理」，規定符合FASB所定義的融資租賃，會計人員必須明白表達在資產負債表中，所租賃的資產表示在資產負債表左方的資產科目，未來支付租金的現值表示在資產負債表右方的負債科目，這種程序稱為租賃資本化。

FASB第13號公報認為租賃契約只要滿足以下任何一項標準，即可定義為融資租賃：

- 租賃期滿時，將租賃資產所有權移轉給承租人。
- 租賃契約載明承租人於任賃期滿時，有權利以低於公平市價的價格購入該資產。
- 所支付租金的現值等於或大於租賃契約開始時資產公平市價的90%。

．租賃期間至少為資產預估經濟壽命的75%。

FASB並把不屬於融資租賃的租賃契約定義為營運租賃。

租賃對稅賦的影響

租賃與稅賦之間的課題，關鍵因素在於租賃契約是否為營運租賃（真實租賃）或融資租賃（有條件的售出租賃）。不過可惜的是，會計人員對於兩種租賃類型的定義，向來不適用於稅法。

國稅局（IRS）主張若出租人承擔了擁有資產的風險，該租賃契約視為真實租賃。這時出租人還會享有資產折舊的好處，以及可能的投資稅額抵減。

國稅局並將符合以下任一標準的租賃契約以有條件售出租賃來處理：

． 租賃期間大於三十年。
．租賃契約載明承租人於租賃期滿時，有權利以低於公平市價的價格購入該資產。
． 承租人支付特定次數的租金後，可得到資產的所有權。
．租賃契約開始的數期租金額度較高。
．出租人對於該資產的投資並未享有合理的報酬率。
．租賃契約針對提前解約行為具有懲罰性條款。

上面敘述並非定整的，因此租賃雙方在簽訂重要的契約之前，應該至國稅局進行相關諮詢。

凡定義為有條件售出租賃必須把租金以分期付款處理，這允許承租人享有折舊與利息支出的稅額抵減，但出租人被不僅利息收入被課稅，更沒有其他稅賦上的好處。

國稅局十分關切是否有租賃行為成立之因是為了移轉費用或收入。租賃契約開始數期的租金較高，讓資產折舊速度快於聯邦稅務條列的修正後加速成本回收制度（MACRS），如此一來，租賃的稅賦結餘現值比起折舊的情形來得高，最後導致承租人獲益，而國稅局蒙受損失。

以承租人角度評估

從承租人角度來評估租賃契約的可行性,與換債操作很類似,都需要資本預算本預算型式的分析。此時財務主管所面臨的問題是:如何比較「租賃的淨現金流量現值」與「融資購買的淨現金流量現值?」

〔例題〕

Richardson公司對於一項新設備,正在考量應採用租賃或融資購買的方式。租賃的花費是每年年末支付$300,000,一共五次,但不需負擔任何維修支出;若是買入,成本是$1,000,000,每年年末尚需支付$40,000的維修支出,五年後的殘值是$100,000,購買款項的融資利率為10%。Richardson適用的邊際稅率為40%,折舊採直線法。試問租賃或融資購買何者較佳?

解答:

分別衡量出租賃與融資購買的增量現金流量及其現值,相信這個問題將可迎刃而解。至於兩種方式現金流量相同的部分,如銷售收入及營運成本的改變,則沒有考慮的必要。

首先來看租賃的情況,第一年至第五年的稅後現金流量($ATCFL_i$)計算如下:

$$ATCFL_{1-5} = -\$300,000(1 - 0.40)$$
$$= -\$180,000$$

因為每年租金可以抵減所得稅,稅賦結餘是$0.40(\$300,000)$ =$120,000,再將租金與稅賦結餘相加,乃是租賃方式下的稅後現金流量。

其次是融資購買的情況,第0年的稅後現金流量($ATCFO_i$)可簡單表示為:

$$ATCFO_0 = -\$1,000,000$$

購買設備的成本是第0年唯一發生的現金流量。如果維修費用是在每年年初支出,則此現金流量必須加入上式。

第一年到第五年的稅後現金流量計算如下:

$$ATCFO_{1-5} = [(\$1,000,000 - \$100,000)/5]0.40 - \$40,000(1 - 0.40)$$
$$= \$72,000 - \$24,000$$
$$= \$48,000$$

等號右邊第一項是折舊的稅賦結餘，第二項是維修費用及其稅賦結餘的總和。

融資購買方式在第五年尚有一筆現金流量：

$$ATCFO_5 = \$100,000$$

這是該設備的殘值。不過因為帳面價值與殘值沒有差異，故不對稅賦造成任何影響。

租賃與融資購買所採用的折現率皆為負債的稅後資金成本。這和換債操作時所考量的理由一致，都是契約的義務使然。

根據（9.2式）的概念，把公式中收益率這項以融資的成代入，可以得到負債的稅後資金成本。

$$\begin{aligned} ATCD &= k_d(1-T) \\ &= 10\%(1-0.40) \\ &= 6\% \end{aligned}$$

再將前面有關任賃的現金流量資訊，以線圖扼要表示：

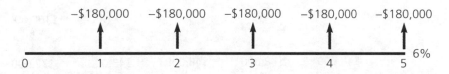

同樣地，將有關融資購買的現金流量資訊，以線圖扼要表示：

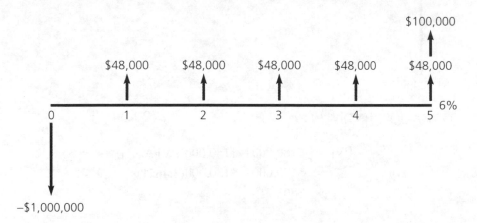

最後，分別計算出兩種方式的現值。

$$PV_L = -\$180,000(PVFA_{6\%,5})$$
$$= -\$180,000(4.2124)$$
$$= -\$758,232$$

結論是融資購買優於租賃的方式，因其現值較大。

$$PV_O = -\$1,000,000 + \$48,000(PVFA_{6\%,5}) + \$100,000(PVF_{6\%,5})$$
$$= -\$1,000,000 + \$48,000(4.2124) + \$100,000(0.7473)$$
$$= -\$723,075$$

如果租金與維修費用需在年初支出，我們來看這樣小幅變動對於租賃現金流量型態的影響：

而對於融資購買之現金流量型態的影響是：

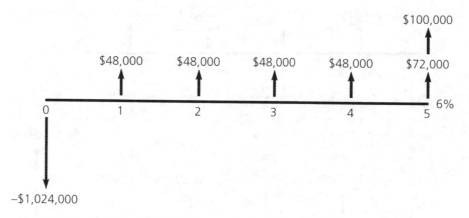

兩種方式的現值分別為：

$$PV_L = -\$180,000 - \$180,000(PVFA_{6\%,4})$$
$$= -\$180,000 - \$180,000(3.4651)$$
$$= -\$803,718$$

$$PV_O = -\$1,024,000 + \$48,000(PVFA_{6\%,4}) + \$172,000(PVF_{6\%,5})$$
$$= -\$1,024,000 + \$48,000(3.4651) + \$172,000(0.7473)$$
$$= -\$729,140$$

即使發生變動之後，仍是融資購買的方式較佳。

以出租人角度評估

若站在出租人的角度來評估租賃契約的可行性，依然是需要資本預算型式的分析。所面對的問題是：在出租人既定的機會成本下，租賃的現值為何？機會成本是指出租人投資於相同風險等級的金融工具所賺取的稅後收益率。

〔例題〕

在前述Richardson公司例子的所有條件均維持不變下，再加入下列資訊：（1）出租人適用的邊際稅率為40%；（2）風險等級與租賃契約相同的債券，稅前收益率為8 1/3%；（3）出租人對設備採直線折舊法，且得到的殘值金額與承租人一樣。試問出租人是否應從事這項租賃行為？

解答：

解決此問題的關鍵是先從出租人的觀點估計增量現金流量，再利用出租人的機會成本為折現率來計算現值。若現值大於0，意味著出租人理應著手進行這項租賃。

第0年時，出租人的稅後現金流量（$LATCF_i$）計算如下：

$$LATCF_0 = -\$1,000,000$$

此為出租人購買設備的成本，是第0年僅有的現金流量。假若維修費用或租金收入是在每年年初發生，則應加入上式。

第一年到第五年的稅後現金流量計算如下：

$$LATCF_{1-5} = [(\$1,000,000 - \$100,000)/5]0.40 - \$40,000(1 - 0.40)$$
$$+ \$300,000(1 - 0.40)$$
$$= \$72,000 - \$24,000 + \$180,000$$
$$= \$228,000$$

上式第一項是折舊的稅賦結餘，第二項是維修費用及其稅賦結餘的總和，第三項是租金收入與應繳納稅賦的總和。

第五年尚有一筆現金流量：

$$\text{LATCF}_5 = \$100,000$$

這是該設備的殘值。由於其帳面價值與殘值相等，故對稅賦造成任何影響。

把全部的現金流量資訊，彙整在下面線圖：

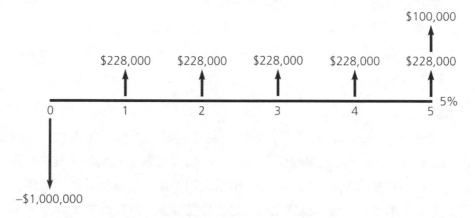

至於出租人投資於相同風險等級債券所賺取的稅後收益率（ATY）計算如下：

$$\text{ATY} = 8\ 1/3\%(1 - 0.40)$$
$$= 5\%$$

最後將這個數字作為折現率，求出現值：

$$\text{PV} = -\$1,000,000 + \$228,000(\text{PVFA}_{5\%,5}) + \$100,000(\text{PVF}_{5\%,5})$$
$$= -\$1,000,000 + \$228,000(4.3295) + \$100,000(0.7835)$$
$$= \$65,476$$

結論是現值為正，這項租賃契約值得採行。

例中，我們可以很容易地求得出租人所應收取租金的下限，也就是出租人對於租賃採行與否都感到無差異的值。首先，把$228,000以X代替，並設PV為0。

$$0 = -\$1,000,000 + X(PVFA_{5\%,5}) + \$100,000(PVF_{5\%,5})$$
$$= -\$1,000,000 + X(4.3295) + \$100,000(0.7835)$$

可求出X：

$$X = \$212,876.77$$

然後將X值代回到第一年到第五年的稅後現金流量（LATCF_i）一式中：

$$\$212,876.77 = [(\$1,000,000 - \$100,000)/5]0.40 - \$40,000(1 - 0.40)$$
$$+ Y(1 - 0.40)$$
$$= \$72,000 - \$24,000 + Y(0.6)$$
$$Y = \$274,794.61$$

Y值即是出租人所應收取租金的下限。

當現金流量型態不穩定時，無異點（indifference point）的計算難度較高，像是採用MACRS折舊方式的場合。此時我們可以使用本書所附財務軟體THE FINANCIAL MANAGER中的PROJECT功能，不論現金流量如何變化，都能輕易地得到所需的答案。

債券保證機構的擔保能力逐漸達到極限 ⋯⋯⋯⋯⋯⋯⋯⋯

　　最近，不少債券保證機構已經沒有能力再承作地方政府公債的擔保業務，特別是一些免稅地方公債的常客，如紐約郡政府與紐約州政府。影響所及，使得這些地方公債的發行難度增加，只好要求地方政府提高舉債成本，與負擔更多的發行費用。

　　在地方政府發行公債時，若支付一筆費用給債券保證機構，以確保本金與利息的履行，就可以避免違約發生時所導致的不利後果。由於許多地方政府的信用等級為AAA，握有最有利籌碼與保證機構協商費用，這是地方政府普遍樂於發行擔保公債的主要因素。

　　由於地方政府大量發行擔保公債，一些大型機構投資者發現這些債券的保證履約能力已逐漸變得薄弱，他們也抱怨整個擔保債券市場的收益率愈來愈低，比起那些無擔保債券的收益率低了甚多。

摘　要

1. 從債券契約、債券型式與債券評等各方面討論長期負債融資的特性

   企業的長期負債型式一般為中期或長期公司債。債券契約是發行公司與債券持有人之間的協定,主要內容有:贖回約定——允許發行公司在某些條件下可以提前回債券,若債券屬於分期償還債券,則每一張債券都有自己的到期日;償債基金條款——要求公司以有系統的方式償還債券;保護條款——設計用意是降低發行公司對於這筆債券可能違約的機率。債券型式分為以下數類:無擔保債券是根據公司背後的信用來發行的,並沒有特定資產作為抵押;次級信用債券是信用債券的一種,求償順位在其他非次級債券之後;有擔保債券是以某項資產作為抵押,在公司發生違約時,可對債權人有所保障。債券評等具體反映了發行公司可能對債券義務違約的機率。

2. 換債操作分析是用以判斷公司是否應發行新債來償還舊債

   換債操作的意義是發行新的債券,以償還全部或部分的債券。在利率走勢下跌到某一個程度時,公司基於節省利息支出的因素;會考慮進行換債操作。而財務主管所要面對的問題是:換債操作所得到的利益是否能大過成本?

3. 詳述租賃的類型、租賃的會計處理與租賃對於稅賦的影響

   租賃是出租人與承租人之間的一種契約行為,其類型大致上可劃分為營運租賃與融資租賃。財務會計準則委員會(FASB)於1976年11月發布第13號公報「租賃會計處理」,規定符合FASB所定義的融資租賃,

必須表達在資產負債表中，並採用租賃資本化程序。租賃與稅賦之間的課題，關鍵因素在於租賃契約是否為營運租賃（真實租賃）或融資租賃（有條件的售出租賃）。

4.分別以承租人與出租人的角度來評估租賃契約的可行性

從承租人或出租人角度來評估租賃契約，均需要資本預算型式的分析，承租人面對的問題是：如何比較「租賃的淨現金流量現值」與「融資購買的淨現金流量現值」？出租人面對的問題是：在既定的機會成本下，租賃的現值為何？

問　題

1.解釋債券契約的意義，以及債券受託人在確保契約型式符合法律要求處理上所扮演的角色？

2.償還債券的方式有那五種？

3.討論贖回約定在債券契約的地位。

4.比較分期償還債券與償債基金。

5.解釋保護條款如何降低發行公司對於這筆債券違約的機率。

6.解釋無擔保債券的性質。

7.次級信用債券所代表的意義為何？

8.何謂垃圾債券？何謂收益債券？

9.解釋有擔保債券的涵義，並列舉基本型式。

10.解釋如何對債券進行評等。

11.討論投資級債券與投機級債券的差異。

12.換債操作分析的現值為正數或負數所表示的意義為何？

13.營運租賃與融資租賃的相異點為何？

14.FASB第13號公報「租賃會計處理」的重要涵義為何？

15.以國稅局的觀點而言，營運租賃（真實租賃）與融資租賃（有條件售出租賃）的差別為何？

16.北美自由貿易協定（NAFTA）影響債券價格的過程為何？

17.什麼是國際債券隱含的風險？

18.地方政府公債如何壓榨一般納稅人？

19.債券保證機構以都那種方式對投資大眾提供保護？

習　題

1. （換債操作）Golden公司已有一筆發行十年的債券流通在外，總金額為$50,000,000、票面利率為13%。而發行成本為$2,000,000，採用直線為基礎，在二十五年內攤銷完畢。公司此時正考慮再發行一筆金額為$50,000,000、票面利率是10%的新債來收舊債，贖回溢價是10.5%。至於新債的發行成本是$1,500,000，同樣是以直線法處理，在十五年內攤銷完畢。新債將於舊債贖回前一個月進行銷售工作，所得款項暫時投入於短期有價證券，報酬率為8%。如果Golden公司適用的邊際稅率為40%，試問換債操作是否其可行性？

2. （換債操作）Singhal公司已有一筆發行達二十年的債券流通在外，總金額為$20,000,000、票面利率為11%。公司目前正考慮發行一筆金額同為$20,000,000、票面利率是9%的新債來收回舊債，贖回溢價是10%。至於舊債與新債的發行成本分別是$900,000及$960,000，均是採用直線法，在三十年內攤銷完畢。新債將於舊債贖回前一個月進行銷售工作，所得款項暫時投入於短期有價證券，報酬率為8%。假若Singhal公司適用的邊際稅率為40%，請問換債操作是否具可行性？

3. （換債操作）Monet印刷廠正考慮贖回一筆五年前發行的債券，金額為$10,000,000，票面利率是12%，期限為三十年。投資建議Monet可發行票面利率為10%的新債，期限為二十五年。舊債與新債的發行成本分別是$3,000,000與$4,000,000，同樣是以直線法攤銷。新債將於舊債贖回前一個月進行銷售工作，所得款項暫時投入於短期有價證券，報酬率為9%，若Monet的邊際稅率為40%，舊債的贖回溢價為10.5%，試問換債操作是否可行？

4. （租賃或融資購買）Miller公司對於一項新設備，正考量應用採租賃或融資購買的方式。租賃的花費是每年末支付$450,000，一共五年，但不需負擔任何維修支出。若是買入，成本是$1,400,000，融資利率為10%，每年末尚需支付$75,000的維修費用，五年後的殘值是$200,000。Miller公司適用的邊際稅率為40%，採取直線法折舊，試問

租賃或融資購買何者為佳?

5. （出租決策）續上例，若租賃公司所適用的邊際稅率為40%；投資於風險等級與租賃契約相同的債券，可得到的稅前收益率為8 1/3%；對設備採用直線法折舊，享受的殘值和Miller公司一樣。試問租賃公司是否應從事這項租賃行為？

6. （租賃或融資購買）Dernian垃圾傾倒公司正在衡量以租賃或融資購買的方式來添加一部新設備。購買的成本是$3,000,000，融資利率為10%，每年初需支付$100,000的維修費用，採用直線法折舊，五年後的殘值是$500,000；至於租賃方式下每年初需支付$800,000的租金，一共五次，但無需負擔維修費用。Dernian公司的邊際稅率為40%，請問租賃或融資購買中那一方式較好？

7. （出租決策）一位稅率為40%的投資大戶，正考慮出租前例提及的設備。若投資於風險等級與租賃契約的債券，稅前收益率為8 1/3%。她對該設備採直線法提列折舊，五年後殘值的預估和Dernian一致。請問她是否該從事這項租賃行為？所收取的租金下限為何？

中區捷運公司（CART）的經營業務，是提供大都會區快捷的巴士服務與鐵路運輸。1970年成立時，CART立即收購當地從事私有巴士服務的公司，取得經營巴士業務的機會。在鐵路系統方面，擁有39英哩的營運用雙軌鐵路和三十個車站，未來計畫擴充到62英哩的鐵路，以及四十六個車站。

1993年，CART發行了金額高達$307,000,000的收益債券，簡稱為債券K，登記日期為1993年5月1日，面額是$5,000的倍數，計息日開始於當年6月1日，半年付息一次，以每年6月15日與12月15日所開立的支票或匯票給債券持有人作為利息給付。債券K並透過AMAC保證公司所設立的地方公債保證計畫，來擔保本息的支付，因此Standard & Poor和Moody兩家信用評等公司分別將債券K評定為AAA和Aaa級。CART發行這款債券的用意，是要償還目前市面上流通的債券G、債券H、債券I三款債券的部分本金。

數家股票與債券承銷商同意在某些條件下，全數購買債券K，而在價格上獲得較大的折扣。這些承銷商也欣然接受以不超過最初訂定的承銷價為原則，進行公開銷售。另外，債券K會以較低的價格，提供給市場的自營商。

當CART與營業區域的政府簽訂契約後，任何與捷運服務有關的銷售稅，都分配最大比率給CART。這些錢委託國家銀行（NationsBank）保管。並由國家銀行設立償債基金，受益人為所有債權人，償債基金來源為所有銷售稅的收益。

CART目前是不少訴訟案件的當事人，涉及到有關與工會間的爭執、違反契約、房屋設備不合格，以及工程期間的員工傷害事件。儘管判決結果仍未確定，但CART的法律顧問相信這些事件本質上不會影響到債券K的發行計畫。

問題

1.請問你考慮購買債券K的原因為何？
2.請問你不考慮購買債券K的原因為何？

15

選擇權、認股權證與可轉換證券

克萊斯勒預算發行十億美元的特別股

克萊斯勒（Chrysler）公司最近宣布一項高額股利率的特別股私募計畫，在市場上相當受到歡迎，認購額度高達十億美元，超過預定的四億元水準。原來公司是希望以每股$50的價格賣出800萬股，只有在超額認購時才會發行更多的股份。一些投資人指出需求如此踴躍，是因為所提供的股利率高達9.25%至9.75%，並且有權利轉換成普通股。在大家普遍預期汽車業的銷售表現將會大幅改善的情形下，這項轉換權利也是非常誘人。

不過有些報導指出，儘管克萊斯勒的特別股發行計畫，會使其過去發行的垃圾債券價格大漲，但是普通股股東的反應卻十分冷淡，可能是十億元的特別股一旦轉換成普通股，會

稀釋原有的獲利水準達18%至20%。

　　至於產業分析專家多是稱讚克萊斯勒儘可能地發行更多特別股，以滿足市場需求的舉動，原因是公司現階段急切需要現金注入，這比起可能的稀釋效果來得重要。雖然克萊斯勒的資金用途仍未明朗，不過卻存在不少項目資金外流急需填補，像是在落後國家的重大設備支出，與四十四億元的退休金赤字，還有子公司於今年度的三十七億元換債計畫等問題仍待解決。

　　這項可轉換特別股發行計畫也衍生出一個耐人尋味的問題：究竟是誰賺了？又是誰賠了？表面上債權人似乎是很滿意，而普通股股東卻是不怎麼甘願，但事實上這個問題並非如此簡單，讓我們在本章中一一探討吧！

Source: Bradley A. Stertz, "Chrysler May Offer $1 Billion Of Its Preferred," *The Wall Street Journal*, February 12 1992. Reprinted by permission of The Wall Street Journal, © 1992 Dow Jones & Company, Inc. All Rights Reserved Worldwide.

選擇權

　　不少的投資與融資方式中，都可以發現選擇權的影子。譬如投資一門新科技，並同時允許公司可在該行動對於股價的利多因素發酵後，擴大投資金額；若計畫未如預期樂觀，公司享有提前中止的權利。

　　選擇權以各式各樣的型式出現──購買土地的權利、租賃的權利、證券選擇權等，不過它們都有一共同的定義：選擇權（option）是一種授與持有人權利在特定時間內以既定價格買賣某項資產的契約。歐式選擇權（European option）之持有人僅能在到期日（expiration date）當天執行權利；美式選擇權（American option）之持有人可在到期日之前的任何時點執行權利。履約價格（striking price）是合約中所載的價格，亦稱為執行價格（exercise price），這個價格為固定或浮動要視契約說明而定。執行選擇權（exercising the option）是以透過選擇權契約的方式來買賣該項資產。

買進選擇權和賣出選擇權

買進選擇權（call option）給予持有人權利在特定期間中以既定價格「買進」某項資產。例如，你擁有一個選擇權在1999年12月31日之前以$500,000的代價，購買一棟建築物，則你有權決定是否購買，而非有義務一定要買。

賣出選擇權（put option）給與持有人權利在特定期間中以既定價格「賣出」某項資產。例如，你握有一個選擇權在今年之前以$10,000的價位，賣掉你的遊艇，則你有權決定是否這麼做，而非有義務一定要賣。

本章的著眼點是以股票為標的物的買進選擇權（買權）與賣出選擇權（賣權），這種選擇權亦是各交易所的熱門商品。開始時，我們的討論會限定在較簡易明瞭的歐式選擇權，隨後再進一步地分析美式選擇權。

〔例題〕

John MacDonald購買了一個歐式買權（European call option），有權利在19X4年10月15日到期日時，以$25的執行價格買入Martin公司普通股100股。請問這張選擇權契約在到期日當天的價值為何？

解答：

選擇權在到期日的價值要視其標的物價格而定。圖15.1是以每股為單位，說明買權的價值變化情形。假若普通股價格低於$25，持有人沒有誘因會執行權利，該買權的價值為處於「價外」狀態（out of the money）；假若

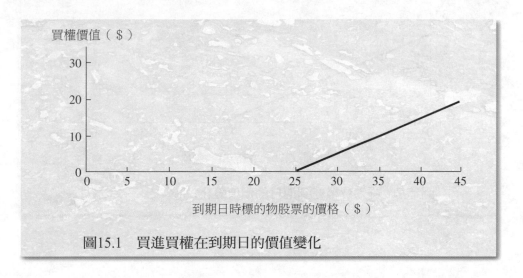

圖15.1 買進買權在到期日的價值變化

普通股價格高於$25，持有人自然會執行權利以獲利，該買權是處於「價內」狀態（in the money）。例如，當股價為$30時，持有人執行之後每股可獲利$5（$30－$25），100股共$500；當股價為$35時，共可獲利$1,000。買入買權是項損失有限的投資方式，John MacDonald的最大損失，充其量只是當初買入選擇權時所支付的價格，也就是權利金（premium）。

〔例題〕

Lisa MacDonald購買了一個歐式賣權（European put option），有權利在19X4年10月15日到期日時，以$25的執行價格賣出Martin公司普通股100股。請問這張選擇權契約在到期日當天的價值為何？

解題：

和前例買權的道理相同，賣權在到期日的價值要視其標的物價格水準而定。我們再以圖15.2來說明賣權價值的變化情形。若普通股價格高於$25，持有人沒有理由去執行權利，該賣權的價值為0，處於「價外」狀態；若普通股的價格低於$25，持有人理應執行權利以獲利，該賣權是處於「價內」狀態。例如，當股價為$20時，持有人執行後每股可獲利$5（$25－$20），100股共獲利$500；當股價為$15時，共可獲利$1,000。買入賣權亦是項損失有限的投資方式，Lisa MacDonald所面對的最大損失是當初所支付的權利金。

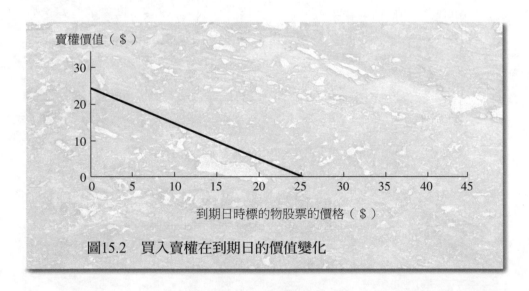

圖15.2　買入賣權在到期日的價值變化

賣出買權與賣出賣權

賣出（write, sell）買權的投資人在買方要求執行權利時，有義務提出契約載明的股數供作交割之用。由於賣方要無條件履行契約的義務，因此在賣出買權時須向買方收取權利金，以作為承擔義務的代價。如果投資人本身已擁有標的物股票時，賣出買權，則他是賣出一個已掩護選擇權（covered option）；若未擁有，則他是賣出一個未掩護選擇權（naked option）。

以前面範例中買權再作說明，賣方在到期日時的報酬變化決定於標的物股票的價格，如圖15.3所示。普通股價格低於$25時，該買權根本不會被執行；而普通股價格高於$25時，該買權會被執行，賣方也將遭受損失。舉例來說，當股價為$30，賣方每股會損失$5（$30－$25），100股共損失$500，然而由於當初賣出買權時曾收取權利金，因此損失程度會降低一些。

同理，賣權的賣方在到期日時的報酬變化，仍然是取決於標的物股票的價格，如圖15.4所示。普通股價格高於$25時，該賣權不會被執行；而普通股價格低於$25時，該賣權會被執行，賣方也將遭受損失。例如股價為$20時，賣方每股會損失$5（$25－$20），100股共損失$500。

圖15.5是1993年11月24日出版的《華爾街日報》，刊登了前一日各種選擇權契約的交易資料。由第一欄中可以得知AMD公司股票於前一日的收盤價

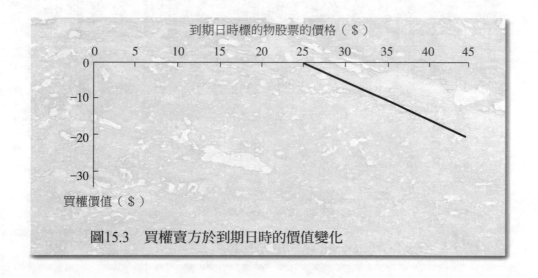

圖15.3　買權賣方於到期日時的價值變化

到期日時標的物股票的價格（＄）

賣權價值（＄）

圖15.4 賣權賣方於到期日時的價值變化

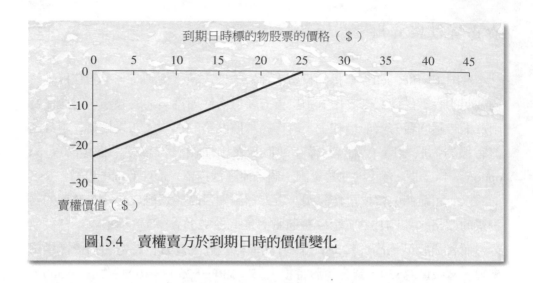

MOST ACTIVE CONTRACTS

圖15.5 《華爾街日報》上所列出的選擇權行情

是$18 1/2，你能以$2的代價買入一個執行價格為$20，到期日為4月底的買權，不考慮手續費的情況下，每張選擇權契約單位是100股，因此總成本是$200。而執行價格與到期日均相同的賣權報價是$3 1/4，表示購買一張賣權契約的成本是$325。

選擇權的評價

在上一部分中，我們已經說明了歐式選擇權於到期日時的價值計算方式。接下來將觸角延伸到美式選擇權的價值計算。

前面的圖15.1是表示歐式買權的價值，這同時亦是美式買權價值的下限（lower bound）。

〔例題〕

John MacDonald購買了一個標的物為Martin公司普通股100股，美式買權（American call option）執行價格為$25，到期日為19X4年10月15日。若目前標的物股價是$35，試問這張選擇權在到期日之前可能出現的最低價為何？

解答：

以每股為計價基礎下，此買權價值的下限是$10（$30－$25）。萬一該買權價格出現在$8，則John MacDonald會毫不考慮地買入，立刻執行權利，以$25價格向賣方買入股票，隨即在市場上以$35價位脫手，一來一往間每股的權利是$2（－$8－$25＋$35），整個契約一共賺到$200（假設無手續費）。

這個例子說明了如何在極短的時間內以資金進行無風險的交易。不過在市場為效率時，價格迅速調整，這樣的獲利機會稍縱即逝。價格為$8的買權馬上會創造出大量市場需求，迫使價格走高至$10以上。

美式買權價值的上限（upper bound）是標的物股票的價格。即使是一個執行價格為零、沒有到期日的買權，也沒有投資會願意支付出比股價還高的價格來購買它。圖15.6描述了美式買權價值的上限及下限。

至於影響選擇權價值的因素很多，較重要的為以下五項變數：（1）標的物股票的價格；（2）執行價格；（3）距離到期日的時間；（4）利率水準；（5）標的物股票的價格波動性。圖15.7中的虛線是買權市價的變化情

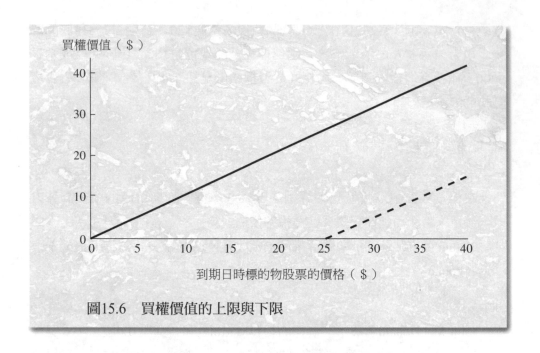

圖15.6　買權價值的上限與下限

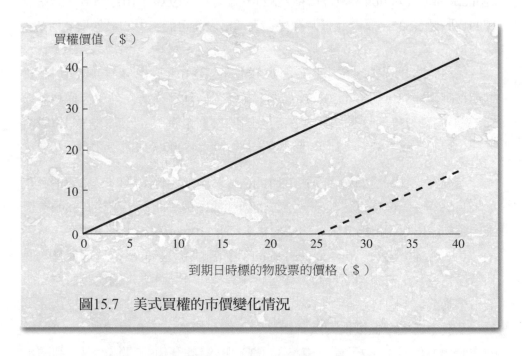

圖15.7　美式買權的市價變化情況

況，可以發現「標的物股票價格」和「買權市價」之間是正向關係，即標的物股票價格增加，買權價格亦會上揚；此外，這條虛線呈現凸形（convex），顯示出當標的物股票處於高價位時，買權價格上升幅度相對較大。值得注意的是，買權市價與其價值下限的差異隨著標的物股票價格的增加而縮小，原因是買權所帶來的槓桿效果愈來愈小，損失機會亦愈來愈大。

「執行價格」與「買權市價」之間為反向關係，即執行價格增加，買權價格會下跌。然而有一點必須牢記在心，不論標的物股票價格是否大於執行價格，美式買權在到期前一直具有價值，不會出現市價為負的情形。

「距離到期日的時間」與「買權市價」之間的關係則是正向變動，也就是隨著到期日的逼近，買權市價逐漸減小。易言之，兩個標的物股票、執行價格皆相同的美式買權，只要到期日不同，市價表現乃會有所差異，距到期日時間較長的買權，持有人面對未來標的物股票價格上漲的機會較大，所以這股誘因會導致該買權的市價較高。

「無風險利率」與「買權市價」為正相關，即市場利率水準走向時，買權市價亦會伴隨增加。其理由是利率愈高，買權執行價格的現值愈低，因此持有人履約買入股票時所支付的價金少了許多。

「標的物股票的價格波動性」與「買權市價」之間為正向關係，即股票價格波動變得劇烈時，會促使買權市價上漲。股價波動性增加，買權持有人面對的股價上漲機會大增，但潛在的下跌風險擴大則對其沒有顯著影響。因為不管股價跌深到何種程度，買權持有人都有權利不履約，買權價格頂多跌至零，而不會變為負值。

認股權證

認股權證（warrant）是屬於選擇權的一種，持有人可以在既定期限內以約定的價格購買特定數量的股票。認股權證通常會伴隨公司債或特別股一併發行，作為給予投資人的甜頭（sweeteners），以便讓發行公司能以較低成本籌募資金。有時認股權證是視作新股發行，也有作為股利替代品發放給股東的情況。在交易方面，認股權證可與公司債、特別股分離，在櫃檯買賣市

場、紐約證券交易所、美國證券交易所從事交易。

認股權證合約，如同債券契約，記載了認股權證的規格，如執行價格、到期日。為了保護認股權證持有者，合約並會規範日後認股權證的發行數量，以及購併發生時的處理方式。

原則上，認股權證持有人可以執行價格認購一股股票，若公司進行股票分割或發放股票股利，認購數量與執行價格也會隨之調漲，讓持有人的權益不受影響。例如，某公司宣布一股分割成二股的股票分割方案，原來每張認股權證可以$50的執行價格認購一股普通股的規定，將變更為可認購二股，每股價格為$25。

認股權證與股票買權的相異點

首先是認股權證的權利期間，一般而言比起股票買權來得久，通常是在五年以上，有些公司還曾經發行過沒有到期日的永續認股權證。

其次，認股權證是由上市公司所發行，而股票買權是由市場中的個別投資者所發行。公司在發行認股權證與接受持有人履約時，將發行新的股份並取得資金；不過選擇權的交易無法為公司帶來現金流量，也不會對股票流通數量產生影響。

由於認股權證執行時，會改變公司的股票數量且帶來現金流量，因而使得公司價值發生變化。以一個經過簡化的例子來說明，某公司的資產總額為$10,000，在外流通普通股共10股，總價值亦為$10,000，已發行一張認股權證，持有者可以執行價格$1,000認購一股新普通股。到期日當天，公司資產價值增加至$12,200，認股權證持有者執行權利並付給公司$1,000公司發行一股新股後，在外流通股數增為11股，新的公司價值為$13,200（$12,200＋$1,000），每股價值為$1,200（$13,200／11），持有人獲利為$200（$1,200–$1,000）。

若認股權證持有人當初是採取購買條件相仿的股票買權，他的獲利水準會較高。分析如下：在購買一個執行價格與權利期間均與認股權證一樣的股票買權後，到期日時公司價值為$12,200，總股數仍維持10股，每股價值為$1,220（$12,200／10），買權持有人執行權利後將會獲利$220（$1,220

–$1,000）。造成購買買權的報酬較佳的因素是發行認股權證會存在稀釋作用。

認股權證的評價

　　認股權證價值與標的物股票之關係，與第一節曾分析的買入選擇權情況十分雷同。「標的物股票價格」與「認股權證市價」間呈現正相關，即股價上升，認股權證市價也隨之上漲。除此之外，認股權證的價值並取決於執行價格、距離到期日的時間、無風險利率及標的物股票價格波動性。圖15.8明白表示了認股權證的價值上限與下限，以及認股權證的市價變化情況。

　　認股權證的價值，可運用Black-Scholes模型加以計算得出（見附錄15A）。這個模型由於假設執行價格為固定值、權利期間內未進行股利發放、持有人於到期日時才執行權利，因此評價方式是將認股權證視為歐式買權來處理。

認股權證的會計處理

　　當認股權證對公司股權產生實質的稀釋作用時，證管會與一般公認會計

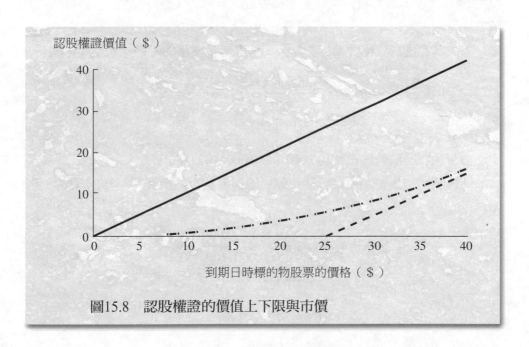

圖15.8　認股權證的價值上下限與市價

原則（GAAP）均要求公司應該在損益表中雙重揭露基本每股盈餘（primary EPS）與完全稀釋每股盈餘（fully diluted EPS）。這項規定不僅適用於認股權證，連同認股權（right）與可轉換證券也是按此原則辦理。

「簡單每股盈餘」（simple EPS）是將普通股盈餘除以平均流通在外股數；「基本每股盈餘」是將調整後的普通股盈餘，除以平均流通在外股數與可能會執行或轉換的認股權證、認股權及可轉換證券數量；「完全稀釋每股盈餘」是將調整後的普通股盈餘，除以平均流通在外股數與所有的認股權證、認股權及可轉換證券數量。這裡所指的調整後普通股盈餘乃是考慮過可轉換證券利息的普通股盈餘。

在計算基本每股盈餘與完全稀釋每股盈餘之前，會計人員必須針對認股權證執行後所產生的變化，決定出普通股股數調整數，該數字等於新發行股數減去認股權證執行後為公司帶來現金流量的股數。接著將調整後普通股盈餘除以原有股數與調整數的總和，便可得到所要的答案。

〔例題〕

Meffe製造公司的調整後普通股盈餘為\$5,500,000，流通在外股數共1,000,000股，每股市價為\$50。過去發行的認股權證之執行價格是\$25，共可認購200,000股。請問該公司的基本每股盈餘為何？

解答：

首先計算出認股權證執行後為公司帶來現金流量的股數：

$$新股數 = \frac{200,000(\$25)}{\$50}$$
$$= 100,000（股）$$

故普通股股數調整數為100,000（200,000–100,000）。

然後將調整後普通股盈餘除以原股數與調整數的總和，可得出基本每股盈餘：

$$基本每股盈餘 = \frac{\$5,500,000}{1,000,000+100,000}$$
$$= \$5.00$$

由於本例中所有認股權證會執行的可能性都很高，因此，基本每股盈餘和完全稀釋每股盈餘是一樣的。

可轉換證券

可轉換權利通常附加在公司債上，作為給予投資人的甜頭，目的是讓債券能以較低的票面利率發行。這個特性使可轉換債券與附有認股權證的純粹債券頗為類似，不過主要的差異點在於認股權證可從債券分離，得單獨買賣，因此本身具有價值與到期年限。

可轉換證券的基本性質

可轉換證券（convertible security）是一種具備轉換權利的債券或特別股，持有人可將原證券轉換為特定數量的普通股。每張可轉換證券可轉換的普通股股數，稱為轉換比率（conversion ratio）；可轉換證券的面值除以轉換比率則稱作轉換價格（conversion price）；將轉換價格與股價之差除以股價，稱為轉換溢價比率（conversion premium ratio）。

〔例題〕

Lisa MacDonald購買了一張面值為\$1,000的可轉換債券，轉換比率為20。目前的股價是\$42，請問轉換價格及轉換溢價比率各是多少？

解答：

轉換價格是把面值\$1,000除以轉換比率20：

$$轉換價格 = \frac{\$1,000}{20}$$
$$= \$50$$

某些可轉換證券的契約中，會同時載明轉換價格與轉換比率。至於轉換溢價比率的計算如下：

$$轉換溢價比率 = \frac{\$50 - \$42}{\$42}$$

$$= 0.19 \text{ 或 } 19\%$$

根據上面的數字，可以推斷出這張可轉換債券才發行不久。

可轉換證券一般會限定須在發行之後數年才可進行轉換，並在一段期間後終止權利。例如，某張二十年期的可轉換債券持有人必須等到發行屆滿四年，才開始擁有轉換權利；若遲未轉換，發行屆滿十五年後將喪失轉換權利。

部分的轉換債券在發行達一定時間後（如五年），公司可以進行贖回。其中的原理就好像是公司發行一筆純粹債券，並向債權人購買一個買權。市場力量必會迫使發行公司為這類提供較高的收益率，也就是較低的價格，否則將會乏人問津。

針對股票分割與股票股利的情況，可轉換債券契約會明定保護性條款，並透過變更轉換比率及轉換價格的方式來達成。譬如說，當公司宣布一股分割成二股的股票分割方案後，原有的轉控比率20與轉換價格$50，會變為轉換比率40與轉換價格$25。

轉換比率是由發行公司所訂定的，除非發行公司的股票價格能有相當程度的上漲，否則轉換權利絲毫不具任何吸引力，這樣的觀念亦可以運用在發行公司設定認股權證之執行價格的場合中。有的可轉換債券的轉換比率會隨著時間而改變，當轉換比率下降時，轉換價格理所當然地會增加。

發行公司可藉由在債券到期前的贖回權利，以迫使持有人執行轉換動作。最理想的情況是在債券市價等於預定的贖回價格時，立刻贖回債券，不過大多數公司會等到債券價格相當高時才會進行。在公司宣布贖回消息後，債券持有人會面臨兩種選擇：一是接受公司的贖回價格，二是將債券轉換成普通股，由於公司贖回可轉換債券的時刻，普遍是在股價高於贖回價時，因此投資人多是採取第一種選擇。

史坦德普耳所發行的《債券指南》（*Standard & Poor's Bond Guide*），提供了一長串的可轉換債券資訊，《沐迪的債券記事》期刊（*Moody's Bond Record*）與美林證券的《可轉換證券報導》（*Convertible Securities*）也刊登了鉅細靡遺的可轉換證券行情，至於價值線公司（Value Line）的《選擇權與

可轉換證券》（*Options and Convertibles*），則是記載了一些較具深度的分析。

可轉換證券的評價

轉換價值（conversion value）是指可轉換債券所換的股票之市值，可以由轉換比率乘以每股市價後得出。當股價波動時，轉換價值也會有所變化。

〔例題〕

John MacDonald購買了一張轉換比率為20的可轉換債券，目前該發行公司的股價是$42，試問債券的轉換價值為何？

解答：

轉換價值的計算如下：

$$轉換價值 = 20（\$42）$$
$$= \$840$$

純粹債券價值（straight bond value）是把可轉換債券去除轉換權利後的價值。估計方法是利用第3章的債券評價模式，先尋找出市場上相同風險等級及到期日的不可轉換債券，再將其殖利率對可轉換債券的現金流量予以折現，乃是所要的答案。

〔例題〕

前例中John MacDonald所購的可轉換債券，面值為$1,000，期限是二十五年，票面利率為8%，半年付息一次。已知條件相仿但不具轉換權利的債券之要求報酬率為10%，請問可轉換債券的純粹債券價值為何？

解答：

參照（3.3）式：

$$V_b = \frac{\$40}{(1.05)^1} + \frac{\$40}{(1.05)^2} + \ldots + \frac{\$40}{(1.05)^{50}} + \frac{\$1,000}{(1.05)^{50}}$$
$$= \$40(PVFA_{5\%,50}) + \$1,000(PVF_{5\%,50})$$
$$= \$40(18.2559) + \$1,000(0.0872)$$
$$= \$730.24 + \$87.20$$
$$= \$817.44$$

這是假設利率水準沒有發生變化下，可轉換債券的價值下限（floor value）。

而可轉換債券的最小價值（minimum value），是由「轉換價值」及「純粹債券價值」之中取其較高者。我們將上述範例的計算結果繪製於圖15.9，斜線是轉換價值，水平線則是純粹債券價值，會隨著市場利率變動而上下平移，且在債券屆臨到期日時逐漸趨於面值$1,000。

由圖15.9並可明顯發現可轉換債券的市場價值（虛線部分）會大於最小價值，超過的部分稱作轉換溢價（conversion premium），類似於買權的時間價值。這是由於可轉換債券持有人可根據股價變化情況，挑選最有利時機執行權利——以既定執行價格（為純粹債券價值）購買某一數量股票（為轉換比率的大小）。

值得注意的是，轉換溢價的最大部分是位於最小價值線的轉折點。若標的物股票價格跌落此點，轉換溢價會縮小，理由是進行轉換的獲利機會減少；若標的物股票價格漲過此點，轉換溢價亦會縮小，反映出可轉換債券的下檔保護逐漸喪失，而且發行公司在轉換價值過高時，贖回可能性大增。

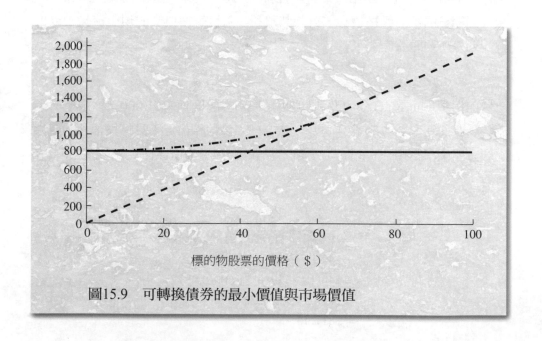

標的物股票的價格（$）

圖15.9　可轉換債券的最小價值與市場價值

可轉換證券的會計處理

　　如同前一節所述的認股權證，發行可轉換債券的公司必須在損益表中雙重表達基本每股盈餘與完全稀釋每股盈餘，而不是簡單每股盈餘，不過計算方式較為容易。處理原則一是可轉換債券的利息費用不予認列，二是債券轉換後所增加的普通股數量須確實反映。

〔例題〕
　　Meffe製造公司有一筆票面利率為10%的轉換信用債券流通在外，金額達$15,000,000，轉換比率是20。在債權人進行轉換前，公司擁有1,200,000股普通股，每股市價為$60。若今年的息前稅前盈餘（EBIT）是$10,000,000，請問基本每股盈餘是多少？

解答：
　　表15.1是簡單每股盈餘與基本每股盈餘的計算。其中可轉換信用債券共有15,000張（每張面值$1,000），利息費用是$1,500,000（0.1×$15,000,000）。在轉換比率為20下，進行轉換後會使公司增加300,000股普通股。由此可發現基本每股盈餘考量了普通股數量變化的影響，比起簡單每股盈餘，更能反映出公司的實際狀況。

表15.1　可轉換債券存在下的簡單每股盈餘與基本每股盈餘

	簡單每股盈餘	基本每股盈餘
息前稅前盈餘（EBIT）	$10,000,000	$10,000,000
減：利息費用	1,500,000	0
稅前盈餘	$ 8,500,000	$10,000,000
減：應付所得稅（40%）	3,400,000	4,000,000
稅後盈餘	$ 5,100,000	$ 6,000,000
普通股股數	1,200,000	1,500,000
每股盈餘	$ 4.25	$ 4.00

摘　要

1.描述買權與賣權的意義

選擇權是一種授與持有人權利在特定期間內以既定價格買賣某項資產的契約。買進選擇權給予持有人權利在特定期間內以既定價格「買入」某項資產；賣出選擇權給予持有人在特定期間內以既定價格「賣出」某項資產。

2.買權與賣權的評價

決定美式選擇權價值的五個重要因素為：（1）標的物股票價格與買權市價之間是正向關係；（2）執行價格與買權市價之間為反向關係；（3）距離到期日的時間與買權市價之間為正向關係；（4）無風險利率

與買權市價之間為正向關係；（5）標的物股票的價格波動性與買權市價之間為正向關係。

3.描述認股權證及其會計處理

　　認股權證是屬於選擇權的一種，持有人可以在既定期限內以約定的價格購買特定數量的股票。認股權證通常會伴隨公司債或特別股一併發行，作為給予投資人的甜頭，以便讓發行公司能以較低成本籌募資金。

4.認股權證的評價

　　認股權證價值與標的物股票之關係，十分類似於買入選擇權。標的物股票價格與認股權證市價之間為正向相關，其他像是執行價格、距離到期日的時間、無風險利率及標的物股票之價格波動性，亦會影響認股權證的價值。

5.描述可轉換證券及其會計處理

　　可轉換證券是一種具備轉換權利的債券或特別股，持有人可將原證券轉換為特定數量的普通股。可轉換權利通常附加在公司債上，作為給予投資人的甜頭，目的是讓債券能以較低的票面利率發行，這個特性使可轉換證券與附有認股權證的債券頗為類似。

6.可轉換證券的評價

　　轉換價值是指可轉換債券所換的股票之市值，可由轉換比率乘以每股市價後得出；純粹債券價值是把可轉換債券去除轉換權利後的價值。

問　題

1.解釋選擇權的基本概念，與美式與歐式選擇權之差異。

2.比較買權與賣權。

3.利用例子來對照已掩護選擇權與未掩護選擇權的相異點。

4.影響美式選擇權市價的五種變數為何？

5.解釋認股權證的基本概念。

6.買權與認股權證的最大不同點為何？

7.利用例子來說明認股權證持有人若改買條件相仿的買權，則獲利水準會較高。

8.運用Black-Scholes模型來評估認股權證，須做那些假設條件？

9.簡單EPS、基本EPS與完全稀釋EPS的差別為何？

10.解釋可轉換證券的基本概念。

11.舉例說明若發生一股分成割成二股的股票分割方案，可轉換債券會產生的變化。

12.舉例說明發行公司如何藉由贖回權利，迫使可轉換債券持有人進行轉換。

13.舉例說明可轉換債券的最小價值之涵義。

14.討論可轉換債券的市價與轉換溢價之關係。

15.克萊斯勒的特別股私募計畫中，究竟是誰賺誰賠？

習　題

1.（選擇權評價）Ed Johnson購買了一個歐式買權，有權利在19X4年3月15日到期日時，以$50的執行價格買入Johnson公司普通股100股。若目前標的物股票的市價為$60，則選擇權契約在到期日當天的價值為何？

2.（選擇權評價）Harriet Flowers購買了一個歐式賣權，有權利在19X4年3月15日到期日時，以$50的執行價格賣出McMaster公司普通股100股。若目前標的物股票的市價為$45，則選擇權契約在到期日當天的價值為何？

3.（上限與下限）請繪出執行價格為$40的選擇權之價格上限與下限。

4.（最低價格）Kay Singley購買了一個標的物為McQuality公司普通股的美式買權，執行價格為$35，到期日為19X4年7月15日。若目前標的物股價是$40，試問這張選擇權在到期日之前可能出現的最低價格為何？

5.（計算交易選擇權的利潤）Carlos Valdez曾以$7的代價購買一張美式買權，標的物為Eagle運輸公司普通股100股，執行價格為$40，到期日是19X4年8月15日。若目前標的物股票的市價為$50，請問他可獲利多少？

6.（基本EPS）Howerton木業公司的調整後普通股盈餘為$7,500,000，流通在外股數共1,000,000股，每股市價為$40。過去發行的認股權證之執行價格為$30，共可認購250,000股。請問該公司的基本每股盈餘為

何？

7. （轉換價格與轉換溢價比率）Larry Sanders購買了一張面值為$1,000的可轉換債券，轉換比率為25。目前的股價是$33，請問轉換價格與轉換溢價比率各是多少？

8. （轉換價值）Sarah Strozier購買了一張轉換比率為25的可轉換債券，該發行公司的股價是$40試問債券的轉換價值為何？

9. （轉換價值）某張面值為$1,000的可轉換信用債券的轉換價格為$125，若該發行公司的股票市價是$75，試問債券的轉換價值為何？

10. （純粹債券價值）Douglas Woo購買了一張票面利率為10%的二十年期可轉換債券，半年付息一次。若不具轉換權利的債券之要求報酬率為8%，請問可轉換債券的純粹債券價值是多少？

11. （基本EPS）Harding公司有一筆票面利率為10%的可轉換信用債券流通在外，金額計$16,000,000，轉換比率是25。在債權人進行轉換前，公司擁有1,000,000股普通股，每股市價$50。若今年度的息前稅前盈餘（EBIT）是$12,000,000，請問該公司的簡單EPS與基本EPS為何？

―附錄15A―

Black-Scholes選擇權定價模型

　　Fischer Black與Myron Scholes於1970年發表了一篇關於選擇權訂價的文章，這個選擇權訂價模型（OPM）是基於下列數項嚴格的假設：（1）標的物股票未進行任何股利發放；（2）為歐式選擇權；（3）無交易成本；（4）無稅；（5）不限制賣空；（6）利率值已知。後續學者（如Robert Merton）在放寬部分假設下，對模型做了一些調整。

　　模型的基本概念是投資人可藉由同時買一張股票及賣出一個買權創造出一個無風險部位，投資人賺得之報酬為無風險利率水準。若上述關係失衡的話，市場需求力量會驅使選擇權價格朝向均衡值移動直到達成該關係為止。

　　Black-Scholes模型的選擇權定價公式如下：

$$C = SN(d_1) - Ee^{-kt} N(d_2) \tag{15A.1}$$

$$d_1 = \frac{\ln\left(\dfrac{S}{E}\right) + \left(k_{rf} + \dfrac{\sigma^2}{2}\right)t}{\sigma(t)} \tag{15A.2}$$

$$d_2 = d_1 - \sigma(t) \tag{15A.3}$$

其中

C=買權價值

S=股價

$N(d_1)$=累積常態分配在d_1的值

$N(d_2)$=累積常態分配在d_2的值

E=執行價格

e=2.7183（以自然對數為底）

k_{rf}=無風險利率

t=距離到期日的時間

σ=股票報酬的標準差

在計算（15A.1）式之前，必須先由（15A.2）、（15A.3）兩式決定出d_1值與d_2值。

〔例題〕

Meffe製造公司的股票價格為\$25，股票報酬率的標準差是10%。目前市場上有一個執行價格為\$25的買權，到期日恰好在一年後，若無風險年利率為10%，請問該買權價值為何？

解答：

第一個步驟是將必要資料代入(15A.2)式，找出d_1值：

$$d_1 = \frac{\ln\left(\frac{\$25}{\$25}\right) + \left(0.10 + \frac{0.01}{2}\right)1}{0.10(1)}$$

$$= \frac{0 + 0.105}{0.10}$$

$$= 1.05$$

第二個步驟由（15A.3）式，找d_2值：

$$d_2 = 1.05 - 0.10(1)$$

$$= 0.95$$

第三個步驟是利用**表15A.1**的標準常態分配的累積機率值，求得$N(d_1)$與$N(d_2)$的數值。標準常態分配的性質是期望值為0，標準差為1。經由查表可知當$d_1=1.05$時$N(d_1)=0.8531$，$d_2=0.95$時$N(d_2)=0.8289$。

第四個步驟是利用(15A.1)式，計算買權價值：

$$= \$25(0.8531) - \$25e^{-0.10(1)}(0.8289)$$

$$= \$21.3275 - \$25(0.9048)(0.8289)$$

$$= \$2.58$$

假如目前市場上的買權價格小於\$2.58，表示其低估了，市場交易人士必會考慮購入，以賺取利潤。

Black-Scholes模型也可以藉由投資機構所提供說明書之中的工作表軟體，相當簡捷地算出選擇權價值，並能在隨時更改輸入值的情況下重新計算所需答案。

表15A.1 標準常態分配的累積機率值

Z	0	1	2	3	4	5	6	7	8	9
0.0	.5000	.5040	.5080	.5120	.5160	.5199	.5239	.5279	.5319	.5359
0.1	.5398	.5438	.5478	.5517	.5557	.5596	.5636	.5675	.5714	.5753
0.2	.5793	.5832	.5871	.5910	.5948	.5987	.6026	.6064	.6103	.6141
0.3	.6179	.6217	.6255	.6293	.6331	.6368	.6406	.6443	.6480	.6517
0.4	.6554	.6591	.6628	.6664	.6700	.6736	.6772	.6808	.6844	.6879
0.5	.6915	.6950	.6985	.7019	.7054	.7088	.7123	.7157	.7190	.7224
0.6	.7257	.7291	.7324	.7357	.7389	.7422	.7454	.7486	.7517	.7549
0.7	.7580	.7611	.7642	.7673	.7703	.7734	.7764	.7794	.7823	.7852
0.8	.7881	.7910	.7939	.7967	.7995	.8023	.8051	.8078	.8106	.8133
0.9	.8159	.8186	.8212	.8238	.8264	.8289	.8315	.8340	.8365	.8389
1.0	.8413	.8438	.8461	.8485	.8508	.8531	.8554	.8577	.8599	.8621
1.1	.8643	.8665	.8686	.8708	.8729	.8749	.8770	.8790	.8810	.8830
1.2	.8849	.8869	.8888	.8907	.8925	.8944	.8962	.8980	.8997	.9015
1.3	.9032	.9049	.9066	.9082	.9099	.9115	.9131	.9147	.9162	.9177
1.4	.9192	.9207	.9222	.9236	.9251	.9265	.9278	.9292	.9306	.9319
1.5	.9332	.9345	.9357	.9370	.9382	.9394	.9406	.9418	.9430	.9441
1.6	.9452	.9463	.9474	.9484	.9495	.9505	.9515	.9525	.9535	.9545
1.7	.9554	.9564	.9573	.9582	.9591	.9599	.9608	.9616	.9625	.9633
1.8	.9641	.9648	.9656	.9664	.9571	.9678	.9686	.9693	.9700	.9706
1.9	.9713	.9719	.9726	.9732	.9738	.9744	.9750	.9756	.9762	.9767
2.0	.9772	.9778	.9783	.9788	.9793	.9798	.9803	.9808	.9812	.9817
2.1	.9821	.9826	.9830	.9834	.9838	.9842	.9846	.9850	.9854	.9857
2.2	.9861	.9864	.9858	.9871	.9874	.9878	.9881	.9884	.9887	.9890
2.3	.9893	.9893	.9898	.9901	.9904	.9906	.9909	.9911	.9913	.9916
2.4	.9918	.9920	.9922	.9925	.9927	.9929	.9931	.9932	.9934	.9936
2.5	.9938	.9940	.9941	.9943	.9945	.9946	.9948	.9949	.9951	.9952
2.6	.9953	.9955	.9956	.9957	.9957	.9960	.9961	.9962	.9963	.9964
2.7	.9965	.9966	.9967	.9968	.9969	.9970	.9971	.9972	.9973	.9974
2.8	.9974	.9975	.9976	.9977	.9977	.9978	.9979	.9979	.9980	.9981
2.9	.9981	.9982	.9982	.9983	.9984	.9984	.9985	.9985	.9986	.9986
3.0	.9987	.9990	.9993	.9995	.9997	.9998	.9998	.9999	.9999	.10000

個案研究

鑽石藥品公司（DDI）是全美第十五大藥局連鎖商，旗下擁有一千二百家藥局，分佈在美國東半部二十四州。管理階層相信公司在處方箋與成藥部分，擁有不錯的占有率。處於人口結構逐漸老化的趨勢，與產業本身不易衰退的特徵下，DDI的策略目標是希望能繼續維持公司競爭優勢。

DDI在經營上一直存在著相當程度的財務難題，像是負債比率過高，以及各式各樣的限制條款。為了克服這些難題，管理階層致力於強勢的成本控制措施，積極改善營運資金的使用狀況，因而成功地償還$25,000,000的長期負債，而且計畫償還$49,000,000的債務，進而使得股東權益比例得以增加，不僅可減少每年的利息支付，並擴大財務與營運的調度能力。

公司相信目前仍有未開發的銷售業務與營運成長的機會，故進行下列策略：（1）增加新藥局的開設；（2）統一管理集團的各種雜項支出，以降低營業費用；（3）透過集團聯合採買與配銷，以提高獲利表現；（4）投入新式倉儲管理系統。

為了掌握住潛在的獲利機會，DDI希望藉由調整資本內容來達成，其主要原則包括：（1）以每股$16.00價格發行10,000,000股普通股（目前每股市價為$16.50）；（2）發行總額達$130,000,000的可轉換附屬信用債券。總合這二項方案，公司分別由發行普通股與可轉換附屬信用債券獲得$149,000,000與$126,300,000的價金，一共是$275,400,000；（3）利用前二項方案所得款項，贖回流通中的附屬信用債券。每張債券面額為$1,000，票面利率為13%，於2003年到期，贖回價格是$1,065加上應計利息。

上面所談及的可轉換附屬信用債券，是以面值發行，票面利率為8%，半年付息一次，到期期間為三十年，轉換價格設定在每股$18.17元，而目前市場上相同風險等級的債券，若不具任何權利，票面利率為9%。

問題

1.調整資本內容的用意為何？
2.請計算出新發行債券的純粹價值。
3.當普通股的市價分別為$12.00、$14.00、$16.00、$18.00與$20.00時，債券的轉換價值是多少？
4.你會選擇購買普通股還是可轉換附屬信用債券？請說明理由。

PART6

營運資金管理

現金與有價證券
應收帳款與存貨
營運資金與短期融資

16

現金與有價證券

上週五，Macy公司的供應商要對其位於舊金山的應付帳款部門進行催帳時，結果卻是令人大感吃驚。由電話錄音中得知，Macy公司在1月25日前，也就是二個星期內，暫時不會對所開出的本票付款。自從這家大型百貨零售商在1986年以融資買下（leveraged buyout）方式，達到股權私有化之後，首次遭遇到如此嚴重的資金

不足困境。

為了籌措資金，Macy公司董事長 Edward Finkelstein 決定出售部分存貨，並透露公司在其他方面可能採取的動作，包括削減廣告支出、重新與銀行協商貸款內容、尋找新的權益資金投入等。為避免破產法規第十一條的不利情況發生，一般零

售商都會商妥新的銀行融資,對方也會針對還款細節給予特別待遇。

　　Macy公司過去是藉由銀行不斷展期的信用額度取得貸款,以作為採購存貨之用。對於耶誕節前的銷售旺季,信用額度的使用,可說是更加重要。公司於12月時順利地獲得銀行准許,可以依據公司狀況來搭配付款日期,而在旺季過後,這些債務都必須還清。上個星期,Macy公司的副董事長Myron Ullman認為公司內部已沒有充足資金同時支付供應商與償還貸款,權衡利弊得失後,決定延緩支付款項給供應商。

　　Macy公司的情況正是營運資金管理失衡的例子。雖然許多公司對於這個問題都能迎刃而解,但是現金管理及有價證券投資的學習,卻是一件不容忽視的工作。

Source: Jeffrey A. Trachtenberg and George Anders, "Cash Pinch Leads Macy To Delay Paying Bills And Plan Other Steps," *The Wall Street Journal*, January 13, 1992. Reprinted by permission of The Wall Street Journal, © 1992 Dow Jones & Company, Inc. All Rights Reserved Worldwide.

現金的支出與收取

　　公司現金支出與收取發生不平衡時,會導致短缺或剩餘,進而影響到負債與有價證券的水準。當面對現金剩餘情況,公司可將現金投資於有價證券,以滿足交易性用途、預防性理由或投機性目的。不論是處於短缺或剩餘,如何控制目標現金餘額,必須先尋找出合適的方法以讓持有現金的總成本最小。

　　換句話說,現金管理牽涉到現金流出與流入的掌控,如同前面章節所談及的現金預算。若現金流入超過現金流出,公司便產生現金剩餘,應用來償還負債或投資有價證券;相對地,若現金流出超過現金流入,公司會遭遇現金短缺,必須借款或是賣出有價證券。

　　為了提高現金管理的效率,公司的現金管理人員應瞭解浮差的使用。浮差(float)是指「公司會計帳之現金餘額」與「公司在銀行帳戶之餘額」間的差異,並可分下列兩種:

付款浮差（disbursement float）：產生原因是公司簽發支票進行付款後，銀行需要一段時間來結清帳戶。譬如說，某公司平均每天所開立支票的總金額為$10,000，而銀行需花費四天時間才完成結清帳戶工作，故付款浮差為$40,000。這使得公司的現金餘額降低，但在銀行帳戶的現金卻未減少。

收款浮差（collection float）：產生原因是開立給公司的支票，銀行亦需要時間來結清帳戶。例如某公司平均每天收帳金額是$8,000，但銀行要花3天才能入帳，故收款浮差為$24,000。這會讓公司在銀行的帳戶餘額比會計帳記載的現金來得少。

淨浮差（net float）：是將付款浮差減去收款浮差，也就是公司在銀行帳戶之餘額超過會計帳之現金餘額的額度。上述例子中，淨浮差為$16,000（$40,000–24,000）。淨浮差愈大，對於公司愈有利。為了最大淨化浮差，公司應盡其所能地擴大付款浮差與縮小收款浮差。

現金的支出

現金支出是現金管理中一個很重要的部分，公司若要增加其可用資金，須有效控制現金支出，以達成最大化淨浮差與最小化支票帳戶餘額兩項目標，實務上常運用遠地付款帳戶，零餘額帳戶、匯票、透支等方式。

遠地付款帳戶（remote disbursement accounts）：是指將付款帳戶開立在偏遠地區的銀行，藉以延長結清帳戶的時間，擴大付款浮差。前例中，結算時間每延長一天所增加的付款浮差為$10,000，在機會成本為10%下，稅前盈餘提高的幅度達$1,000（$10,000 × 0.10）。另外一種和遠地付款帳戶有異曲同工之妙的手法，是透過郵遞將付款支票寄給受款人，將結算時間延遲一至二天。

零餘額帳戶（zero-balance accounts, ZBAs）的運作方式是：由公司在總行設立一個主帳戶（master account），統籌支付各營業處所的支票帳戶，開立給各供應商的支票最後會轉到同一個銀行系統辦理清算，這得以讓各地的支票帳戶餘額維持在零，大大減低了開置資金的浪費。當主帳戶現金短缺時，可由銀行提供的信用額度或出售有價證來補足差額；當主帳戶現金剩餘時再反向操作即可。零餘額帳戶的運作架構如圖16.1所示。

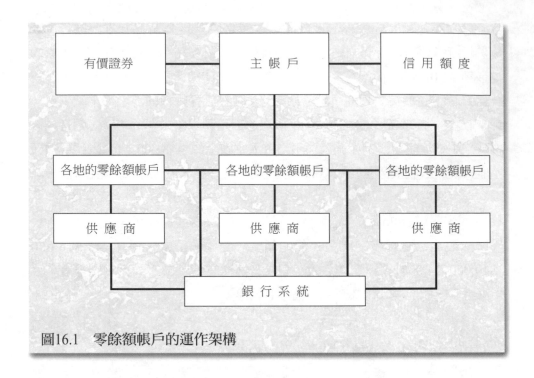

圖16.1　零餘額帳戶的運作架構

　　匯票（draft）和支票很類似，不過它是由公司所簽發的，而非銀行。使用匯票的好處是公司可一直等到銀行提示付款時，才將款項存入銀行帳戶，讓現金支出的時間延後；缺點是銀行須收取若干手續費來處理匯票。在國際貿易場合裡，匯票的使用程度十分可觀。

　　透支（overdraft）係指銀行授予其支票存款戶在餘額不足以支付票款時，仍可開立支票墊借款項，相當是以事先約定的限度內，自動辦理貸放。公司可藉透支方式靈活運用現金，使閒置現金額度達到最小。

現金的收取

　　現金收取和現金支出同等重要，其目標亦和現金支出完全一樣：最大化淨浮差與最小化支票帳戶餘額，具體作法有設置鎖箱、銀行集中作業、預先授權付款。

　　鎖箱（lockbox）是用來收受顧客款項的郵政信箱，公司委託銀行每日取出支票並隨即存入公司帳戶與轉達應收帳款資訊。這個方式能短從公司收到

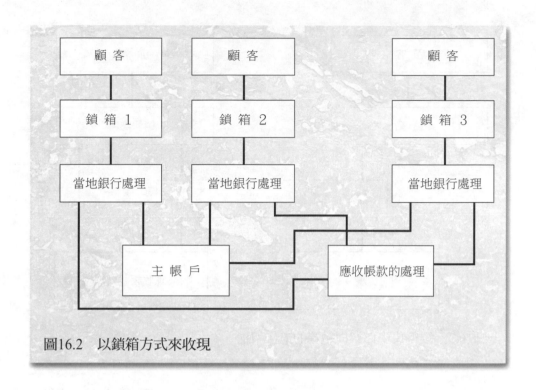

圖16.2　以鎖箱方式來收現

顧客支票至支票存入帳戶的時間，降低收款浮差。

　　大型公司的鎖箱系統通常會遍佈全國，其財務主管不單是要選定需要鎖箱的客戶，更要判斷鎖箱的數目與位置。運用鎖箱的成本與浮差縮小產生的利益是伴隨而來的，公司應仔細權衡得失，圖16.2是鎖箱系統的說明。

　　銀行集中作業（concentration banking）是公司在各個鎖售處所設置收款中心，把顧客支票存入當地銀行，並將應收帳款資訊傳達到總公司。此方式縮短了顧客郵寄付款時間與票據交換時間。

　　各地銀行的帳戶若有超額資金，再一併轉帳至總公司所在地的集中銀行。這通常是利用電匯或轉帳支票（DTC）來達成，電匯雖然速度最快，費用卻相當昂貴。聯邦準備當局（The Federal Reserve）經營的聯邦電匯（FedWire）系統，專門處理國內的匯款，而紐約結算所協會直屬的銀行間交換所支付系統（CHIPS）是處理國際間的美元資金移轉。至於轉帳支票是由地區銀行所開立。受款人為集中銀行的支票，其速度較慢。

　　聯邦準備當局還經營了大約三十家地區性自動交換所，名為國家自動交

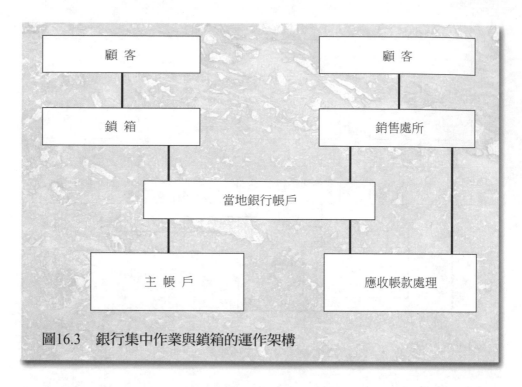

圖16.3　銀行集中作業與鎖箱的運作架構

換所協會（NACHA）。這些自動交換所（ACHs）利用電腦裝置辦理金融機構間的資金移轉，免除了使用實體票據的麻煩，亦讓集中銀行能在一天內收受各地分行的資金匯入。

採用銀行集中作業方式收現的公司，在各個銷售處所必須同時設置鎖箱，圖16.3是其運作架構。

預先授權付款（preauthorized payment, preauthorized debit）是另外一種收現途徑——准許公司可在事先約定限度內自行由顧客支票帳戶中提領應收款。這是一種無支票的交易方式，省卻了郵寄與清算過程，明顯好處是減低收款浮差與人員作業成本。若公司擁有很多付款情況穩定的顧客，預先授權付款將會發揮最大的效果。

如何建構財務工作的績效衡量 ·······························

設定公平合理的績效評估基準，和蒐集攸關數據，乃是進行績效改進前的首要任務。在財務方面，發生實際表現落後預定目標的情況有下列數種：(1)內部審計報告無法按時完成的次數；(2)付款金額不足，遭到

上游供應商抱怨的數目；(3)對IRS審計準則要求的資訊，製作時間超過三十天期限的次數；(4)對供應商所提供的銷售折扣，未能充分使用到的次數；(5)未隨時監控鎖箱，以致於資金閒置的額度；(6)每月所編制的報告，未能採納的數量；(7)同一份資料卻遭到不同分類的發生次數。針對這些問題，我們可建構一套「改善機會圖」，判斷出何種落差的影響程度較為重要。審核人員藉著圖形所表達的各資訊，如希望衡量的數據（如應收帳款）、評估基準、目標水準、實際水準、落差幅度，期望在花費最少資源與時間之下，達到縮小績效落差的目的，以獲得最大的回饋。

Source: "How To Develop Measures for Financial Work," *National Productivity Review*, 159-167, Spring 1992.

有價證券

公司會將現金購買有價證券，有三種理由：第一，把剩餘現金進行短暫投資，直到有交易用途時才予以變現。像是前面提及的Martin公司，其現金需求就存在著季節性。第二，公司對於有價證券的需要是來自於預防性的考量。因為要準確地預測出完全充足的現金數量，是一件很難做到的事，因此購買有價證券以作為現金的安全停靠站，可預防任何突發狀況。第三，購買有價證券能滿足投機性目的。由於有價證券的高度流動性，未預期的獲利機會通常讓公司大賺一筆。

有價證券的選擇標準

財務管理人員評斷有價證券時，一般是基於三項主要標準：預期報酬、風險、變現能力，再依照所要的目的選擇出特定的證券。

預期報酬是指投資所賺取的年收益率，然而對多數有價證券而言，通常是以折價（貼現）方式售出，故不易從表面上看出報酬為何，須經過一番計

算。貼現額度的大小是先把面值乘上貼現率，再將結果乘上以年（三百六十天）為單位的到期期間。譬如說，一張九十一天期的國庫券，面值為$10,000，以8.50%的貼現率賣出，則貼現金額是$214.86（$10,000×0.0850×91/360）。因此，這張國庫券的購買價格為$9,785.14（$10,000–$214.86），九十一天的收益率是2.20%（$214.846／$9,785.14）。

至於投資的年收益率必須利用有效利率的概念，即前述的（2.10）式：

$$ER = \left(1 + \frac{k}{m}\right)^m - 1$$
$$= (1 + 0.0220)^{365/91} - 1$$
$$= 0.0912$$

亦可借助於財務計算機來求出這個答案。要注意的是，有效利率是把三百六十五天視為一年。

圖16.4是擷取於《華爾街日報》中的國庫券報價表，第一欄是指到期日，其次是距離到期的天數。接著是以貼現率表達的買賣行情，買入報價（bid quotation）是指經紀商購買此張國庫票券時，所收取的貼現金額比率，而賣出報價（asked quotation）是指經紀商售出時所支付的貼現金額比率。假設一張還有九十天到期的國庫券，賣出報價為2.62%，則貼現金額為$65.50（$10,000×0.0262×90/360），九十天的收益率是0.66%（$65.50／$9934.50），轉換成年收益率（有效利率）則是2.66%。

稅賦機制與稅率級距，也是影響有價證券報酬的關鍵因素。例如，購買國庫券的利得，不列入聯邦政府所得稅及地方政府所得稅的稅源，以致於利息所得要課稅的定存單就必須提供較高的報酬率，讓具納稅義務的個人或組織對這二種有價證券感到無差異。至於一些不以營利為目的是宗教團體、慈善組織自教育機構，其稅率很低，甚至不用繳稅，稅賦因素對於他們在投資有價證券時的影響程度十分有限。

有價證券所涉及到的風險，包括違約風險及利率風險。違約風險（default risk）係指有價證券發行人無法按時支付利息或償還本金的機率。前一章曾經談到有不少公司在出版有價證券的信用評等的資訊，而史坦德普耳公司與沐迪投資人服務公司算是數一數二的評等機構，財務管理在投資前宜多加參考這類出版品，避免買到違約風險過高的有價證券。

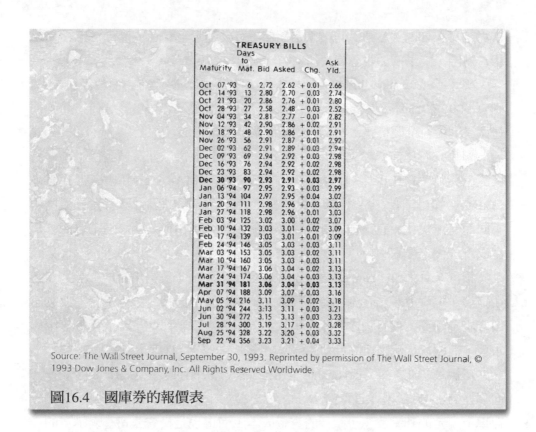

圖16.4　國庫券的報價表

　　利率風險（interest rate risk）是由於市場利率水準變化，導致負債型證券的價格產生波動的可能性。到期時間愈長的債券，所面臨的利率風險愈大，權宜之計，公司最好把投資重心放在短期有價證券上。

　　變現能力（marketability），或稱作流動性，指的是某一有價證券轉換成現金的速度。這會取決於證券市場的廣度與深度，廣度為該證券的買方及賣方都非常熱衷於交易，深度是該證券的籌碼（數量）夠大，任何人出售時對於市價不會產生顯著的影響。一般財務管理人員用以衡量有價證券之廣度與深度的指標，在櫃檯買賣市場為該證券的買賣價差（bid-ask spread），在集中交易市場為該證券的成交量。

貨幣市場證券的類型

　　多年以前，公司從事短期投資的第一考量是國庫券，不過目前一些貨幣

市場工具，如商業本票、可轉讓定期存單及其他形形色色的產品，已經變得相當熱門，交易的活絡程度大幅超過外匯交易。

國庫券（treasury bills）是由美國政府以折價基礎發行，面值從$10,000到$1,000,000都有，期限有九十一天、一百八十二天、一年等三種，前兩種每個星期進行公開標售，第三種則是每個月標售一次。

聯邦政府機構債券（Federal agency notes）通常是採折價發行，聯邦房屋貸款銀行（FHLB）、政府國有抵押協會（GNMA）、聯邦國有抵押協會（FNMA）自其他政府機構為常見的發行者，面值與期限會隨著發行機構的不同而有所變化。在這種證券風險較大的因素下，預期報酬率通常會比同類型政府公債來得高。

銀行承兌匯票（bankers'acceptances）起源於國際貿易場合中，是進口商所簽發，經銀行承諾在到期時兌現的一種匯票。由於持有銀行承兌匯票的出口商必須等到六個月後才能收到貨款，所以大多將匯票在市場上折價售出以求現。而銀行承兌匯票的流動性稍遜於國庫券，安全程度也沒有那麼高。

可轉讓定期存單（negotiable certificates of deposit）是由商業銀行發行，面額在$100,000以上，期限多為三、六、九、十二個月，最短的為十四天。存單上所定的利率反應了銀行的資金成本，而這也是投資公司喜愛購買的金融工具。

歐洲美元存單（Eurodollar certificates of deposit）為美國境外地區的銀行發行的存款憑證，歐洲美元是存放於外國銀行的美元存款，用以貸款給需要美元資金的企業。期限在一年以下，以六個月期限最常見，面值在$5,000,000以上。

商業本票（commercial paper）乃經營卓著的大公司所發行的無擔保本票（unsecured promissory note），主要銷售給其他公司、退休基金、貨幣市場共同基金、保險公司等，期限在一天至九個月不等。由於這種短期債務工具缺乏次級市場，變現能力較弱，其品質要視發行公司的財務狀況而定。

附買回協議（repurchase agreements）是指借款人在出售政府債券的同時，約定在未來某一日期以較高的價格買回，價格的差距代表借款人於到期日所支付的利息。附買回協議（repos）的借款人通常是證券交易商，天期由一個營業日到一百八十天都有。在交易十分普遍的因素下，使得附買回協議

的流動性頗佳。

表16.1是前面所介紹的各種貨幣市場證券之摘要整理著重的焦點是證券發行者、期限與利息給付型態的比較。

表16.1 貨幣市場證券之比較

名稱	發行人	期限	利息給付型態
・國庫券	美國政府	九十一天、一百八十二天 一年	折現
・聯邦政府 機構債券	聯邦房屋貸款銀行、 政府國有抵押協會等	一年以下	折現
・銀行承兌 匯票	商業銀行	六個月以下	折現
・可轉讓定 期存款	商業銀行	十四天以上	到期付息
・歐洲美元 存單	美國境外銀行	一年以下	到期付息
・商業本票	大型公司	九個月以下	折現或到期付息
・附買回協議	政府公債交易商	隔夜到一百八十天	到期付息

讓地方財政官員感到後悔不已的日子 ·····················

正如同Horold Hill在＜音樂人＞中所述，Steven D. Wymer正一步步走進加州的大熊湖。就在1989年的某一日，Wymer向地方財政官員Jeffery Brunsdon 透露一個消息，不過Wymer所提及的並不是樂隊或大號伸縮喇叭，而是唾手可得的報酬機會：一項幾乎無風險的投資管道，只要投入二百萬資金到觀光城鎮的資本改良基金即可。像極了Wymer，Jeffery Brunsdon也是個漫不經心的會計師。但在1991年12月13日下午的一通電話後，他才耳聞Wymer已經被聯邦陪審團以詐欺罪名起訴，四天後Wymer在加州紐坡特海灘的房屋也遭扣押。隨後政府有關人員說明這個案件涉及到14個城鎮，與總額高達一億一千三百萬美元的信託資產。聯邦政府的調查人員重申Wymer事件是一個值得學習的教材，教導地方

目標現金餘額的控制

　　目標現金餘額的控制牽涉到如何找出使持有現金總成本最小的方法，所
指的總成本是現金持有過多的機會成本，加上現金持有過少的交易成本。簡
化模型中隱含了數項限制條件，以便讓總成本函數型式不會過於複雜。

　　在運用以下模型時，務必牢記在心的是公司的超額現金會以有價證券型
態持有，增加現金等於是出售有價證券。

鮑莫模型

　　鮑莫模型（Baumol model）乃William Baumol發明，是將現金餘額視為
存貨處理。開始時，一家現金餘額為零的公司會流入特定數量的現金（C），
也就是時點0的現金額度為C，如同圖16.5所示。隨著時間的經過，現金會不
停的使用，直到現金餘額逼近於零時，公司會再流入數量為C的現金，不會
讓現金餘額發生負值的情況。這個模型是假設消耗現金的速度為固定值。

　　在推導模型前，Baumol先定義以下變數：

C = 每次流入的現金數量

S = 出售有價證券的成本

D = 計畫期間內所需的現金

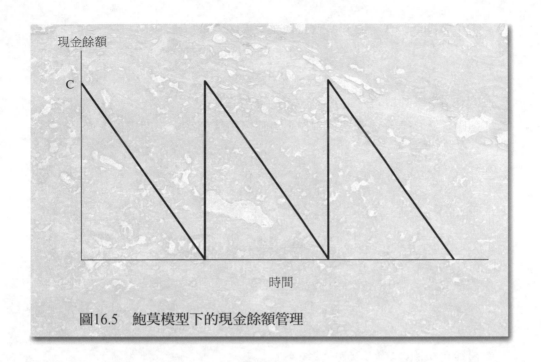

圖16.5　鮑莫模型下的現金餘額管理

$$R = 持有現金的機會成本$$

模型並假設出售有價證券的單位成本不會因出售的多寡而改變。

現金管理的總成本（TC）為持有成本與交易成本之和：

$$TC = 持有成本 + 交易成本$$

持有成本是將平均的現金持有餘額乘以機會成本，由圖16.5可看出現金餘額最多時為C，最少時為零，故平均值界於兩個極端值之間，為C/2。我們把持有成本描述如下：

$$持有成本 = \frac{CR}{2}$$

交易成本是將計畫期間內的交易次數乘以出售有價證券的成本，而交易次數為計畫期間內所需的現金總量除以每次流入的現金數量（D/C），故交易成本可表達為：

$$交易成本 = \frac{DS}{C}$$

現金管理的總成本是將持有成本與交易成本予以加總：

$$TC = \frac{CR}{2} + \frac{DS}{C}$$ 　　　　　　(16.1)

圖16.6是以圖型的方式表現（16.1）式的觀念。

每次流入的現金流量之最適值，可利用微積分基本定理求得：

$$C^* = \sqrt{\frac{2DS}{R}}$$ 　　　　　　(16.2)

首先將（16.1）式對C進行一階微分：

$$\frac{dTC}{dC} = \frac{R}{2} - \frac{DS}{C^2}$$

然後令此式為0：

$$\frac{R}{2} - \frac{DS}{C^2} = 0$$

最後可求出C：

$$C^* = \sqrt{\frac{2DS}{R}}$$

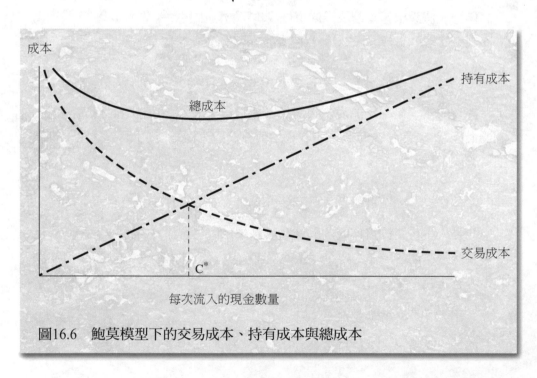

圖16.6　鮑莫模型下的交易成本、持有成本與總成本

在使總成本最小的要求下，這個式子代表著每次現金流入量的最適值。

〔例題〕

Ott公司每年固定的淨現金流出為$2,500,000，投資有價證券的年報酬平均是10%，出售證券的成本為$50，試問在現金餘額接近零的最適現金流入為多少？平均的現金餘額又為何？

解答：

首先找出以下變數：

$$D = \$2,500,000$$
$$S = \$50$$
$$R = 0.10$$

再代入到（16.2）式：

$$C^* = \sqrt{\frac{2DS}{R}}$$
$$= \sqrt{\frac{2(\$2,500,000)(\$50)}{0.10}}$$
$$= \$50,000$$

上值為每次現金流入量的最適值，而平均現金餘額是$C^*/2$或$25,000。

鮑莫模型受限於一個關鍵的假設，即淨現金流量消耗速度為固定值。但對於絕大多數公司來說，現金流出與流入本質上是隨機的，導致淨現金流量呈現波動狀態。儘管如此，鮑莫模型卻是現金管理領域中一個相當重要的研究。

米勒—奧爾模型

米勒—奧爾模型（Miller-Orr model）是由Merton Miller與Daniel Orr兩位學者發明，針對淨現金流量呈現穩定減少的假設予以放寬，而是假設淨現金流量型態為常態機率分配，這對於現金管理而言，是一個較為合理的方法。

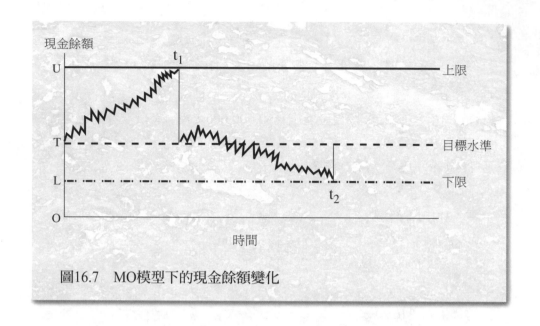

現金餘額

U ——————————— t₁ —————————— 上限

T - - - - - - - - - - - - - - - - - 目標水準

L -·-·-·-·-·-·-·-·-·-·-·-·-·-·- 下限
                              t₂

O

時間

圖16.7　MO模型下的現金餘額變化

　　Miller與Orr兩位學者所建構的模型中，允許現金餘額可增減變化，如圖16.7所示。現金餘額會在兩個控制限度之內隨機上下波動，若觸及所控制的上限（U），如圖中的t₁時，現金管理人員將買入有價證券，額度為（U－T），讓現金餘額回復到U及T之間；若觸及所控制的下限（L），如圖中t₂時，現金管理人員將賣出有價證券，額度為（T－L），以使現金餘額回復到L及T之間。綜合來看，在經過有價證券的交易過後，現金餘額將回到目標水準T。

　　前述所指的下限（U）是公司所設定的現金安全存量，額度愈高，公司耗盡現金的可能性愈小。這個數值通常等於公司往來銀行所要求的補償性餘額。

　　目標水準（T）經由Miller與Orr兩位學者的推導如下：

$$T = \sqrt[3]{\frac{3s\sigma^2}{4r}} + L \tag{16.3}$$

　　其中

s = 買賣有價證券的交易成本

σ^2 = 淨現金流量的變異數

r = 持有現金的機會成本

現金管理人員的第一項工作是求得淨現金流量的變異數，這需要由比較期的資料來加以計算。在許多的財務管理領域中，變異數的求得還要加上一些判斷。

至於上限（U），根據Miller與Orr的推導結果如下：

$$U = 3 \sqrt[3]{\frac{3s\sigma^2}{4r}} + L \qquad (16.4)$$

$$U = 3T - 2L \qquad (16.4a)$$

注意到T和U的表達型式頗為類似，故目標水準（T）和下限（L）的差距是上下限之差的1/3。

Miller與Orr所導出的平均現金餘額（ACB）為：

$$ACB = \frac{4T - L}{3} \qquad (16.5)$$

〔例題〕

Ott公司的現金管理人員所估計的淨現金流量標準差為$1,000（以天為基礎），並發現持有現金的機會成本為14.67%（以年為基礎），買賣有價證券的交易成本是$256。若將Miller-Orr模型中的現金控制下限設定在$25,000以作為安全邊際。請問現金餘額的目標水準、控制上限與平均現金餘額各是多少？

解答：

首先把機會成本14.67%的表達方式由以年為基礎轉換成以天為基礎，利用（2.10）式，計算過程如下：

$$ER = \left(1 + \frac{k}{m}\right)^m - 1$$

$$0.1467 = \left(1 + \frac{k}{365}\right)^{365} - 1$$

$$1.1467 = \left(1 + \frac{k}{365}\right)^{365}$$

將等號二邊開365次方：

$$\sqrt[365]{1.1467} = \left(1 + \frac{k}{365}\right)$$

經由財務計算機的計算：

$$1.000375 = \left(1 + \frac{k}{365}\right)$$

$$0.000375 = \frac{k}{365}$$

k/365 乃為以天的基礎的持有現金機會成本（r）

接著將s=$256、$\sigma$=$1,000、r=0.000375、L=$25,000一一代入（16.3）式中，可求出目標水準。

$$T = \sqrt[3]{\frac{3(256)(\$1,000)(\$1,000)}{4(0.000375)}} + \$25,000$$

$$= \$8,000 + \$25,000$$

$$= \$33,000$$

再將T=$33,000、L=$25,000分別代入（16.4a）式，求得上限（U）：

$$U = 3T - 2L$$

$$= 3(\$33,000) - 2(\$25,000)$$

$$= \$49,000$$

發現目標水準（T）與下限（L）的差距為$8,000（$33,000–$25,000），是上下限差距$24,000（$49,000–$25,000）的 1/3。

最後是平均現金餘額的計算，將T=$33,000、L=$25,000代入（16.5）式：

$$ACB = \frac{4(\$33,000) - \$25,000}{3}$$

$$= \$35,667$$

基於以上的計算結果，Ott公司的現金管理人員應該在現金餘額上升到$49,000時，購入金額為$16,000的有價證券（$49,000－$33,000）；而在現金餘額下降到$25,000時，出售金額達$8,000的有價證券（$33,000－$25,000）。

圖16.8清楚表示了Ott公司在採用米勒─奧爾模型下的現金管理政策。

　　雖然米勒─奧爾模型很容易瞭解，計算起來卻是大費周章。因此讀者可以利用本章所附的財務軟體THE FINANCIAL MANAGER之中的MILLORR功能，讓計算更為便捷。

史東模型

　　史東模型（Stone model）的觀念與米勒─奧爾模型頗相似，它也設定了現金餘額的控制上限（U）、下限（L）及目標水準。除此之外，史東模型還考量內部的控制限度──（U-du）與（L+dL），其中的兩項參數du及dL，反映出原有上下限的誤差，如圖16.9所示。

　　在現金餘額界於控制上限與下限之間時，史東模型與米勒─奧爾模型相同，都是未採取任何動作。然而一旦現金餘額超過既定的限度，則奉行史東模型的現金管理人員，於做出買賣有價證券的動作前，會充分考慮未來現金流量的資訊，不像在米勒─奧爾模型下，純粹根據現金餘額多於上限或少於下限的額度，就交易等額的有價證券。換句話說，根據史東模型，面對現金

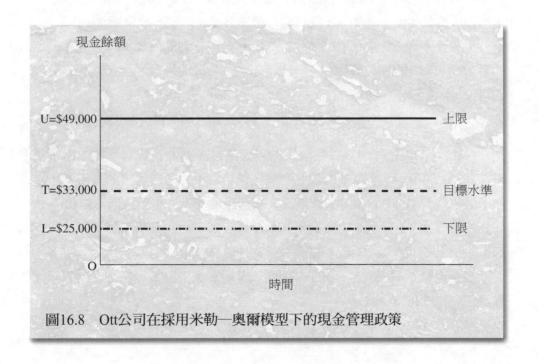

圖16.8　Ott公司在採用米勒─奧爾模型下的現金管理政策

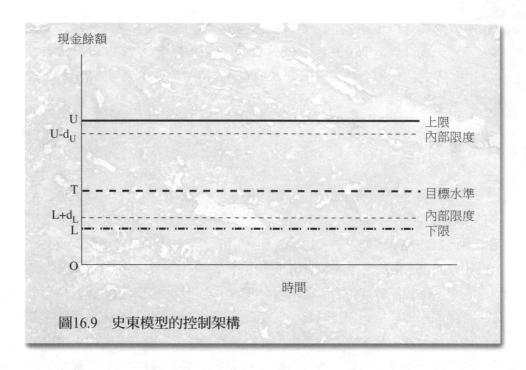

圖16.9　史東模型的控制架構

餘額超出控制的現金管理人員,會先預測未來K日的淨現金流量,再將此額度添加於目前的現金餘額,若預期的總現金餘額(即K日後的預期現金餘額)仍舊在「內部限度」之外,才進行有價證券買賣,以期回復目標水準。

　　史東模型並未提供U、T、L、d_U、d_L等各項參數的估計式,不過我們可透過米勒—奧爾模式計算出U、T及L。至於d_U與d_L的設定,則是需要經驗與判斷。

〔例題〕

　　Ott公司的現金管理人員所設定的現金餘額控制上下限與目標水準等資料,如圖16.8所示,而目前的現金餘額正位於上限。鑑於過去的經驗,上限與下限都會有\$3,000的誤差。假設未來五日淨現金流量的預測是–\$5,000,請問該有何行動?若淨現金流量的預測改變為–\$1,000,那結果又將如何?

解答:

　　把現金餘額的控制上限減去\$3,000,下限加上\$3,000,便得出內部限度的範圍,如圖16.10。

　　考量過淨現金流量的預測(–\$5,000)後,我們可進一步獲知五日後的預

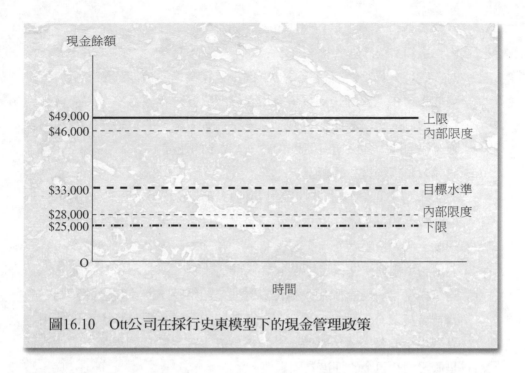

圖16.10　Ott公司在採行史東模型下的現金管理政策

期現金餘額是$44,000（$49,000–$5,000）。這個金額仍處於內部限度所涵蓋的範圍內，故不必採取任何動作。

　　若淨現金流量的預測改變為–$1,000，則五日後的預期現金餘額將變動為$48,000（$49,000–$1,000）。由於超出內部限度，因此現金管理人員應購買金額達$15,000的有價證券（$48,000–$33,000）使現金餘額在五日後下降到目標水準。

　　史東模型之所以重要，在於顯現出每位財務管理人員皆須運用所有的資訊來作決策，這更加深了一項觀念──財務中最廣泛應用的衡量法則就是人類的直覺判斷。

摘　要

1.管理現金的支出與流入

　　對於現金的支出與流入，有二項目標：最大化淨淨差與最小化支票帳戶餘額。在支出方面，可以運用遠地付款帳戶、零餘額帳戶、匯票、透支等方式；在流入方面，可以採用鎖箱、銀行集中作業、預先授權

付款等方式。

2.解釋選擇有價證券的標準

財務管理人員評斷有價證券的三個主要標準是：預期報酬、風險與變現能力。預期報酬是指投資有價證券所賺取的年收益率，這尚會受到稅賦機制與稅率級距的影響；風險是指有價證券的違約風險及利率風險；變現能力則係指有價證券轉換成現金的速度。

3.討論貨幣市場證券的類型

商業本票、可轉讓定期存單與其他貨幣市場證券，已經和國庫券一樣，成為短期投資組合內的常見金融工具。貨幣市場證券的交易活絡程度，已大幅超過外匯交易。

4.運用鮑莫模型來進行目標現金餘額的控制

鮑莫模型是將現金餘額視為存貨處理。開始時，一家現金餘額為零的公司會流入特定數量的現金。隨著時間的經過，現金會不停地使用，直到現金餘額逼近於零時，公司會再流入特定數量的現金。這個模型是假設消耗現金的速度為固定值。

5.運用米勒—奧爾模型來進行目標現金餘額的控制

米勒—奧爾模型針對淨現金流量呈現穩定減少的假設予以放寬，而假設淨現金流量型態為常態機率分配，允許現金餘額可以變化，在兩個控制限度之內上下隨機波動。

6.運用史東模型來進行目標現金餘額的控制

奉行史東模型的現金管理人員在買賣有價證券前，會考慮現金流量的資訊，不像米勒—奧爾模型只根據現金餘額多於上限或少於下限的額度，就交易等額的有價證券。史東模型的觀念與米勒—奧爾模型頗相似，它也設定現金餘額的控制上限、下限與目標水準。此外，史東模型還考量內部的控制限度。

問 題

1.討論浮差的種類。

2.解釋遠地付款帳戶的意義。

3.解釋零餘額帳戶（ZBAs）的意義。

4.解釋支票與匯票的差異。

5.公司如何藉由透支方式將手邊的現金餘額達到最小？

6.公司如何利用鎖箱來收取顧客的款項。

7.公司如何運用集中銀行作業來處理支票？

8.公司如何利用電匯或轉帳支票將各地銀行帳戶的超額現金轉帳到總公司所在地的集中銀行。

9.國家自動交換所協會的用途為何？

10.公司如何運用預先授權帳戶從客戶的支存帳戶提領現金？

11.公司投資有價證券的三項理由是什麼？

12.解釋有價證券的期望報酬之涵義。

13.解釋投資有價證券會涉及到的兩種風險。

14.討論有價證券的變現能力，並從市場的廣度與深度解釋。

15.討論下列貨幣市場證券：

(1)國庫券。

(2)聯邦政府機構債券。

(3) 銀行承兌匯票。

(4)可轉讓定期存單。

(5)歐洲美元存單。

(6) 商業本票。

(7) 附買回協議。

16.解釋鮑莫模型的假設與運作方式。

17.解釋米勒—奧爾模型的假設與運作方式。

18.R. H. Macy計畫如何改善現金管理上的問題。

習　題

1.（浮差）Atkinson公司簽發支票$15,000給供應商，銀行需要四天才結清帳戶。另外客戶的付款支票$20,000，則是需要三天來結清帳戶。請計算付款浮差、收款浮差與淨浮差。

2.（浮差）Ross公司的會計帳顯示出現金餘額為$500,000，但其忽略了浮差。若該公司的付款額為$40,000，銀行要花五天才能結清，而收款

額為$50,000，需要四天才結清，請問實際現金餘額為何？

3.（年收益率）Jameson公司以折現率8.00%買入一張九十一天期國庫券，面額為$10,000。請問投資的年收益率為何？

4.（年收益率）Marks公司以折現率$8.60%賣出一張九十一天期國庫券，面額為$10,000。請問年收益率為何？

5.（鮑莫模型）Stenger公司每年固定的淨現金流出為$3,500,000，投資有價證券的年報酬平均是11%，出售證券的成本是$50。若運用鮑莫模型於現金管理上，請問在現金餘額逼近於零的最適現金流入為多少？平均的現金餘額又為何？

6.（鮑莫模型）Alice Murphy公司每年固定的淨現金流出為$2,500,000，投資有價證券的年報酬率平均為9%，出售證券的成本是$150。已知Alice Murphy採行鮑莫模型來控管現金，請問在現金餘額逼近於零的最適現金流入為何？平均的現金餘額又為何？

7.（米勒—奧爾模型）Zabawa公司的現金管理人員所估計的淨現金流量標準差為$500（以天為基礎），並發現持有現金的機會成本是12.33%（以年為基礎），買賣有價證券的交易成本是$350。若將米勒—奧爾模型中的現金控制下限設定在$10,000，以作為安全邊際。請問現金餘額的目標水準、控制上限與平均現金餘額各是多少？

8.（米勒—奧爾模型）Padgett屋頂材料公司利用米勒—奧爾模型來管理現金餘額。公司的現金流量標準為$250（以天為基礎），持有現金的機會成本是11.34%（以年為基礎），買賣有價證券的交易成本是$150。若將米勒—奧爾模型中的現金控制下限設定在$5,000，以作為安全邊際。請問現金餘額的目標水準、控制上限與平均現金餘額各是多少？

9.（史東模型）Charta公司的現金管理人員將現金的控制上限、下限與目標水準分別設定在$50,000、$20,000與$30,000，而控制上下限各會有$3,000的誤差。目前的現金餘額在位於上限$50,000，預測未來七日的淨現金流量是–$3,000，請問該有何行動？

16.10（史東模型）Brace機械公司正採行米勒—奧爾模型：

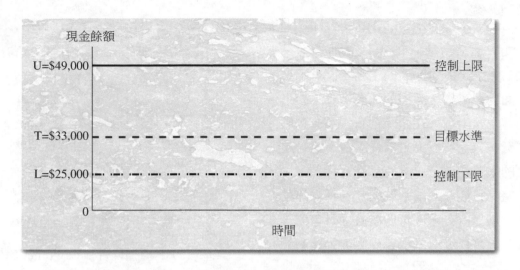

現金餘額

U=$49,000 —————————————————————————— 控制上限

T=$33,000 — — — — — — — — — — — — — — — — 目標水準

L=$25,000 —·—·—·—·—·—·—·—·—·—·—·—·—·— 控制下限

0 ————————————————————————————

時間

　　由於現金主管想要利用未來的現金流量資訊，於是改採史東模型。他除了預測未來六日的淨現金流量為–$6,000，並將現金控制下限改變到$4,000，以反應補償性餘額需求的減少。不過根據過去經驗，控制上下限各會有$5,000的誤差。若目前的現金餘額為$85,000，請問該進行什麼行動？

FitWear公司是一家從事運動服飾設計與銷售的公司，產品包括泳裝、滑水裝等。面對競爭無比激烈的泳裝市場，旗下的品牌十分出名，在產品創新、品質控制與經營績效等項目更是廣受讚譽。公司現階段的策略是期望以既有品牌在泳裝市場的聲望，積極擴大滑水裝與其他種類運動服飾的市場占有率，管理階層亦計畫開設零售店，藉以吸引水上運動與陸上運動的同好。

成衣產業一向受到景氣循環的影響，故公司管理階層十分關切目前的經濟蕭條是否會波及到老客戶的消費習性。已有部分的競爭者處於財務困難，正面臨一些收現的難題。過去三年，整個滑水裝市場的銷售量衰退了30%，儘管Fit Wear公司力圖朝向多樣化的運動服飾設計，但是銷售表現依舊存在某些季節性現象。此外，公司的營運資金需求通常在會計年度的第三季末達到高峰。

Lawrence Silver是FitWear公司的現金部門主管，在他攻讀MBA學位時，曾學習如何利用鮑莫模型的概念來控管現金部位，且在公司現金即將耗盡時，決定出應注入的新資金額度。經由一項小規模的調查後，Lawrence發現公司每年的淨現金流出大約為$9,000,000；而有價證券的交易成本要視買賣金額而定，相當於是每增加$50,000的額度，就會增加$50的成本。

Lawrence還得知公司持有現金的機會成本是10%。

交易金額		成本
$ 0 – $ 24,999		$100
$ 25,000 – $ 74,999		$150
$ 75,000 – $ 124,999		$200
$125,000 – $ 174,999		$250
$175,000 – $ 224,999		$300
$225,000 – $ 274,999		$350

基於以上種種條件，Lawrence想要知道每次現金部位接近於零時，應投入的新資金額度。他也曾經學習米勒－奧爾模型及史東模型，但卻質疑它們的適用程度，所以Lawrence必須找出這些方法的假設是否符合FitWear公司的情況。

問題

1. 根據鮑莫模型，請計算每次現金部位接進於零時，應投入的新資金額度。
2. 米勒－奧爾模型是否適用？

17
應收帳款與存貨

整體的信用分析方法有待執行

「信用額度」與「銷售表現」之間的關係十分密切,但公司決策者很少能一視同仁。一個有效率的企業組織必然會體認到信用額度與銷售量的依賴程度,盡其所能地維持兩者的正向相關。可惜的是,多數的公司往往未能發展出信用額度與銷售量的交互作用,原因是這二者分別由不同的部門所管理,在部門間彼此競爭下,存在著不少利益衝突現象。

公司通常是將銷售部門劃分於營運範疇內,受到直屬主管的監督,首要任務是努力地產生銷售機會。衡量銷售部門的指標為「銷售量」與「銷售金額」,以此作為人員獎懲的依據。至於「壞帳損失」及

「收款所需時間」，並不是獎懲制度的主要判斷準則。

而信用部門常被歸類為「幕僚範疇」，由公司的幕僚主管所管理，首要任務是執行信用政策與收款政策。部門績效的衡量指標是「壞帳損失」與「收款期間」，而非「銷售量」，這與信用部門完全相反。

由此可知，銷售部門與信用部門在工作內容、管理人員、績效衡量、獎懲制度與策略上，皆存在著鮮明的差異。不光是兩個部門的目標有所衝突，彼此間隔閡也使問題更加複雜、難以克服，而這已經涉及到組織架構的議題了。

針對信用分析這項工作，信用部門主管所強調的觀點必定不同於銷售部門主管，所以採取一個全面而徹底的方法是必要的。

Source: David A. Kunz, "Strive for the Complete Credit Approach." *Business Credit*, June 1992. Published by the National Association of Credit Management.

現金條件與信用條件

顧客購買貨品後，付款給公司的方式有兩種：現金條件與信用條件。現金條件（cash terms）可分為「預先付現」與「貨到付息」，預先付現（cash in advance）是運用在信用較差的客戶，他們必須在產品運送前即支付貨款；而在貨到付現（cash on delivery, COD）下，客戶須交貨款或保付支票後始可取貨，公司所面對的風險只有客戶不接受該項貨物時。

為了刺激客戶對產品的需求，供應商亦會採行信用條件（credit terms）方式進行賒銷，包括信用期間、現金折扣及各式各樣的信用工具。

〔例題〕

Ferguson公司對客戶所提供的信用條件為「2/10, net30」，請問客戶所享受的折扣為多少？又何時之前必須付款？

解答：

客戶必須在三十天內之內支付貨款，若決定在十天內付款的話，則可享受2%的折扣。例如 Ferguson公司的商品單價為$400，客戶於30天內付款須支付全額$400，選擇於十天內付款只需支付$392（$400×0.98）。

針對季節性的銷售，某些公司會調整季節性付款日（seasonal dating），准許客戶在冬季收到貨品，春季時再付款。如某客戶於二月收到貨品，季節性付款日為四月一日，信用條件是「3/10, net30」則此客戶必須在四月三十日前付清全額，或是在四月十日前付款，可享3%的折扣。

信用期間

信用期間（credit period）是公司給予賒銷客戶付款的期間，延長信用期間，會對銷售表現有所助益。在「2/10, net30」的情形中，信用期間為三十日。信用期間的長度隨產業特性而不同，並受到以下情境因素的影響：

· 交易金額大小──愈大金額的交易意味著較為重要，會給予的信用期間較長。
· 信用表現──高風險的客戶所享有的信用期間較短。
· 產品的儲藏能力──儲藏壽命較短的產品所適用的信用期間較短。

〔例題〕
Morris公司考慮把信用條件由「net30」改變為「net60」，財務分析人員認為此措施會使每年的賒銷金額從$1,095,000擴大為$1,314,000，增加額度為$219,000，所附帶產生的邊際成本是$154,000。除此之外，平均收現期間也因為信用條件的改變，估計會由三十五天延長至六十八天。已知應收帳款的融資成本為每年15%，試問信用條件是否有改變的必要？
解答：
首先分析增加應收帳款投資（IAR）的金額，公式如下：

$$IAR = （每年銷售額 / 365）（平均收現期間）$$

在原來的信用條件下，應收帳款投資金額為：

$$IAR = （\$1,095,000/365）35$$
$$= \$105,000$$

接著計算新的信用條件下之應收帳款投資金額：

$$IAR = (\$1,314,000/365)\,68$$
$$= \$244,800$$

額外增加的應收帳款投資金額為$139,800（$244,800－$105,000）。

信用期間的延長，會同時造成應收帳款融資總成本與利潤的增加，成本方面為$20,970（$139,800×0.15），利潤方面是由於銷售額增加$65,000（$219,000－$154,000）。兩項金額予以加總可以得到淨利潤為$44,030（$65,000－$20,970），因此，Morris公司理應採取新措施。

現金折扣

現金折扣（cash discounts）是公司為了讓客戶提早付款，所提供的較低售價，並以發票價格的某一百分比來表達現金折扣。前例中的「2/10, net30」，買方若在十日內付款，可少付2%。

放棄現金折扣機會的客戶，如同負擔隱含的利息支出。在「2/10, net30」的情況中，不在第十天付款，而選擇在第三十天時付款，即喪失了可以降低2%成本的機會。而這項機會成本（OC）可藉由以下公式，轉換成年成本的型式：

$$OC = \left(\frac{CD}{1-CD}\right)\left(\frac{365}{CP-DP}\right) \tag{17.1}$$

其中

CD = 現金折扣

CP = 信用期間（天）

DP = 折扣期間（天）

等號右邊第一項，CD/（1－CD），表示等待（CP－DP）天後再付款的機會成本；第二項，365/（CP－DP），是將折扣轉換為年單位。

〔例題〕

Solomon公司提供給客戶的信用條件為「2/10, net30」，放棄這項折扣的年機會成本估計值為何？

解答：

根據（17.1）式，計算如下：

$$OC = \left(\frac{0.02}{1 - 0.02} \right)\left(\frac{365}{30 - 10} \right)$$
$$= (0.0204)(18.25)$$
$$= 0.372 \text{ or } 37.2\%$$

延後二十天付款的機會成本是2.04%，而一年三百六十五天是二十天的18.25倍，因此，可獲知年機會成本為37.2%。

我們還可利用（2.8）式的有效利率概念，計算出放棄現金折扣的年機會成本準確值：

$$ER = \left(1 + \frac{k}{m} \right)^{m} + 1$$
$$= (1 + 0.0204)^{18.25} - 1.0$$
$$= 0.4456 \text{ or } 44.56\%$$

由機會成本的估計值與準確值兩種結果來看，放棄現金折扣的代價的確很高。

即將付款的客戶會先比較「融資成本」與「現金折扣機會成本」之高低，在融資成本較低時理應採取現金折扣。而公司亦須確保現金折扣的機會成本大於顧客的融資成本，才能有助於公司本身的應收帳款水準達到最小。

〔例題〕

Morris公司正猶豫是否應將信用條件由「net30」改為「2/10, net30」。公司的財務分析人員Deborah Jackson估計出信用條件改變後，會使得每年的銷售金額由\$1,095,000擴大至\$1,241,000，幅度為\$146,000，而所附帶產生的邊際成本是\$102,700。至於平均收現期間將會由三十五天縮短為二十五天。在應收帳款的融資成本為每年15%之下，請問信用條件是否有改變的必要？

解答：

應收帳款投資金額（IAR）的公式如下：

$$IAR = （每年銷售額 / 365）（平均收現期間）$$

在原來的信用條件下，應收帳款投資金額為：

$$IAR = (\$1,095,000/365)\,35$$
$$= \$105,000$$

而在新的信用條件下之應收帳款投資金額為：

$$IAR = (\$1,241,000/365)\,25$$
$$= \$85,000$$

兩相互較，可發現應收帳款投資金額減少$20,000（$105,000－$85,000）。

提供現金折扣的結果，對於公司而言是有利的。第一是應收帳款融資的總成本下降，幅度為$3,000（$20,000×0.15）；第二是銷售金額的增加，幅度為$43,300（$146,000－$102,700）。在現金折扣的成本為$24,820下（$1,241,000×0.02），經由提供現金折扣所產生的利得是$21,480（$3,000＋$43,300－$24,820），因此Deborah應該建議公司採行新的信用條件。

信用工具

在美國當地的交易慣例中，多數公司是以公開帳戶（open account）的方式提供信用，又稱為「記帳」。買方在收到貨物時於發貨單簽名，上面記載了信用條件，此發貨單雖然不是正式的債務契約，但為正式的信用憑證。公開帳戶下所隱含的融資成本，要從交易雙方所協議的信用條件中得知，並且將交易記錄在兩方的會計簿中。

在某些場合裡，公司會要求客戶在收到貨物時簽發本票（promissory note），確保客戶在特定期限內付款。對於一些訂單較大，或是付款較不確定時，公司會傾向使用本票作為信用工具，此時並要以應收票據（notes receivable）科目登記在資產負債表上。

商業匯票（commerical drafts）是在賣方未將貨物運送之前，即要求買方的一種信用承諾，常使用於國際貿易往來中。在買方在匯票上簽名後，貨物才開始運送，而賣方會將匯票連同發貨單交付給買方的往來銀行，請求付現。若是見票即付，為即期匯票（sight draft）；若是見票後數日付款，為定期匯票（time draft）。

有時賣方會要求以銀行承兌匯票（banker's acceptance），代替定期匯票。這個信用工具是由銀行出面承諾付款的一種匯票，並以若干手續費為代價。銀行承兌匯票是流動性很高的交易工具，讓持有者得以在貨幣市場中以折現方式售出。

附條件銷售合約（conditional sales contract）係指在買方未付清貨款前，賣方仍握有產品的所有權。這通常用於分期付款的銷售合約，機器設備的買賣即屬於此類型，直到買方支付所有的貨款與利息之後，法律所有權才進行移轉，讓賣方遭遇對方違約時，可以輕易地收回貨物。

賣方亦會採用寄售（consignment）的方式，先將貨物運送給客戶，委託其代為銷售，此時賣方為寄售人（consignor），該客戶為受託人（consignee）。待貨物售出後，受託人才進行付款。此方式多用於零售店銷售，讓配銷商能充分管理其零售空間。

最適信用政策

最適信用政策的一般定義如下：使持有成本與機會成本之總合為最小時的信用水準。持有成本是提高信用額度與應收帳款投資後所增加的成本；機會成本是降低信用額度後，因為銷售量的減少所導致的成本。圖17.1說明了最適信用額度的概念。

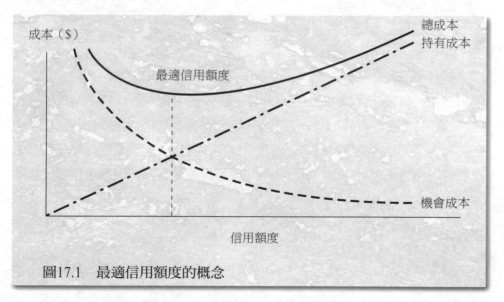

圖17.1　最適信用額度的概念

信用分析

信用分析所強調的重點是對潛在客戶的評價,通常是由公司的信用分析人員所負責。在前面第4章所介紹的財務分析技巧,有助於信用分析人員來判斷應給予每個客戶多少的信用額度。

五C信用分析

傳統上,公司常藉由五C信用分析(five C's of credit)來評估客戶的信用狀況。

■ 品格

品格(character)反映出客戶償還債務的意願,即使是在極端惡劣的情況中。部分客戶對於能如期付清款項,感到十分自豪;而部分客戶會冒險一試,儘量延遲付款,將其要負擔的義務擴張至極限。而分析人員必須具備判斷客戶特質的能力,因此有些銀行的放款部門主管強調,他們是將錢借給人,而不是借給財務報表。

■ 能力

能力(capacity)反映出客戶償還債務的能力,也就是客戶的財務狀況。信用分析人員通常會使用本書第4章提及的各種財務分析技巧,來進行這個項目的評估。重點在於比率分析部分,特別是流動性比率及獲利性比率:流動性比率是衡量客戶是否有充分的現金餘額支付貨款,獲利性比率是衡量客戶的營業利潤是否足以支付貨款。信用分析人員並會同時觀察這兩種比率的目前水準,估計未來可能的變化。

■ 資本

資本(capital)反映出客戶所處於的財務風險程度。若其負債比例愈

高，面臨的財務風險也愈大，進而埋下財務危機與破產的禍因。槓桿比率是用來測量客戶使用負債的程度，總負債對總資產比率、負債對淨值比率是常見的指標，再與產業平均水準比較後，將可得到所要的資訊。

■ 抵押品

抵押品（collateral）反映出客戶為了獲得交易信用，所提供擔保的資產。在貸款場合裡，銀行與其他金融機構常要求貸款者抵押某些資產。不過利用抵押品亦有麻煩之處，首先是抵押品很難補償賣方在產品上的損失，特別像是原料與服務；其次是無法對個別抵押品的成本有公正客觀的鑑定。在經由公開帳戶方式從事銷售時，抵押品的使用就不怎麼重要。

■ 情勢

情勢（conditions）係指會影響到個別客戶與整體經濟趨勢的任何環境。一些特殊事件的成敗，如法律判決、行銷計畫、合約授予，會使得客戶因此而獲利或損失；而總體經濟會對所有客戶帶來程度不一的影響。這些皆為信用分析人員所要考量的。

信用資訊的來源

針對舊客戶，一般公司會評估其財務報表，且應用五C信用分析的概念；針對新客戶，則要借助於徵信機構（credit-reporting agency）、徵信協會（credit association）或銀行，它們提供了一些評估所需的基本資訊。

Dun & Bradstreet與TRW公司是著名的徵信機構，擁有遍佈全美各地與加拿大的數百萬計公司的信用資訊，服務項目分為一般的參考資料，以及針對個別公司的詳細信用報告。絕大多數公司的信用部門會向它們訂購經電腦處理的資訊服務，以獲得客戶的第一手情報。

信用報告的內容包括：資產負債表與損益表的摘要、關鍵性的財務比率、由銀行及上游供應商得知的過去付款記錄、營運概況、所有權人的描述與信用等級。最為重要的是其他債權人對此客戶的看法。

徵信協會是由地區信用部門主管所組成的團體，以彼此交換客戶的信用

資訊，國家信用管理人員協會（NACM）更進一步設立了「信用交流中心」，專司處理客戶歷年的付款記錄。

銀行亦會提供新客戶的信用調查資料，並隨時與其他銀行的信用部門保持聯繫。較為獨特的資訊有客戶的銀行帳戶餘額、未付清的貸款、付款狀況，以及對客戶信譽的一般評價。

信用評分

信用評分（credit scoring）涉及到統計方法的使用，目的是為了預測客戶會準時付款的機率。這項措施對於消費者信用與交易信用的衡量皆為可行。在計算消費者信用分數時，需要考慮的變數有年所得、工作時間、年齡、家庭狀況、目前住所的居住時間等；在計算交易信用分數時，要考慮的變數有淨值、現金流量與各式各樣的財務比率。再將複雜的計算結果用簡單的數字表示（如1、2、3），以區分不同等級的信用價值。

企業的信用舞弊如何蔓延？ ....

幾位信用分析專家正在抨擊當今的工商環境中，信用舞弊事件層出不窮。更糟的是，這類情況每天都會發生。有不少人透過蓄意破產的手段來維持生計，也就是獲取一些商品、勞務後，而不支付任何的金錢。根據美國下層社會的說法，蓄意破產行為稱為 "bustout"，整日鑽弄破產技倆的人稱為 "bustout artist"。平均而言，一次的蓄意破產會導致債權人數十萬以上的損失。

蓄意破產有幾種基本型式，最嚴重的是「惡意倒閉」，管理者騙取了公司大部分資產後即一走了之，留下一堆錯愕的債權人。另一種蓄意破產陰謀是傳統的方法，先倉促成立一家公司，經過幾次的準時付款與預先付現以獲取信用額，最後再意圖倒閉詐財。最後一種蓄意破產手段的特性是又快又狠，企業所有人與保證人的名字皆是冒充的，於倒閉時把已經訂購的商品全數掏空，毫不留情。

Source: "How Pervasive Is Business Credit Fraud?," *Business Credit*, 20-21, June 1992. Published by the National Association of Credit Management.

收帳政策

收帳政策（collection policy）是指催繳應收帳款的途徑，對大多數的公司而言，這牽涉到一系列漸進式的催款程序，以應付未付款的客戶。首先是以較為和婉的催告信函，若不奏效，在寄出語氣較為慎重的第二次催告信函。下一步是寄出略帶威脅口氣的通知書，表明即將付諸法律途，或交由收帳機構處理。若還是沒有下文，將會電話詢問或親自拜訪客戶謀求解決。最後一步是將違約書交給律師，或委託收帳機構。

應收帳款的帳齡分析

應收帳款的帳齡分析（aging of receivables）是將公司目前的應收帳款依照流通在外天數予以分類，並作兩年以上的比較，以觀察應收帳款品質的趨勢變化。表17.1是Markert公司於19X4年12月31日與19X5年12月31日的帳齡分析表（aging chedules）。由於季節性因素，最好是挑選兩年的相同時點進行比較。

由表17.1可以發現，公司收帳情況有惡化的趨勢，流通天數在三十天以下的應收帳款的比率由70%下降至60%，其他天數的則明顯增加。應收帳款品質衰退的警訊正好可提醒信用部門主管，亟須採取有效的行動。

表17.1　Markert公司於12月31日的帳齡分析表

	19X4		19X5	
應收帳款流通在外天數	金額	比率	金額	比率
0 - 30天	$17,500	70%	$18,000	60%
31 - 60天	3,750	15	5,400	18
61 - 90天	2,500	10	4,200	14
90天以上	1,250	5	2,400	8
	$25,000	100%	$30,000	100%

應收帳款的收買與質押

應收帳款收買（factoring receivables）係指將應收帳款債權轉讓給專門的應收帳款收買商（factor），通常是一些財務公司或商業銀行的子公司。運作上可分為無追索權（nonrecourse）與附追索權（with recourse）兩種，在無追索權情況中，應收帳款買商須承擔該客戶無力付款的風險。當公司交出應收帳款的債權後，便同時在資產負債表上扣減等額的應收帳款科目。因此省去了管理應收帳款的困擾，而應收帳款收買商是以折價購入應收帳款作為補償。

應收帳款收買商尚扮演了其他兩種功能：信用分析與授信融資。信用分析是對於潛在客戶之信用情況的判斷，若暴露的風險過高，很可能會拒絕收買此應收帳款。授信融資功能則是貨主可將原有的應收帳款轉換成營運資金，成本大約是基本利率加上三到四個百分點，而應收帳款收款收買商會在應收帳款到期時或約定的期限（如三十天），把購買價金付給貨主。

應收帳款質押（pledging receivables）是將應收帳款質押給借款人以取得融資。相對於應收帳款收買，質押都須附追索權，這意味著萬一客戶無法付款，貨主仍具責任。正常的情況中，客戶多是將貨款支付給貨主；若可能的話，借款人會與貨主協議，客戶直接付款給借款人，以握有較大的控制權。

保護借款人的途徑有四：（1）借款人可以挑選安全性較高的業務；（2）借款人的融資額度會明顯小於應收帳款載明的金額，約70%至80%；（3）借款人可向貨主行使追索權；（4）借款人所要求的利率高於無擔保貸款的成本。

理論上的存貨管理

存貨管理必須要公司的決策階層統合管理各種領域的事務，包括財務、行銷與營業部門。財務部門較樂意將存貨投資金額最小化，行銷部門希望存貨愈多愈好，以滿足客戶的需要；營業部門則是要求存貨的體積，以降低成本。

存貨的類型

存貨類型有三種：原料、在製品、製成品存貨。原料存貨是已購入並等待投入製造程序。原料購買的數量愈多，不僅價格較便宜，運送費率較低，處理起來也較有效率。在製品存貨是已部分加工但尚未完工的商品，其彈性大小要視該公司的制度為生產過程導向或是產品導向而定。

製成品存貨為市場供給與需求雙方帶來了不確性，有時可能是為了經濟理由而生產，而非訂單的需要。而某些產業為了使製成品存貨數量達到最小，容許積壓部分的訂單。

經濟訂購量模型

基本的經濟訂購量（EOQ）模型是後續許多存貨模型所採用的概念，它顯示了訂購成本、持有成本、總成本與最適訂購量之間的關係。

圖17.2是基本EOQ模型的運作方式（在不考慮安全存量下）。在開出訂單後，公司會收到一筆貨品，隨著時間的經過，生產部門會以單一速率逐漸

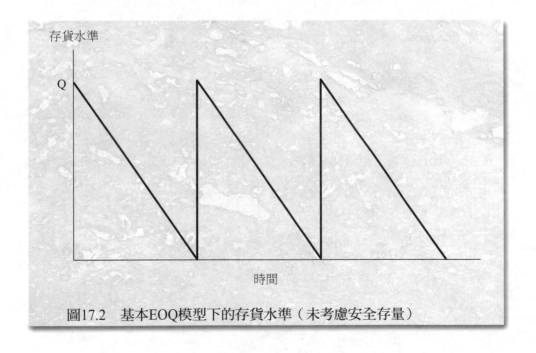

圖17.2　基本EOQ模型下的存貨水準（未考慮安全存量）

用掉存貨。當數量逼近於預定水準時，存貨控制人員會再開出新的訂單。在理想狀況下，貨品到達公司時，恰好是存貨數量為零的那一點。

存貨成本

最適的訂購量必須達到最小化存貨成本的狀況，而存貨成本包含了訂購成本與持有成本。

訂購成本係指取得商品過程中所產生的審核、下單、處理等各項成本。在製造業中，訂購成本尚包括了將存貨安置於生產程序的成本。我們在基本EOQ模型是假設訂購成本為固定值。

持有成本係指因儲藏、保險、融資等工作而發生的成本，其他像是失竊、毀壞與陳舊過時成本也歸類於持有成本。持有成本通常是以單位售價的某一百分比來表達，譬如說某商品的持有成本是售價$10.00的30%，故持有成本的實際金額為$3.00。

總訂購成本（TOC）多以年為基礎來計算，公式如下：

$$TOC = \left(\frac{D}{Q}\right)S$$

其中

$\quad\quad$ D = 每年需求量
$\quad\quad$ Q = 每次訂購數量
$\quad\quad$ S = 每次訂購成本（$）

前一項 D/Q 表示每年的訂購量次數，再乘以每次的訂購成本，即可求出總訂購成本。

總持有成本（TCC）亦以年為基礎，公式如下：

$$TCC = \left(\frac{Q}{2}\right)C$$

其中

$$C = 一單位存貨每年的持有成本（\$）$$

前一項Q/2表示平均的存貨數量，再乘以一單位存貨每年的持有成本，可求得總持有成本存貨的總成本（TC）為總訂購成本與總持有成本之和：

$$TC = \left(\frac{D}{Q}\right)S + \left(\frac{Q}{2}\right)C \tag{17.2}$$

將基本EOQ模型下的總訂購成本、總持有成本及總成本的變化情形繪製於圖17.3。可發現隨著每次訂購數量的增加，總訂購成本呈下滑趨勢，原因是每年的訂購次數減少；持有成本則是伴隨著每次訂購數量增加而上升，這是平均存貨數量之故。在總成本最低點時之訂購數量為最適訂購量（Q*），計算公式如下：

$$Q^* = \sqrt{\frac{2DS}{C}} \tag{17.3}$$

首先將（17.3）式對Q進行一階微分：

$$\frac{dTc}{dQ} = \frac{C}{2} - \frac{DS}{Q^2}$$

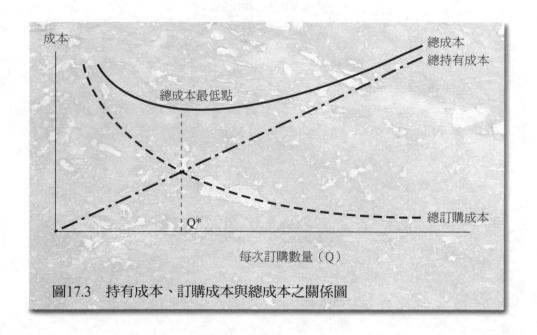

圖17.3　持有成本、訂購成本與總成本之關係圖

然後令此式為0：

$$\frac{C}{2} - \frac{DS}{Q^2} = 0$$

最後可求得Q：

$$Q^* = \sqrt{\frac{2DS}{C}}$$

〔例題〕

Wilson公司每年購買X產品20,000單位，每次的訂購成本是$50，而一單位產品每年的持有成本為$0.50。請問最適訂購量、每年的總存貨成本與訂購次數分別為何？

解答：

根據（17.3）式的最適訂購量公式：

$$Q^* = \sqrt{\frac{2DS}{C}}$$

將所需數據一一代入：

$$Q^* = \sqrt{\frac{2(20,000)(\$50)}{\$0.50}}$$
$$= 2,000（單位）$$

至於總存貨成本的計算可利用（17.2）式：

$$TC = \left(\frac{D}{Q}\right)S + \left(\frac{Q}{2}\right)C$$

將所需數據一一代入：

$$TC = \left(\frac{20,000}{2,000}\right)\$50 + \left(\frac{2,000}{2}\right)\$0.50$$
$$= \$500 + \$500$$
$$= \$1,000$$

值得注意的是，在最適訂購量（2,000單位）之下的總訂購成本（$500）與總持有成本（$500）必會相等。

欲求出每年的訂購次數，須將每年需求量（D）除以每次訂購數量（Q）或最適訂購量（Q*）：

$$\frac{D}{Q^*} = \frac{20,000}{2,000}$$
$$= 10$$

因此存貨管理人員每年應訂購十次，每次2,000單位，以滿足每年20,000單位的需求量。

訂購點與安全存量

在這個部分裡，我們先暫不考慮安全存量，學習有關訂購點的觀念。如同前述基本EOQ模式中的（17.2）式，便未設定安全存量。

通常我們會在存貨降低到某一水準時作為辦理請購的訊息，此一水準稱之為訂購點（reorder point, RP），公式如下：

$$RP = LT(d) \qquad\qquad (17.4)$$

其中

LT= 從訂購到產品送達公司所需的前置時間（lead time）

d = 前置時間中每日的需求量

在不考慮安全存量下，產品送達公司時恰好為存貨數量逼近於零的一剎那。

〔例題〕

Wilson公司的存貨部門人員認為從請購X商品，到供應商將產品送達公司所花費的時間計十四天。在其他相關資訊與前一個範例皆一致下，請找出訂購點。

解答：

利用（17.4）式，可以算出訂購點：

$$RP = LT(d)$$

將相關數據代入後：

$$RP = \frac{14(2,000)}{365}$$
$$= 767.12 \text{ or } 768 \text{（取整數）}$$

注意到每日需求量的計算，是將每年需求量（20,000單位）除以一年的天數（三百六十五天）。結果發現，在存貨水準下降到768單位時，便要著手請購程序。

安全存量（safety stock）是用來預防存貨短缺的緩兵之計，這些額外的存貨數量在實際處理上非常重要，理由是存貨需求量與前置時間都很不穩定。圖17.4是在考慮安全存量下基本EOQ模型的運作過程。

設定了一個安全存量後，訂購點公式修正為：

$$RP = LT(d) + SS \hspace{3cm} (17.5)$$

其中

$$SS = 安全存量$$

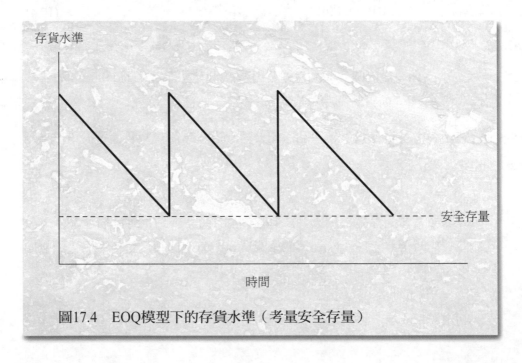

圖17.4　EOQ模型下的存貨水準（考量安全存量）

此時產品送達公司時的存貨數量恰好處於安全存量（假設LT與d皆為固定值）。

採用安全存量後，公司便可容忍前置時間與每日需求量的適度變化。若前置時間的需求量（DDLT）小於訂購點的存貨水準，存貨短缺的情形不會發生；反之，若前置時間的需求量大過訂購點的存貨數量，存貨短缺將無可避免，有可能導致生產中斷或銷售之喪失。

如何設定安全存量，除了可經由過去的前置時間需求量所得到的統計數字，還可根據一些簡單法則，自行模擬出來。在本部分的討論中，是假設安全存量為已知值。

〔例題〕

Wilson公司將X產品的安全存量設定在153單位，請問訂購點為何？若實際的前置時間為十五天或十六天，前置時間每日的需求量為60單位，試問新存貨送達公司時的存貨水準是多少？

解答：

運用（17.5）式，可得出考慮安全存量下的訂購點：

$$RP = LT(d) + SS$$

將所需數據一一代入：

$$RP = \frac{14(20,000)}{365} + 153$$
$$= 920.12 \text{ or } 921 （取整數）$$

因此在存貨數量下降到921單位時，便要著手請購程序。

至於新存貨送達公司時的存貨水準（IL），可藉由下列公式：

$$IL = RP - DDLT$$

在前置時間為十五天的情況下：

$$IL = 921 - 15(60)$$
$$= 21 （單位）$$

而在前置時間為十六天的情況下：

$$IL = 921 - 16(60)$$
$$= -39 （單位）$$

由計算結果中得知，前置時間為十五天時，安全存量十分妥當。但萬一前置時間延長為十六天，則會發生39單位的短缺。

基本模型的變化

基本的經濟採購量模型做了一項重要假設：產品的單位售價不受到訂購數量改變的影響。放寬這項假設再作分析，結果會較符合實際情況。

數量折價模型便假設訂購數量達到某個既定水準後，單位售價會比較低。這種現象十分常見，因為大額採購的運費明顯便宜了許多，一種以上的價格間斷（price break）是很合理的。

進一步地說，數量折價模型是以基本經濟採購量模型為基礎，再應用以下程序：

1.以最有利的價格，決定最適訂購量。

2.找出這個訂購量是否可行（若可行，用此數量進行請購，並停止往後程序）。

3.若第二個步驟所得的訂購數量不可行，以次佳價格決定最適訂購量（不停重複這個步驟，直到合適的數量）。

4.依據可行性最高的訂購數量，計算總存貨成本，再加上每年的購買支出。

5.依據價格間斷所要求的最低訂購數量，計算總存貨成本，再加上每年的購買支出。

6.選擇一個總存貨成本與購買支出最少的訂購量。

當面對的上游供應商不少時，數量折價模型是非常切合實際的。

〔例題〕

Wilson公司每年度購買X產品計20,000單位，每次訂購的成本為$50，一

單位產品每年的持有成本是買價的20%。而單位買價要視訂購數量大小而
定：

數量	價格
0 - 2,999	$2.50
3,000+	$2.25

請問最適訂購量為何？

解答：

第一個步驟是以最有利價格$2.25，用（17.3）式決定最適訂購量：

$$Q^* = \sqrt{\frac{2DS}{C}}$$

將所需資料分別代入：

$$Q^* = \sqrt{\frac{2(20,000)(\$50)}{0.20(\$2.25)}}$$
$$= 2,108.2 \text{（單位）}$$

結果發現無法以$2.25的價格，訂購2,108.2單位，故繼續進行第三個步
驟。

接著以次佳價格$2.50，同樣運用（17.3）式決定最適訂購量：

$$Q^* = \sqrt{\frac{2(20,000)(\$50)}{0.20(\$2.50)}}$$
$$= 20,000 \text{（單位）}$$

這個訂購數量具可行性，故進行第四個步驟。

依照可行性最高的訂購數量（2,000單位），利用（17.2）式計算每年的
總存貨成本與購買支出之和（TCP）：

$$TCP = \left(\frac{D}{Q}\right)S + \left(\frac{Q}{2}\right)C + 購買支出$$

將所需資料分別代入：

$$TCP = \left(\frac{20,000}{2,000}\right)\$50 + \left(\frac{2,000}{2}\right)(0.20)(\$2.50) + 20,000(\$2.50)$$
$$= \$500 + \$500 + \$50,000$$
$$= \$51,000$$

由於本範例中存在價格間斷情況，因此繼續進行第五個步驟。

再來是依照價格間斷所要求的最低訂購數量（3,000單位），利用（17.2）式計算每年的總存貨成本與購買支出之和：

$$TCP = \left(\frac{20,000}{3,000}\right)\$50 + \left(\frac{3,000}{2}\right)(0.20)(\$2.25) + 20,000(\$2.25)$$
$$= \$333 + \$675 + \$45,000$$
$$= \$46,008$$

結論是$46,008低於$51,000，所以每次的訂購量應為3,000單位。

實務上的存貨管理

當產品種類的數目不少時，存貨管理實際上是頗為複雜的。一般存貨管理人員所負責的倉儲系統，存貨項目有時會多到五十萬種，因此首要步驟是盡其可能地將大部分存貨予以分類與標準化，降低存貨種類。

ABC分析

ABC分析是將存貨依據重要程度的高低予以分類，存貨管理人員便按此分類來處置存貨。這種觀點是相當必要的，原因是絕大多數的存貨會使用在各式各樣的生產環節中。字母 A、B、C就是表示存貨的類別，其中A類是最重要的。

ABC分析的基本理念是，公司20%的存貨項目就占有全體存貨價值的75%至85%，如圖17.5所示。分布情形是20%的存貨項目為A類，占了總存貨價值的75%，需要高度控管；其次是30%的存貨項目為B類，占了總存貨價值的20%，需要中度控管；最後是50%的存貨項目為C類，只占了總存貨價值的

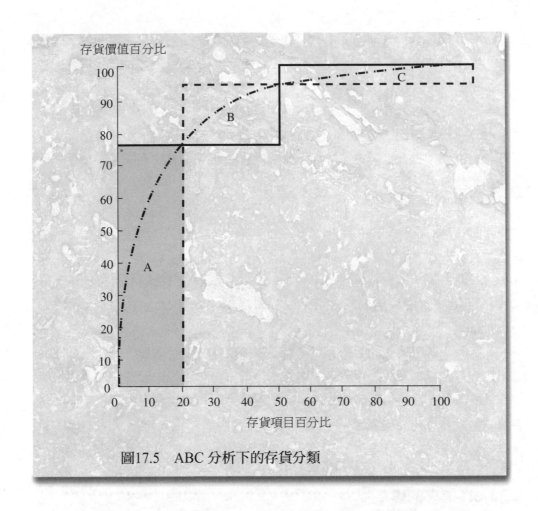

圖17.5　ABC 分析下的存貨分類

5%，只需要有限度的控管即可。

　　不過近來由於電腦化的存貨管理系統的普及，對ABC分析產生了衝擊。電腦化的運作模式，大量的存貨項目記錄得以持續進行，所管理的變數亦不再局限於數量，包括了前置時間、儲存需求、失竊風險、短缺成本與稀少性物料等變數都可納入完整的存貨分析架構中。

物料需求規劃

　　電腦的使用，也產生了其他的先進存貨管理技巧，如物料需求規劃（material requirements planning, MRP）。這種制度是根據一個主要生產計畫

（master production schedule, MPS），顯示出計畫期間內的生產環節後，將物料、裝配零件、次要零件的數量與使用時機一一排入生產程序裡。

生產管理人員會使用MRP，以改進顧客服務、降低存貨投資與提升營運效率。改進顧客服務方面是期望做到運送日期的配合，以及縮短運送時間；降低存貨投資方面，是要將送達時點設定在需要使用之際，而不讓存貨堆置好一段期間；提升營運效率方面，希望達成降低產品短缺及減少廢棄量，以增加生產能力。

及時系統

及時系統（just-in-time, JIT）下，公司先與上游供應商取得協調，在需要原料時才送達公司。結果自然是存貨水準大幅降低，如日本人所說的Kanban制度。

及時系統所衍生的哲學，更可廣泛運用到各種生產過程，如工廠樓層的規劃與控制、採買、品質管理、維修工作等。對於以往未能解決的難題也能有效的改善，像是機器設備故障、品管檢驗失敗、短缺所引起的生產停頓，及時系統都須立即地解決。相對於傳統存貨制度，由於堆置了許多備用存貨，使上述問題暫時忽略，但反而埋下更大的禍因。

JIT帶來的變革 ‧‧‧

基於降低生產成本以最大化利潤的想法，即時系統（JIT）在生產管理領域，已經變成一個相當熱門的字眼。易言之，一個組織應該力圖使閒置時間發生的次數愈少愈好，並且儘量不持有任何存貨，以獲得更高的生產效率。意味著在及時系統下，公司能適時地配給所需的材料零件，多餘的產品數目接近於零。而這需要生產者與下游客戶、上游供應商彼此通力合作才能奏效。

及時系統亦對於會計制度產生了不小的影響。在傳統的會計制度下，客戶須在送貨前下好訂單；而及時系統下的貨物運送是不須任何正式訂單的。再者，客戶也不須為了每一次的商品需求而訂購，供應商也不須等到訂單上門而運貨，一切都是事先就協調妥當的。儘管供應商與

摘　要

1.說明顧客如何付款給公司

顧客購買貨品後，付款給公司的方式為現金條件或信用條件。

現金條件可分為預先付現與貨到付息；而信用條件包括了信用期間、現金折扣與各式各樣的信用工具。在美國，多數公司是以公開帳戶方式提供信用，此制度下的發貨單為正式的信用憑證。

2.決定出每一客戶可享受的信用額度

最適當的信用政策可定義如下：使持有成本與機會成本之總和為最小時的信用水準。傳統上，公司常藉由五C信用分析來評估客戶的信用狀況，針對新客戶則要借助於徵信機構、徵信協會或銀行。信用評分涉及到統計方法的使用，目的是為預測客戶會準時付款的機率。

3.說明公司用來收帳的方法

收帳政策是指催繳應收帳款的途徑。應收帳款的帳齡分析是將公司目前的應收帳款依照流通在外天期予以分類；應收帳款收買係指將應收債款債權轉讓給專門的應收帳款收買商；應收帳款質押是將應收帳款質押給借款人，以取得融資。

4.描述常用的存貨模型

基本經濟採購量模型顯示了訂購成本、持有成本、總成本與最適訂購量之間的關係。安全存量是用來預防存貨短缺的緩兵之計。數量折價模型假設訂購數量達到某個既定水準後，單位售價會較低。

5.說明存貨管理人員實務上採行的技巧

當存貨種類的數目不少時，存貨管理實際上是頗為複雜。ABC分析是將存貨依據重要程度的高低予以分類處置。物料需求規劃是把特料、

裝配零件、次要零件的數量與使用時機一一排入生產程序。及時系統是透過公司與上游供應商取得協調。在需要原料時才送達公司，以降低存貨水準。

問　題

1. 解釋現金條件的兩種類型。
2. 賒銷的條件是什麼。
3. 舉例說明季節性付款日的使用。
4. 影響信用期間的情境因素有那些？
5. 將公開帳戶與簽發本票做一比較。
6. 什麼是商業匯票？並說明即期匯票與定期匯票的相異點。
7. 解釋下列工具：
   (1) 銀行承兌匯票。
   (2) 附條件銷售合約。
   (3) 寄售。
8. 解釋最適信用政策的一般定義。
9. 討論公司如何使用五C信用分析來評估客戶。
10. 徵信機構是如何運作的？
11. 徵信協會所扮演的角色為何？
12. 銀行提供那些新客戶的調查資料？
13. 公司如何藉由信用評分來預測客戶會準時付款的機率？
14. 多數公司對於未按時付款之客戶的處置程序是什麼？
15. 帳齡分析表如何檢測應收帳款的品質？
16. 應收帳款收買所指的為何？
17. 如何用應收帳款取得融資？
18. 應收帳款質押業務中，保護借款人的途徑有那些？
19. 存貨的三種類型是什麼？它們如何被用於生產程序？
20. 什麼是訂購成本與持有成本？
21. 解釋ABC分析的概念。
22. 物料需求規劃的運作方式為何？

23.什麼是即時系統？背後的哲學為何？

24.公司銷售部門與信用部門間的差異是什麼？

25.蓄意破產的涵義為何？

26.即時系統是否適用於美國的製造業？

習　題

1.（改變信用條件）Murphy公司考慮把信用條件由「net30」改變為「net45」，財務分析人員認為此措施會使每年的賒銷金額由$820,000擴大為$984,000，增加幅度為$164,000，所附帶產生的邊際成本是$120,000。除此之外，平均收現期間也因為信用條件的改變，估計會由三十天延長至五十天。已知應收帳款的融資成本為每年16%，試問信用條件是否有改變的必要？

2.（改變信用條件）Manchester公司考慮把信用條件由「net30」改變為「net40」，財務分析人員認為此舉會使每年的賒銷金額從$1,200,000擴大為$1,500,000，增加幅度為$300,000，所附帶產生的邊際成本是$180,000。此外，平均收現期間也將由三十五天延長至四十五天。已知應收帳款的融資成本每年為14%，試問信用條件是否有改變的必要？

3.（放棄折扣的成本）Harding鋼鐵公司提供給客戶的信用條件是「1/10, net45」，放棄這項折扣的年機會成本估計值為何？

4.（放棄折扣的成本）Blanchard混凝土公司的信用條件是「2/10, net40」，放棄這項折扣的年機會成本估計值為何？

5.（經濟訂購量）Wallace公司每年購買自行車車輪50,000單位，每次的訂購成本是$100，而一單位產品每年的持有成本是$100。請問最適訂購量、每年的總存貨成本與訂購次數分別為何？

6.（經濟訂購量）假如對某產品的年需求為9,000單位，每次的訂購成本是$30，而一單位產品每年的持有成本是$0.20，請問經濟訂購量是多少？

7.（訂購點）Marsden麵包店每年購買10,000,000磅的麵粉，每次的訂購成本是$150，而一磅麵粉每年的持有成本是$0.30。請問最適訂購量、

每年的總存貨成本與訂購次數分別為何？若前置時間是五天，在不考慮安全存量下的訂購點是多少？

8. （訂購點）Louisville貸款公司為了應付平日的現金交易，一年的現金總需求是$10,000,000，每次注入現金的成本是$500，而間置資金的機會成本是10%。請問現金的最適訂購量、每年的總成本與注入次數各是多少？若前置時間是四天，在安全存量為$25,000的訂購點為何？

9. （最適訂購量）Manley屋頂材料公司每年購買材料50,000單位，每次訂購的成本是$100，一單位材料每年的持有成本是買價的20%，而單位買價要視訂購量大小而定：

數量	價格
0 - 999	$105.00
1,000以上	$103.50

請問最適訂購量為何？

10. （最適訂購量）Mad玩具公司（MTC）以電腦生產玩偶，估計年銷售量可達50,000個，其價格決定於訂購數量大小：

數量	價格
0 - 999	$5.00
1,000 - 9,999	$4.75
10,000以上	$4.50

若訂購成本為$175，持有成本為價格的15%，請問最適訂購量是多少？

∙∙

Lakewood包裝公司生產形形色色的包裝材料，如折疊紙板、厚紙板容器、瓦楞紙箱等。經營重心是為跨國飲料公司及消費性產品公司，針對包裝問題謀求解決之道。

Lakewood公司目前擁有一片森林地，除了出租給他人，尚能供給生產厚紙板所需的原料。為了滿足客戶的特定要求，公司在厚紙板的加工流程，包含了設計、印製與剪裁等各方面，技術人員也負責安裝專門的包裝機器在部分客戶的廠房裡。管理階層深信，安裝機器這項附加服務，讓公司具備其他競爭者所缺乏的優勢。

位於南卡羅萊納州、瑞典、巴西的工廠，每年產出1,500,000噸的防火及不防火的厚紙板。由於預測市場需求會持續成長。Lakewood公司和一家生產防水紙盒應用品的Savannah牛皮紙公司達成協議——購買其全數資產。這項購併動作將可為Lakewood帶來額外的產能。

在營運資金政策方面，Lakewood公司現有銷售的信用條件是「2/10, net30」。以銷售毛額作為衡量基準，會使用現金折扣的客戶占了半數。在付款日截止後，對於未付款的客戶，若時間超過四十五天，公司會寄發逾期付款通知；一旦超過六十天，就會採取措詞強烈的催款信函。此外，壞帳費用是銷售毛額的1%，應收款周轉率為6.50，投資於應收帳款的機會成本

是12%。在購併行動後，下一年度的銷售額預計是$540,000,000。

銷售部門副總裁Larry Wyld日前建議公司應修正信用條件與收帳政策，計畫把信用條件放寬為「3/15, net45」，並在超過付款截止日七十五天後才寄發逾期付款通知。他認為這將有助於來年的銷售表現。

財務長Calvin Close同意該項變動的確可提高銷售金額，估計為$550,000,000，更計算出55%的客戶會採納新的現金折扣。但他卻不得不承認應收帳款周轉率將下降至6.00，壞帳費用比率亦會增加到2%。比較新舊兩種信用政策後，Close發現內部管理成本大致雷同，但變動成本占銷售毛額的比率是否會一直維持在75%，則有待考量。

[問題]

1. 若將採用現金折扣的客戶予以納入，請分別計算目前與預訂計畫下的銷售淨額。
2. 請分別計算目前與預訂計畫下的毛利（考慮壞帳費用後）。
3. 請分別計算目前與預訂計畫下的應收帳款投資金額與機會成本。
4. 請分別計算目前與預訂計畫下的獲利（扣除機會成本後）。

18

營運資金與短期融資

低利率環境下的抉擇

低利率環境或許無法達成「刺激公司紛紛投資擴廠」的目標，但可說是經濟蕭條情勢的一支強心針。為了充分享受低利率環境所帶來的種種好處，企業財務主管們（CFO）莫不時時關切其借款、公司債、商業本票的變化、盡其所能地尋求機會，以更便宜的負債替換掉現有的負債。目前他們正在猶豫是否該將債務以短期型

式持有，或是鎖定在長期利率水準。現階段商業本票的發行利率最高是4%，而長期債券的資金成本則介於8%至10%之間。後者雖較昂貴，卻是處於歷史低點。以Allied Signal公司為例，預備將手邊資金額度擴大至二倍，用來提前償還一筆具有償債基金選擇權的高成本負債。

至於「何時能用一年以下的資金成本籌措到長期資金」，是不少公司所面對的決策。就在今年一月，長期利率指標——三十年期的政府公債利率一度急挫到7.39%。距離前次發生時間，已是1987年了。不過在收益率曲線（yield curve）呈現陡峭型態，籌措短期資金，似乎是較令人滿意。有資金需求的企業，其看法也區分為兩個族群：一方是認為利率走勢仍未明朗，不值得冒險，故暫緩籌資動作；另一方則認為低迷的經濟情勢促使著利率水準持續徘徊在低點，因此是舉債的最好機會。

針對上述狀況，企業的財務管理人員亦須做一決定，每種流動資產的目標水準及融資的方式也務必訂定出，這些都牽涉到該利用多少比例短期負債及長期資本的判斷。

Source: Fred R. Bleakley, "Lower Interest Rates Bring Many Choices To Corporate Finance," *The Wall Street Journal*, January 23, 1992. Reprinted by permission of The Wall Street Journal, © 1992 Dow Jones & Company, Inc. All Rights Reserved.

營運資金管理與政策

當財務管理人員面對營運資金管理時，常處於雖以取捨的情況。做出任何有關營運資金管理的決定前，必須明瞭營運資金循環與短期融資的概念。

營運資金管理（working capital management）係針對流動資產與流動負債的管理與控制，營運資金政策（working capital policy）是要訂定個別流動資產的目標水準，以及選擇融資途徑。這裡所說的營運資金（working capital），又稱為毛營運資金（gross working capital），指的是流通資產；而淨營運資金（net working capital）是流動資產減去流動負債後的餘額。

流動資產的投資政策

由一家典型的美國製造業之同基資產負表，顯示出流動資產占總資產的比率為40%。如此龐大的營運資產投資，使得生產部門與財務部門不得不好

好關切,而管理者有興趣的是:如何尋求最適的流動資產政策。

簡單地說,假設有三種投資政策可供選擇,分別是寬鬆、適中、緊縮的流動資產水準,此水準是以流動資產相對於銷售額的比例來衡量,如圖18.1所示。

寬鬆的流動資產水準是表示公司投資了相當高的比例在現金、有價證券、應收帳款與存貨。同理,適中與緊縮的流動資產水準分別表示典型的政策與受到限制的政策。

而流動資產投資政策的選擇,取決於公司所處的情況。一家營運風險較低的公司,只需要緊縮水準的流動資產,因為在市場需求與前置時間十分穩定時,可以設定較低的安全存量,故存貨投資額可以較少。反之,若某公司所提供的信用條件非常寬鬆,則要較多的應收帳款投資。

產業差異亦會影響到流動資產的投資規模:製造業的生產程序要求充足的原料,在製品與製成品存貨,投資於存貨的金額頗為可觀;相對地,服務業對於存貨的投資顯著不多。此外,某些公司經營重心在於放寬客戶的信用,以從未付的貨款中賺取利息,因而在應收帳款投資的部分較高。

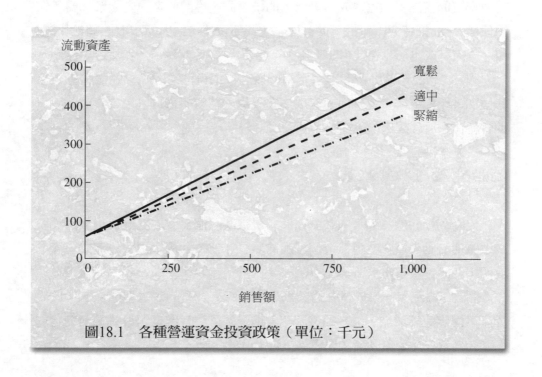

圖18.1 各種營運資金投資政策(單位:千元)

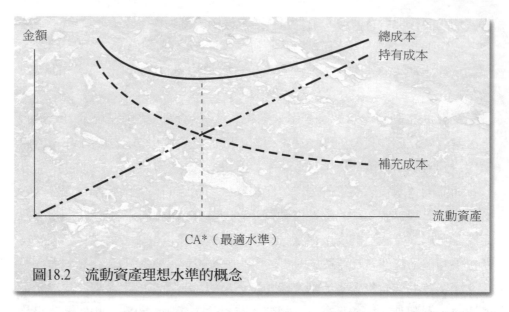

圖18.2　流動資產理想水準的概念

　　流動資產的理想水準（ideal level of current assets），是要使得各種組成的流動資產，所花費的總成本達到最小的目標。總成本是補充成本（supply costs）與維持成本（maintenance costs）的總額，補充成本包括訂購成本（添購與安置的支出）和短缺成本（喪失的銷售額、專門的處理支出及周轉不靈的代價），而維持成本包括了機會成本（其他替代方案所能賺取的額外報酬）和存貨持有成本（倉儲及相關支出）。

　　圖18.2是說明流動資產理想水準的概念。值得注意的是，隨著流動資產的增加，維修成本會上升而補充成本會下降，總成本最低點為CA*，此時流動資產便處於理想水準。

流動資產的融資政策

　　流動資產的融資政策的重點在於，決定某一個額度的短期負債與長期資本來融通流動資產。在進行這個課題的討論之前，我們必須假設流動資產的理想水準已經決定出。

　　圖18.3顯示了一家成長中的公司，對於所有資產的需求型態。其中固定資產以固定速率增加，但流動資產明顯地受到季節性因素與景氣循環變化的影響。儘管如此，流動資產規模仍呈現上升的趨勢。

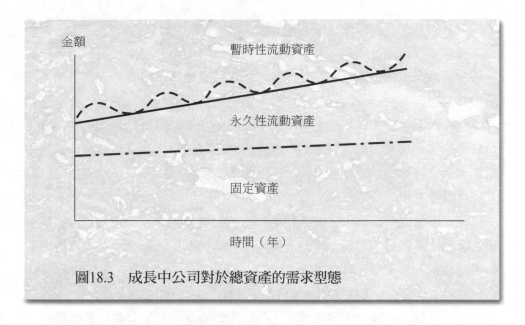

圖18.3　成長中公司對於總資產的需求型態

　　一般而言，有三種流動資產融資政策可供選擇：保守型、積進行與中庸型。這些政策的相異之處是，融通資產的長期資金來源（包括權益與長期負債）之使用程度有所不同。

　　圖18.4是說明保守型營運資金政策（conservative working capital policy），該公司利用長期資金融通所有的資產，意味著流動資產在季節性需求最高

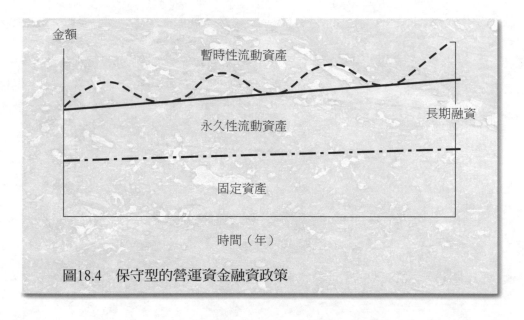

圖18.4　保守型的營運資金融資政策

時仍完全以長期資金來支應。若有多餘資金,管理人員會投資於有價證券。

　　保守型營運資金政策可有效降低公司的風險,免於短期利率的不可預測性與短期資金的取得困難。在營運資金需求超過預期水準時,公司可適度運用短期信用。

　　圖18.5是說明積進型營運資金政策(aggressive working capital policy),該公司除了利用長期資金融通固定資產與大多數的永久性流動資產,並利用短期資金支應暫時性流動資產與一部分的永久性,因此沒有多餘資金可供投資有價證券之用。

　　積進型營運資金政策會使公司面對的風險增加,必須不斷地應付即將到期的債務,並找尋新的資金來源。某些不利情勢下,公司有可能在取得短期信用時碰壁,最後導致財務困難。

　　圖18.6是說明中庸型營運資金政策(balanced working capital policy),該公司使用長期資金融通固定資產與永久性流動資產,針對暫時性流動資產,則是以短期資金來融通。

　　相較於積進型的措施,中庸型營運資金政策的風險較低,公司會運用現有的短期資金支應季節性需求,而不必急於尋求融資機會。在營運資金需求超過預期水準時,公司亦可從短期信用額度上著手。

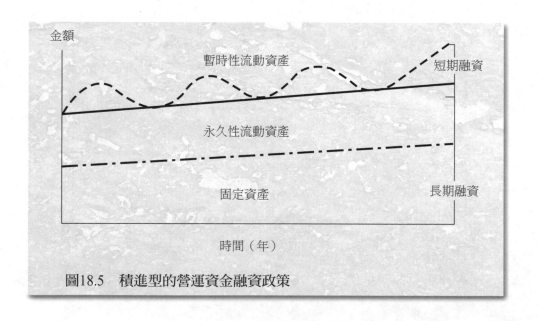

圖18.5　積進型的營運資金融資政策

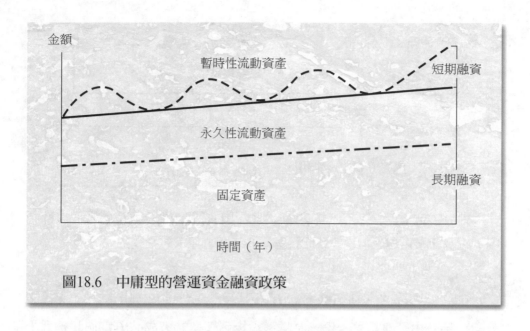

圖18.6　中庸型的營運資金融資政策

　　中庸型營運資金政策的概念與到期日搭配原則（matching principle），此原則又稱為自償性原則（self-liquidating principle），要求管理人員以短期資金來源搭配短期資金需求，以長期資金來源搭配長期資金需求。

營運資金循環

　　營運資金循環（working capital cycle），又稱作現金轉換循環，係指從支付原料款項後，到收取製成品售出之款項的一段期間。這也等於「營業循環」減去「應付帳款遞延支付期間」的長度。在我們學習了本節課題後，將會發現營運資金循環對於公司的現金流量有直接而重要的影響。

營業循環

　　營業循環（operating cycle）指的是從原料送達公司，到收取製成品售出款的一段期間，這等於存貨轉換期間（存貨周轉天期）加上應收帳款轉換期間（應收帳款周轉天期），如圖18.7所示。

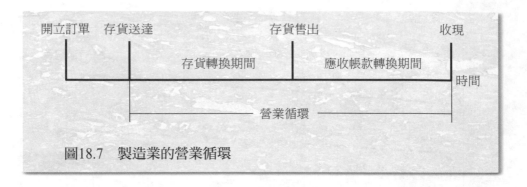

圖18.7 製造業的營業循環

對於製造業而言,將原料轉換為製成品的時間,加上應收帳款收現的時間,視為營業循環。但是等待原料送達的時間,並不包括在內。

〔例題〕

Jameson公司開立原料的訂單後,平均而言要花費十四天的時間才送達公司。另外由計算結果發現,原料送達後到轉換為製成品出售一共是九十天。已知平均收現天期為四十五天。試問營業循環的長度為何?

解答:

營業循環的長度為存貨轉換期間(九十天)加上應收帳款轉換期間(四十五天),共為一百三十五天,而這不包括訂購期間。圖18.8表現了這段過程。

現金轉換循環

現金轉換循環(cash cycle),也就是營運資金循環,為營業循環減去應

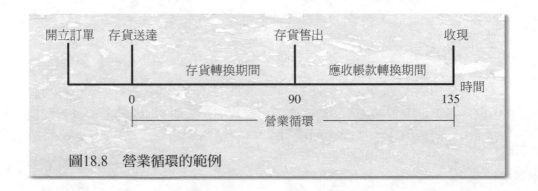

圖18.8 營業循環的範例

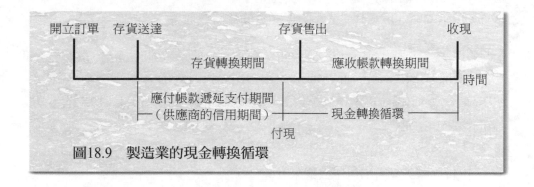

圖18.9　製造業的現金轉換循環

付帳款遞延支付期間（應付帳款周轉天期），如圖18.9所示。

　　對於製造業而言，從支付原料的款項後，到收現製成品售出款的這段期間，視為現金轉換循環。但為付款給供應商所等待的時間並未包含在內。

〔例題〕

　　前述Jameson的例子中，應付帳款遞延支付期間為三十五天，請問現金轉換循環的長度為何？

解答：

　　將營業循環（一百三十五天）減去應付帳款遞延支付期間（三十五天），可以求得現金轉換循環的長度為一百天，結果如圖18.10所示。

現金周轉速度

　　現金周轉速度（cash turnover）的計算，是把現金轉換循環的數值除以

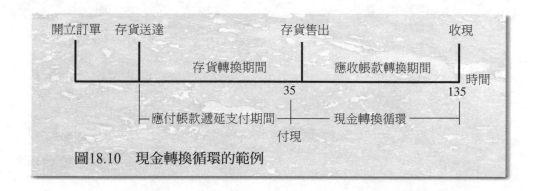

圖18.10　現金轉換循環的範例

365。現金周轉速度愈高，表示需要融資的額度愈低。

〔例題〕

　　Richard Leigh正在細閱Martin公司的損益表與資產負債表，這些報表已以於第4章顯示過，再重複表達於**表18.1**與**表18.2**。請問19X4與19X5年的現金周轉速度為何？

解答：

　　存貨周轉天期可由以下公式來計算：

$$存貨周轉天期 = \frac{存貨}{銷貨成本/365}$$

$$19X4年的存貨周轉天期 = \frac{120.0}{700/365} = 62.6天$$

$$19X5年的存貨周轉天期 = \frac{125.8}{765/365} = 60.7天$$

可發現兩年的存貨周轉天期都是稍微大過六十天。

而應收帳款周轉天期，或稱平均收現期間，可由以下公式計算：

表18.1 Martin公司當年度損益表（單位：千）

	19X4	19X5
淨銷貨收入	$1,000	$1,050
銷貨成本	700	756
銷貨毛利	$ 300	$ 294
銷售與管理費用	100	105
折舊費用	40	42
息前稅前盈餘	$ 160	$ 147
利息費用	10	21
稅前淨利（EBT）	$ 150	$ 126
所得稅總額	60	42
稅後淨利（EAT）	$ 90	$ 84
特別股股利	5	5
普通股盈餘	$ 85	$ 79

$$應收帳款周轉天期 = \frac{應收帳款}{淨銷貨收入/365}$$

$$19X4年的應收帳款周轉天期 = \frac{80.0}{1000.0/365} = 29.2天$$

表18.2 Martin公司於12月31日的資產負債表

資　產

	19X4	19X5
流動資產：		
現金	$ 20.0	$ 21.0
有價證券	5.0	5.2
應收帳款	80.0	85.0
存貨	120.0	125.8
流動資產合計	$225.0	$237.0
固定資產：		
土地、廠房與設備	$475.0	$475.0
減：累計折舊	200.0	242.0
土地、廠房與設備的淨額	$275.0	$233.0
資產總額	$500.0	$470.0

負債與股東權益

	19X4	19X5
流動負債：		
應付帳款	$ 40.0	$38.5
應付票據	60.0	10.0
即將到期的長期負債	5.0	5.0
應計利息	15.0	10.0
流動負債合計	$120.0	$ 63.5
長期負債	40.0	30.0
負債合計	$160.0	$ 93.5
股東權益：		
特別股	$ 50.0	$50.0
普通股（面值$1）	50.0	50.0
資本公債	100.0	100.0
保留盈餘	140.0	176.5
股東權益合計	$340.0	$376.5
總負債與股東權益總額	$500.0	$470.0

$$19X5年的應收帳款周轉天期 = \frac{85.0}{1050.0/365} = 29.5天$$

可發現兩年的應收帳款周轉天期都是稍微小於三十天。

再來是計算應付帳款周轉天期,公式如下:

$$應付帳款周轉天期 = \frac{應付帳款}{銷貨成本/365}$$

$$19X4年的應付帳款周轉天期 = \frac{40.0}{700/365} = 20.9天$$

$$19X5年的應付帳款周轉天期 = \frac{38.5}{756/365} = 18.6天$$

現金轉換循環的計算,是將存貨周轉天期加上應收帳款周轉天期,再減去應付帳款周轉天期。我們將這些數據彙整於**表18.3**。

至於現金周轉速度的公式如下:

$$現金周轉速度 = \frac{365天}{現金周轉循環}$$

$$19X4年的現金周轉速度 = \frac{365天}{70.9天} = 5.15$$

$$19X5年的現金周轉速度 = \frac{365天}{71.6天} = 5.10$$

結果發現,Martin公司於19X5年的現金周轉速度小幅下降,因此融資額

表18.3　Martin公司現金轉換循環的計算

周轉天期	19X4	19X5
存貨	62.6	60.7
應收帳款	29.2	29.5
應付帳款	20.9	18.6
現金循環	70.9天	71.6天

度會增加。

　　身為一個財務管理人員，必須非常關切現金轉換循環的變化。為了縮短這段期間，應該從加快生產與銷售速度著手，以縮短收現期間與增加應付帳款遞延支付期間。理所當然地，我們還務必小心這些舉動是否會降低銷售額與增加成本。

短期融資

　　財務管理人員會使用各式各樣的短期融資途徑，以支應日常營運所需。「交易信用」是最常被用到的方式，占了流動負債的最大比例；本節將要介紹的銀行貸款，是第二個重要的資金來源；商業本票、應計費用、應收帳款融資與質押，是其他常見的方式。

無擔保的短期銀行貸款

　　銀行是透過信用額度、循環信用協議、交易性貸款等業務來承作無擔保放款，至於融資條件要視公司的需求而定，銀行會再做些斟酌變化。對於銀行來說，這些放款稱為自償性放款（self-liquidating loans），因為公司多以其融通流動資產的暫時性增加。

　　銀行通常要求貸款者在低息或無息的支票帳戶中維持一些存款，稱作補償性餘額（compensating blances），額度大約是貸款全額的10%至20%，作為銀行提供服務的代價。銀行有時是收取手續費，代替補償性餘額，以達成相同目的。

　　信用額度（line of credit）為銀行給予客戶的最大借款額度，這是由雙方彼此協議所決定，計息方式是基本利率加上事先約定的百分比。公司面臨資金需求時使用信用額度，並在日後有多餘資金時償還。而財務管理人員大多藉由「現金預算」判斷出所需的信用額度規模。

　　某些大型貸款者會與銀行簽署循環信用協議（revolving credit agreement），契約上載明貸款條件與信用額度。計息方式是以倫敦銀行同業間拆放利率

（LIBOR），這是倫敦的主要幾家銀行從事短期資金拆放的利率。

交易性貸款（transaction loan），或稱為直接貸款，是為特定資金用途而承做的，貸款者還款時必須一次付清。不同於信用額度是適用於日常性的融資，交易性貸款是屬於偶發性質，因此代價較高，通常是反映在利息成本上。

基本利率（prime rate）是銀行對信用卓著客戶的短期大額貸款所收取的利息。然而近幾年來，已有部分財務穩健的客戶可享受比基本利率還要低的貸款利率。一般客戶支付的利率比基本利率高出一至二個百分點，而風險程度較大的客戶，所付的利率會更高。

承做無擔保短期貸款業務的銀行，都會在貸款條件中註明要客戶簽發本票（promissory note），期限通常是九十天，以保障銀行的債權。此外，為了預防公司使用短期貸款從事長期用途，銀行會加諸排除條款（cleanup clause），嚴格規定公司在當年的既定日子裡不得有借款行為。

銀行貸款的利率是由貸款者與銀行彼此協商後的結果，許多因素都會影響到利率水準的大小。貸款者的信用狀況是最為重要的理由；貸款額度也會有顯著的影響，這是因為小額貸款的處理成本和大額貸款差不多；貸款期間是另外一個原因，短期貸款多適用於固定利率計息，而長期貸款則是浮動利率計息。

短期銀行貸款的成本

短期銀行貸款的成本決定於現金流量的發生時機與幅度，而這要依計息方式與是否有補償性餘額而定。一般有兩種計息方式：簡單利率與貼現利率。

下面這個公式是計算短期銀行貸款的有效利率，不論是簡單利率或貼現利率計息、補償性餘額的有無，皆可適用：

$$\text{EIR} = \left(1.0 + \frac{\text{I}}{\text{AR}}\right)^m - 1.0 \qquad (18.1)$$

其中

I = 利息（貸款面額×利率×期間）

AR = 貸款者實際收到的現金

m = 每年應貸次數

貸款者實際收到的現金，取決在計息方式與補償性餘額的有無。

首先來看簡單利率計息，且沒有補償性餘額的情況（SI）：貸款者於期初時收到貸款面額的現金，於到期時支付本金加上利息。

〔例題〕

第一國家銀行以10%的年利率貸款$100,000給某一客戶，簡單利率計息，且未要求任何補償性餘額。請分別計算貸款期限為一年、九十天時的有效利率。

解答：

若為一年期貸款，站在銀行角度的現金流量圖為：

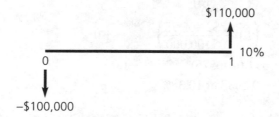

利息連同本金於時點1支付，而利息的計算方式如下：

$$I = \$100,000(0.10)(1)$$
$$= \$10,000$$

接著利用（18.1）式求出有效利率：

$$EIR = \left(1.0 + \frac{I}{AR}\right)^m - 1.0$$
$$= \left(1.0 + \frac{\$10,000}{\$100,000}\right)^1 - 1.0$$
$$= 0.1000 \text{ or } 10.00\%$$

可發現在簡單利率計息，且沒有補償性餘額的情況下，一年期貸款的有效利率始終等於名目利率（約定利率）。

若為九十天期貸款，同樣可繪製現金流量圖如下：

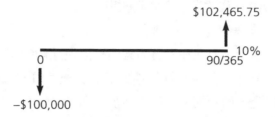

利息連同本金於九十天後支付，計算方式如下：

$$I = \$100,000(0.10)(90/365)$$
$$= \$2,465.75$$

利用（18.1）式求出有效利率：

$$EIR = \left(1.0 + \frac{I}{AR}\right)^m - 1.0$$
$$= \left(1.0 + \frac{\$2,465.75}{\$100,000}\right)^{365/90} - 1.0$$
$$= (1.0246575)^{4.0555555} - 1.0$$
$$= 0.1038 \text{ or } 10.38\%$$

第二種是貼現利率計息，但沒有補償性餘額的情況（DI）：貸款者於期初時收到貸款面額減去利息後的現金，於到期時支付貸款面額的現金。

〔例題〕

第一國家銀行以10%的年利率貸出$100,000給某一客戶，貼現利率計息，且未要求任何補償性餘額。請分別計算貸款期限為一年、九十天的有效利率。

解答：

若為一年期貸款，現金流量圖為：

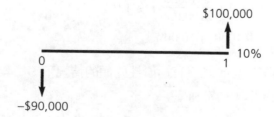

此時利息金額與在簡單利息計息時相同，惟付息時點有所差異。

利用（18.1）式求出有效利率：

$$EIR = \left(1.0 + \frac{I}{AR}\right)^m - 1.0$$
$$= \left(1.0 + \frac{\$10,000}{\$90,000}\right)^1 - 1.0$$
$$= 0.1111 \text{ or } 11.11\%$$

可發現在貼現利率計息，且沒有補償性餘額的情況下，一年期貸款的有效利率必會大於簡單利率的情況。

若為九十天期貸款，現金流量圖如下：

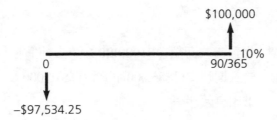

此時利息金額與在簡單利率計息時相同，只是付息時點有所差異。

利用（18.1）式求出有效利率：

$$EIR = \left(1.0 + \frac{I}{AR}\right)^m - 1.0$$
$$= \left(1.0 + \frac{\$2,465.75}{\$97,534.25}\right)^{365/90} - 1.0$$
$$= (1.0252808)^{4.0555555} - 1.0$$
$$= 0.1066 \text{ or } 10.66\%$$

值得注意的是，採貼現利率計息方式，為一年期貸款所帶來的不利效果，比起九十天期貸款來得嚴重。比較兩種期間貸在簡單利率與貼現利率下的EIR，便可印證。

第三種是簡單利率計息，且要求補償性餘額的情況（SICB）：貸款者於期初時收到貸款面額減去補償性餘額的現金，於到期時支付貸款面額加上利息減去補償性餘額後的現金。

〔例題〕

第一國家銀行以10%的年利率貸款$100,000給某一客戶，簡單利率計息，並要求15%的補償性餘額。請分別計算貸款期限為一年、九十天的有效利率。

解答：

若為一年期貸款，現金流量圖為：

貸款者於時點0收到貸款面額（$100,000）減去補償性餘額（$15,000）的現金（$85,000），於到期時支付$85,000加上利息$10,000。

利用（18.1）式求出有效利率：

$$EIR = \left(1.0 + \frac{I}{AR}\right)^m - 1.0$$
$$= \left(1.0 + \frac{\$10,000}{\$85,000}\right)^1 - 1.0$$
$$= 0.1176 \text{ or } 11.76\%$$

可發現要求補償性餘額下的有效利率，必定會大於未要求的情況若為九十天期貸款，現金流量圖如下：

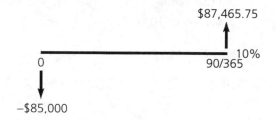

此時貸款人於時點0收到的金額與一年期貸款相同，不過到期時支付的利息較少。

利用（18.1）式求出有效利率：

$$EIR = \left(1.0 + \frac{I}{AR}\right)^m - 1.0$$
$$= \left(1.0 + \frac{\$2,465.75}{\$85,000.00}\right)^{365/90} - 1.0$$
$$= (1.0290088)^{4.0555555} - 1.0$$
$$= 0.1230 \text{ or } 12.30\%$$

注意到補償性餘額的規定，會提高有效利率的水準。

第四種是貼現利率計息，並要求補償性餘額的情況（DICB）：貸款者於期初收到貸款面額減去利息與補償性餘額的現金，到期時支付貸款面額減去補償性餘額後的現金。

〔例題〕

第一國家銀行以10%的年利率貸款$100,000給某一客戶，採貼現利率計息，並要求15%的補償性餘額。請分別計算貸款期限為一年、九十天的有效利率。

解答：

若為一年期貸款，現金流量圖為：

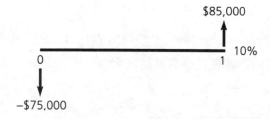

$85,000

0   1   10%

−$75,000

利息支付金額與簡單利率情況時一致，只是付息時點不同。

利用（18.1）式求出有效利率：

$$EIR = \left(1.0 + \frac{I}{AR}\right)^m - 1.0$$
$$= \left(1.0 + \frac{\$10,000}{\$75,000}\right)^1 - 1.0$$
$$= 0.1333 \text{ or } 13.33\%$$

結果是貼現利率計息且要求補償性餘額下的有效利率，必會大於簡單利率計息的情況。

若為九十天期貸款，現金流量圖為：

利息支付額和簡單利率時相同，惟付息時點相異。

利用（18.1）式求出有效利率：

$$
\begin{aligned}
EIR &= \left(1.0 + \frac{I}{AR}\right)^{m} - 1.0 \\
&= \left(1.0 + \frac{\$2,465.75}{\$82,534.25}\right)^{365/90} - 1.0 \\
&= (1.0298755)^{4.0555555} - 1.0 \\
&= 0.1268 \text{ or } 12.68\%
\end{aligned}
$$

同樣是發現到貼現利率計息方式為一年期貸款所帶來的不利效果，比九十天期貸款來得大。

將以上各種情況的有效利率水準整理於表18.4，如同我們一再強調的，貼現利率計息方式的影響在長期貸款時較大。

表18.4 不同情況下的有效利率

情況	EIR（一年期）	EIR（九十天期）
SI	10.00%	10.38%
DI	11.11	10.66
SICB	11.76	12.30
DICB	13.33	12.68

面對全球化競爭，CS控股公司嚴陣以待 ·····················

　　瑞士國內的銀行體系中，卡特爾（cartel）組織一向是被明令禁止的。不過面對近來經濟發展停滯的現象，一波逾放風潮已嚴重地惡化銀行業的獲利情況；其次是證券交易印花稅的實施，中斷了銀行在當地證券業務的命脈；加上通貨膨漲隱憂浮現而造成瑞士法朗貶值，更大大削減其吸引力。這些因素使得銀行家們心灰意冷，卻逼迫著他們決定展開合作行動，以領導歐盟成員對抗外來競爭力量。在效法雀巢及Ciba-Geigy AG公司的成長模式，數家大銀行逐漸走向跨國企業。「成功的例子不僅有瑞士當地的銀行業，還包括了其他區域的銀行業。」瑞士著名的投資銀行人士Hans-Dieter Vontobel說道。例如CS控股公司已化身為一個深具國際特色的銀行與金融服務集團，「跨國專案融資計畫往後不再是紐約華爾街的專利，因為我們也掌握技術與人才，沒有理由在瑞士、倫敦以外的地方承作業務了！」CS公司董事長Mr. Gut強調。

Source: Nicholas Bray, ® CS Holding Girds for Global Competition Amid Changes in Swiss Banking Market, ® *The Wall Street Journal*, July 10, 1992. Reprinted by permission of The Wall Street Journal, © 1992 Dow Jones & Company, Inc. All Rights Reserved Worldwide.

摘　要

1. 說明流動資產的投資政策

   一家營運風險較低的公司，只需要緊縮水準的流動資產，因為在市場需求與前置時間十分穩定時，可以設定較低的安全存量，故存貨投資額可以較少。若某公司所提供的信用條件非常寬鬆，則要較多的應收帳款投資。流動資產的理想水準是要使流動資產的總成本達到最小。

2. 說明流動資產的融資政策

   流動資產的融資政策在決定某一個額度的短期負債與長期資本來融通流動資產，有三種選擇方案：保守型、積進型與中庸型。到期日搭配原則又稱為自償性原則，要求現金管理人員以短期資金源來搭配短期資金需求，以長期資金來源搭配長期資金需求。

3.營業循環的計算

營業循環指的是從原料送達公司，到收取製成品售出款項的一段時間，這等於存貨轉換期間加上應收帳款轉換期間。對製造業而言，將原料轉換為製成品的時間，加上應收帳款收現的時間，視為營業循環。

4.現金轉換循環與現金周轉速度的計算

現金轉換循環的長度為營業循環減去應付帳款遞延支付期間。對製造業而言，從支付原料的款項後，到收取製成品售出款的這段期間，視為現金周轉循環。現金周轉速度是把現金轉換循環的數值除以365。現金周轉速度愈高，表示需要融資的額度愈低。

5.討論無擔保的短期銀行貸款

銀行是透過信用額度、循環信用協議、交易性貸款等業務來承作無擔保放款。銀行通常要求貸款者在低息或無息的支票帳戶中維持補償性餘額，作為銀行提供服務的代價，另外也會在貸款條件中註明要客戶簽發本票。

6.短期銀行貸款成本的計算

短期銀行貸款的成本決定於現金流量的發生時機與幅度，這要依計息方式與是否有補償性餘額而定。一般有兩種計息方式：簡單利率與貼現利率。

問　題

1.解釋營運資金管理與政策。

2.淨營運資金與營運資金有何差別？

3.公司可選擇的營運資金的投資政策有那些？

4.討論流動資產科目的相對規模。

5.各種組成的流動資產所花費的總成本為何？

6.什麼是流動資產融資政策的涵義？

7.解釋三種可供選擇的流動資產融資政策。

8.敘述到期日搭配原則（或自償性原則）。

9.使用短期資金來源的程度甚過長期資金來源的理由何在？

10.敘述營運資金循環（或現金轉換循環）的意義。

11.什麼是營業循環？與現金轉換循環的關係為何？

12.什麼是現金周轉速度？其重要性何在？

13.短期融資有那些主要方式？

14.什麼是自償性放款？

15.敘述銀行承作的無擔保放款主要有那三種？

16.什麼是基本利率？使用方式為何？

17.什麼是補償性餘額？用途何在？

18.本票的排除條款為何？

19.當收益率曲線異常陡峭時，採取短期融資有何好處？

20.全球競爭環境帶給瑞士銀行業什麼效應？

習　題

1.（營業循環）Johnson公司開立原料訂單後，平均而言要花費十四天的時間才送達公司，再花費一百天轉換為製成品售出。已知平均收現天期為四十天，試問營業循環的長度為何？

2.（營業循環）Emil Roy印刷公司在開立原料訂單一百二十天之後才收到原料，再花一百八十天轉換為製成品售出。已知平均收現天期為一百二十天，請問營業循環的長度為何？

3.（現金轉換循環）前述習題1.中，Johnson公司的應付帳款遞延支付時間為三十天，請問現金轉換循環的長度為何？

4.（現金轉換循環）前述習題2.中，Emil Roy公司的應付帳款遞延支付時間為四十天，試問現金轉換循環的長度為何？

5.（現金周轉速度）Singley公司的損益表與現金流量表如下：

Singley公司當年度的損益表（單位：千）

	19X4	19X5
淨銷貨收入	$ 1,380	$ 1,318
銷貨成本	969	963
銷貨毛利	$ 411	$ 355
銷售與管理費用	229	248
折舊費用	36	41
息前稅前盈餘	$ 146	$ 66
利息費用	16	18
稅前淨利（EBT）	$ 130	$ 48
所得稅總額	52	19
稅後淨利（EAT）	$ 78	$ 29
特別股股利	6	6
普通股盈餘	$ 72	$ 23
流通在外股數	50,000	$ 50,000
每股盈餘	$ 1.44	$ 0.46
每股股利	$ 0.80	$ 0.80
每股市價	$ 18.750	$ 10.250

Singley公司於12月31日的資產負債表（單位：千）

資　產

	19X4	19X5
流動資產：		
現金	$ 24.0	$ 36.5
有價證券	6.0	9.1
應收帳款	220.2	188.3
存貨	206.1	186.0
預付費用	9.3	7.0
流動資產合計	$ 465.6	$ 426.9
固定資產：		
土地、廠房與設備	$ 353.2	$ 376.8
減：累計折舊	163.9	204.9
土地、廠房與設備的淨額	$ 189.3	$ 171.9
資產總額	$ 654.9	$ 598.8

負債與股東權益

流動負債：		
應付帳款	$ 149.6	$ 138.5
應付票據	40.0	20.0
即將到期的長期負債	10.0	10.0
應計稅賦	20.2	21.4
流動負債合計	$ 219.8	$ 189.9
長期負債	129.8	120.6
負債合計	$ 349.6	$ 310.5
股東權益：		
特別股	60.0	60.0
普通股（面值$1）	14.0	14.0
資本公債	32.6	32.6
保留盈餘	198.7	181.7
股東權益合計	$ 305.3	$ 288.3
負債與股東權益總額	$ 654.9	$ 598.8

請問19X4年與19X5年的現金周轉速度為何？

6.（有效利率）Martinez公司正與銀行協商一筆$200,000貸款。若為一年期貸款，下列那一種選擇的有效利率（EIR）為最低？

(1) 簡單利率計息，沒有補償性餘額的情況（SI），年利率為14%。

(2)貼現利率計息，沒有補償性餘額的情況（DI），年利率為13%。

(3)簡單利率計息，補償性餘額15%的情況（SICB），年利率為12%。

(4)貼現利率計息，補償性餘額15%的情況（DICB），年利率為11%。

7.（有效利率）Griffin機械公司正在評估數種型式的貸款，金額為$450,000。若為一百天期貸款，下列那種選擇的有效利率（EIR）最低？

(1)簡單利率計息，沒有補償性餘額的情況（SI），年利率為12%。

(2)貼現利率計息，沒有補償性餘額的情況（DI），年利率為11%。

(3)簡單利率計息，補償性餘額20%的情況（SICB），年利率為10%。

(4)貼現利率計息，補償性餘額20%的情況（DICB），年利率為9%。

8.（貸款面額）Manchester希望籌措到$100,000的資金，請計算下列四種方式的貸款面額：

(1)簡單利率計息，沒有補償性餘額的情況（SI），年利率為14%。

(2)貼現利率計息，沒有補償性餘額的情況（DI），年利率為13%。

(3)簡單利率計息，補償性餘額20%的情況（SICB），年利率為12%。

(4)貼現利率計息，補償性餘額20%的情況（DICB），年利率為11%。

9. （貸款面額）Orange Park實業公司希望籌措到$500,000資金，請計算下列四種方式的貸款面額。

(1)簡單利率計息，沒有補償性餘額的情況（SI），年利率為12%。

(2)貼現利率計息，沒有補償性餘額的情況（DI），年利率為11%。

(3)簡單利率計息，補償性餘額15%的情況（SICB），年利率為10%。

(4)貼現利率計息，補償性餘額15%的情況（DICB），年利率為9%。

安全電子公司（SEC）是一家電子保全系統業者，從事監視器、微電腦閉路電視器材的生產、行銷與售後服務。這些系統被安置於零售商店、工廠、政府公共設施中，以嚇阻扒手與任何行竊者的不法行為。

SEC的行銷區域遍布美國、加拿大、歐洲及部分亞太國家，最近一年的收入有40%來自於海外國家。SEC更藉由大規模的購併動作來增加全球據點的數目。過去五年在大英國協已充分掌握了絕對優勢，並於新加坡設立亞太地區的總部。同期間，SEC亦收購了美國有線公司（American Cable Company），這是一家閉路電視器材的製造商。

Melissa Manley是SEC聘僱的財務分析人員，肄業於喬治亞大學企業管理研究所，剛剛通過公司的培訓計畫，正準備將所學的財務知識應用於工作上。在SEC六個月的日子裡，她對於公司的運作模式已有一套全新的觀點。

Melissa的首要任務是研究公司的營運資金循環，目標是減少營運資金要求。她曾記得在基礎財務課程中學得的三種方法：（1）在不影響公司的信用評等下，儘可能地延緩票據支付時間；（2）控制存貨——生產循環，使周轉速度達到最大；（3）加快應收帳款的收現速度。她堅信這些方法將有助於縮短現金轉換循環，提高現金周轉速度，並減少營運資金需求。

Melissa正計畫全面採行上述三種方式於公司的現金管理流程。第一種方式中，應付帳款周轉天期由三十天延長至三十五天，在上司已確保不會對公司的信用評等有所影響後，執行上將不會遭遇困難。第二種方式會牽涉到原料、在製品與製成品存貨之周轉天期的降低，經過與營業部門人員一番討論後，Melissa初步決定將原料周轉天期由五十天縮短成三十天，而在製成品存貨周轉天期必須保持在現有的五天水準，銷售部門並允諾製成品存貨周轉天期會由六十天降低為產業平均水準——四十天。至於第三種方式可望讓應收帳款周轉天期由五十天減少到四十五天。

SEC每年的營業成本支出大約在$46,000,000左右，由於機會成本為10%，減低營運資金水準為公司所節省的金額，可說是十分可觀。而減低的部分將是投資於短期的有價證券。

問題

1. 新舊制度下的現金轉換循環的長度分別為何？
2. 新舊制度下的現金周轉速度分別為何？
3. 新舊制度下的最低現金水準分別是多少？
4. 採行新方式的潛在缺點是什麼？

PART 7

專題研究

企業的合併與倒閉

國際財務管理

19
企業的合併與倒閉

Avery Dennison公司的合併

　　Avery公司及Dennison公司彼此合併，但合併後的表現並不理想，公司的董事長表示1990年兩家公司合併並不是時候，那時不但是經濟衰退期展開之前夕，而且又正好遇上美國反托拉斯法的檢查。Avery Dennison公司的領導人雖然仍對未來發展充滿希望，但許多分析人員卻不這麼認為。

　　白紙黑字的事實就是如此殘酷，數字說明了一切，公司預估成長目標一直未能實現，即使到了1994年的時候能達成預估盈收目標，那也只不過是回到1989年兩公司尚未合併時的水準。

原來在合併前的兩公司股價分別是$28.5及$19，合併後Avery Dennison公司股價跌至$16.25，跌幅約為四成。為了安撫股東，公司決定將每季每股股利中18分調整至20分。

　　企業合併往往會有贏家及輸家，很難去判斷誰贏誰輸，它所需要的知識非常繁雜。而企業合併最差的結局就是倒閉，它又涉及財務危機、倒閉、重整及清算的知識。

Source: Rhonda L. Rundle, "Avery Dennison Dusts Itself Off After Rough Merger," *The Wall Street Journal*, March 11, 1992. Reprinted by permission of The Wall Street Journal, © 1992 Dow Jones Company, Inc. All Rights Reserved Worldwide.

合併的基本認識

　　企業合併形式有許多種，不論是何種，其目標都是要提升普通股股票之價值，因此，我們以此標準來衡量合併政策適當與否。

合併之形態

　　第一種為合併（merger），它是由一家公司吸收合併其他家公司，被吸收的公司其名稱將不再使用，而一律改為吸收公司的名稱，吸收公司與被吸收公司間的資產及負債完全合併。如此重大公司組織調整必須事先徵得兩家公司的股東認可，通常是採三分之二的股東議決。

　　第二種為創設合併（consolidation），其是指兩家以上的公司彼此合併成一家新公司，採用新的名稱，而各家公司原來名稱則不存在。它與前述之合併一樣是要把各家公司原有的資產及負債完全合而為一。

　　第三種為收購（acquisition），它是指一家公司收購他家公司的大多數股份，此大多數股份要比能控制利益的股份還要大。通常只要持有一家公司10%股權就享有控制利益，而收購是指持有一家公司50%以上的股權（或是持有不到50%股份，但可從其他股東收購其投票權來補足差額）。

控股公司是指一家公司控有至少一家其他公司控制利益的股權，控股公司通常自己也有商業營運，但亦有少數控股公司純粹只從事控股活動。圖19.1為控股公司之分類及其組織。

　　企業合併可分為兩大方向，一種是水平合併，另一種是垂直合併。水平合併是指在同一產業、相同生產階段彼此原為相互競爭公司的合併，如此各公司可共享彼此的行銷管道，擴大市場占有率。垂直合併是指公司合併其上游的供應商或其下游的客戶廠商，如此公司更有效的掌握原物料取得或是成品的市場行銷。另外有些所謂集團是指多家不同產業的公司彼此合併，如此有多角化經營分散風險之效果。

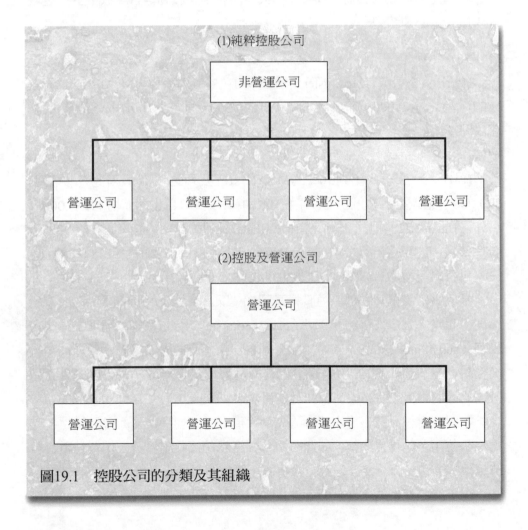

圖19.1　控股公司的分類及其組織

會計及稅務之考量

　　因持有他家公司股份之不同，以及合併形式的不同，所涉及的會計及稅務考量也跟著有所不同。

　　持有他家公司的股份已達到該公司外流股份的20%-50%時，要採用權益法做會計處理。有時公司並未擁有他家公司達20%之股份，但卻對他家公司有實質影響力，此情況仍須以權益法做帳務處理。在權益法的規定下，收購公司必須認列被收購公司的收入或損失，而且不論股利是否發放，上述之收入或損失都必須認列。

〔例題〕

　　Harrison公司持有McAllister公司30%的在外流通股權，McAllister公司該年的淨利為$100,000，而發放的股利為$40,000，則其對Harrison公司的財務報表將產生什麼影響？

解答：

　　Harrison公司要認列30%的McAllister公司之收益，因此，要認列$30,000，記入損益表，並且資產負債表中的投資科目也因而增加$30,000，另外，Harrison公司也要認列來自McAllister股利的30%，也就是$12,000，資產負債表中的現金科目要增加$12,000，但投資科目則要扣除$12,000，因此投資科目的淨增加為$18,000（即$30,000－$12,000）。

　　當收購別家公司在外流通股權達到50%以上時，公司間的關係則又有所不同。收購之公司被稱為母公司（parent company），被收購公司則被稱為子公司（subsidiary company），兩家公司各自有本身的財務報表，另外尚須編製合併財務報表，但FASB94條中也有一例外規定，若母公司不對子公司做營運的控制，可以不必編製合併財務報表。

　　在編製合併財務報表之前必須先消除母、子公司間交易的會計帳目，其方法是使用沖銷帳目入帳。如此可使各帳目餘額反映出母子公司為一整合經濟單位，亦可使合併財務報表免除重複記帳的問題。

　　合併財務報表的處理原則不外是把合併的行為視同是購買或是權益的結

合。購買法要求被收購公司的資產、負債之價值必須在合併時以市價重估，而購買價格與重估後淨資產價值之差異被稱為商譽。

權益結合法要求收購及被收購公司的資產、負債一律以帳面價值來評估，因此，本方法沒有商譽的產生。使用權益結合法有嚴格的限制，必須要符合十二項準則方可（美國之制度），因而只有不到20%之企業合併採用此方法。

依照收購公司付給被收購公司現金與否，其被收購公司股東的稅務處理也會有所不同，若有付現，則可使用一般利得或損失之方式處理；如果沒有付現，而是採用股票交換方式的話，在新股出售之前，不會認列任何利得或損失，因此股東的稅賦會因而被遞延。

融資買下

有時候公司管理階級（或是一小群投資者）可能會以融資買下（leveraged buyout, LBO）的方法來購得該公司，換句話說，原來公開股份擁有的公司會因而轉成只有少數股東持有的「私公司」。公司的管理階級常以發行垃圾債券作為快速融資的方式，然後再以發行之收入來收購公司股票（以較優厚之價格），如果融資買下成功，原公司可順利轉為一個新的私有公司，通常其90%的資本都是來自垃圾債券發行收入。

新公司的負債對淨值比率因此往往都很高，常是10：1的水準，公司的管理者必須改善營運才能償付利息支出以及未來本金償還，這種壓力會趨使管理人員採行降低成本的計畫，另外也會設法變賣不需要的資產，或是與核心生產活動關係較小的企業分支。如果無法達成上述目標，接踵而來的將是一連串的法律訴訟，甚至是重整及倒閉。

另外，由於新公司的所有權集中於管理階級，他們自然會更有誘因去用心經營公司、創造更良好的利潤。所有權的集中亦有助於對公司管理控制。

利於採行融資買下政策的公司常具有下列幾項條件：（1）原本的負債較少；（2）未來的現金流入較豐厚而且穩定；（3）有若干不需要的資產，有可以變賣的價值；（4）有堅強的管理階層；（5）未來數年的資本支出較低。

企業合併的形成

企業合併往往是由投資銀行來完成，它們會替收購公司（acquiring company）選擇較適合被收購的公司，並且會與其管理階層磋商。被選到的公司被稱為是目標公司（target company）。

談判過程

企業合併所涉及兩家公司管理階層的談判。如果兩家公司管理階層達成協議，收購公司付給目標公司股東所同意接受的條件（如股票、債券或現金），則此結合過程被稱為友善購併（friendly merger）。

可是有時候談判過程觸礁，目標公司的管理人員會抵抗收購公司的收購動作，若收購公司仍執意要進行收購計畫，就必須直接從目標公司的股東下手，此種合併被稱為惡意購併（hostile takeover）。

惡意購併的過程是由收購公司向目標公司的股東發出一份公開出價收購合約（tender offer），該合約中聲明收購公司願意收購其股票的數量及價格。收購公司可在財經報紙上刊登股票收購的合約，或者也可以直接將股票收購合約直接寄給目標公司股東，註明其願意支付每股價格，而此價格可能是以現金、收購公司的股數，或是收購公司的債券數。股票收購合約中的收購價格通常都比市價還高，有時收購公司會提出兩種不同的股票收購價格，較早被收購的股票可以享有較優渥的價格。

購併抵抗

目標公司若不願被購併，可採取許多購併抵抗（takeover defenses）的行動，其中最簡單的方法就是控告收購公司，或是告知自己公司的股東被收購所引發諸多負面影響。如果目標公司已知收購公司主要是對自己公司的流動資產有興趣時，則可先行將流動資產變現，所得的現金可用來發放股利、購

買自己公司的股票、購買固定資產,或只是將現金儲蓄。

　　白騎士策略是目標公司在被攻擊前先與另一家被公司管理人員認為是更適合的公司商談友善購併計畫。金降落傘策略是目標公司的管理人員在購併談判正在進行時訂定公司內部遣散費條款,其中規定當公司未來被收購後,原公司的管理階層可領取優厚的遣散費,然後掛冠求去。目標公司亦可事先訂定「防獵條款」,其目的是使目標公司的管理權不易轉入收購公司的手中。「毒藥」政策是目標公司先以低價發行股票給公司原來的股東,如此可降低公司的價值,進而減少收購公司收購之企圖。

　　Greenmail策略是目標公司先以優惠價格收購回自己公司大部分股權以防止被他公司購併。皇冠策略是目標公司先將公司內最有價值的資產先行出售給股東。目標公司可修改公司章程,規定必須採取多數決來審議購併案,或是延長現任董事的任期。另一招是以大量舉債的方式發放現金股利,如此可大幅揚升公司的財務槓桿,減低被購併的機會。

Lloyds 銀行棄標 Midland銀行 ·····················

　　Lloyds銀行原本與HSBC銀行相互競爭,企圖收購Midland銀行,但最後Lloyds銀行宣布放棄收購行動。

　　在關鍵的二小時董事會結束之後,Lloyds銀行的發言人表示,董事會對Midland公司股票收購的價格感到太高,因而不同意此項收購案,董事認為此購併案的受益者是Midland銀行的股東,而不是Lloyds銀行的股東。

　　另外,HSBC銀行之股票收購合約已通過政府的審核,而Lloyds銀行之股東收購合約剛在上個月才送交英國政府審核,如此一來,Lloyds銀行在收購談判上處於劣勢,因為其必須出較高的收購價使Midland銀行放棄被HSBC銀行收購。

Source: Laurence Hooper, "Lloyds Bank Drops Midland Bid, Clearing Way for HSBC∏s Offer," *The Wall Street Journal*, June 8, 1992. Reprinted by permission of the Wall Street Journal, © 1992 Dow Jones & Company, Inc. All Rights Reserved Worldwide.

資產買賣

除了吸收合併或創立合併之外，收購公司亦可購買目標公司所有的資產，此行動可免除目標公司少部分股東可能對合併所做的抵抗。購買資產花費雖然龐大，但只需要目標公司大部分的股東認可即可通過。

有時公司自己想出售原有的資產，此行為被稱為脫產（divestiture），脫產的方式不外下列四大類：（1）把整個生產單位出售給其他公司，其代價是現金，或是收購公司的股票；（2）將生產單位出售給公司本身的管理階層，通常是以前面所介紹以融資買下方式為之；（3）把原生產單位獨立創設成一個新公司，並按收購公司原來股東的持股比例將此新公司的股權賦予收購公司的股東，此方式又被稱為資產分割（spin-off）；（4）以生產單位內的各別資產為計算單位進行清算。

脫產的目的有下列數種：為了配合企業合併，公司為了迅速籌募現金、公司為了結束獲利情況不良的生產單位，或是想要重整公司結構以符合競爭策略，其中又可分成營運重整（operational restructuring）及財務重整（financial restructuring）兩種，前者是為了調整企業持有的資產，後者是為了調整公司的資本結構。

企業合併的評估

本節將介紹企業購併的動機分析，以及利用淨現值法來評估企業購併。

企業合併的動機

企業合併最主要的經濟動機就是綜效（synergy），綜效是指企業合併後的價值高於兩家公司個別價值的加總，高出的價值來自下列四大因素：（1）收益之成長；（2）成本的降低；（3）稅務之利益；（4）資金成本的下降。其中前三項會使合併後的企業有較高的現金流量，第四項則會使現金流量的現值增加。

收益之成長源於企業合併後可改善行銷能力、擴大產能，並且增加市場競爭力。行銷改善是透過廣告、公關、產品組合及促銷活動來達成。企業合併所促成的創意及生產技術交流往往可擴增新產品生產的可能性。企業的合併往往可減少市場上的競爭，因而增加了企業的市場壟斷力。可能造成壟斷的企業結合，會受到美國法務部下的反傾銷小組及聯邦貿易委員會的調查。

成本降低的原因主要為：規模經濟、垂直整合、去除過多的經理人員及生產技術的共享。透過各種營建設備、人員的結合，生產效率將提高，因此可發揮規模經濟。垂直整合提供了穩定的上、下游間合作，因而可降低成本。去除不必要的經理人員可減少公司開支。生產技術交流可獲得許多原來個別生產時所欠缺的生產技術。

稅務上公司亦可享有若干好處，可避免股利被課稅，因為接受被收購公司的營運損失之故，亦可有減稅效果。當公司在投資完後尚有閒錢時，可以發放股利或購回自己公司的股票，若公司選擇發放股利，則股東勢必會立刻被課證所稅，而購回自己公司股票雖可替股東規避證所稅，但會引起政府有關單位注意及限制。若把公司閒置資金用於收購其他公司時，不但沒有直接的稅賦問題，也與股東避稅無關（但卻要留意是否違反公平法）。

上述提及若被收購公司有營運損失，則收購公司可享有避稅之利益，但是收購公司願意承購營運損失的公司也必須有一個前提，那就是收購公司相信被收購公司未來可轉虧為盈，或是被收購公司的資產有不錯的拍賣利得。另外，1986年通過的稅法修改中有規定企業合併被收購公司營運損失的抵稅效果有其上限（以稅務會計年度所餘之天數占全年為比率）。

〔例題〕

Asbury公司與Bentley公司在1994年10月19日完成企業合併，而每年12月31日是兩家公司稅務會計年度的最後一天，該年Asbury公司應稅所得是$100,000，而Bentley公司有$75,000的營運損失。Asbury公司預測1995年及1996年合併後，公司的稅前盈餘分別為$125,000及$150,000。若邊際稅率為40%，請問Asbury公司合併前及合併後的稅後盈餘各為何？

解答：

1994年Bentley公司為Asbury公司帶來的避稅額為$20,000，其計算是：（73/365）（$100,000），至於其與Bentley公司營運損失之差額$55,000（即

表19.1 合併前、後之稅後盈餘

	合併之前		
	19X4	19X5	19X6
稅前盈餘	$100,000	$125,000	$150,000
稅	40,000	50,000	60,000
稅後盈餘	$ 60,000	$ 75,000	$ 90,000
	合併之後		
	19X4	19X5	19X6
計算損失前之盈餘	$100,000	$125,000	$150,000
損失抵稅移轉額	20,000	55,000	0
稅前盈餘	$ 80,000	$ 70,000	$150,000
稅	32,000	28,000	60,000
稅後盈餘	$ 48,000	$ 42,000	$ 90,000

$75,000-$20,000）則會延展成為1995年的抵稅額。表19.1詳細列出了相關的計算結果。總之，合併之後，公司每年之避稅額等於抵稅額（不超過規定上限）乘以稅率。

　　規模經濟的效果一樣可應用於公司因籌資而所須發行的證券上，它可使公司的融資成本降低，因為大規模發行證券的平均發行成本較低。另外小型公司也較不易得到長期融資的管道，只能依賴諸如銀行貸款的短期融資，這類融資的成本通常較高。

淨現值分析

　　使用淨現值分析法的前提是能掌握未來所涉及現金流量以及適當的折現率。假設公司在合併前後的價值均為已知，我們以下面二個狀況來討論：（1）以現金購併；（2）以股票購併。

　　購併為收購公司帶來淨現值如下：

$$NPV_M = V_{AT} - V_A - P_T \tag{19.1}$$

　　其中

V_{AT} = 合併後公司的價值

V_A = 收購公司在購併之前的價值

P_T = 收購目標公司所支付的金額

若收購之淨現值大於0，代表有綜效存在，收購公司應採行此購併方案。

支付給目標公司的價金包括了收購目標公司股票所付出的股價溢酬。當購併談判展開後，如果投資者多認為未來購併案會成功，並且目標公司的股價會水漲船高的話，則他們會立刻搶購目標公司的股票，因而股價迅速先行飆漲。

收購公司在購併之前的價值是指當投資人尚不知購併案的公司市場價值。當購併方案曝光之後，Asbury公司的股價勢必應聲上揚。

〔例題〕

Asbury公司目前在外流通的股數為50,000股，考慮對Thomas公司的購併案，Asbury公司購併案之前的市場價值為$1,000,000，而合併後的公司價值為$1,500,000，支付給Thomas公司的現金為$400,000，請問此購併案的淨現值為何？每股股價在購併案的前後又各為何？

解答：

購併之淨現值可以（19.1）式來計算：

$$NPV_M = V_{AT} - V_A - P_T$$
$$= \$1,500,000 - \$1,000,000 - \$400,000$$
$$= \$100,000$$

而每股股價（V_s）可以下來計算：

$$V_s = \frac{公司總市價}{在外流通股數} \qquad (19.2)$$

以購併之前的數字代入：

$$V_s = \frac{\$1,000,000}{50,000}$$
$$= \$20$$

以購併之後的數字代入：

$$V_s = \frac{\$1,100,000}{50,000}$$

$$= \$22$$

合併後公司的總市場價值將下降，其下降數額等於收購公司付給目標公司的現金，而Asbury公司的股東則可享有\$2的股價上升。

在收購公司以發行新股來交換目標公司的股權時，購併後之公司的每股價值應和前述現金收購時一致。

〔例題〕

承前例，但Asbury公司決定改採以新股來交換Thomas公司原有股權的方式進行購併，Thomas公司在外流通的股數為10,000股，請問Asbury公司應如何訂定新、舊股的交換比例？

解答：

以（19.2）式計算，以購併後之值代入，並令X等於發行新股之股數，則：

$$V_s = \frac{\$1,500,000}{50,000 + X}$$

又從前例已知$V_s=\$22$，故可得知：

$$X = 18,181.8$$

Thomas公司原有10,000股，因此每位Thomas公司股東可獲得1.818股的Asbury公司股票，交換比例為1.818：1，由於此例不須支付現金，因此合併後新公司總市值會上升。

企業困難

企業因為營運、控管不當，可能面臨無法履行到期債務的破產危機。在宣布破產之前，公司與各債權人先開會來商量可否能達成解決問題的協議，

如果無法達成協議，就要依破產法來處理，公司會遭到重整或清算的命運。

財務困難

以經濟分析的角度來看，企業困難是指公司推動的投資方案報酬率持續低於資金成本。企業困難程度端視此情況存續的時間。

技術性償付困難（technical insolvency）是指公司無力償付最近到期的債務，其純粹是公司流動性管理不當所產生的危機，因為公司本身的資產價值仍然大於負債的價值。此種狀況的出現大多是銷售不理想、客戶付款太慢或是其他特殊的債務履行所引起。如果這只是短期現象，公司可舉債籌現來度過難關，或者亦可以變賣部分資產來加以因應，但是若是此情況持續太久，公司將面臨法定償付困難（legal insolvency）的問題。

法定償付困難是指公司資產負債表上的負債價值大於資產價值。而絕對償付困難（absolute insolvency）則更進一步是指既使公司的資產以市價衡量仍小於負債價值，因此它的危機又比法定償付困難更加嚴重。

倒閉（bankruptcy）的法律定義是指公司已交由破產法庭控管，並且展開法定訴訟程序。公司可能因上述的各種償付困難而宣布破產，將面臨重整或清算的安排。

自願性協定

公司面臨財務危機時第一步希望和債權人達成自願性協定（voluntary settlement），此方式既迅速亦可省下龐大破產訴訟成本。公司與債權人協議處理模式大致有下列幾種，第一種是延長債務到期日，債權人若認為公司只是臨時周轉困難，通常都會同意這種安排。第二種是各債權人同意以其債務數額大小比例對公司的現金加以分配，如果公司的現金餘額不算太少，債權人為了避免破產訴訟成本，往往願意接受此方式。

最後一種是將公司資產交由信託人託管，信託人通常會替換公司管理階層，並監督公司運作，直到公司完成清算，或度過難關重新營運為止。

破產立法

美國最早在1938年通過公司破產法，最近一次修改是在1984年。以第7章及第11章最重要。第7章敘述清算方式，包括資產拍賣及債權人現金分配，第11章詳述公司重整方式，對每位債權人均一視同仁。

美國破產法規定，破產申請狀須交聯邦地方法院破產法庭，該申請狀是由負債破產公司自己送交，或債權人強制送交。破產法庭接受申請狀之後會指派一個未受保障之債權人所組成的委員會向公司管理階層商討有關公司重整事宜，若此談判失敗，則公司即將進入清算的程序。

重　整

公司面臨財務危機時可依破產法案第11章規定提出重整申請。如果由公司自己提出，稱為是自願重整（voluntary reorganization），若由公司以外之團體（如債權人）所提出，則稱為是強制重整（involuntary reorganization）。公司可以舉出反證證明公司並未破產來反駁強制重整，如果破產法庭最後仍接受重整申請的話，它會發出禁止債權人對公司行使追索權的宣告。

公司要把重整計畫（reorganization plan）呈遞給破產法庭及證管會，他們會召開公聽會來檢核該計畫的公平性及可行性。所謂公平性是指債券所有人、特別股及普遍股之股東是否依程序受償。而可行性則是評估重整方案運作成功之機率，通常較易成功的方案都需要足夠的營運現金及較高償還固定支出的機率。

在重整計畫通過破產法庭及證管會審核後，再送交債權人決議，其投票權優先順序如下：無擔保貸款人（如購買無擔保債券）、有擔保貸款人（如購買有擔保債券）、特別股股東、普通股股東。在貸款人方面，須有債券金額三分之二以上的貸款人認可，而在股東方面，則須三分之二以上之股權的股東認可。

有時公司管理當局和所有人及債權人之會議可能會陷入僵局，此時破產法庭可透過一個信託人加以解決，由信託人決定公司的價值究竟是存續時較

大，或是停止營業較大，也就是比較公司繼續營運的淨值及其淨清算價值，前者是以未來之現金流量折現而得，後者則是將每個資產清算價值扣除處理成本而得。以此方式來評估，則技術性償付困難常導致公司重整的決定，而絕對償付困難則導致清算。

清　算

清算（liquidation）的發生必須要在下列若干情況之一成立之後：（1）沒有重整申請；（2）重整申請案遭到退件；（3）重整方案被債權人會議否決。

公司被宣告破產後，須由信託人處理清算事宜。信託人的責任是確保公司有求償權人的資產，並且要將資產公平地分配給各個所有權人及債權人。信託人首先和所有權人、債權人開會來決定清算事宜。

信託人必須依照破產法中規定的求償順位來分配資產，有擔保債權人因為公司對其提供特定資產作為擔保，故可享有比其他任何債權人都高的優先受償權，若清算之收入尚不足以支付有擔保債權人之債務，則有擔保債權人將此數額按比例分配，其他債權人、所有人則沒有受償之機會。反之，則可依受償順序來分配。其順序如下：

1.有擔保債權人。
2.破產處理成本。
3.強制訴訟期間成本。
4.破產申請提出後九十天內的工資及手續費。
5.員工福利方案的支付。
6.客戶存款。
7.各項中央及地方政府的稅賦。
8.沒有提撥的退休基金。
9.沒有擔保的債權人。
10.特別股股東。
11.普通股股東。

〔例題〕

Martin公司已經宣告清算，表19.2歸納所有對Martin公司有求償權的人（不包括沒有擔保的債權人），表19.3是公司清算前的資產負債表，信託人從流動資產變賣獲得$400,000，從固定資產變賣獲得$600,000，請問應如何分配$1,000,000？

解答：

表19.4整理出Martin公司對於清算收入的分配。值得注意的是二胎不動產抵押持有人只可獲得$100,000（因為$500,000已分配給一胎不動產抵押持有人），但其求償權卻有$300,000，故只實現了33%的求償權，而剩下的$200,000則可以未受擔保債權人的身分比例求償，以本例而言，二胎抵押持有人可另外受償$20,000，由於本例的未受擔保債權人尚無法完全受償，故特別股股東及普通股股東將完全無法受償。

表19.2　martin 公司求償權益之整理

一胎不動產貸款	$500,000
二胎不動產貸款	300,000
清算管理成本	200,000
工資（積欠之工資）	80,000
未付之稅款	20,000

表19.3　資產清算前的資產負債表

資　產

流動資產：	
現金	$　40,000
有價證券	20,000
應收帳款	300,000
存貨	440,000
流動資產總值	$　800,000
土地	$　300,000
廠房淨值	500,00
設備淨值	400,000
固定資產總值	$1,200,000
資產總值	$2,000,000

負債及股東權益		
流動負債：		
應付帳款		$ 200,000
應付票據		300,000
應付工資		80,000
應付稅款		20,000
流動負債總值		$ 600,000
一胎不動產抵押貸款		$ 500,000
二胎不動產抵押貸款		300,000
未受擔保之債券		300,000
長期負債總值		$ 1,100,000
特別股股票		$ 100,000
普通股股票		20,000
資本公積		130,000
保留盈餘		50,000
股東權益總值		$ 300,000
負債及股東權益總值		$ 2,000,000

表19.4　Martin 公司的清算收入

清算收入		$ 1,000,000
一胎不動產抵押貸款	$ 500,000	
二胎不動產抵押貸款	100,000	
管理成本	200,000	
工資	80,000	
未付稅款	20,000	900,000
給未受擔保債權人之餘額		$ 100,000

未受擔保求償權之形式	求償權金額	實收數額
應付帳款	$ 200,000	$ 20,000
應付票據	300,000	30,000
二台不動產貸款	200,000	20,000
未受擔保債券	300,000	30,000
總值	$1,000,000	$ 100,000

摘　要

1. 企業合併之類別主要可分為：
   (1)吸收合併：收購公司沿用其名稱至被收購公司，被收購公司原有的名稱則不復存在。
   (2)創設合併：原來的兩個公司名稱將不復存在，而以一個新公司的姿態出現。
   (3)股權購併：一家公司持有另一家公司的股權，已達到具有絕對多數的程度時。

2. 企業合併時涉及若干會計及稅務考量，因收購股數多寡，或是吸收合併及創設合併的不同亦有所不同。被收購公司股東的稅賦效果會因現金收購或股票收購的不同而有所不同。

3. 公司的管理階層有可能以融資買下的方式來獲得公司之所有權，此情況等於是成立了一家新的公司，其權益由原公司管理階層及其他投資人所共同享有。當公司管理階層會透過投資銀行發行垃圾債券在短時間內籌得所需之資金。

4. 企業合併通常是透過投資銀行居中完成，有時收購銀行會購買整個目標公司的資產來達成購併目的。

5. 企業進行合併的最大誘因在於綜效，綜效是指公司合併後之價值大於個別公司原來價值之加總。我們仍可以淨現值法來評估企業合併。

6. 從純經濟的觀點來看，企業發生困難是指公司賺得的報酬率持續低於其資金成本，公司第一步應對措施是與權益人開會協調出解決方案。公司破產須經由破產法規定為之。

問　題

1. 何謂吸收合併（或合併）？何謂創設合併？
2. 什麼是股權購併的主要特性？什麼是控股公司？
3. 企業合併有那些主要的種類？
4. 股權購併在何種情況下須以權益法做會計處理？
5. 何種情況下母公司須和子公司編製合併財務報表？

6.什麼是對沖科目？

7.比較購買法及權益結合法。

8.解釋融資買下的過程。

9.友善合併為何？

10.惡意購併為何？

11.有那些抵抗惡意購併之方法？

12.公司要如何來進行脫產？

13.營運重整與財產重整的主要差異為何？

14.何謂綜效？有何因素會導致綜效？

15.什麼是稅賦移轉效果？

16.比較技術性償付困難、法定償付困難及絕對償付困難。

17.如何以自願性協議來解決企業困難？

18.請指出破產法最重要的精神。

19.比較自願性重整及強制重整之主要差異。

20.重整計畫須由誰來認可？

21.清算發生條件為何？

22.清算所得現金應如何分配？

23.Avery Dennison合併案贏家及輸家各為何？

24.Lloyd銀行為何棄標Midland銀行？

習　題

1.McGriff公司持有McMichael公司在外流通股數的40%，McMichael公司
當年度報表之淨利為$500,000發放之股利為$200,000，請問對McGriff
公司的財務報表將造成什麼影響？

2.Folsom公司持有Vyas公司在外流通股份的40%，Vyas公司當年之淨利
為$410,000，發放之股利為$200,000，請問其對Folsom公司的財務報表
將有何影響？

3.Mansville公司及Hawkes公司在1994稅務年度結束前的一百四十六天完
成企業合併，該年度Mansville公司的應稅所得為$250,000，而Hawkes
公司則有$150,000之抵稅額（因為營運損失之故），1995年及1996年的

預估稅前盈餘分別為$250,000及$350,000，如果邊際稅率為40%，請問未來三年（1994、1995、1996）Mansville公司的稅後盈餘為何？（分別計算合併與不合併之情況）

4. Greene公司及Redd公司在稅務會計年度結束前的一百八十天完成企業合併，當年Redd公司有$400,000抵稅移轉額，Greene公司則有$575,000應稅所得，Greene公司預估未來二年的稅前盈餘分別為$750,000及$950,000，若邊際稅率為40%，請問Greene公司未來三年之稅後盈餘分別為何？（請比較企業合併與不合併之情況）

5. Weed公司在外流通股數為100,000股，正考慮購併Knox公司。Weed公司在合併前之淨值為$2,100,000，合併公司的淨值則為$3,500,000，Knox公司的收購現金價格為$800,000，請問此合併之淨現值為何？請問每股在合併前後的市場價值又各為何？

6. 承上題，但Weed公司改採以交換股票方式來收購Knox公司，Knox公司有25,000股在外流通，請問Weed公司應訂定股票交換比例（交換價格）為何？

7. Marceau公司計畫和Siddons公司合併，Marceau公司有500,000股，合併前價值為$5,000,000，合併後公司淨值為$6,500,000，Siddons公司現金收購價格為%1,000,000，請問此合併淨現值為何？請問每股股票在合併前後市場價格各為何？

8. 承上題，且已知Siddons公司在外流通股數為100,000股，若Marceau公司改採股票交換方式來購併Siddons公司，請問股票交換比率應為何？

9. Stanley公司面臨清算的命運，清算前的資產負債表如下。信託人從流動資產獲得$1,000,000，從固定資產獲得$1,500,000，未受擔保債權人除外求償權益整理成下表，請問應如何來分配$2,500,000？

資　產

流動資產：	
現金	$　100,000
有價證券	50,000
應收帳款	750,000
存貨	1,100,000
總流動資產	2,000,000
土地	$　750,000
工廠淨值	1,250,000
設備淨值	1,000,000
固定資產總值	$ 3,000,000
總資產	$ 5,000,000

負債及股東權益

流動負債：	
應付帳款	$　500,000
應付票據	750,000
應收工資	200,000
應付稅賦	50,000
總流動負債	$ 1,500,000
一胎不動產抵押貸款	$ 1,250,000
二胎不動產抵押貸款	750,000
未擔保債券	750,000
總長期負債	$ 2,750,000
特別股股票	250,000
普通股股票	50,000
資本公積	325,000
保留盈餘	125,000
總股東權益	$　750,000
總負債及股東權益	$ 5,000,000

求償權益整理

一胎不動產抵押貸款	$ 1,250,000
二胎不動產抵押貸款	750,000
管理成本	500,000
工資	200,000
未付之稅	50,000

Billy's公司是一家從事速食連鎖店的廠商，分布在美國東南部，主要是供應低價位漢堡及餅干。

在1990年，Billy's公司的董事主席Sammie Brodie另組了Billy's Share公司（簡稱BSI），BSI公司目的就是要以融資買下的方式收購Billy's公司的股份，其方法是對原Billy's公司的股東發行附屬公司債來換取持有的股份，此項債務在1993年3月31日本金價值為$20,000,000，年利為10%，在2005年6月30日到期。

Billy's公司在1993年以每股$12之價格發行2,000,000的普通股，預計將募得$22,000,000，其中$20,000,000是用來償還附屬債務本金，其他的錢則用於公司未來發展之用。

Billy's公司與BSI達成合併協議，每位BSI的股東可以每股兌換Billy's公司10股之比例來得到Billy's公司股權，而原BSI股權則被註銷。此行為在發行新股時完成。

Billy's公司已付給母公司BSI股利，以使BSI有錢支付附屬債務利息。除此之外，Billy's公司在被BSI收購後並未發放任何現金股利，在償付完附屬債務且完成合併之後，公司的董事會決定要將盈餘保留作為公司未來發展之用。

問題

1. Sammie Brodie為何要採行融資買下的行動？
2. 請問上述安排的負向風險為何？

20
國際財務管理

享有競爭力的祕訣

　　許多理論、學派長年不斷圍繞著一個議題打轉：為何有些國家的產業在國際上具有競力？

　　德國及日本常被認為是生產力所素質最優秀的國家，她們往往是其他國家仿效的對象。根據麥肯錫公司針對美國、日本、德國多項產業生產力所做的調查顯示，全球競爭力高低的關鍵如同網球一樣，愈常和球技比自己好的對手練習，進步也愈大。

　　生產力在國家間的移轉正彷彿循此模式，對外貿易或對外直接投資是主要的交流管道，其中以對外直接投資帶來生產力提升效果更形顯著，美國及德國的資料特別支持此現象。

提升國際競爭力之祕訣就在於學習全球環境的意願，而國際財務管理正是國際環境中很重要的一環。

Source: William Lewis, "The Secret to Competitiveness," *The Wall Street Journal*, October 22, 1993. Reprinted by permission of The Wall Street Journal, © 1993 Dow Jones & Company Inc. All Rights Reserved Worldwide.

匯率及外匯市場

外匯市場的主要參與者包括國內及國大型銀行、一小部分外匯經紀商、國內及國外的跨國公司、中央銀行、小規模的外匯自營商、進出口公司以及投機客，在此架構下，國際財管所強調的是國內公司及國外公司所面臨問題之差異，以及這些差異該如何解決。

外匯報價

匯率（exchange rate）是指一種通貨以另一種通貨來衡量之價格（亦可說匯率是兩種貨幣間之相對價格），此價格和其他物品價格一樣，都是由市場供需來決定。本節先介紹外匯報價機制及外匯市場功能。

針對某一種貨幣所做的匯率報價（exchange rate quotation），可以是其他的貨幣為計價單位。例如，英鎊之報價可能是1英鎊換2美元（或是想成1英鎊「值」2美元），反之，亦可說美元報價為1美元換0.5英鎊（或想成1美元「值」0.5英鎊），以上兩種通貨彼此匯率所呈現反向關係在任何其他的通貨相互報價都成立。

圖20.1是從1991年1月28日《華爾街日報》節取的外匯報價，使用傳統的報價方式，即統一以美元作為基準，再分別以其他通貨為計價單位。另外歐式制度則與美式制度相反，改以美元作為衡量其他貨幣之計價單位。

圖20.1中的報價均為賣價（即報價者願意將外匯賣出之價格），這些躉售價格適用$1,000,000以上之交易，例如，一位客戶可能想將$1,000,000兌換

EXCHANGE RATES

Monday, January 28, 1991

The New York foreign exchange selling rates below apply to trading among banks in amounts of $1 million and more, as quoted at 3 p.m. Eastern time by Bankers Trust Co. Retail transactions provide fewer units of foreign currency per dollar.

Country	U.S. $ equiv. Mon.	Fri.	Currency per U.S. $ Mon.	Fri.
Argentina (Austral) ...	.0001479	.0001563	6762.00	6399.00
Australia (Dollar) ...	.7825	.7770	1.2780	1.2870
Austria (Schilling)	.09553	.09501	10.47	10.52
Bahrain (Dinar)	2.6525	2.6525	.3770	.3770
Belgium (Franc)				
Commercial rate	.03264	.03251	30.64	30.76
Brazil (Cruzeiro)	.00510	.00518	196.23	193.13
Britain (Pound)	1.9655	1.9530	.5088	.5120
30-Day Forward	1.9545	1.9417	.5116	.5150
90-Day Forward	1.9337	1.9215	.5171	.5204
180-Day Forward	1.9079	1.8963	.5241	.5273
Canada (Dollar)	.8606	.8587	1.1620	1.1645
30-Day Forward	.8576	.8557	1.1661	1.1687
90-Day Forward	.8530	.8509	1.1724	1.1752
180-Day Forward	.8478	.8453	1.1795	1.1830
Chile (Official rate)	.002892	.003057	345.84	327.13
China (Renmimbi) ..	.191205	.191205	5.2300	5.2300
Colombia (Peso)	.001777	.001779	562.62	562.19
Denmark (Krone) ..	.1747	.1740	5.7246	5.7457
Ecuador (Sucre)				
Floating rate	.001050	.001073	952.50	932.00
Finland (Markka)	.27766	.27705	3.6015	3.6095
France (Franc)	.19796	.19714	5.0515	5.0725
30-Day Forward	.19746	.19662	5.0642	5.0860
90-Day Forward	.19646	.19562	5.0900	5.1120
180-Day Forward	.19495	.19410	5.1295	5.1520
Germany (Mark)	.6725	.6702	1.4870	1.4920
30-Day Forward	.6714	.6691	1.4894	1.4945
90-Day Forward	.6689	.6667	1.4950	1.5000
180-Day Forward	.6651	.6629	1.5035	1.5086
Greece (Drachma)	.006309	.006289	158.50	159.00
Hong Kong (Dollar) ..	.12830	.12834	7.7945	7.7920
India (Rupee)	.05423	.05435	18.44	18.40
Indonesia (Rupiah) ..	.0005305	.0005305	1885.01	1885.01
Ireland (Punt)	1.7930	1.7830	.5577	.5609
Israel (Shekel)	.4965	.5050	2.0139	1.9803
Italy (Lira)	.0008961	.0008921	1116.00	1121.00
Japan (Yen)	.007605	.007536	131.50	132.70
30-Day Forward	.007598	.007528	131.62	132.83
90-Day Forward	.007584	.007515	131.85	133.07
180-Day Forward	.007573	.007504	132.04	133.26
Jordan (Dinar)	1.4995	1.4995	.6669	.6669
Kuwait (Dinar)	z	z	z	z
Lebanon (Pound)	.000955	.001013	1047.50	987.50
Malaysia (Ringgit) ..	.3708	.3705	2.6970	2.6990
Malta (Lira)	3.3784	3.3613	.2960	.2975
Mexico (Peso)				
Floating rate	.0003396	.0003418	2945.00	2926.00
Netherland (Guilder) .	.5966	.5942	1.6763	1.6830
New Zealand (Dollar) .	.5980	.5970	1.6722	1.6750

Source: The Wall Street Journal, January 29, 1991. Reprinted by permission of The Wall Street Journal, © 1991 Dow Jones & Company, Inc. All Rights Reserved Worldwide.

圖20.1　1991年1月28日的外匯報價

成英鎊（或想成以美元來「買」英鎊），在匯率為0.5088英鎊／美元之情況下可得到508,800英鎊。另外，亦有小額的外匯零售交易。外匯自營商是以買價向客戶收購外匯（圖20.1中並未包括此價格），買價要比賣價低，此價差乃是自營商利潤來源。

外匯買賣又可分成即期交易及遠期交易，即期匯率（spot rate）是用於即期外匯交易之價格，而所謂即期通常是指在二個交易日內的期限，即期交易可透過電話及電子傳訊系統完成。遠期匯率（forward rate）是指遠期外匯交易使用的價格，所謂遠期包括三十天、九十天及一百八十天，但有些甚至可達二年。圖20.1中有列出遠期匯率。

若某外匯遠期匯率大於即期匯率，我們稱該外匯是遠期溢價交易，若遠期匯率低於即期匯率，則該外匯為遠期折價交易。

圖20.1中的英鎊遠期報價就是遠期折價（forward discount），它代表了外匯市場參與者預期未來英鎊將對美元貶值。

遠期溢酬（forward premium）可以用下式來表達：（此為年度化後之溢酬）

$$FP = \left(\frac{FR - SR}{SR}\right)\left(\frac{12}{n}\right)(100\%) \qquad (20.1)$$

其中

$$FR = 遠期匯率$$

$$SR = 即期匯率$$

$$n = 遠期之月數$$

譬如以此式來看圖20.1裡的三十天期英鎊,其遠期溢酬為:

$$FP = \left(\frac{1.9545 - 1.9655}{1.9655}\right)\left(\frac{12}{1}\right)(100\%)$$

$$= -6.72\%$$

若看一百八十天期之英鎊則為:

$$FP = \left(\frac{1.9079 - 1.9655}{1.9655}\right)\left(\frac{12}{6}\right)(100\%)$$

$$= -5.86\%$$

負值代表英鎊遠期折價,市場人士對未來英鎊即期匯率抱持悲觀之看法。

遠期匯率與即期匯率間之關係

國際金融學者與外匯市場參與者特別關注之焦點是遠期匯率是否是未來即期匯率的良好估計值。學界對此方面較具共識的看法是:在利率平價說及購買力平價說成立之前提下,外匯市場運作是有效率的,因此遠期匯率是未來即期匯率的精確估計值。

利率平價說(interest-rate parity)認為X通貨對Y通貨匯率之遠期溢酬等於X國及Y國利率之差,也就是說利率較低的國家享有遠期溢酬,或者亦可說是當X國之利率較Y國之利率為低時,Y國通貨對X國通貨之遠期匯率會出

現折價。以前一節之數據為例，一百八十天期的遠期英鎊報價之折價率為5.86%，因此，若美國之年利率為8%，則英國之年利率水準應接近13.86%，如果上述利率平價說沒有成立，就會有套利的機會。

〔例題〕

若美國之利率為8/%，英國利率為16%，一百八十天期之英鎊報價有－5.86%的遠期溢酬，請問在此情況下可如何套利？

解答：

投資者可循下列步驟來套利：

1. 以8%利率借美元。
2. 以即期匯率將美元換成英鎊。
3. 將英鎊購買英國貨幣市場中一百八十天期的資產（其利率為16%）。
4. 出售一百八十天期之遠期英鎊（其數額以貨幣市場一百八十天後之英鎊本利和為準）（以美元來計價）。
5. 一百八十天後，將貨幣市場中到期的英鎊本利和提出並進行原來期貨契約之交割，換得美元。
6. 將賣得之美元來償付原來美元舉債之本利，其餘額就是套利之利得。

以上之套利交易被稱為有擔保的套利（covered-risk arbitrage），其風險已經事先透過遠期市場操作而完全被移轉（即投資者已完全避險）。

套利的持續進行勢必會縮小套利空間，進而使利率平價說趨於成立，因為它會使英鎊之遠期折價加大，同時又使兩國利差縮小。遠期折價擴大原因是（1）增加在現貨市場購買英鎊會使即期匯率上升；（2）增加遠期市場出售英鎊會使英鎊遠期匯率下跌。

至於英、美利差因套利而縮小的原因在於：（1）增加對美元之借款會追高美國利率；（2）增加對英國投資會降低英國利率。

購買力平價說（purchasing power parity）認為兩國通貨之間的匯率取決於二國個別通貨膨脹率，也就是說，當某一國之通貨膨脹率上升，其幣值相對另一國之通貨則下降，如果不如此，套利者可在某市場買商品到另一市場出售，從中賺取利差（低買高賣），因此，兩國通貨膨脹率之差距大約等同於高利率國之匯率折價，例如，若美國年通貨膨脹率為6%，而英國年通貨膨

脹率為10%，則英鎊每年將貶值4%。

外匯市場之參與者

外匯市場參與者主要包括：國內外之大銀行、一小部分經紀商、跨國企業、中央銀行、小外匯自營商及投機客。大型商業銀行為滿足客戶（小貿易商或是跨國公司）的需要而進入外匯市場。外匯經紀商與這些銀行或是其他經紀商打交道，但會對銀行買賣意圖加以保密。

外匯市場不像股票市場有一個集中交易市場，它是在第12章中所提及店頭市場裡進行，這個「市場」就型式上是以電傳系統和各大商業銀行及外匯經紀連線，待交易搓合後再將內容做成記錄。

大型商業銀行不願在外匯市場中持有「淨」部位，也就是說，他們有補平部位之動作，即同時承做等額的外匯買入及賣出。若銀行買入外匯大於賣出外匯，就會形成所謂「多頭部位」，反之則會出現「空頭部位」。投機客與銀行的行徑正好背道而馳，他們自願想持有多頭或空頭部位（多頭或空頭之持有取決於他們對未來匯率走勢之預測）。

中央銀行是為貫徹匯率政策而到外匯市場進行交易，當然中央銀行如果想要出售外匯以保住本國幣之幣值，其前提是自身要擁有足夠的外匯作為籌碼。

外匯期貨及外匯選擇權

遠期外匯交易主要透過國際貨幣市場（International Monetary Mart，簡稱IMM，芝加哥商品交易所的一部分）來進行，其交易與其他遠期商品契約類似，外匯期貨主要標的有英磅、加幣、荷幣、法朗、馬克、日元、墨西哥披索及瑞朗。

投機客與避險者都是外匯期貨市場之參與者，避險者目的是極小化其風險，投機客目的是極大化其利潤。避險者出售遠期契約最終是在到期日時能以較低價格購得某種外匯，而投機客購買外匯期貨是希望能在到期日時以較高之價格出售。

FUTURES

	Open	High	Low	Settle	Change	Lifetime High	Lifetime Low	Open Interest
JAPANESE YEN (IMM)-12.5 million yen; $ per yen (.00)								
Mar	.7544	.7588	.7544	.7587	+ .0065	.8040	.6315	43,455
June	.7537	.7578	.7537	.7572	+ .0065	.8010	.6645	1,623
Sept				.7564	+ .0065	.7995	.7346	202
Dec				.7562	+ .0065	.....	.....	100
Est vol 13,326; vol Fri 18,609; open int 45,380, -716.								
DEUTSCHEMARK (IMM)-125,000 marks; $ per mark								
Mar	.6705	.6711	.6689	.6705	+ .0022	.6800	.5820	48,808
June	.6665	.6672	.6662	.6668	+ .0022	.6777	.6163	1,486
Est vol 16,982; vol Fri 23,614; open int 50,366, +527.								
CANADIAN DOLLAR (IMM)-100,000 dlrs.; $ per Can $								
Mar	.8555	.8563	.8550	.8555	+ .0014	.8665	.7990	22,927
June	.8504	.8504	.8492	.8495	+ .0013	.8601	.7995	2,797
Sept	.8450	.8455	.8449	.8446	+ .0012	.8545	.7985	1,691
Est vol 2,9765; vol Fri 11,067; open int 27,453, +227.								
BRITISH POUND (IMM)-62,500 pds.; $ per pound								
Mar	1.9450	1.9494	1.9432	1.9476	+.0122	1.9520	1.6580	23,386
June	1.9170	1.9200	1.9170	1.9198	+.0124	1.9310	1.7660	1,144
Est vol 8,219; vol Fri 10,024; open int 24,571, -190.								
SWISS FRANC (IMM)-125,000 francs; $ per franc								
Mar	.7919	.7929	.7895	.7915	+ .0019	.8055	.6500	31,650
June	.7900	.7905	.7872	.7894	+ .0021	.8050	.7065	658
Sept				.7874	+ .0022	.8015	.6916	141
Est vol 18,432; vol Fri 19,074; open int 32,453, +747.								
AUSTRALIAN DOLLAR (IMM)-100,000 dlrs.; $ per A.$								
Mar	.7775	.7784	.7760	.7777	+ .0062	.8200	.7500	1,782
Est vol 462; vol Fri 252; open int 1,855, +9.								

OPTIONS
PHILADELPHIA EXCHANGE

Option & Underlying	Strike Price	Calls—Last Feb	Calls—Last Mar	Calls—Last Jun	Puts—Last Feb	Puts—Last Mar	Puts—Last Jun
50,000 Australian Dollars-cents per unit.							
ADollr	76	2.35	2.43	r	r	r	r
78.25	77	1.37	r	r	r	r	r
78.25	81	r	0.62	r	r	r	r
31,250 British Pounds-cents per unit.							
BPound	170	s	r	r	s	r	0.30
196.48	180	r	r	r	r	r	1.25
196.48	185	r	r	r	r	0.33	2.46
196.48	187½	8.80	r	r	r	0.05	r
196.48	190	6.48	6.40	r	r	1.23	r
196.48	192½	r	4.42	r	r	0.60	r
196.48	195	2.08	r	r	r	1.35	3.05
196.48	197½	0.98	1.77	r	r	2.70	r
196.48	200	r	1.08	r	r	r	r
196.48	202½	r	0.61	r	r	r	r
196.48	205	r	0.30	1.43	r	r	r
50,000 Canadian Dollars-cents per unit.							
CDollr	84	r	r	r	r	r	0.15
86.02	85	r	r	r	r	r	0.39
86.02	85½	r	r	r	r	r	0.58
86.02	86	r	r	r	r	0.46	r

Source: The Wall Street Journal, January 29, 1991. Reprinted by permission of The Wall Street Journal, © 1991 Dow Jones & Company, Inc. All Rights Reserved Worldwide.

圖20.2　外匯期貨及選擇權之報價

　　外匯選擇權的主要標的有英鎊、馬克、瑞朗，費城交易所尚有加幣、法朗及日元的選擇權。外匯期權（currency futures option）則是賦予購買者一樣權利，其可在特定的期限內以事先約定價格去買或賣外匯期貨。圖20.2是1991年1月22日《華爾街日報》列出外匯期貨、選擇權之報價。

　　外匯期貨市場和遠期外匯市場大致相似，但彼此亦有明顯差異。外匯期貨市場只在少數場所進行交易（即集中化程度很低），其參與者包括想規避匯率風險的中小企業及投機客；遠期外匯市場則涵蓋全球，參與者都是大銀行、外匯經紀商及跨國企業。另外，外匯期貨契約在實務上真正被執行的情況很少，而遠期外匯契約則是在到期日時付予執行。

匯率風險

　　跨國企業日常營運常暴露於匯率風險中，因此跨國企業常有避險舉動。避險可使未來成本或收益確定，排除因未來幣值變動造成不確定性。

遠期市場避險（forward market hedge）是指公司進入遠期外匯市場去承購一個契約，保證未來可以約定好的遠期匯率購買某定額之外匯。如此一來，未來購買外匯價格不再是充滿變數的未來即期匯率，而是今天已經確定的遠期匯率。

〔例題〕

某一家美國公司必須在一百八十天後支付另一家英國公司1,000,000英鎊，根據圖20.1數據，如果美國公司以進入遠期市場方式來避險，請問該公司須付出的固定金額（美元）為何？

解答：

由數據可知，一百八十天期英鎊遠期匯率為1.9079美元／英鎊，因此該公司在一百八十天後實際要付出的美元為$1,907,900（即1,000,000×1.9079），此數額在今天就已確定。

另一種避險策是貨幣市場避險（money market hedge），其方式是美國公司向美國銀行借款，將借來之美元轉成外幣，再投資於外國貨幣市場，直到需要以外幣進行交易時再提出。此項安排之淨成本大小要視本國借款利率及外國貨幣市場報酬率的高低而定。

〔例題〕

承上例，但美國公司改採以貨幣市場作為避險策略，假設美元借款率為10%，而英國貨幣市場平均報酬率為9%，根據圖20.1之數據，請問以此方式避險的交易成本為何？

解答：

以英鎊的即期匯率計算，美國公司首先應借$1,965,500（即£1,000,000×1.9655；1.9655為即期匯率），轉成1,000,000英鎊後再存入英國的貨幣市場。美國公司所須付擔成本為$9,692.88，其算式為：$1,965,500×(180/365)×(0.10−0.09)。

歐體會員國爭論是否開放電話通訊市場 ······················

打破歐洲各國政府獨占其國內電話通訊市場的重大改革計畫正在布魯塞爾會商中，提案支持改革的一方認為開放競爭可以促進整體經濟成長，同時可降低歐洲內部的跨國電話費率。本月下旬歐體委員會將對結束各國對跨國電話通訊之獨占，以及開放私人企業加入營運之議題重新展開討論。如果改革案獲得通過，它將為歐洲傳統高度限制、高價位之通訊市場帶來極大的震撼。以目前之情況而言，除了英國以外，其他會員國的大部分通訊服務（不論是國內通訊或是國際間的通訊）幾乎都被單一的國營企業所壟斷。因此歐體委員會所討論的改革方案將會是各會員國獨占利潤所面臨的最大挑戰。歐體委員會所主導的一項經濟研究指出：大幅的通訊業自由化，將在未來二十年內，使歐洲的通訊服務業的總產值成長超過目前的三倍，預計總收益將有一兆二千億歐元，此筆收益足以支應更新歐陸電話線系統之所需。

Source: Richard. Hudson, "EC Debates Opening Telephone Market For Cross-Border Calls to Private Firms," *The Wall Street Journal*, July 10, 1992. Reprinted by permission of The Wall Street Journal, © 1992 Dow Jones & Company, Inc. All Rights Reserved Worldwide.

營運現金管理

本書前所介紹的營運現金管理不但適用於國內公司，亦適用於跨國公司，最重要的觀念在於風險與收益之抵換關係。不過國內公司及跨國公司財務經理之角色仍有不同，跨國公司財務經理所須面臨其他挑戰包括：（1）更多資金運用之選擇；（2）更多的風險（諸如匯率風險、政治風險）；（3）各區域間的背景狀況不同；（4）各國稅務不同。

公司資金的移轉

化整為零（unbundling）政策是將公司資金移轉分割成個別的現金流量，通常跨國公司將子公司移轉至母公司的資金區分成數種：（1）權利金，對專業知識之報酬；（2）手續費，對各項服務之報酬；（3）價格，即向母公司購買產品所支付之價金；（4）債務償還，即償還積欠母公司之債務；（5）股利，即對所有權之報酬。化整為零之策略可減少子公司在外國之稅賦，亦可規避股利發放之上限，同時還能夠彈性運用移轉價格方式增加跨國公司的財務操作空間。

移轉訂價（transfer pricing）是指跨國公司操控子公司之間因為互相提供產品、服務或技術所做的訂價，進而達成母公司的營運目標。母公司常在「租稅樂園」地區設立一個轉單中心，以轉單中心操作移轉訂價策略，其安排模式是讓獲利在低稅率之國家實現，並且讓資金儘量保留在幣值較穩定的國家。當然移轉訂價的策略並非法力無邊，它仍會受到一些因素之限制，例如，母公司必須考慮公司對某些移轉訂價之反應，以免傷及子公司之間的關係，另外，母國及地主國政府也可能有若干稅務法規會使某些移轉訂價政策之效果大打折扣。

低度開發國家的政府可能完全禁止資金的匯出，其理由常是國家外匯不足，或是想要使資金多用於國內投資。跨國公司面臨此問題亦有應對之道，如果禁止匯出管制不嚴，前述移轉訂價就是一個化整為零的招式；如果禁止匯出管制很嚴格，跨國公司最多只能把資金用於地主國的一些其他投資上。

應收帳款管理

跨國公司（母公司）對子公司輸出產品時必須決定交易（開單）之幣別，以及採用現金交易或是信用交易，以上之決策將會影響到子公司情況，有些子公司不會有匯率風險，有些則會有。出口公司只要把交易所在國之幣別報價，他自己就可以免除匯率風險，而此時進口公司則須承擔匯率風險。現金交易包括先付現及交貨付現二種，信用交易所須考量的內容有信用交易之期間、折現的利率及信用交易工具的選擇。

跨國公司財務經理和以前國內公司的財務經理一樣，對信用交易條件所做決策仍然是以增量收益及成本作為分析之依據，但跨國公司卻必須再多承擔匯率變化的風險。

〔例題〕

　　一家美商在英國的子公司正在考慮是否要放寬對客戶的信用交易，財務人員的分析如下：

　　　1. 信用交易放寬可使每年銷售額增加1,000,000英鎊。

　　　2. 上述銷售額獲利率為20%。

　　　3. 壞帳率為2%。

　　　4. 信用交易的時間（資金）成本是14%（年利）。

　　若信用交易是採三十天內付清，則上述信用交易最多可受多大的英鎊貶值率？

解答：

　　令IP為增量利潤（其為增量銷售額乘以獲利率）

$$IP = £1,000,000(0.20)$$
$$= £200,000$$

　　令IC為增量成本，為壞帳損失加上應收帳款的時間成本再加上匯兌損失。其中壞帳損失是銷售增量乘以壞帳比率，應收帳款的時間成本是把銷售增量乘以銷售變動成本率再乘上適當的利率，至於匯兌損失則是把銷售增量扣除壞帳後再乘上預期匯率（英鎊對美元）之貶值率（令其為D）。算式如下：

$$IC = £1,000,000(0.02) + £1,000,000(0.80)(0.14)(30/365) + £1,000,000(1 - .02)D$$
$$= £20,000 + £9,205.4794 + £980,000D$$
$$= £29,205.4794 + £980,000D$$

　　將IP等於IC：

$$£200,000 = £29,205.4794 + £980,000D$$

可解得：

$$D = 0.174 \text{ or } 17.4 \text{ percent}$$

英鎊不太可能在一個月內就貶值17.4%，換句話說，英鎊實際之貶值幅度應在最大忍受範圍之內，故採行信用交易是划算的策略。

存貨管理

第17章中所介紹的存貨管理概念一樣適用於國際商業之操作，不過國際商業業務仍有一些複雜的層面會使之前的概念不能輕易的運用，除了匯率風險之外，尚須考慮各國區域環境之差異、政治風險及進口管制等問題。

跨國企業從世界各地為貨源來積存存貨以因應不時之需，影響存貨策略的關鍵因素為：（1）地主國通貨相對母國通貨之貶值率；（2）預測投入增量（以當地幣別計價）；（3）存貨持有成本；（4）其他地區貨源是否容易取得。但正如以前所述及任何財務分析問題，最後的決策往往仍須取決於決策者的經驗及主觀判斷。

現金管理

現金管理的首要概念在於集中化之控制，也就是說對現金的流向應有一個集中的決策程序，此集權系統應涵蓋：（1）最小現金保有水準；（2）閒置現金的投資；（3）組織內部的流動性；（4）移轉訂價；（5）避險策略；（6）淨餘額交易。以下先介紹淨額交易之概念。

所謂淨餘額交易系統管理是指把跨國公司內部各單位之間的應收及應付的帳目加以對沖，對沖之後的金額才須真正跨國移轉，如此可大量減少實際需要跨國移轉的資金，因而可減低交易成本的支付，亦可降低匯兌風險。

〔例題〕

麥道公司在加拿大、日本、印度都有子公司，**表20.1**列出了各子公司之間（及與母公司之間）的應收和應付的帳款，請問要結清此收付的淨餘額移轉為何？

表20.1 麥道公司應收、應付表（單位：千美元）

收款單位	付款單位 美國	加拿大	印度	日本	總收入
美國	—	500	300	600	1,400
加拿大	400	—	200	300	900
印度	200	300	—	500	1,000
日本	500	400	300	—	1,200
總支出	1,100	1,200	800	1,400	4,500

表20.2 麥道公司淨支出及淨收入

	總支出	總收入	淨支出	淨收入
美國	1,100	1,400	—	300
加拿大	1,200	900	300	—
印度	800	1,000	—	200
日本	1,400	1,200	200	—
總額	4,500	4,500	500	500

解答：

由表20.2可整理出麥道公司的淨收入、淨支出，最後所須的移轉包括了加拿大子公司移轉至母公司的$300,000，以及從日本子公司移轉至印度子公司的$200,000。

跨國企業融資

跨國企業的母公司可以在母國、子公司所在的地主國或是其他第三國來融資外國的投資方案，若母公司在母國融資，則可透過出售遠期外匯契約以避險。如果母公司在地主國融資，則不會面臨匯兌風險，至於在第三國融資則往往是低利率的考量。

短期融資

　　境外美元（Eurodollars）是指儲存於歐洲非美國銀行的美元，這些金融機構可將所收受之美元再轉貸放出去，即所謂的境外美元貸款，而貸放之對象主要是美國跨國企業在海外的子公司。只要是金融機構從事於其所在國幣別之交易，這個市場就是境外通貨市場（eurocurrency markets）。

　　境外通貨市場的貸款常是以浮動利率為基礎，其利率通常是採倫敦銀行間同業拆款利率（即LIBOR）為基準，該利率天天刊載於《華爾街日報》。大型跨國企業的借款利率是LIBOR加上0.5%，這個借款利率通常比美國銀行提供優惠貸款利率還低。境外美元貸款的數額從$500,000到$500,000,000都有，到期日從隔夜到十年皆有之。

國際債券市場

　　國際債券（international bond）是指發行人到自己國家外的地方所發行的債券，它可分成外國債券及境外債券。外國債券（foreign bond）發行幣別是發行國的貨幣，如一家美商公司在日本發行以日元計價之債券即為一種外國債券。境外債券（Eurobond）的計價幣別則是發行國之外的貨幣，如美商在德國發行的美元計價債券就是一種境外債券。

　　美元計價之債券是境外債券的主流，它對發行者（多數為美國公司）有許多好處因而頗為盛行，例如，發行的利率較低、不必受到母國證管會的監督，以及只需要較低的揭露要求（機密性較高）。大部分境外債券是公開發行，也有小部分是採私下發行。

　　外國債券市場的王者是以瑞朗計價的債券（即在瑞士所發行的外國債券），其原因在於瑞士的利率很低以及瑞朗的幣值非常穩定。在美國發行外國債券被稱為「洋基」債券（Yankee bonds），常在紐約證交所中掛牌交易。

國際股票市場

跨國公司常發現利用外國證券市場來發行股票的成本可能較低。有些跨國公司所在國的證券市場太小，不可能支應跨國公司龐大資金需求，因此，境外股票（及權證）市場（Euro-equity market）因運而生，倫敦乃是此類發行市場的龍頭。

至於紐約證交所及其他一些證交中心的外國股票則較少，主要是受到法規及證管會的限制。大部分在美國交易的外國股票均是透過發行美國存託憑證（American Depository Receipts, ADRS）的方式進行。ADRs以美元計價，由美國銀行發行，支撐該憑證的資產是由美國銀行所持有的外國股票，因此，美國的投資人不需實際持有外國股票（自然也就不必兌換外幣）就可以達成投資組合分散風險的效果。

跨國公司也會發行不具投票權的股票，其股東只可享有股利，但卻沒有對公司之控制權，如參與憑證（簡稱PC，主要由瑞士發行）就是不具投票權的一例，此種股票主要購買者是大型法人機構。德國、奧地利等國對於不具投票權股票的股利如同利息收入一樣，都可從應稅所得裡扣除。

跨國銀行業務

跨國銀行業務形式琳瑯滿目，其中最基本方式是由國內之銀行在他國尋得一個通匯銀行（correspondent banking），這家外國銀行可因本國銀行的需要而從事有關的交易。

當然，國內銀行亦可在外國開設分支機構，外國分行（foreign branch）的業務完全由國內銀行掌控，但要依外國法規來營運。外國子銀行（foreign subsidiary bank）則直屬於外國董事會掌控，國內銀行不對它有完全控制權。美國的外國子銀行又被稱為Edge Act公司（Edge Act corporation），它的營運範圍比其他國家銀行的外國子銀行來得廣泛。

跨國公司資本預算

　　跨國公司對於投資案所做的資本預算規劃與之前所介紹國內公司採行的方式是一致的，因此之前的淨現值等評估方式亦適用於本節。

淨現值的計算

　　主要有四個步驟：（1）以外幣衡量現金流量；（2）將現金流量轉成國幣計算的對等值；（3）決定適宜的折現率；（4）以前述資訊來計算淨現值。

　　當然要預估國外公司的現金流量是比預估國內的現金流量要複雜得多，尤其是前一節所述化整為零的資金移轉方式更加深預估現金流量的難度。財務分析人員所考量因素涵蓋有：權利金、手續費、移轉訂價、債務償還及地主國之稅制等。在低度開發國家投資時，甚至還須考慮未來該國是否會禁止資金匯出。

　　將外國之現金流量轉成本國幣計算值時，涉及未來匯率之預測，其預測方法大致有二種：(1)直接對未來匯率做預測；(2)以利率平價說或購買力平價說來預測未來匯率走勢。第一種方式過於主觀，有時候財務分析人員希望推動投資方案而對匯率走勢過於樂觀，至於第二種方式則較客觀，在長期的預測效果很好。以下列舉第二種方式之算式：（令EER_N為N年後的預期匯率）

$$EER_N = SR\left[\frac{(1 + i_d)^N}{(1 + i_f)^N}\right] \qquad (20.2)$$

　　其中

$$SR = 即期匯率$$
$$i_d = 國內之利率$$
$$i_f = 國外之利率$$
$$N = 未來之年數$$

　　至於邊際資金成本也要把投資方案的風險一併加以考慮。風險程度取決

於地主國之政治風險，以及國際投資組合之分散風險效果。政治風險主要是指地主國政府的政策突然改變，或是國內民族主義過於高漲，因而對外來廠商不友善。另一方面，透過國際投資分散風險效果，由於非系統性風險已大幅降低，故母公司的資金成本因而下降。以下以現金流量圖來說明淨現值的計算：

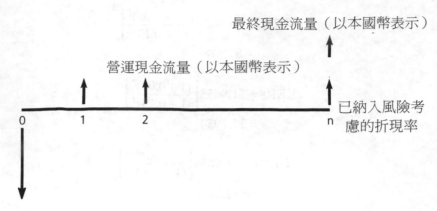

〔例題〕

美國Carlton公司正考慮是否要在英國採行一個新的投資方案，財務分析人員在分析化整為零的策略之後，預估以下的現金流量（單位為英鎊）：

年度	現金流量
1	－ £ 100,000
2	£ 30,000
3	£ 30,000
4	£ 30,000
5	£ 50,000

假設美國的利率為8%，英國的利率為13%，英鎊對美元之即期匯率以圖20.1之數據為準，Carlton公司的邊際資金成本為12%，而將風險納入考慮後，折現率應再增加3%（即成為15%），請問此投資方案以美元表示之淨現值為何？

解答：

首先要把現金流量轉成以本國幣表示之值，因此必須要預測未來五年的匯率，我們可利用（20.2）式為之。（即期匯率為圖20.1中刊登的1.9655美元／英鎊）

$$EER_N = SR\left[\frac{(1 + i_d)^N}{(1 + i_f)^N}\right]$$

$$EER_1 = \$1.9655\left[\frac{(1 + 0.08)^1}{(1 + 0.13)^1}\right]$$

$$= \$1.8785$$

$$EER_2 = \$1.9655\left[\frac{(1 + 0.08)^2}{(1 + 0.13)^2}\right]$$

$$= \$1.7954$$

$$EER_3 = \$1.9655\left[\frac{(1 + 0.08)^3}{(1 + 0.13)^3}\right]$$

$$= \$1.7160$$

$$EER_4 = \$1.9655\left[\frac{(1 + 0.08)^4}{(1 + 0.13)^4}\right]$$

$$= \$1.6400$$

$$EER_5 = \$1.9655\left[\frac{(1 + 0.08)^5}{(1 + 0.13)^5}\right]$$

$$= \$1.5675$$

利用以上之預期匯率可將英鎊現金流量轉成美元現金流量：

年度	英鎊現金流量	預期匯率	美元現金流量
0	－ £ 100,000	$1.9655	－ 196,550
1	£ 30,000	$1.8785	56,355
2	£ 30,000	$1.7954	53,862
3	£ 30,000	$1.7160	51,480
4	£ 30,000	$1.6400	49,200
5	£ 50,000	$1.5675	78,375

接著可使用（7.1）式來計算淨現值

$$NPV = -\$196,550 + \frac{\$56,355}{(1 + 0.15)^1} + \frac{\$53,862}{(1 + 0.15)^2}$$

$$+ \frac{\$51,480}{(1 + 0.15)^3} + \frac{\$49,200}{(1 + 0.15)^4} + \frac{\$78,375}{(1 + 0.15)^5}$$
$$= -\$196,550 + \$56,355(PVF_{15\%,1}) + \$53,862(PVF_{15\%,2})$$
$$+ \$51,480(PVF_{15\%,3}) + \$49,200(PVF_{15\%,4}) + \$78,375(PVF_{15\%,5})$$
$$= -\$5,873$$

由於淨現值小於零，因此英國投資方案並不會被美國公司的財務分析人員所接受。本例若以內部報酬率法來分析，可算得內部酬率為13.78%，其亦比折現率15%來得低，故結論和淨現值法一致。本例完整的現金流量圖如下：

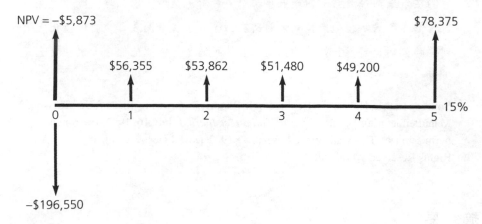

稅務考量

美國的跨國公司在支付聯邦稅賦時，在外國所繳之稅在國內享有抵減額，稅賦減讓的上限是以美國稅率為準。1986年美國通過稅制改革法案，公司最高的邊際稅率已降為34%，因此，在高稅率國家所繳之稅款可能都無法在美國享有完全的稅賦減讓，也因為如此，美國的跨國公司格外留意各國的稅率水準。

1986年的稅制改革方案尚包括一些直接針對跨國企業的內容，像是國外所得遞延稅賦條款、股票出售的資本利得條款，以及持有稅（withholding tax）條款等。許多州的州稅法因為聯邦稅制的改變而跟著調整。

摘　要

1. 匯率是指一國通貨以另一國通貨來表示的價格。通常匯率報價是以美元作為衡量其他通貨價格之單位，但歐洲報價則常用相反方式。如果外匯市場是有效率的話，則購買力平價說及利率平價說應成立，在此前提下，遠期匯率是未來即期匯率的良好估計值。大銀行都希望在外匯市場中儘量不要保有淨部位，因此經常承做同額外匯買賣。

2. 營運資金管理在跨國公司仍是用和國內公司一樣的架構，那就是風險與報酬率的抵換觀念。唯獨跨國公司的財務分析人員須面下列挑戰：(1)更多樣化之資金來源可供調配；(2)更多種的風險；(3)更多元的地區背景；(4)更多不同型態的稅賦規定。

3. 許多跨國公司可在外國的股票市場中以較國內為低的成本來籌資，因此境外股票（及權證）市場乃大行其道，其中以倫敦為全世最大境外

股票交易中心。至於在美國的外國股票交易則多透過美國存託憑證進行，它是由銀行投資外國股票，一般投資人是持有銀行轉發行之存託憑證，對外國股票並未直接持有，因而也毋須兌換外國貨幣。

4.國際資本預算規劃的四個步驟為：

(1) 預估國現金流量。

(2) 將國外現金流量轉成以母國幣表示的現金流量。

(3) 決定適宜的折現率。

(4) 以(2)、(3)之資料來計算淨現值。

5.現金流量的幣別轉換有下列二種方式：

(1) 直接預估未來數年之匯率（譬如可採迴歸分析）

(2) 使用購買力平價說或利率平價說來瞭解長期匯率走勢。

問　題

1.說明匯率如何報價？

2.即期匯率及遠期匯率的差別為何？

3.請解釋遠期匯率折價交易及溢價交易。

4.何謂利率平價說，與各國之間的利差有何關係？

5.何謂套利？與利率平價說有何關係？

6.何謂購買力平價說？與通貨貶值有何關係？

7.外匯市場主要參與者為何？

8.外匯市場是一種什麼型態的交易市場？請簡述之。

9.外匯市場的多頭、空頭部位是什麼意義？平部位又是什麼意思？

10.外匯期貨在那裡可以交易？避險者及投機客是如何參與此市場？

11.什麼是外匯選擇權？它們是在那裡交易？

12.外匯期貨市場與遠期外匯市場的差別為何？

13.遠期外匯市場避險及貨幣市場避險有何差別？

14.國內及國際的營運資金管理有何明顯差異？

15.在化整為零策略的應用上，從國外的子（分）公司匯回母公司的資金可分成幾類？

16.跨國企業的母公司如何善用移轉訂價之方式來控管現金流量？

17.母公司可如何透過交易幣別之選擇來決定由那一個子公司來承擔匯率風險？

18.在國際性交易中，對於採行信用交易應考慮那些額外因素？

19.在多國環境營運之下，存貨管理複雜性較國內之營運多了那些層面？

20.多國營運時，影響存貨策略主要因素有那些？

21.現金集中化管理之重要性為何？

22.系統沖銷後的淨餘額交易為何可降低交易成本？

23.請解釋下列名詞：境外美元、境外美元貸款、境外通貨市場、境外銀行。

24.境外通貨貸款的利率基礎為何？

25.外國債券及境外債券之差別為何？

26.請說明如何利用美國存託憑證來投資外國股票？

27.跨國銀行業務之經營形式有那些？

28.如何計算跨國投資方案的淨現值？

29.美國1986年的稅制改革法案對跨國公司在外國已繳稅賦的國內稅額抵減有何影響？

30.全球競爭力之祕訣為何？

31.若開於歐洲的電話市場，則對電傳服務之需求會有何刺激之效果？

32.為何美商開始對投資俄羅斯有興趣？

習　題：（以下題目之外匯報價均以圖20.1之數據為準）

1. Hart公司收到了512,000的法朗，則可換得多少美元？

2.請分別計算三十天、九十天及一百八十天期的遠期法朗溢酬。

3.美國之利率為8%，法國之利率為15%，以一百八十天之遠期法朗來看，請問有無套利之空間？若有，應如何為之？

4.Hamilton公司必須在一百八十天後支付法國公司10,000,000法朗，若Hamilton公司以遠期市場來避險，請問其在一百八十天後須支付的美元為何？

5.承上題，但改成九十天後就須付款，並假設美國之短期借款利率為9%，而法國貨幣市場之平均報酬率為7%，則採貨幣市場之避險策略

的交易成本為何？

6. 美國在法國的一家子公司正考慮放寬其信用交易的適用條件，以爭取多之客戶。財務分析人員預估此舉將可使每年之銷售額增加10,000,000法朗，而其獲利率為25%，壞帳率則為3%，應收帳款之時間成本為年利15%，信用天數為四十天期，請問此信用交易之擴張計畫所能忍受的最大之法朗貶值率（對美元）為何？

7. Bush公司的營運公司分布於巴西、墨西哥、祕魯及西班牙，以下的表整理出了各公司之間的應收及應付帳款的情況，請問要完成淨餘額交易所需的淨資金轉為何？

Bush 公司應付／應收表（單位：千美元）

收款單位	付款單位				
	美國	墨西哥	祕魯	西班牙	總收入
巴西	—	600	400	500	1,500
墨西哥	400	—	300	500	1,200
祕魯	300	400	—	300	1,000
西班牙	500	300	500	—	1,300
總支出	1,200	1,300	1,200	1,300	5,000

8. Matlock公司準備在法國投資，公司之財務人員在分析了化整為零的移轉訂價策略後，估計得的現金流量如下：（單位是法朗）

年度	現金流量
0	$-$FF1,000,000
1	FF350,000
2	FF350,000
3	FF350,000
4	FF350,000
5	FF500,000

假設美國的利率是8%而法國為12%，而公司的邊際資金成本為11%，在綜合考量過國外之風險及投資組合的風險分散效果之後，公司決定將折現率從11%調升至14%，請問此投資方案以美元計價之淨現值為何？

個案研究

NorPharm是挪威一家大型藥廠，其75%的營運收入來自國外之業務，因此其飽受匯率變動之威，其中尤以美元幣值變動的影響最大，因為NorPharm大部分的國外收益都以美元計價。

NorPharm公司決定同時藉由貨幣市場及遠期外匯市場來避險，這些策略可規避匯率變動對外幣計價的應收或應付帳目所造成的衝擊，同時亦可管理公司借款的幣別組合。

1992年挪威通過稅制改革方案，公司稅率由50.8%降為28.0%，但其他的改變卻加重了實質稅賦負擔，它們包括：（1）減少加速折舊法的使用比率；（2）每年23%之應稅利潤遞延比率遭到取消；（3）以前免稅之股利（可從應稅利潤中扣除）現在一樣要被課稅（即課28%之稅）。

根據挪威法律的規定，NorPharm公司組成了一個共十八名成員的「公司議會」，其中股東占十二席，員工代表占六席，公司重大的投資及員工調派決策均須得到該議會的通過才可實行，當然公司實際的管理當局仍是董事會。

NorPharm過去五十年來年年對股東配息，根據挪威的法律規定，股利發放須由董事會提出，經由「公司議會」認可後再交由年度股東大會議決，期中股利並不合法。而根據挪威的外匯管制，外國股東只能透過領有挪威外匯匯出執照的銀行所做之支付，來領取其股利。

問題

1. NorPharm公司在多國的營運環境下會遭逢那些問題？
2. NorPharm公司的管理和美國國內公司的管理有何差異？

語　彙

Accelerated Cost Recovery System（ACRS）
　　加速成本回收制度

Accounting rate of return　會計報酬率法

Acquiring company　收購公司

Acquisition　收購

Activity ratios　銷售能力的財務比例

Advisement　財務顧問

After-tax cost of new debt　新債的稅後資金成
　　本

Aging of receivables　應收帳款的帳齡分析

Aging schedule　帳齡分析表

Agency costs　代理成本

Agency problem　代理問題

Agency relationships　代理關係

Aggressive working capital policy　積進型營運
　　資金管理政策

Alternate method　替代方案

American Depository Receipts　美國存託憑證

American option　美式選擇權

American Stock Exchange　美國股票交易所

Amortized loan　分期償還貸款

Amortization schedule　攤銷表

Authorized stock　核定股本

Annuity　年金

Annuity due　期初年金

Asymmetric information　資訊不對稱

Balance sheet　資產負債表

Balanced working capital policy　中庸型營運資
　　金管理政策

Bankers' acceptances　銀行承兌匯票

Bankruptcy　破產

Baumol model　鮑莫模式

Beta　其他係數

Bird-in-the-hand approach　一鳥在手論

Blue chip stocks　藍籌股

Bond indenture　債券契約

Bond ratings　債券評等

Bond refunding　換債操作

Book value　面值

Book value weights　帳面價值加權

Breakeven analysis　損益平衡分析

Business risk　企業風險

C corporations　C型公司（一般課稅型態的公
　　司，會有所得稅重複課稅之現象）

Call feature　贖回特徵

Call option　買入選擇權

Callable preferred stock　可贖回特別股

Capital asset pricing model　資產訂價模型

Capital Budgeting　資本預算

Capital expenditures　資本支出

Capital impairment rule　資本損害規定

Capital in excess of par　資本公積

Capital markets　資本市場

Cash budget　現金預算

Cash budget worksheet　現金流量工作底稿

Cash discounts　現金折扣

Cash flow diagram　現金流量線圖

Cash in advance　預先付現

Cash on delivery（COD）　現金交割

Cash terms　現金條件

Cash turnover　現金周轉速度

Characteristic line　特徵線

Charter　公司章程

Cleanup clause　排除條款

Clearinghouses　結算公司

Closely held corporation　未公開發行公司

Collateral trust bonds　質押信託債券

Collection float　收款浮差

Collection policy　收帳政策

Commercial draft　商業匯票

Commercial paper　商業本票

Commission brokers　經紀商

Common-size balance sheet　同基資產負債表

Common-size income statement　同基損益表

Compensating balance　補償性餘額

Compound growth rate technique　複利成長率方法

Compound interest　複利

Compounding　複利

Concentration banking　銀行集中作業

Conditional sales contract　附條件銷售合約

Conservative working capital policy　保守型營運資金管理政策

Consignment　寄售

Consolidation　設立合併

Constant dividend growth model　固定成長率股利模型

Constant dividend peyout ratio policy　固定股利支付率政策

Constant dividends with extras policy　固定股利加額外股利政策

Constant dividends with growth policy　固定成長型股利模型

Continuous probability distribution　連續型機率分配

Control　控制

Conventional projects　傳統的投資方案

Covered option　掩護的選擇權

Conversion premium　轉換溢價

Conversion premium ratio　溢價比率

Conversion price　轉換價格

Conversion ratio　轉換比率

Conversion value　轉換價值

Convertible preferred stock　可轉換特別股

Convertible security　可轉換證券

Corporation　公司

Correlation coefficient　相關係數

Correspondent banking　通匯銀行

Cost of capital　資金成本

Cost of new common stock　發行新普通股的資金成本

Cost of perpetual preferred stock　永續特別股的資金成本

Cost of retained earnings　保留盈餘的資金成本

Coupon interest rate　票面利率

Coupon payment　息票支付

Covenants　債券條款

Coverage ratios　涵蓋比率

Covered-risk arbitrage　套利

Credit associations　信用分配

Credit period　信用期間

Credit scoring　信用評分

Credit terms　信用條件

Credit-reporting agencies　徵信機構

Cumulative preferred stock　可累積特別股

Currency option　貨幣選擇權

Cyclical stocks　景氣循環型股票

Debenture　信用債券

Declaration date　宣告日

Default risk　違約風險

Defensive stocks　抗跌型股票

Degree of financial leverage　財務槓桿程度

Degree of operating leverage　經營槓桿程度

Degree of total leverage　總槓桿程度

Disbursement float　付款浮差

Discount bond　折價發行債券

Discounted payback period　折現回收期間

Discounting　折現

Discrete probability distribution　離散型機率分配

Diversification　多角化

Divestiture　脫產

Dividend clientele effect　股利的顧客效果

Dividend decision　股利決策

Dividend reinvestment plans　股利再投資計畫

Dividend Signaling　股利的信號效果

Dow Jones Industrial Average　道瓊工業股價平均數

Draft　匯票

Earnings after taxes　稅後盈餘

Earning before interest and taxes　息前稅前盈餘

Edge Act corporation　艾吉法案型公司

Effective rate of interest　有效利率

Equipment trust certificates　設備抵押憑證

Equivalent annual annuity approach　約當年金法

Euro-equity market　海（境）外權益市場

Eurobond海（境）外債券

Eurocurrency markets　境外通貨市場

Eurodollar certificates of deposit　歐洲美元存單（境外美元存單）

Eurodollars　歐洲美元（境外美元）

European option　歐式選擇權

Equivalent cash flow　等值現金流量

Ex-dividend date　除息日

Exchange rate　匯率

Exercising the option　執行選擇權

Expected rate of return　預期報酬率

Expected return of portfolio　投資組合的預期報酬

External rationing　外部配額

Factor　應收帳款收買公司

Factoring receivables　應收帳款收買業務

Federal agency notes　美國政府機構證券

Five C's of credit　五C信用分析

Financing risk　財務風險

Financial decision　融資決策

Financial leverage　財務槓桿

Financial lease　資本型租賃

Financial institutions　金融機構

Financial markets　金融市場

Financial restructuring　財務重整

Financial services　金融服務

Float　浮差

Floor brokers　場內仲介商

Floor traders　場內自營商

Floor value for convertible bond　可轉換債券的價值下限

Foreign branch　國外分公司

Foreign bond　外國債券

Foreign subsidiary bank　國外子銀行

Forward discount　遠匯貼水

Forward market hedge　遠期外匯市場避險

Forward permium　遠匯升水

Forward rate　遠期匯率

Friendly merger　善意購併者

Fully diluted earnings per share　完全稀釋後每股盈餘

Future value　終值

Future value factor　終值因子

Future value of an annuity　年金終值

Gross profit　毛利

Gross profit margin　毛利率

Growth stocks　成長股

Holder-of-record date　登記日

Hostile takeover　惡意購併

Ideal level of current assets　流動資產理想水準

Improper earnings accumulation　不當累積盈餘

Income bonds　收益債券

Income statement　損益表

Income stocks　收益型股票

Incremental cash flows　增量現金流量

Independent projects　獨立方案

Industry average ratios　產業平均比率

Initial cash flows　期初現金流量

Internal rationing　內部配額

International bond　國際債券

Interest-rate parity　利率平價理論

Interest rate risk　利率風險

Interest rate of return（IRR）　內部報酬率

Investment bankers　投資銀行

Investment decision　投資決策

Investment grade bonds　投資級債券

Investment opportunity schedule　投資機會序列

Investment tax credit　投資稅額抵減

Involuntary reorganization　強制重整

Junk bonds　垃圾債券

Lease　租賃

Legal insolvency　法定償付困難

Leverage ratios　槓桿比率

Leveraged buyout　融資買下

Leveraged lease　槓桿租賃

Line of credit　信用額度

Liquidation　清算

Liquidation value　清算價值

Liquidity ratios　流動性比率

Loan projects　貸款方案

Lockbox　鎖箱

Managerial finance　管理型的資金調度

Marginal cost of capital　邊際資金成本

Marginal cost of capital schedule　邊際資金成本序列

Marginal tax rate　邊際稅率

Market ratios　市場價值比率

Market value weights　市場價值加權

Marketability　變現性

Matching principle　到期日搭配原則

Maturity date　到期日

Merger　合併

Miller-Orr model　米勒—奧爾模型

Minimum value of a convertible bond　可轉換債券的最小價值

Modified Accelerated Cost Recovery System（MACRS）修正後加速成本回收制

Modified internal rate of return　修正後內部報酬率

Modigliani and Miller model with corporate taxes　考慮公司所得稅的MM模型

Modigliani and Miller model without corporate taxes　未慮公司所得稅的MM模型

Money market hedge　貨幣市場避險

Money markets　貨幣市場

Mortgage bands　抵押債券

Mutually exclusive projects　互斥計畫

Naked option　未掩護選擇權

Negotiable certificates of deposit　可轉讓定期存單

Net float　淨浮差

Net present value（NPV）　淨現值

Net present value profile　淨現值圖

Net profit margin　淨利率

Net working capital　淨營運資金

New York Stock Exchange（NYSE）　紐約證券交易所

Nonconventional projects　非傳統型計畫

Off-balance-sheet financing　資產負債表外融資

Open account　公開帳戶

Operating cash flows　營運現金流量

Operating lease　營運型租賃

Operating leverage　營運槓桿

Operating cycle　營運循環

Operational restructuring　營運重整

Opportunity costs　機會成本

Optimal capital structure　最適資本結構

Option　選擇權

Over-the counter market（OTC）　店頭市場

Ordinary annuity　期末年金

Origination　創立

Overdraft　透支

Par value of bond　債券面額

Par value of stock　股票面額

Parent company　母公司

Participating preferred stock　參與特別股

Partnership　合夥

Payback period　回收期間

Payment date　支付日

Percentage of sales forecasting method　銷售額百分比法

Perpetual Bond　永續債券

Perpetual preferred stock　永續特別股

Perpetuity　永續年金

Pledging receivables　應收帳款質押

Portfolio　投資組合

Preauthorized payment　預先授權付款

Preemptive right　優先認股權

Premium bond　溢價債券

Present value　現值

Present value factor　現值因子

Present value of an annuity　年金現值

Primary earnings per share　基本每股盈餘

Primary goal　首要目標

Primary market　初級市場

Prime rate　基本利率

Pro forma balance sheet　預期資產負債表

Pro forma income statement　預估財務報表

Probability　機率

Probability distribution　機率分配

Profitability index　獲利率指數

Profitability index profile　獲利率指數圖

Profitability ratios　獲利比率

Promissory note　本票

Prospectus　公開說明書

Protective covenants　保護條款

Purchasing-power parity（PPP）　購買力平價理論

Put option　賣出選擇權

Qualitative forecasting　質（走勢）的預測

Quantitative forecasting　量的預測

Rate of interest　利率

Recovery percentages　回收比率

Recovery period　回收期間

Regional exchanges　地區性交易所

Registration statement　註冊聲明

Regression analysis　迴歸分析

Reinvestment rate risk　再投資風險

Remote disbursement accounts　遠地付款帳戶

Reorganization plan　重整計畫

Replacement chain approach　連續重置法

Repurchase agreements　附買回協議

Residual dividend theory　剩餘股利政策

Revolving credit agreement　循環信用協議

Required rate of return　要求報酬率

Right　認股權

Rights offering　發行認股權

Risk　風險

Risk-adjusted discount rate approach　風險調整折現率法

Risk-free rate of return　無風險報酬率

S corporation　S型公司（該型公司之所得不被課稅，只有股東的所得才課稅，因此有重複課稅之問題）

Sale-and-lease back arrangement　售後租回約定

Sales forecast　銷售額預測

Sales multiplier　銷售額乘數

Seasonal dating　季節性付款日

Secondary market　次級市場

Secured bonds　擔保債券

Security market line（SML）　證券市場線

Self-liquidating loans　自償性放款

Sensitivity analysis　敏感性分析

Serial bonds　分期償付債券

Sight draft　即期匯票

Simple earnings per share　簡單每股盈餘

Sinking fund provision　償債基金條款

Sole proprietorship　獨資

Specialists　專業證券商

Speculative grade bonds　投機級債券

Speculative stocks　投機股

Spin-off　資產分割

Spot rate　即期利率（匯率）

Spreadsheet　電腦工作底稿軟體

Standard & Poor's 500 Index　史坦德普耳500指數

Standard deviation　標準差

Standard deviation of portfolio return　投資組合報酬的標準差

Statement of cash flows　現金流量表

Stock dividend　股利

Stock repurchase　股票購回

Stock certificate　股票

Stock market average　平均股價

Stock split　股票分割

Stone model　史東模型

Straight bond value of a convertible bond　可轉換債券的純粹面額

Strategic planning　策略規劃

Subordinated debentures　次順位債券

Subsidiary company　被併公司

Sunk costs　沉沒成本

Supernormal dividend growth　超常成長股利

Symmetric information　資訊對稱

Synergy　綜效

Systematic risk　系統風險

Takeover defenses　購併抗拒

Target capital structure　目標資本結構

Target company　目標公司

Technical insolvency　技術性（周轉性）償付困難

Tender offer　股票收購

Term structure of interest rates　利率期限結構

Terminal cash flows　期末現金流量

Time draft　定期匯票

Total leverage　總槓槓

Traditional approach　傳統理論

Transaction loan　交易性貸款

Transfer pricing　移轉訂價

Treasury bills　國庫券

Treasury bonds　長期公債

Treasury notes　中期公債

Unbundling　化整為零政策

Uncertainty　不確定性

Underwriting　承銷

Underwriting syndicate　承銷團

Unsecured bonds　無擔保債券

Unsystematic risk　非系統風險

Value additivity principle　價值相加法則

Voluntary reorganization　自願性重整

Voluntary settlement　自願性協定

Warrant　認股權證

Weighted average cost of capital　加權平均資金成本

Working capital　營運資金

Working capital cycle (cash cycle)　營運資金循環（現金轉換循環）

Working capital management　營運資金管理

Working capital policy　營運資金政策

Worksheet　工作底稿

Yield curve　收益率曲線

Yield to call　贖回殖利率

Yield to maturity　到期殖利率

Zero-balance accounts　零餘額帳戶

Zero coupon bond　零息債券

附　錄

Present Value Factor $PVF_{k\%,n} = \dfrac{1}{(1+k)^n}$

n	1%	2%	3%	4%	5%	6%	7%	8%	9%	10%	11%
1	.9901	.9804	.9709	.9615	.9524	.9434	.9346	.9259	.9174	.9091	.9009
2	.9803	.9612	.9426	.9246	.9070	.8900	.8734	.8573	.8417	.8264	.8116
3	.9706	.9423	.9151	.8890	.8638	.8396	.8163	.7938	.7722	.7513	.7312
4	.9610	.9238	.8885	.8548	.8227	.7921	.7629	.7350	.7084	.6830	.6587
5	.9515	.9057	.8626	.8219	.7835	.7473	.7130	.6806	.6499	.6209	.5935
6	.9420	.8880	.8375	.7903	.7462	.7050	.6663	.6302	.5963	.5645	.5346
7	.9327	.8706	.8131	.7599	.7107	.6651	.6227	.5835	.5470	.5132	.4817
8	.9235	.8535	.7894	.7307	.6768	.6274	.5820	.5403	.5019	.4665	.4339
9	.9143	.8368	.7664	.7026	.6446	.5919	.5439	.5002	.4604	.4241	.3909
10	.9053	.8203	.7441	.6756	.6139	.5584	.5083	.4632	.4224	.3855	.3522
11	.8963	.8043	.7224	.6496	.5847	.5268	.4751	.4289	.3875	.3505	.3173
12	.8874	.7885	.7014	.6246	.5568	.4970	.4440	.3971	.3555	.3186	.2858
13	.8787	.7730	.6810	.6006	.5303	.4688	.4150	.3677	.3262	.2897	.2575
14	.8700	.7579	.6611	.5775	.5051	.4423	.3878	.3405	.2992	.2633	.2320
15	.8613	.7430	.6419	.5553	.4810	.4173	.3624	.3152	.2745	.2394	.2090
16	.8528	.7284	.6232	.5339	.4581	.3936	.3387	.2919	.2519	.2176	.1883
17	.8444	.7142	.6050	.5134	.4363	.3714	.3166	.2703	.2311	.1978	.1696
18	.8360	.7002	.5874	.4936	.4155	.3503	.2959	.2502	.2120	.1799	.1528
19	.8277	.6864	.5703	.4746	.3957	.3305	.2765	.2317	.1945	.1635	.1377
20	.8195	.6730	.5537	.4564	.3769	.3118	.2584	.2145	.1784	.1486	.1240
21	.8114	.6598	.5375	.4388	.3589	.2942	.2415	.1987	.1637	.1351	.1117
22	.8034	.6468	.5219	.4220	.3418	.2775	.2257	.1839	.1502	.1228	.1007
23	.7954	.6342	.5067	.4057	.3256	.2618	.2109	.1703	.1378	.1117	.0907
24	.7876	.6217	.4919	.3901	.3101	.2470	.1971	.1577	.1264	.1015	.0817
25	.7798	.6095	.4776	.3751	.2953	.2330	.1842	.1460	.1160	.0923	.0736
26	.7720	.5976	.4637	.3607	.2812	.2198	.1722	.1352	.1064	.0839	.0663
27	.7644	.5859	.4502	.3468	.2678	.2074	.1609	.1252	.0976	.0763	.0597
28	.7568	.5744	.4371	.3335	.2551	.1956	.1504	.1159	.0895	.0693	.0538
29	.7493	.5631	.4243	.3207	.2429	.1846	.1406	.1073	.0822	.0630	.0485
30	.7419	.5521	.4120	.3083	.2314	.1741	.1314	.0994	.0754	.0573	.0437
32	.7273	.5306	.3883	.2851	.2099	.1550	.1147	.0852	.0634	.0474	.0355
34	.7130	.5100	.3660	.2636	.1904	.1379	.1002	.0730	.0534	.0391	.0288
36	.6989	.4902	.3450	.2437	.1727	.1227	.0875	.0626	.0449	.0323	.0234
38	.6852	.4712	.3252	.2253	.1566	.1092	.0765	.0537	.0378	.0267	.0190
40	.6717	.4529	.3066	.2083	.1420	.0972	.0668	.0460	.0318	.0221	.0154
42	.6584	.4353	.2890	.1926	.1288	.0865	.0583	.0395	.0268	.0183	.0125
44	.6454	.4184	.2724	.1780	.1169	.0770	.0509	.0338	.0226	.0151	.0101
46	.6327	.4022	.2567	.1646	.1060	.0685	.0445	.0290	.0190	.0125	.0082
48	.6203	.3865	.2420	.1522	.0961	.0610	.0389	.0249	.0160	.0103	.0067
50	.6080	.3715	.2281	.1407	.0872	.0543	.0339	.0213	.0134	.0085	.0054
52	.5961	.3571	.2150	.1301	.0791	.0483	.0297	.0183	.0113	.0070	.0044
54	.5843	.3432	.2027	.1203	.0717	.0430	.0259	.0157	.0095	.0058	.0036
56	.5728	.3229	.1910	.1112	.0651	.0383	.0226	.0134	.0080	.0048	.0029
58	.5615	.3171	.1801	.1028	.0590	.0341	.0198	.0115	.0067	.0040	.0024
60	.5504	.3048	.1697	.0951	.0535	.0303	.0173	.0099	.0057	.0033	.0019

12%	13%	14%	15%	16%	17%	18%	19%	20%	25%	30%	35%
.8929	.8850	.8772	.8696	.8621	.8547	.8475	.8403	.8333	.8000	.7692	.7407
.7972	.7831	.7695	.7561	.7432	.7305	.7182	.7062	.6944	.6400	.5917	.5487
.7118	.6931	.6750	.6575	.6407	.6244	.6086	.5934	.5787	.5120	.4552	.4064
.6355	.6133	.5921	.5718	.5523	.5337	.5158	.4987	.4823	.4096	.3501	.3011
.5674	.5428	.5194	.4972	.4761	.4561	.4371	.4190	.4019	.3277	.2693	.2230
.5066	.4803	.4556	.4323	.4104	.3898	.3704	.3521	.3349	.2621	.2072	.1652
.4523	.4251	.3996	.3759	.3538	.3332	.3139	.2959	.2791	.2097	.1594	.1224
.4039	.3762	.3506	.3269	.3050	.2848	.2660	.2487	.2326	.1678	.1226	.0906
.3606	.3329	.3075	.2843	.2630	.2434	.2255	.2090	.1938	.1342	.0943	.0671
.3220	.2946	.2697	.2472	.2267	.2080	.1911	.1756	.1615	.1074	.0725	.0497
.2875	.2607	.2366	.2149	.1954	.1778	.1619	.1476	.1346	.0859	.0558	.0368
.2567	.2307	.2076	.1869	.1685	.1520	.1372	.1240	.1122	.0687	.0429	.0273
.2292	.2042	.1821	.1625	.1452	.1299	.1163	.1042	.0935	.0550	.0330	.0202
.2046	.1807	.1597	.1413	.1252	.1110	.0985	.0876	.0779	.0440	.0254	.0150
.1827	.1599	.1401	.1229	.1079	.0949	.0835	.0736	.0649	.0352	.0195	.0111
.1631	.1415	.1229	.1069	.0930	.0811	.0708	.0618	.0541	.0281	.0150	.0082
.1456	.1252	.1078	.0929	.0802	.0693	.0600	.0520	.0451	.0225	.0116	.0061
.1300	.1108	.0946	.0808	.0691	.0592	.0508	.0437	.0376	.0180	.0089	.0045
.1161	.0981	.0829	.0703	.0596	.0506	.0431	.0367	.0313	.0144	.0068	.0033
.1037	.0868	.0728	.0611	.0514	.0433	.0365	.0308	.0261	.0115	.0053	.0025
.0926	.0768	.0638	.0531	.0443	.0370	.0309	.0259	.0217	.0092	.0040	.0018
.0826	.0680	.0560	.0462	.0382	.0316	.0262	.0218	.0181	.0074	.0031	.0014
.0738	.0601	.0491	.0402	.0329	.0270	.0222	.0183	.0151	.0059	.0024	.0010
.0659	.0532	.0431	.0349	.0284	.0231	.0188	.0154	.0126	.0047	.0018	.0007
.0588	.0471	.0378	.0304	.0245	.0197	.0160	.0129	.0105	.0038	.0014	.0006
.0525	.0417	.0331	.0264	.0211	.0169	.0135	.0109	.0087	.0030	.0011	.0004
.0469	.0369	.0291	.0230	.0182	.0144	.0115	.0091	.0073	.0024	.0008	.0003
.0419	.0326	.0255	.0200	.0157	.0123	.0097	.0077	.0061	.0019	.0006	.0002
.0374	.0289	.0224	.0174	.0135	.0105	.0082	.0064	.0051	.0015	.0005	.0002
.0334	.0256	.0196	.0151	.0116	.0090	.0070	.0054	.0042	.0012	.0004	.0001
.0266	.0200	.0151	.0114	.0087	.0066	.0050	.0038	.0029	.0008	.0002	.0001
.0212	.0157	.0116	.0086	.0064	.0048	.0036	.0027	.0020	.0005	.0001	.0000
.0169	.0123	.0089	.0065	.0048	.0035	.0026	.0019	.0014	.0003	.0001	.0000
.0135	.0096	.0069	.0049	.0036	.0026	.0019	.0013	.0010	.0002	.0000	.0000
.0107	.0075	.0053	.0037	.0026	.0019	.0013	.0010	.0007	.0001	.0000	.0000
.0086	.0059	.0041	.0028	.0020	.0014	.0010	.0007	.0005	.0001	.0000	.0000
.0068	.0046	.0031	.0021	.0015	.0010	.0007	.0005	.0003	.0001	.0000	.0000
.0054	.0036	.0024	.0016	.0011	.0007	.0005	.0003	.0002	.0000	.0000	.0000
.0043	.0028	.0019	.0012	.0008	.0005	.0004	.0002	.0002	.0000	.0000	.0000
.0035	.0022	.0014	.0009	.0006	.0004	.0003	.0002	.0001	.0000	.0000	.0000
.0028	.0017	.0011	.0007	.0004	.0003	.0002	.0001	.0001	.0000	.0000	.0000
.0022	.0014	.0008	.0005	.0003	.0002	.0001	.0001	.0001	.0000	.0000	.0000
.0018	.0011	.0007	.0004	.0002	.0002	.0001	.0001	.0000	.0000	.0000	.0000
.0014	.0008	.0005	.0003	.0002	.0001	.0001	.0000	.0000	.0000	.0000	.0000
.0011	.0007	.0004	.0002	.0001	.0001	.0000	.0000	.0000	.0000	.0000	.0000

Present Value Factor of an Annuity

$$PVFA_{k\%,N} = \frac{1 - \dfrac{1}{(1 + k)^N}}{k}$$

N	1%	2%	3%	4%	5%	6%	7%	8%	9%
1	0.9901	0.9804	0.9709	0.9615	0.9524	0.9434	0.9346	0.9259	0.9174
2	1.9704	1.9416	1.9135	1.8861	1.8594	1.8334	1.8080	1.7833	1.7591
3	2.9410	2.8839	2.8286	2.7751	2.7232	2.6730	2.6243	2.5771	2.5313
4	3.9020	3.8077	3.7171	3.6299	3.5460	3.4651	3.3872	3.3121	3.2397
5	4.8534	4.7135	4.5797	4.4518	4.3295	4.2124	4.1002	3.9927	3.8897
6	5.7955	5.6014	5.4172	5.2421	5.0757	4.9173	4.7665	4.6229	4.4859
7	6.7282	6.4720	6.2303	6.0021	5.7864	5.5824	5.3893	5.2064	5.0330
8	7.6517	7.3255	7.0197	6.7327	6.4632	6.2098	5.9713	5.7466	5.5348
9	8.5660	8.1622	7.7861	7.4353	7.1078	6.8017	6.5152	6.2469	5.9952
10	9.4713	8.9826	8.5302	8.1109	7.7217	7.3601	7.0236	6.7101	6.4177
11	10.3676	9.7868	9.2526	8.7605	8.3064	7.8869	7.4987	7.1390	6.8052
12	11.2551	10.5753	9.9540	9.3851	8.8633	8.3838	7.9427	7.5361	7.1607
13	12.1337	11.3484	10.6350	9.9856	9.3936	8.8527	8.3577	7.9038	7.4869
14	13.0037	12.1062	11.2961	10.5631	9.8986	9.2950	8.7455	8.2442	7.7862
15	13.8651	12.8493	11.9379	11.1184	10.3797	9.7122	9.1079	8.5595	8.0607
16	14.7179	13.5777	12.5611	11.6523	10.8378	10.1059	9.4466	8.8514	8.3126
17	15.5623	14.2919	13.1661	12.1657	11.2741	10.4773	9.7632	9.1216	8.5436
18	16.3983	14.9920	13.7535	12.6593	11.6896	10.8276	10.0591	9.3719	8.7556
19	17.2260	15.6785	14.3238	13.1339	12.0853	11.1581	10.3356	9.6036	8.9501
20	18.0456	16.3514	14.8775	13.5903	12.4622	11.4699	10.5940	9.8181	9.1285
21	18.8570	17.0112	15.4150	14.0292	12.8212	11.7641	10.8355	10.0168	9.2922
22	19.6604	17.6580	15.9369	14.4511	13.1630	12.0416	11.0612	10.2007	9.4424
23	20.4558	18.2922	16.4436	14.8568	13.4886	12.3034	11.2722	10.3711	9.5802
24	21.2434	18.9139	16.9355	15.2470	13.7986	12.5504	11.4693	10.5288	9.7066
25	22.0232	19.5235	17.4131	15.6221	14.0939	12.7834	11.6536	10.6748	9.8226
26	22.7952	20.1210	17.8768	15.9828	14.3752	13.0032	11.8258	10.8100	9.9290
27	23.5596	20.7069	18.3270	16.3296	14.6430	13.2105	11.9867	10.9352	10.0266
28	24.3164	21.2813	18.7641	16.6631	14.8981	13.4062	12.1371	11.0511	10.1161
29	25.0658	21.8444	19.1885	16.9837	15.1411	13.5907	12.2777	11.1584	10.1983
30	25.8077	22.3965	19.6004	17.2920	15.3725	13.7648	12.4090	11.2578	10.2737
32	27.2696	23.4683	20.3888	17.8736	15.8027	14.0840	12.6466	11.4350	10.4062
34	28.7027	24.4986	21.1318	18.4112	16.1929	14.3681	12.8540	11.5869	10.5178
36	30.1075	25.4888	21.8323	18.9083	16.5469	14.6210	13.0352	11.7172	10.6118
38	31.4847	26.4406	22.4925	19.3679	16.8679	14.8460	13.1935	11.8289	10.6908
40	32.8347	27.3555	23.1148	19.7928	17.1591	15.0463	13.3317	11.9246	10.7574
42	34.1581	28.2348	23.7014	20.1856	17.4232	15.2245	13.4524	12.0067	10.8134
44	35.4555	29.0800	24.2543	20.5488	17.6628	15.3832	13.5579	12.0771	10.8605
46	36.7272	29.8923	24.7754	20.8847	17.8801	15.5244	13.6500	12.1374	10.9002
48	37.9740	30.6731	25.2667	21.1951	18.0772	15.6500	13.7305	12.1891	10.9336
50	39.1961	31.4236	25.7298	21.4822	18.2559	15.7619	13.8007	12.2335	10.9617
52	40.3942	32,1449	26.1662	21.7476	18.4181	15.8614	13.8621	12.2715	10.9853
54	41.5687	32.8383	26.5777	21.9930	18.5651	15.9500	13.9157	12.3041	11.0053
56	42.7200	33.5047	26.9655	22.2198	18.6985	16.0288	13.9626	12.3321	11.0220
58	43.8486	34.1452	27.3311	22.4296	18.8195	16.0990	14.0035	12.3560	11.0361
60	44.9550	34.7609	27.6756	22.6235	18.9293	16.1614	14.0392	12.3766	11.0480

10%	11%	12%	13%	14%	15%	16%	17%	18%	19%
0.9091	0.9009	0.8929	0.8850	0.8772	0.8696	0.8621	0.8547	0.8475	0.8403
1.7355	1.7125	1.6901	1.6681	1.6467	1.6257	1.6052	1.5852	1.5656	1.5465
2.4869	2.4437	2.4018	2.3612	2.3216	2.2832	2.2459	2.2096	2.1743	2.1399
3.1699	3.1024	3.0373	2.9745	2.9137	2.8550	2.7982	2.7432	2.6901	2.6386
3.7908	3.6959	3.6048	3.5172	3.4331	3.3522	3.2743	3.1993	3.1272	3.0576
4.3553	4.2305	4.1114	3.9975	3.8887	3.7845	3.6847	3.5892	3.4976	3.4098
4.8684	4.7122	4.5638	4.4226	4.2883	4.1604	4.0386	3.9224	3.8115	3.7057
5.3349	5.1461	4.9676	4.7988	4.6389	4.4873	4.3436	4.2072	4.0776	3.9544
5.7590	5.5370	5.3282	5.1317	4.9464	4.7716	4.6065	4.4506	4.3030	4.1633
6.1446	5.8892	5.6502	5.4262	5.2161	5.0188	4.8332	4.6586	4.4941	4.3389
6.4951	6.2065	5.9377	5.6869	5.4527	5.2337	5.0286	4.8364	4.6560	4.4865
6.8137	6.4924	6.1944	5.9176	5.6603	5.4206	5.1971	4.9884	4.7932	4.6105
7.1034	6.7499	6.4235	6.1218	5.8424	5.5831	5.3423	5.1183	4.9095	4.7147
7.3667	6.9819	6.6282	6.3025	6.0021	5.7245	5.4675	5.2293	5.0081	4.8023
7.6061	7.1909	6.8109	6.4624	6.1422	5.8474	5.5755	5.3242	5.0916	4.8759
7.8237	7.3792	6.9740	6.6039	6.2651	5.9542	5.6685	5.4053	5.1624	4.9377
8.0216	7.5488	7.1196	6.7291	6.3729	6.0472	5.7487	5.4746	5.2223	4.9897
8.2014	7.7016	7.2497	6.8399	6.4674	6.1280	5.8178	5.5339	5.2732	5.0333
8.3649	7.8393	7.3658	6.9380	6.5504	6.1982	5.8775	5.5845	5.3162	5.0700
8.5136	7.9633	7.4694	7.0248	6.6231	6.2593	5.9288	5.6278	5.3527	5.1009
8.6487	8.0751	7.5620	7.1016	6.6870	6.3125	5.9731	5.6648	5.3837	5.1268
8.7715	8.1757	7.6446	7.1695	6.7429	6.3587	6.0113	5.6964	5.4099	5.1486
8.8832	8.2664	7.7184	7.2297	6.7921	6.3988	6.0442	5.7234	5.4321	5.1668
8.9847	8.3481	7.7843	7.2829	6.8351	6.4338	6.0726	5.7465	5.4509	5.1822
9.0770	8.4217	7.8431	7.3300	6.8729	6.4641	6.0971	5.7662	5.4669	5.1951
9.1609	8.4881	7.8957	7.3717	6.9061	6.4906	6.1182	5.7831	5.4804	5.2060
9.2372	8.5478	7.9426	7.4086	6.9352	6.5135	6.1364	5.7975	5.4919	5.2151
9.3066	8.6016	7.9844	7.4412	6.9607	6.5335	6.1520	5.8099	5.5016	5.2228
9.3696	8.6501	8.0218	7.4701	6.9830	6.5509	6.1656	5.8204	5.5098	5.2292
9.4269	8.6938	8.0552	7.4957	7.0027	6.5660	6.1772	5.8294	5.5168	5.2347
9.5264	8.7686	8.1116	7.5383	7.0350	6.5905	6.1959	5.8437	5.5277	5.2430
9.6086	8.8293	8.1566	7.5717	7.0599	6.6091	6.2098	5.8541	5.5356	5.2489
9.6765	8.8786	8.1924	7.5979	7.0790	6.6231	6.2201	5.8617	5.5412	5.2531
9.7327	8.9186	8.2210	7.6183	7.0937	6.6338	6.2278	5.8673	5.5452	5.2561
9.7791	8.9511	8.2438	7.6344	7.1050	6.6418	6.2335	5.8713	5.5482	5.2582
9.8174	8.9774	8.2619	7.6469	7.1138	6.6478	6.2377	5.8743	5.5502	5.2596
9.8491	8.9988	8.2764	7.6568	7.1205	6.6524	6.2409	5.8765	5.5517	5.2607
9.8753	9.0161	8.2880	7.6645	7.1256	6.6559	6.2432	5.8781	5.5528	5.2614
9.8969	9.0302	8.2972	7.6705	7.1296	6.6585	6.2450	5.8792	5.5536	5.2619
9.9148	9.0417	8.3045	7.6752	7.1327	6.6605	6.2463	5.8801	5.5541	5.2623
9.9296	9.0509	8.3103	7.6789	7.1350	6.6620	6.2472	5.8807	5.5545	5.2625
9.9418	9.0585	8.3150	7.6818	7.1368	6.6631	6.2479	5.8811	5.5548	5.2627
9.9519	9.0646	8.3187	7.6841	7.1382	6.6640	6.2485	5.8815	5.5550	5.2628
9.9603	9.0695	8.3217	7.6859	7.1393	6.6647	6.2489	5.8817	5.5552	5.2629
9.9672	9.0736	8.3240	7.6873	7.1401	6.6651	6.2492	5.8819	5.5553	5.2630

Future Value Factor $FVF_{k\%,n} = (1 + k)^n$

n	1%	2%	3%	4%	5%	6%	7%	8%	9%	10%
1	1.0100	1.0200	1.0300	1.0400	1.0500	1.0600	1.0700	1.0800	1.0900	1.1000
2	1.0201	1.0404	1.0609	1.0816	1.1025	1.1236	1.1449	1.1664	1.1881	1.2100
3	1.0303	1.0612	1.0927	1.1249	1.1576	1.1910	1.2250	1.2597	1.2950	1.3310
4	1.0406	1.0824	1.1255	1.1699	1.2155	1.2625	1.3108	1.3605	1.4116	1.4641
5	1.0510	1.1041	1.1593	1.2167	1.2763	1.3382	1.4026	1.4693	1.5386	1.6105
6	1.0615	1.1262	1.1941	1.2653	1.3401	1.4185	1.5007	1.5869	1.6771	1.7716
7	1.0721	1.1487	1.2299	1.3159	1.4071	1.5036	1.6058	1.7138	1.8280	1.9487
8	1.0829	1.1717	1.2668	1.3686	1.4775	1.5938	1.7182	1.8509	1.9926	2.1436
9	1.0937	1.1951	1.3048	1.4233	1.5513	1.6895	1.8385	1.9990	2.1719	2.3579
10	1.1046	1.2190	1.3439	1.4802	1.6289	1.7908	1.9672	2.1589	2.3674	2.5937
11	1.1157	1.2434	1.3842	1.5395	1.7103	1.8983	2.1049	2.3316	2.5804	2.8531
12	1.1268	1.2682	1.4258	1.6010	1.7959	2.0122	2.2522	2.5182	2.8127	3.1384
13	1.1381	1.2936	1.4685	1.6651	1.8856	2.1329	2.4098	2.7196	3.0658	3.4523
14	1.1495	1.3195	1.5126	1.7317	1.9799	2.2609	2.5785	2.9372	3.3417	3.7975
15	1.1610	1.3459	1.5580	1.8009	2.0789	2.3966	2.7590	3.1722	3.6425	4.1772
16	1.1726	1.3728	1.6047	1.8730	2.1829	2.5404	2.9522	3.4259	3.9703	4.5950
17	1.1843	1.4002	1.6528	1.9479	2.2920	2.6928	3.1588	3.7000	4.3276	5.0545
18	1.1961	1.4282	1.7024	2.0258	2.4066	2.8543	3.3799	3.9960	4.7171	5.5599
19	1.2081	1.4568	1.7535	2.1068	2.5270	3.0256	3.6165	4.3157	5.1417	6.1159
20	1.2202	1.4859	1.8061	2.1911	2.6533	3.2071	3.8697	4.6610	5.6044	6.7275
21	1.2324	1.5157	1.8603	2.2788	2.7860	3.3996	4.1406	5.0338	6.1088	7.4002
22	1.2447	1.5460	1.9161	2.3699	2.9253	3.6035	4.4304	5.4365	6.6586	8.1403
23	1.2572	1.5769	1.9736	2.4647	3.0715	3.8197	4.7405	5.8715	7.2579	8.9543
24	1.2697	1.6084	2.0328	2.5633	3.2251	4.0489	5.0724	6.3412	7.9111	9.8497
25	1.2824	1.6406	2.0938	2.6658	3.3864	4.2919	5.4274	6.8485	8.6231	10.835
26	1.2953	1.6734	2.1566	2.7725	3.5557	4.5494	5.8074	7.3964	9.3992	11.918
27	1.3082	1.7069	2.2213	2.8834	3.7335	4.8223	6.2139	7.9881	10.245	13.110
28	1.3213	1.7410	2.2879	2.9987	3.9201	5.1117	6.6488	8.6271	11.167	14.421
29	1.3345	1.7758	2.3566	3.1187	4.1161	5.4184	7.1143	9.3173	12.172	15.863
30	1.3478	1.8114	2.4273	3.2434	4.3219	5.7435	7.6123	10.063	13.268	17.449
32	1.3749	1.8845	2.5751	3.5081	4.7649	6.4534	8.7153	11.737	15.763	21.114
34	1.4026	1.9607	2.7319	3.7943	5.2533	7.2510	9.9781	13.690	18.728	25.548
36	1.4308	2.0399	2.8983	4.1039	5.7918	8.1473	11.424	15.968	22.251	30.913
38	1.4595	2.1223	3.0748	4.4388	6.3855	9.1543	13.079	18.625	26.437	37.404
40	1.4889	2.2080	3.2620	4.8010	7.0400	10.286	14.974	21.725	31.409	45.259
42	1.5188	2.2972	3.4607	5.1928	7.7616	11.557	17.144	25.339	37.318	54.764
44	1.5493	2.3901	3.6715	5.6165	8.5572	12.985	19.628	29.556	44.337	66.264
46	1.5805	2.4866	3.8950	6.0748	9.4343	14.590	22.473	34.474	52.677	80.180
48	1.6122	2.5871	4.1323	6.5705	10.401	16.394	25.729	40.211	62.585	97.017
50	1.6446	2.6916	4.3839	7.1067	11.467	18.420	29.457	46.902	74.358	117.39
52	1.6777	2.8003	4.6509	7.6866	12.643	20.697	33.725	54.706	88.34	142.04
54	1.7114	2.9135	4.9341	8.3138	13.939	23.255	38.612	63.809	104.96	171.87
56	1.7458	3.0312	5.2346	8.9922	15.367	26.129	44.207	74.427	124.71	207.97
58	1.7809	3.1536	5.5534	9.7260	16.943	29.359	50.613	86.812	148.16	251.64
60	1.8167	3.2810	5.8916	10.520	18.679	32.988	57.946	101.26	176.03	304.48

11%	12%	13%	14%	15%	16%	17%	18%	19%	20%
1.1100	1.1200	1.1300	1.1400	1.1500	1.1600	1.1700	1.1800	1.1900	1.2000
1.2321	1.2524	1.2769	1.2996	1.3225	1.3456	1.3689	1.3924	1.4161	1.4400
1.3676	1.4049	1.4429	1.4815	1.5209	1.5609	1.6016	1.6430	1.6852	1.7280
1.5181	1.5735	1.6305	1.6890	1.7490	1.8106	1.8739	1.9388	2.0053	2.0736
1.6851	1.7623	1.8424	1.9254	2.0114	2.1003	2.1924	2.2878	2.3864	2.4883
1.8704	1.9738	2.0820	2.1950	2.3131	2.4364	2.5652	2.6996	2.8398	2.9860
2.0762	2.2107	2.3526	2.5023	2.6600	2.8262	3.0012	3.1855	3.3793	3.5832
2.3045	2.4760	2.6584	2.8526	3.0590	3.2784	3.5115	3.7589	4.0214	4.2998
2.5580	2.7731	3.0040	3.2519	3.5179	3.8030	4.1084	4.4355	4.7854	5.1598
2.8394	3.1058	3.3946	3.7072	4.0456	4.4114	4.8068	5.2338	5.6947	6.1917
3.1518	3.4786	3.8359	4.2262	4.6524	5.1173	5.6240	6.1759	6.7767	7.4301
3.4985	3.8960	4.3345	4.8179	5.3503	5.9360	6.5801	7.2876	8.0642	8.9161
3.8833	4.3635	4.8980	5.4924	6.1528	6.8858	7.6987	8.5994	9.5964	10.699
4.3104	4.8871	5.5348	6.2613	7.0757	7.9875	9.0075	10.147	11.420	12.839
4.7846	5.4736	6.2543	7.1379	8.1371	9.2655	10.539	11.974	13.590	15.407
5.3109	6.1304	7.0673	8.1372	9.3576	10.748	12.330	14.129	16.172	18.488
5.8951	6.8660	7.9861	9.2765	10.761	12.468	14.426	16.672	19.244	22.186
6.5436	7.6900	9.0243	10.575	12.375	14.463	16.879	19.673	22.901	26.623
7.2633	8.6128	10.197	12.056	14.232	16.777	19.748	23.214	27.252	31.948
8.0623	9.6463	11.523	13.743	16.367	19.461	23.106	27.393	32.429	38.338
8.9492	10.804	13.021	15.668	18.822	22.574	27.034	32.324	38.591	46.005
9.9336	12.100	14.714	17.861	21.645	26.186	31.629	38.142	45.923	55.206
11.026	13.552	16.627	20.362	24.891	30.376	37.006	45.008	54.649	66.247
12.239	15.179	18.788	23.212	28.625	35.236	43.297	53.109	65.032	79.497
13.585	17.000	21.231	26.462	32.919	40.874	50.658	62.669	77.388	95.396
15.080	19.040	23.991	30.167	37.857	47.414	59.270	73.949	92.092	114.48
16.739	21.325	27.109	34.390	43.535	55.000	69.345	87.260	109.59	137.37
18.580	23.884	30.633	39.204	50.066	63.800	81.134	102.97	130.41	164.84
20.624	26.750	34.616	44.693	57.575	74.009	94.927	121.50	155.19	197.81
22.892	29.960	39.116	50.950	66.212	85.850	111.06	143.37	184.68	237.38
28.206	37.582	49.947	66.215	87.565	115.52	152.04	199.63	261.52	341.82
34.752	47.143	63.777	86.053	115.80	155.44	208.12	277.96	370.34	492.22
42.818	59.136	81.437	111.83	153.15	209.16	284.90	387.04	524.43	708.80
52.756	74.180	103.99	145.34	202.54	281.45	390.00	538.91	742.65	1020.7
65.001	93.051	132.78	188.88	267.86	378.72	533.87	750.38	1051.7	1469.8
80.088	116.72	169.55	245.47	354.25	509.61	730.81	1044.8	1489.3	2116.5
98.676	146.42	216.50	319.02	468.50	685.73	1000.4	1454.8	2109.0	3047.7
121.58	183.67	276.44	414.59	619.58	922.71	1369.5	2025.7	2986.5	4388.7
149.80	230.39	352.99	538.81	819.40	1241.6	1874.7	2820.6	4229.2	6319.7
184.56	289.00	450.74	700.23	1083.7	1670.7	2566.2	3927.4	5988.9	9100.4
227.40	362.52	575.54	910.02	1433.1	2248.1	3512.9	5468.5	8480.9	13105
280.18	454.75	734.91	1182.7	1895.3	3025.0	4808.8	7614.3	12010	18871
345.21	570.44	938.41	1537.0	2506.6	4070.5	6582.8	10602	17007	27174
425.34	715.56	1198.3	1997.5	3314.9	5477.3	9011.1	14762	24084	39130
524.06	897.60	1530.1	2595.9	4384.0	7370.2	12335	20555	34105	56348

Future Value Factor of an Annuity

$$FVFA_{k\%,N} = \frac{(1 + k)^N - 1}{k}$$

N	1%	2%	3%	4%	5%	6%	7%	8%	9%	10%
1	1.0000	1.0000	1.0000	1.0000	1.0000	1.0000	1.0000	1.0000	1.0000	1.0000
2	2.0100	2.0200	2.0300	2.0400	2.0500	2.0600	2.0700	2.0800	2.0900	2.1000
3	3.0301	3.0604	3.0909	3.1216	3.1525	3.1836	3.2149	3.2464	3.2781	3.3100
4	4.0604	4.1216	4.1836	4.2465	4.3101	4.3746	4.4399	4.5061	4.5731	4.6410
5	5.1010	5.2040	5.3091	5.4163	5.5256	5.6371	5.7507	5.8666	5.9847	6.1051
6	6.1520	6.3081	6.4684	6.6330	6.8019	6.9753	7.1533	7.3359	7.5233	7.7156
7	7.2135	7.4343	7.6625	7.8983	8.1420	8.3938	8.6540	8.9228	9.2004	9.4872
8	8.2857	8.5830	8.8923	9.2142	9.5491	9.8975	10.260	10.637	11.028	11.436
9	9.3685	9.7546	10.159	10.583	11.027	11.491	11.978	12.488	13.021	13.579
10	10.462	10.950	11.464	12.006	12.578	13.181	13.816	14.487	15.193	15.937
11	11.567	12.169	12.808	13.486	14.207	14.972	15.784	16.645	17.560	18.531
12	12.683	13.412	14.192	15.026	15.917	16.870	17.888	18.977	20.141	21.384
13	13.809	14.680	15.618	16.627	17.713	18.882	20.141	21.495	22.953	24.523
14	14.947	15.974	17.086	18.292	19.599	21.015	22.550	24.215	26.019	27.975
15	16.097	17.293	18.599	20.024	21.579	23.276	25.129	27.152	29.361	31.772
16	17.258	18.639	20.157	21.825	23.657	25.673	27.888	30.324	33.003	35.950
17	18.430	20.012	21.762	23.698	25.840	28.213	30.840	33.750	36.974	40.545
18	19.615	21.412	23.414	25.645	28.132	30.906	33.999	37.450	41.301	45.599
19	20.811	22.841	25.117	27.671	30.539	33.760	37.379	41.446	46.018	51.159
20	22.019	24.297	26.870	29.778	33.066	36.786	40.995	45.762	51.160	57.275
21	23.239	25.783	28.676	31.969	35.719	39.993	44.865	50.423	56.765	64.002
22	24.472	27.299	30.537	34.248	38.505	43.392	49.006	55.457	62.873	71.403
23	25.716	28.845	32.453	36.618	41.430	46.996	53.436	60.893	69.532	79.543
24	26.973	30.422	34.426	39.083	44.502	50.816	58.177	66.765	76.790	88.497
25	28.243	32.030	36.459	41.646	47.727	54.865	63.249	73.106	84.701	98.347
26	29.526	33.671	38.553	44.312	51.113	59.156	68.676	79.954	93.324	109.18
27	30.821	35.344	40.710	47.084	54.669	63.706	74.484	87.351	102.72	121.10
28	32.129	37.051	42.931	49.968	58.403	68.528	80.698	95.339	112.97	134.21
29	33.450	38.792	45.219	52.966	62.323	73.640	87.347	103.97	124.14	148.63
30	34.785	40.568	47.575	56.085	66.439	79.058	94.461	113.28	136.31	164.49
32	37.494	44.227	52.503	62.701	75.299	90.890	110.22	134.21	164.04	201.14
34	40.258	48.034	57.730	69.858	85.067	104.18	128.26	158.63	196.98	245.48
36	43.077	51.994	63.276	77.598	95.836	119.12	148.91	187.10	236.12	299.13
38	45.953	56.115	69.159	85.970	107.71	135.90	172.56	220.32	282.63	364.04
40	48.886	60.402	75.401	95.026	120.80	154.76	199.64	259.06	337.88	442.59
42	51.879	64.862	82.023	104.82	135.23	175.95	230.63	304.24	403.53	537.64
44	54.932	69.503	89.048	115.41	151.14	199.76	266.12	356.95	481.52	652.64
46	58.046	74.331	96.501	126.87	168.69	226.51	306.75	418.43	574.19	791.80
48	61.223	79.354	104.41	139.26	188.03	256.56	353.27	490.13	684.28	960.17
50	64.463	84.579	112.80	152.67	209.35	290.34	406.53	573.77	815.08	1163.9
52	67.769	90.016	121.70	167.16	232.86	328.28	467.50	671.33	970.49	1410.4
54	71.141	95.673	131.14	182.85	258.77	370.92	537.32	785.11	1155.1	1708.7
56	74.581	101.56	141.15	199.81	287.35	418.82	617.24	917.84	1374.5	2069.7
58	78.090	107.68	151.78	218.15	318.85	472.65	708.75	1072.6	1635.1	2506.4
60	81.670	114.05	163.05	237.99	353.58	533.13	813.52	1253.2	1944.8	3034.8

11%	12%	13%	14%	15%	16%	17%	18%	19%	20%
1.0000	1.0000	1.0000	1.0000	1.0000	1.0000	1.0000	1.0000	1.0000	1.0000
2.1100	2.1200	2.1300	2.1400	2.1500	2.1600	2.1700	2.1800	2.1900	2.2000
3.3421	3.3744	3.4069	3.4396	3.4725	3.5056	3.5389	3.5724	3.6061	3.6400
4.7097	4.7793	4.8498	4.9211	4.9934	5.0665	5.1405	5.2154	5.2913	5.3680
6.2278	6.3528	6.4803	6.6101	6.7424	6.8771	7.0144	7.1542	7.2966	7.4416
7.9129	8.1152	8.3227	8.5355	8.7537	8.9775	9.2068	9.4420	9.6830	9.9299
9.7833	10.089	10.405	10.730	11.067	11.414	11.772	12.142	12.523	12.916
11.859	12.300	12.757	13.233	13.727	14.240	14.773	15.327	15.902	16.499
14.164	14.776	15.416	16.085	16.786	17.519	18.285	19.086	19.923	20.799
16.722	17.549	18.420	19.337	20.304	21.321	22.393	23.521	24.709	25.959
19.561	20.655	21.814	23.045	24.349	25.733	27.200	28.755	30.404	32.150
22.713	24.133	25.650	27.271	29.002	30.850	32.824	34.931	37.180	39.581
26.212	28.029	29.985	32.089	34.352	36.786	39.404	42.219	45.244	48.497
30.095	32.393	34.883	37.581	40.505	43.672	47.103	50.818	54.841	59.196
34.405	37.280	40.418	43.842	47.580	51.660	56.110	60.965	66.261	72.035
39.190	42.753	46.672	50.980	55.717	60.925	66.649	72.939	79.850	87.442
44.501	48.884	53.739	59.118	65.075	71.673	78.979	87.068	96.022	105.93
50.396	55.750	61.725	68.394	75.836	84.141	93.406	103.74	115.27	128.12
56.939	63.440	70.749	78.969	88.212	98.603	110.28	123.41	138.17	154.74
64.203	72.052	80.947	91.025	102.44	115.38	130.03	146.63	165.42	186.69
72.265	81.699	92.470	104.77	118.81	134.84	153.14	174.02	197.85	225.03
81.214	92.503	105.49	120.44	137.63	157.41	180.17	206.34	236.44	271.03
91.148	104.60	120.20	138.30	159.28	183.60	211.80	244.49	282.36	326.24
102.17	118.16	136.83	158.66	184.17	213.98	248.81	289.49	337.01	392.48
114.41	133.33	155.62	181.87	212.79	249.21	292.10	342.60	402.04	471.98
128.00	150.33	176.85	208.33	245.71	290.09	342.76	405.27	479.43	567.38
143.08	169.37	200.84	238.50	283.57	337.50	402.03	479.22	571.52	681.85
159.82	190.70	227.95	272.89	327.10	392.50	471.38	566.48	681.11	819.22
178.40	214.58	258.58	312.09	377.17	456.30	552.51	669.45	811.52	984.07
199.02	241.33	293.20	356.79	434.75	530.31	647.44	790.95	966.71	1181.9
247.32	304.85	376.52	465.82	577.10	715.75	888.45	1103.5	1371.2	1704.1
306.84	384.52	482.90	607.52	765.37	965.27	1218.4	1538.7	1943.9	2456.1
380.16	484.46	618.75	791.67	1014.3	1301.0	1670.0	2144.6	2754.9	3539.0
470.51	609.83	792.21	1031.0	1343.6	1752.8	2288.2	2988.4	3903.4	5098.4
581.83	767.09	1013.7	1342.0	1779.1	2360.8	3134.5	4163.2	5529.8	7343.9
718.98	964.36	1296.5	1746.2	2355.0	3178.8	4293.0	5799.0	7833.0	10577
887.96	1211.8	1657.7	2271.5	3116.6	4279.5	5878.9	8076.8	11094	15234
1096.2	1522.2	2118.8	2954.2	4123.9	5760.7	8049.8	11248	15713	21939
1352.7	1911.6	2707.6	3841.5	5456.0	7753.8	11022	15664	22253	31594
1668.8	2400.0	3459.5	4994.5	7217.7	10436	15090	21813	31515	45497
2058.2	3012.7	4419.6	6493.0	9547.6	14044	20658	30375	44631	65518
2538.0	3781.3	5645.5	8440.5	12629	18900	28281	42296	63204	94348
3129.2	4745.3	7210.8	10971	16704	25434	38716	58895	89506	135864
3857.6	5954.7	9209.7	14261	22093	34227	53001	82008	126751	195646
4755.1	7471.6	11762	18535	29220	46058	72555	114190	179495	281733

財務管理

著　　者☞William H. Marsh

譯　　者☞楊建昌　陳智誠

出 版 者☞揚智文化事業股份有限公司

發 行 人☞葉忠賢

總 編 輯☞孟　樊

責任編輯☞賴筱彌

登 記 證☞局版北市業字第 1117 號

地　　址☞台北市新生南路三段 88 號 5 樓之 6

電　　話☞886-2-23660309　23660313

傳　　真☞886-2-23660310

郵政劃撥☞14534976

印　　刷☞鼎易印刷事業股份有限公司

法律顧問☞北辰著作權事務所　蕭雄淋律師

初版一刷☞2000 年 6 月

定　　價☞新台幣 650 元

Ｉ Ｓ Ｂ Ｎ☞957-818-121-3

Ｅ－ｍａｉｌ☞tn605547@ms6.tisnet.net.tw

網　　址☞http://www.ycrc.com.tw

☞本書如有缺頁、破損、裝訂錯誤，請寄回更換。

版權所有　翻印必究

國家圖書館出版品預行編目資料

財務管理／William H. Marsh 著；楊建昌,
　　陳智誠譯. --初版. --臺北市：揚智文化,
　　2000〔民89〕
　　面；　公分.
　　譯自 : Basic financial management

　　ISBN　957-818-121-3（精裝）

　　1.財務管理
　　494.7　　　　　　　　　　　89004108